现代数值分析

主　编　蔡光程

副主编　罗志强　吕毅斌　陈智斌

科学出版社

北　京

内 容 简 介

本书是为高等院校理工科研究生各专业开设的“数值分析”课程编写的教材，内容包括函数插值、函数逼近、数值积分与数值微分、线性方程组的直接解法和迭代解法、非线性方程求根、矩阵特征值与特征向量、常微分方程初值问题的数值解法、傅里叶变换与小波变换、偏微分方程数值解初步. 全书注重算法数学理论的建立和应用，最终实现工程问题的数学化、数学问题的数值化.

本书可作为高等院校理工科类硕士研究生数值分析课程的教材或高年级本科生计算方法课程教材，也可作为从事科学计算的广大科技工作者的参考资料.

图书在版编目（CIP）数据

现代数值分析／蔡光程主编. —北京：科学出版社，2019.7
ISBN 978-7-03-061926-6

Ⅰ. ①现… Ⅱ. ①蔡… Ⅲ. ①数值分析-研究生-教材
Ⅳ. ①O241

中国版本图书馆 CIP 数据核字（2019）第 158034 号

责任编辑：王胡权 李 萍／责任校对：杨聪敏
责任印制：张 伟／封面设计：华路天然工作室

科学出版社 出版
北京东黄城根北街 16 号
邮政编码：100717
http://www.sciencep.com
天津市新科印刷有限公司 印刷
科学出版社发行 各地新华书店经销
*
2019 年 7 月第 一 版 开本：720 × 1000 1/16
2023 年 7 月第五次印刷 印张：19
字数：385 000

定价：59.00 元
（如有印装质量问题，我社负责调换）

前　言

科学计算是工程人员在实际工程应用中必备的技能，其研究对象是如何用数学的方法解决工程问题，最终实现工程问题的数学化、数学问题的数值化. 本书在保留传统意义上的数值逼近、数值代数、常微分方程数值解的基础上，增加傅里叶变换和小波变换、偏微分方程数值解的有限差分法等内容. 在工程类数值分析的学习中，这些理论与工程应用联系紧密，而且现在计算软件应用广泛，因此把一些现代计算数学的前沿知识融入传统数值分析教材中是可行的，这为数值计算和数值仿真做了较好的理论准备.

本书在编排上设置了基本的练习题，还安排了数值实验题，目的是在教学中培养学生应用所学计算理论解决实际问题. 本书可作为高等院校理工类硕士研究生“数值分析”课程的教材，也可作为数学类、力学类、物理类高年级本科生“计算方法”教材，还可供相关科技工作者参考.

第 1, 10 章由蔡光程编写，第 2, 3 章由吕毅斌编写，第 4, 9, 11 章由罗志强编写，第 5 章由李玉兰编写，第 6, 8 章由殷英编写，第 7 章由陈智斌编写. 初稿完成后由蔡光程、罗志强、吕毅斌、陈智斌对全书进行了系统的统稿、定稿和加工工作. 稿中的所有作图由何维刚完成.

本书的出版得到了昆明理工大学研究生院和校领导的大力支持，科学出版社为本书的出版做了大量工作，在此一并表示感谢.

限于编者水平，本书不妥之处在所难免，恳请读者批评指正.

作　者

2018 年 12 月

目　录

第 1 章 科学计算引论

1.1 科学计算背景

1.1.1 科学计算与计算数学

在古今中外人类发展的历史中，科学计算一直伴随人们的生活和对自然界的认识，曹冲称象的故事即为之一，“置象大船之上，而刻其水痕所至，称物以载之，则校可知矣．”其思想就是数值积分理论，即：①剖分(细分)；②取近似；③求和；④求极限．大象牵入船中吃水的刻度近似等于再用该船装小石后在水中的吃水刻度，逐个取出小石进行称量后求和，则其和即近似为大象的重量，这一过程当然有误差，既有测量的初始误差，也有累加计算的计算误差．

数学是科学之母，科学技术离不开数学，纯粹数学为应用数学、计算数学提供数学理论，应用数学、计算数学又为工程应用提供数学工具．数值分析也称计算数学，是数学科学的一个分支，主要包含函数或数据逼近与拟合、数值积分与微分、线性方程组的数值求解、非线性方程与方程组的求解、特征值数值计算、微分与积分方程数值求解等，由于傅里叶变换、小波分析在工程中应用广泛，近年来计算数学也把这部分涵盖在该学科里．数值分析的特点是研究用计算机技术求解数学问题的近似化数值模拟和仿真，其对科学技术问题的求解步骤是

(1) 从实际问题中近似抽象出数学模型即建模；

(2) 对数学模型给出数值计算方法即算法；

(3) 根据计算方法在计算机上编制程序做数学实验获得数值结果即数值模拟与数值仿真．

以上三个步骤是科学计算的核心，它要求科技工作者既具有一定的数学基础，还应有近似理论思想、计算机编程能力，为了让科学计算工具更好地为工程应用领域所用，同时还需要数学、计算机技术充分融合以适应现代大数据处理的要求，只有借助计算机才能实现工程问题的数值(数据)模拟化、可视化，才能使获得的数据精确化，为工程设计、施工、检测提供科学依据．

1.1.2 计算数学与现代科学计算

20 世纪 90 年代以来，随着计算机技术的高速发展，科学计算也是突飞猛进，

许多和百姓生活息息相关的事情成为可能，如天气预报、大洋环流预测越来越精确，这为人们的出行、生产、航行带来质的变化. 计算数学是各种计算性学科的共性基础，兼有数学理论的基础性、解决实际问题的应用性、各个学科理论相互交叉的融合性. 科学计算是一门具有工具性、方法性、边缘性的学科，**它与理论研究和科学实验成为现代科学发展的三种主要手段**，它们相辅相成又互相独立. 数值计算与物理学、化学、工程技术紧密结合，形成了计算物理、计算结构力学、计算水力学、空气动力学、计算经济学、计算化学等. 科学计算的核心一方面是对实验问题建立数学模型，另一方面是把数学模型化为利于计算机算法能够解决的简化数学模型，再设计合适的算法求出其简化数学模型的数值解，在一定条件下逐渐逼近其实际模型的精确解.

比如建造一个现代化的水电站，其基本理论涉及水动力学、岩土力学、材料力学、弹塑性力学等，水坝选址时必须考虑地质基础和地震历史记录，为建成一个完整的水电站，前期必须在实验室里做数值模拟仿真和微型实体仿真水动力实验，以验证其设计的可行性和科学性，在实验过程中不断检验原假设问题和发现新问题以修正相关的参数，为初期设计存在的不足进行更正. 在此过程中，需要采集大量的实验数据和数值计算，利用计算机进行数值模拟，在水动力学方面对纳维-斯托克斯(Navier-Stokes)方程用有限元素法、有限差分法、无限元素法进行数值计算，在水与坝体之间的接触部分要用流固耦合理论加以解决，在坝体基座、坝体结构等方面用结构力学进行分析，其力学分布满足椭圆型偏微分方程. 对这些受力体和各个结构部件采用网格剖分，根据受力的均匀性在剖分尺度上有粗细之分，在节点上设置基函数并建立满足一定条件的方程组，其系数矩阵即为刚度矩阵，刚度矩阵合成后得方程组的总刚度矩阵，最终形成一个高维(有时可达到上亿维)的线性方程组. 通过计算(如迭代法)高维的线性方程组求得解向量，再用插值理论进行数值模拟，最终得到一个数值仿真的水坝应力模拟实验，为实际的坝体施工提供科学依据.

1.1.3 计算方法与计算机技术

随着计算机技术的发展，原来必须用数值计算算法理论进行优化和加速的方法现在变得非常简单，如在数值积分中，辛普森(Simpson)公式是三阶精度，而梯形公式仅仅是一阶精度，在复合公式中该特性一直保持，但在剖分时由于计算机处理数据的巨量化，可以仅仅用复合梯形公式，当剖分 n(如 100)等份时如果精度不能满足，可以作 $2n$ 等份、$4n$ 等份，在计算时间上没有质的区别.

但是，在对某个问题选择算法时，就必须考虑算法的复杂度. 一个明显的实例是解 n 阶线性方程组，如果用克拉默(Cramer)法则求解线性方程组，那么其算法的计算量随着 n 的增加呈几何级数增长，当 n 稍微大一点其计算量是非常巨大的. 如 $n=20$，用克拉默法则求解线性方程组需要 9.7×10^{21} 次乘除法运算，若用十亿次/秒计算速度的计算机进行运算，则需要的计算时间是 $9.7\times10^{21}/10^9=9.7\times10^{12}$ (秒) $=3.07\times10^5$ (年)，这说明即使 $n=10$ 用手工的方法计算也是不可能的. 但如果用高斯(Gauss)消元法计算，则四则运算的次数是 $\frac{2}{3}n^3+\frac{3}{2}n^2-\frac{7}{6}n$，当 $n=20$ 时，运算次数为 5910 次. 这个例子说明，一个好的算法对解决问题是非常有帮助的.

科学计算必须与计算机技术的特点相适应，数学的理论计算本可以认为是正确的，但如果用计算机进行计算可能会出现错误.

1.2　科学计算的误差

1.2.1　科学计算误差的产生

在科学计算中存在数据的采集、整理、处理、输出等，在各个过程中均会产生误差. 一般地，在测量时由于机器精度只能测量到某一位，这样产生的误差称为**观测误差**. 对于一些实际问题，如果对其描述或建模就存在一定的近似或为了在数学上更好表达其模型而舍去一些次要项，这样建立的数学模型产生的误差称为**模型误差**. 在数值分析中不研究这两类误差，而是认为所给数值是精确的，所建模型是准确合理的并能反映其客观实际问题. 在建立的数学模型下得到的理论解与根据数学模型构建的数值方法得到的数值解之间的差异称为**截断误差**或**方法误差**. 计算机只能处理有限数位的小数运算，初始参数或中间结果都必须进行四舍五入运算，这产生的数值误差称为**舍入误差**. 数值分析课程主要讨论截断误差.

1.2.2　误差的基本概念

1. 绝对误差与误差限

定义 1　设 x^* 是精确值，x 是近似值，则称 $e(x)=x-x^*$ 为 x 近似 x^* 的**绝对误差**，简称**误差**，在不引起混淆时记作 $e(x)$ 或 e.

误差 $e(x)$ 是有量纲的量，其量纲与 x 相同，误差 $e(x)$ 可以正也可以负，当 $e(x)$ 为正时称作“强近似”，当 $e(x)$ 为负时称作“弱近似”. 由于精确值 x^* 一般不知道，因此根据测量或计算情况估计出 $e(x)$ 的绝对值的一个上限值，这个上限值称为 x 的**误差限**，记作 ε，即 $|e(x)|=|x-x^*|\leqslant\varepsilon$，也即 $x-\varepsilon\leqslant x^*\leqslant x+\varepsilon$.

2. 相对误差和相对误差限

目前高清观测卫星在地球上空 30 万米轨道上测量地面物体可以达到误差厘米级，而公路隧道建设中利用盾构机从两边开挖后到最终打通的接头处误差也是厘米级，虽然从量纲上这两类误差几乎是一样的，但人们均普遍认为高空卫星的测量更精确，这就引出相对误差定义.

定义 2　绝对误差与精确值的比值

$$\frac{e(x)}{x^*}=\frac{x-x^*}{x^*} \tag{1.1}$$

称为 x 的**相对误差**，记作 e_r.

相对误差是无量纲的，它反映的是相对概念，常用百分比来表示，也是可以取正、负. 由于 x^* 不能获得，相对误差也不能准确计算，因此用相对误差限来估计更能反映其相对误差结果. 取 $\varepsilon_r=\frac{\varepsilon}{|x^*|}$，该值称为相对误差限，容易得到 $|e_r|=\frac{|x-x^*|}{|x^*|}\leqslant\frac{\varepsilon}{|x^*|}=\varepsilon_r$. 同样，实际中用 x 来代替 x^*，即用 $\varepsilon_r=\frac{\varepsilon}{|x|}$ 表示相对误差限.

1.2.3　有效数字

定义 3　设 x 是近似值，如果其误差限 ε 是 x 的某一数位的半个单位，我们就说 x 准确到该位，从该位起直到前面第一个非零数字为止的所有数字称为 x 的**有效数字**.

如果用数字形式来表示，取 $x=\pm10^m\times(a_1\times10^{-1}+a_2\times10^{-2}+\cdots+a_n\times10^{-n})$，记作 $x=10^m\times(\pm0.a_1a_2\cdots a_n)$，其中 m 为整数，$a_1,a_2,\cdots,a_n$ 是介于 0～9 的整数，且 $a_1\neq0$，如果有 $|e(x)|=|x-x^*|\leqslant\varepsilon=\frac{1}{2}\times10^{m-l},1\leqslant l\leqslant n$，则称 x 有 l 位有效数字.

例 1.1　已知精确值 $x^*=35.438$，测量值 $x_1=35.4321,x_2=35.4426$，求 x_1,x_2 的有效数字分别有几位.

解　因为

$$\begin{aligned}|e(x_1)|&=|x_1-x^*|=|10^2\times0.35438-10^2\times0.354321|\\&=10^2\times0.000059\leqslant\frac{1}{2}\times10^{2-3},\end{aligned}$$

所以 x_1 的有效数字是 3 位，即 35.4 . 又

$$
\begin{aligned}
|e(x_2)| &= |x_2 - x^*| = |10^2 \times 0.35438 - 10^2 \times 0.354426| \\
&= 10^2 \times 0.000046 \leqslant \frac{1}{2} \times 10^{2-4},
\end{aligned}
$$

所以 x_2 的有效数字是 4 位，即 35.44 .

实际应用时不能知道精确值 x^*，而只知道计算值 x，如果认为计算结果的各数位可靠，为了计算方便必须用四舍五入进行处理，此时则其四舍五入的那一位到前面第一个不为零的数位共有 l 位，即为有效数位，由于四舍五入，其与计算数值的差是小于等于该位的半个单位．例如，圆周率 $\pi = 3.1415926\cdots$，则 3.142 与 3.1416 分别为 3.1415 和 3.14159 四舍五入得到，因此其有效数位分别为 4 位与 5 位.

以上说明，对同一数的近似，绝对误差越小，有效数字不会减少；有效数字增加，则绝对误差一定减少．相对误差与有效数字之间的关系有如下定理.

定理 1　设近似值 $x = 10^m \times (\pm 0.a_1a_2\cdots a_n), a_1 \neq 0$，则有下面结论:

(1) 如果 x 有 n 位有效数位，则其相对误差限 $\varepsilon_r \leqslant \dfrac{1}{2a_1} \times 10^{-n+1}$；

(2) 如果 $\varepsilon_r \leqslant \dfrac{1}{2(a_1+1)} \times 10^{-n+1}$，则 x 有 n 位有效数位.

证明　(1) 由 x 具有 n 位有效数位知，其绝对误差 $|e(x)| \leqslant \dfrac{1}{2} \times 10^{m-n}$，而其相对误差

$$
|e_r| = \left|\frac{e(x)}{x}\right| \leqslant \frac{1}{2|x|} \times 10^{m-n} \leqslant \frac{1}{2|10^m \times 0.a_1|} \times 10^{m-n} = \frac{1}{2a_1} \times 10^{-n+1}.
$$

(2) $|x| = 10^m \times 0.a_1a_2\cdots a_n \leqslant 10^{m-1} \times (a_1+1)$，由条件 $\varepsilon_r \leqslant \dfrac{1}{2(a_1+1)} \times 10^{-n+1}$，则

$$
|x - x^*| = \frac{|x - x^*|}{|x|} \times |x| \leqslant \frac{1}{2(a_1+1)} \times 10^{-n+1} \times 10^{m-1} \times (a_1+1) = \frac{1}{2} \times 10^{m-n},
$$

由定义 3 知 x 具有 n 位有效数字.

例 1.2　要使 $\sqrt{10}$ 的近似值的相对误差限不大于 0.1%，要取几位有效数字？

解　设取 n 位有效数字，由定理 1 有 $|e_r| \leqslant \dfrac{1}{2a_1} \times 10^{-n+1}$，而 $\sqrt{10} \approx 3.1\cdots$，即 $a_1 = 3$，要使 $|e_r| \leqslant 0.001$，即 $\dfrac{1}{2a_1} \times 10^{-n+1} \leqslant 0.001$，解之得 $n \geqslant 4$，此时若 $\sqrt{10}$ 的近似值取 4 位有效数字，则其相对误差限小于 0.1%，即由开方表得 $\sqrt{10} \approx 3.162$.

1.3 科学计算中的算法优化和误差估计

1.3.1 数值运算时误差的传播

数值计算中存在由数据的获取产生的误差、计算时因为计算机的数位精度必须作舍入产生的误差，每次运算一般又会产生舍入误差. 由于数值分析课程主要讨论截断误差，我们以泰勒(Taylor)公式作为计算的例子来反映其截断误差的传播过程.

1. 一元函数的误差传播

函数 $y=f(x)$，设 x^* 是精确值，x 是近似值，则自变量的误差 $e(x)=x-x^*$，即 $x=x^*+e(x)$，函数误差为 $e(f(x))=f(x)-f(x^*)$，其泰勒展开为

$$\begin{aligned} f(x^*) &= f(x)+f'(x)(x^*-x)+\frac{f''(\xi)}{2!}(x^*-x)^2 \\ &= f(x)-f'(x)e(x)+\frac{f''(\xi)}{2!}e^2(x), \quad \xi\in(x^*,x), \end{aligned}$$

则

$$e(f(x))=f'(x)e(x)-\frac{f''(\xi)}{2!}e^2(x),$$

可得

$$|e(f(x))|\leqslant|f'(x)|\cdot|e(x)|+\frac{|f''(\xi)|}{2}e^2(x)\leqslant|f'(x)|\cdot\varepsilon(x)+\frac{|f''(\xi)|}{2}\cdot\varepsilon^2(x),$$

舍去含 $\varepsilon^2(x)$ 的高次项可得函数 $y=f(x)$ 的误差限估计式

$$\varepsilon(f(x))\approx|f'(x)|\cdot\varepsilon(x).$$

2. 多元函数的误差传播

同样，对于多元函数 $y=f(x_1,x_2,\cdots,x_n)$，设 $\boldsymbol{x}^*=(x_1^*,x_2^*,\cdots,x_n^*)^{\mathrm{T}}$ 是精确值，$\boldsymbol{x}=(x_1,x_2,\cdots,x_n)^{\mathrm{T}}$ 为近似值，误差向量 $e(\boldsymbol{x})=\boldsymbol{x}-\boldsymbol{x}^*=(x_1-x_1^*,x_2-x_2^*,\cdots,x_n-x_n^*)^{\mathrm{T}}$，即 $e(\boldsymbol{x})=(e(x_1),e(x_2),\cdots,e(x_n))^{\mathrm{T}}$，则多元函数误差为

$$\begin{aligned} e(f(x_1,x_2,\cdots,x_n)) &= f(x_1,x_2,\cdots,x_n)-f(x_1^*,x_2^*,\cdots,x_n^*) \\ &= \sum_{k=1}^{n}\frac{\partial f(x_1,\cdots,x_n)}{\partial x_k}\cdot e(x_k) \\ &\quad -\frac{1}{2!}\left(\sum_{k=1}^{n}e(x_k)\cdot\frac{\partial}{\partial x_k}\right)^2 f(x_1+\theta\cdot e(x_1),\cdots,x_n+\theta\cdot e(x_n)). \end{aligned}$$

其中 $0<\theta<1$，舍去二次项后可得多元函数误差绝对值的近似值

$$
\begin{aligned}
|e(f(x_1,x_2,\cdots,x_n))| &\approx \left|\sum_{k=1}^{n}\frac{\partial f(x_1,\cdots,x_n)}{\partial x_k}\cdot e(x_k)\right| \\
&\leqslant \sum_{k=1}^{n}\left|\frac{\partial f(x_1,\cdots,x_n)}{\partial x_k}\right|\cdot|e(x_k)| \\
&\leqslant \sum_{k=1}^{n}\left|\frac{\partial f(x_1,\cdots,x_n)}{\partial x_k}\right|\cdot\varepsilon(x_k),
\end{aligned}
$$

则其绝对误差限可取

$$
\varepsilon(x)=\sum_{k=1}^{n}\left|\frac{\partial f(x_1,\cdots,x_n)}{\partial x_k}\right|\cdot\varepsilon(x_k).
$$

3. 四则运算中的误差传播

绝对误差限的公式是

$$
\varepsilon(x_1\pm x_2)=\varepsilon(x_1)+\varepsilon(x_2),
$$

$$
\varepsilon(x_1\cdot x_2)=|x_2|\varepsilon(x_1)+|x_1|\varepsilon(x_2),
$$

$$
\varepsilon\left(\frac{x_1}{x_2}\right)=\frac{|x_2|\varepsilon(x_1)+|x_1|\varepsilon(x_2)}{|x_2|^2},\quad x_2\neq 0.
$$

相对误差限的公式是

$$
\varepsilon_{\mathrm{r}}(x_1+x_2)=\max\{\varepsilon_{\mathrm{r}}(x_1),\varepsilon_{\mathrm{r}}(x_2)\},\quad x_1\cdot x_2>0,
$$

$$
\varepsilon_{\mathrm{r}}(x_1-x_2)=\frac{|x_1|}{|x_1-x_2|}\cdot\varepsilon_{\mathrm{r}}(x_1)+\frac{|x_2|}{|x_1-x_2|}\cdot\varepsilon_{\mathrm{r}}(x_2),\quad x_1\cdot x_2>0,
$$

$$
\varepsilon_{\mathrm{r}}(x_1\cdot x_2)=\varepsilon_{\mathrm{r}}(x_1)+\varepsilon_{\mathrm{r}}(x_2),\quad x_1\cdot x_2\neq 0,
$$

$$
\varepsilon_{\mathrm{r}}\left(\frac{x_1}{x_2}\right)=\varepsilon_{\mathrm{r}}(x_1)+\varepsilon_{\mathrm{r}}(x_2),\quad x_1\cdot x_2\neq 0.
$$

1.3.2　算法中应避免的问题

1. 避免相近数相减

由相对误差限 $\varepsilon_{\mathrm{r}}(x_1-x_2)=\frac{|x_1|}{|x_1-x_2|}\cdot\varepsilon_{\mathrm{r}}(x_1)+\frac{|x_2|}{|x_1-x_2|}\cdot\varepsilon_{\mathrm{r}}(x_2)$，$x_1\cdot x_2>0$，知当 x_1,x_2 比较接近时 $|x_1-x_2|$ 趋近于零，这时 $\frac{|x_1|}{|x_1-x_2|}$ 和 $\frac{|x_2|}{|x_1-x_2|}$ 就变得很大，此时 x_1-x_2 的相对误差限反而变得比 $\varepsilon_{\mathrm{r}}(x_1)$ 和 $\varepsilon_{\mathrm{r}}(x_2)$ 大很多.

例 1.3　计算 $\frac{1}{878}-\frac{1}{879}$，视已知数为精确值，用4位浮点数计算，考虑其有效数字.

解　$\frac{1}{878}-\frac{1}{879}\approx 0.1139\times 10^{-2}-0.1138\times 10^{-2}\approx 0.1\times 10^{-5}$，计算结果仅仅为一位有效数字，有效数字大量缺失造成误差的扩大. 把原式作适当处理后再计算，即

$$\frac{1}{878}-\frac{1}{879}=\frac{1}{0.7718\times 10^{6}}=\frac{1}{0.7718}\times 10^{-6}\approx 0.1296\times 10^{-5},$$

就得到 4 位有效数字的结果. 这说明相近数相减可能使误差增大，把相近数相减等价变形为另外的非相近数相减的形式，会保留较多的有效数字.

2. 避免在除法运算中除数的数量级远小于被除数或除数是一个接近零的数

由 $\varepsilon\left(\frac{x_1}{x_2}\right)=\frac{|x_2|\varepsilon(x_1)+|x_1|\varepsilon(x_2)}{|x_2|^2}=\frac{\varepsilon(x_1)}{|x_2|}+\frac{|x_1|\varepsilon(x_2)}{|x_2|^2}$ 知，当 $|x_2|\ll|x_1|$ 时，即 $\frac{|x_1|}{|x_2|^2}\gg 1$，则 $\varepsilon\left(\frac{x_1}{x_2}\right)$ 将比 $\varepsilon(x_2)$ 扩大得多.

3. 避免一个量级非常大的数与一个量级非常小的数相加

比如，一个大企业在年终要统计其生产总值，该大企业下属有许多小厂和子公司，每个厂或子公司产值均在百万以上，如果采用6位浮点数来进行统计，当金额达到亿元以上时，则千元以下的值都不能计入，实际上，当这样的汇总次数增加时，其累积数也将是一个大数目. 这种情况应将小数先分别加成大数，然后再进行相加，其结果才会比较精确.

4. 尽量优化计算的步数

计算函数 $f(x)=5.4x^{10}+3.2x^{5}-4.1x^{3}+12.1$ 在 $x_0=2.3$ 处的函数值，优化算法语句:

```
X=2.3;  An=12.1+x*x*x*(-4.1+x*x*(3.2+5.4*x*x*x*x*x));
```

则算法次数为乘法 10 次，加减法为 3 次.

1.3.3　算法设计中的基本思想

1. “清晰第一，效率第二”

对算法的格式或公式要做到清晰，因为现在计算机的速度非常快，适当增加

存储空间、运算次数，对运算结果的实时性影响并不大，如果为了提高一定的运算效率，在算法上做一些技巧性的改进，其计算效果并不是特别好. 一个好的算法不仅设计者本人容易掌握，而且利于其他科技工作者的应用和推广，只有大家都感到好用，这个算法才是一个好的算法.

解线性方程组 $\boldsymbol{Ax}=\boldsymbol{b}$ 是一个经常碰到的数学问题，在高斯算法中有列选主元的算法设计，其目的是解决主元可能是零或小主元的问题，主元为零会使算法出现溢出现象. 主元接近于零，往往导致消去法数值不稳定，使方程组的解失真. 例如，求解方程组

$$\begin{cases}0.003x+59.14y=59.17,\\5.291x-6.130y=46.78,\end{cases}$$

其精确解为 $x=10.0, y=1.0$，如果用列选主元素算法，即取主元素值为该列绝对值最大的值，则原方程变为

$$\begin{cases}5.291x-6.130y=46.78,\\0.003x+59.14y=59.17,\end{cases}$$

再作消元得所求的近似解为 $x=10.00, y=1.00$，与精确解的近似精度很高.

但采用全选主元素算法，即取主元素值为整个系数矩阵中绝对值最大的值，则原方程组变为

$$\begin{cases}59.14y+0.003x=59.17,\\-6.130y+5.291x=46.78,\end{cases}$$

同样作消元求得的近似解为 $x=10.0012, y=0.999999$，与精确解也是比较近似.

从算法的角度来说，全选主元素解方程组在稳定性上是最好的，但是其必须对自变量的位置进行交换并记录自变量排列的位置，直到消元法完成后，再按记录恢复为自然次序. 当方程的维数高时，这个过程处理起来是比较麻烦的.

2. 算法设计尽量与计算机的技术特点相结合

程序设计主要由执行语句、转移语句、条件语句、循环语句等组成，一个好的程序不应该设置过多的转移语句和条件语句，这样对调试程序是非常麻烦的. 而且一般情况下一个应用程序均由一个软件开发组来完成，数据的处理应该尽量模块化、结构化，科技工作者或程序员在编写程序时不仅自己清楚，而且其合作者也易读. 源代码不仅要具有一定的开放性，还要考虑用户数据的输入输出接口等. 一个好的算法是循环语句为程序的主要部分，变量尽量少用，由于变量受到计算机位数的限制，当原有变量设置后尽可能被后面的数值覆盖而具有多次性，同样数据使用也应该具有继承性而不是一次性. 在本书中会发现很多算法都与计算机技术特点相结合，如非线性方程求解、高维线性方程组的迭代解法、微分方程数

值解、矩阵特征值的乘幂法等.

例 1.4　不用开方构造求 $\sqrt{a}(a>0)$ 的迭代格式, 并验证求 $\sqrt{10}$ 的近似值, 取初值 $x_0=3.0$, 要求迭代三步即可.

解　要求 $\sqrt{a}(a>0)$ 的值, 即求方程 $x^2-a=0$ 的正根, 取 $f(x)=x^2$, 设 x_0 是 $\sqrt{a}$ 的近似值, 具有 $\sqrt{a}=x_0+\Delta x$, 则

$$f(\sqrt{a})=f(x_0+\Delta x)=f(x_0)+f'(x_0)\Delta x+\cdots\approx f(x_0)+f'(x_0)\Delta x,$$

由 $f(\sqrt{a})=a$ 得近似式 $x_0^2+2x_0\Delta x\approx a$, 解之得 $\Delta x\approx\frac{1}{2}\left(\frac{a}{x_0}-x_0\right)$, 所以 $\sqrt{a}=x_0+\Delta x\approx\frac{1}{2}\left(\frac{a}{x_0}+x_0\right)$, 为此构造迭代格式

$$x_{k+1}=\frac{1}{2}\left(\frac{a}{x_k}+x_k\right),\quad k=0,1,2,\cdots,$$

已知 $x_0=3.0$, 得 $x_1=3.1667, x_2=3.1623, x_3=3.1623$.

3. 算法复杂度

算法复杂度是设计该算法所需要的加、减、乘、除四则运算的次数, 如利用高斯消元法(也称高斯消去法)解线性方程组 $\boldsymbol{Ax}=\boldsymbol{b}$, 我们假设其增广矩阵为

$$(\boldsymbol{A}\mid\boldsymbol{b})=\begin{pmatrix} a_{11} & a_{12} & \cdots & a_{1n} & b_1 \\ a_{21} & a_{22} & \cdots & a_{2n} & b_2 \\ \vdots & \vdots & & \vdots & \vdots \\ a_{n1} & a_{n2} & \cdots & a_{nn} & b_n \end{pmatrix}.$$

消元过程如下, 这里假设 $a_{kk}^{(k)}\neq 0(k=1,2,\cdots,n)$,

$$\begin{pmatrix} a_{11} & a_{12} & \cdots & a_{1n} & b_1 \\ a_{21} & a_{22} & \cdots & a_{2n} & b_2 \\ \vdots & \vdots & & \vdots & \vdots \\ a_{n1} & a_{n2} & \cdots & a_{nn} & b_n \end{pmatrix}\rightarrow\cdots\rightarrow\begin{pmatrix} a_{11}^{(1)} & a_{12}^{(1)} & \cdots & a_{1n}^{(1)} & b_1^{(1)} \\ 0 & a_{22}^{(2)} & \cdots & a_{2n}^{(2)} & b_2^{(2)} \\ \vdots & \vdots & & \vdots & \vdots \\ 0 & 0 & \cdots & a_{nn}^{(n)} & b_n^{(n)} \end{pmatrix},$$

消元过程需要的乘除法次数为 $\frac{n(n-1)(2n-1)}{6}+n(n-1)$, 加减法次数为 $\frac{n(n-1)(2n-1)}{6}+\frac{n(n-1)}{2}$. 回代过程:

$$x_n=\frac{b_n^{(n)}}{a_{nn}^{(n)}},\quad x_i=\frac{1}{a_{ii}^{(i)}}\times\left(b_i^{(i)}-\sum_{j=i+1}^{n}a_{ij}^{(i)}\times x_j\right)\quad(i=n-1,n-2,\cdots,1).$$

回代过程需要的乘除法次数为$\frac{n(n+1)}{2}$，加减法次数为$\frac{n(n-1)}{2}$．因此总的计算次数是乘除法次数为$\frac{n^3}{3}+n^2-\frac{n}{3}$，加减法次数为$\frac{n(n-1)(2n+5)}{6}$，当$n$较大时，由于量级的关系，其可以简化为$\frac{n^3}{3}+\frac{n^2}{2}-\frac{5}{6}n\approx\frac{n^3}{3}=O(n^3)$和$\frac{n(n-1)(2n+5)}{6}\approx\frac{n^3}{3}=O(n^3)$．一般地，乘除法的运算比加减法的运算占用机时多得多，在加减法量级与乘除法量级相近的情况下往往只统计乘除法次数，因此高斯消元法的运算量，即计算复杂度为$\frac{n^3}{3}=O(n^3)$．

4. 算法必须具有可重复性和鲁棒性

一个好的算法是在条件满足后，其数值代入数学模型及算法格式进行数值处理，其计算精度、收敛性、稳定性等均应该得到保证，而且对迭代法只要在一定范围内取初值，其迭代均是收敛的，而不应造成取相近初值代入有些收敛、有些发散，有的收敛得特别快，有的收敛得特别慢．

在解非线性方程$f(x)=0$的根时，一般均构造一个与该方程等价的方程$x=\varphi(x)$，以x_0作为初值，形成迭代格式$x_{k+1}=\varphi(x_k), k=0,1,2,\cdots$．例如，当$x^3-3x+1=0$时，如果设置成迭代格式$x_{k+1}=\frac{x_k^3+1}{3}, k=0,1,2,\cdots$，取初值$x_0=0.5$，则其迭代值为$x_0=0.5, x_1=0.375, x_2=0.35091, x_3=0.34774, x_4=0.34735, x_5=0.34730,\cdots$，可以看出其值是逐渐收敛的．但是同样用这个公式却不能求出方程在1.5和-1.9附近的根．为此必须引入判定条件$|\varphi'(x^*)|<1$，其满足后再在x^*附近作迭代就能保证其迭代值的收敛性．

5. 病态问题与条件数

在数值问题中，如果输入数据有微小扰动即误差，其计算结果的相对误差很大，即称该问题是病态的．下面定义函数的条件数来衡量问题是否是病态的．

设$f(x)$在x^*附近是可导的，x^*有小的扰动$\Delta x=x-x^*$，则由泰勒公式的近似公式

$$f(x)\approx f(x^*)+f'(x^*)\Delta x,\ \text{即}\ f(x)-f(x^*)\approx f'(x^*)\Delta x,$$

有

$$e(f(x))\approx f'(x^*)e(x),$$

这里称函数值的相对误差 $\dfrac{e(f(x))}{f(x^*)}$ 与自变量的相对误差 $\dfrac{\Delta x}{x^*}$ 的比值为

$$\left|\frac{e(f(x))}{f(x^*)}\right| \Big/ \left|\frac{\Delta x}{x^*}\right| \approx \left|\frac{x^* f'(x^*)}{f(x^*)}\right| \tag{1.2}$$

记右边项为 C_p，即 $C_p = \left|\dfrac{x^* f'(x^*)}{f(x^*)}\right|$ 称为计算函数值问题在点 x^* 处的条件数. 这一近似等式表明，当 C_p 很大时，自变量的微小变化将引起函数值较大的扰动，此时，称 x 是函数的相对误差意义下的**坏函数值点**，出现这种情况的问题就是病态问题.

例如，取 $f(x)=\mathrm{e}^x$，则有 $C_p = \left|\dfrac{xf'(x)}{f(x)}\right| = \left|\dfrac{x\mathrm{e}^x}{\mathrm{e}^x}\right| = |x|$，当 $x^*=10$ 时 $C_p=10$，即在 $x^*=10$ 处是坏函数值点，有 $f(10)=\mathrm{e}^{10}$，而 $f(10.1)=\mathrm{e}^{10.1}=\mathrm{e}^{0.1}\mathrm{e}^{10}\approx 1.1052\cdot\mathrm{e}^{10}$，自变量的相对误差为 1.0%，函数值的相对误差为 10.52%. 而当 $x^*=2$ 时 $C_p=2$，有 $f(2)=\mathrm{e}^2$，而 $f(2.02)=\mathrm{e}^{2.02}=\mathrm{e}^{0.02}\mathrm{e}^2\approx 1.0202\cdot\mathrm{e}^2$，自变量的相对误差为 1.0%，函数值的相对误差仅仅为 2.02%，由此可知其不是坏函数值点，在该自变量处计算不是病态的.

1.3.4 数值计算的收敛性与稳定性

建立了数值计算，必须考虑算法的收敛性和稳定性，即取不同初值时该算法会不会收敛、算法收敛但是否收敛到真值、收敛速度如何等. 为此就要做在理论上进行推导、数值上进行验证等工作.

例如，在求数值积分时用到公式

$$\int_a^b f(x)\mathrm{d}x \approx \sum_{k=0}^{n} A_k f(x_k), \tag{1.3}$$

希望在区间 $[a,b]$ 中取系列点 $x_0,x_1,\cdots,x_n$ 满足 $a\leqslant x_0<x_1<\cdots<x_n\leqslant b$，并记 $\lambda=\max\limits_{1\leqslant i\leqslant n}\{x_i-x_{i-1}\}$，相对应地，取系数 $A_0,A_1,\cdots,A_n$，则必须满足

$$\lim_{\lambda\to 0}\sum_{k=0}^{n} A_k f(x_k) = \int_a^b f(x)\mathrm{d}x,$$

这说明(1.3)右边的近似算法公式是收敛的.

$f(x_k)$ 是一个函数值，在计算时会有一定的波动或扰动，即产生误差 $f(x_k)=\tilde{f}_k+\delta_k$，记

$$I_n(f)=\sum_{k=0}^{n} A_k f(x_k), \quad I_n(\tilde{f})=\sum_{k=0}^{n} A_k \tilde{f}_k.$$

如果该扰动是可控的即波动很小，则$|I_n(f)-I_n(\tilde{f})|$也很小，这一结论称为算法的稳定性. 用数学语言描述如下:

$\forall\varepsilon>0,\exists\delta>0$，当$|f(x_k)-\tilde{f}_k|\leqslant\delta(k=0,1,2,\cdots,n)$时，一定有$|I_n(f)-I_n(\tilde{f})|<\varepsilon$成立. 在第 4 章的数值积分理论中有如下结论，当系数$A_k>0(k=0,1,\cdots,n)$时，数值积分求积公式(1.3)是稳定的.

定义 4　一个算法如果输入的数据有误差，而在计算过程中舍入误差不增长，则称此算法是**数值稳定**的；否则称此算法是**不稳定**的.

习　题　1

1. 已知$\pi=3.14159\cdots$，问下列x^*的近似值x有几位有效数字，相对误差是多少？

(1) $x^*=\pi,x=3.149$； (2) $x^*=\pi,x=3.138$； (3) $x^*=\pi/10,x=0.3141$.

2. 设原始数据的下列近似值每位均是有效数字

$$x_1=2.13,\quad x_2=34.812,\quad x_3=0.45.$$

试计算:

(1) $x_1+x_2+x_3$; (2) $x_1\cdot x_2\cdot x_3$; (3) x_1/x_3，并估计它们的相对误差限.

3. 设圆面积公式为$A=3.1415r^2$，为使计算圆面积时的相对误差不超过 0.001，问测量半径r的允许相对误差限是多少？

4. 设有长为l，宽为w的某场地，现测得l的近似值$\tilde{l}=120\text{m}$, w的近似值$\tilde{w}=80\text{m}$，并已知它们的误差限为$|l-\tilde{l}|\leqslant0.15\text{m},|w-\tilde{w}|\leqslant0.1\text{m}$，试估计该场地面积$A=lw$的误差限和相对误差限.

5. 要使$\sqrt{20}$近似值的相对误差小于 0.01%，需要取几位有效数字？不用开方，用迭代格式求$\sqrt{20}$，取初值$x_0=4.2$，问迭代三步后其相对误差为多少？($\sqrt{20}\approx4.47213595$)

6. 设$f(x)=x^{10}$，其自变量x在$x^*=1.0$的相对误差为 0.02 和 0.01，问函数值的相对误差分别为多少？并求出该点的条件数，说明其是不是病态的.

数值实验题

1. 编程求一元二次方程$ax^2+bx+c=0(a\neq0)$的根，精确到小数点后三位.

(1) $\sqrt{2}x^2+\sqrt{3}x-7=0$； (2) $x^2-2.31x+5.093=0$.

2. 利用公式$\ln\dfrac{1+x}{1-x}=2\left(x+\dfrac{x^3}{3}+\dfrac{x^5}{5}+\cdots+\dfrac{x^{2n+1}}{2n+1}+\cdots\right)$计算$\ln2$，要求其截断误差小于$10^{-6}$.

第2章 函数插值

2.1 引　　言

插值法是数值分析中的一种古老而重要的方法，它来自生产实践. 早在公元6世纪，我国隋朝的刘焯就首先提出了等距节点插值方法，并应用于天文计算. 公元17世纪牛顿(Newton)等建立了等距节点上的插值公式，公元18世纪拉格朗日(Lagrange)给出了更一般的非等距节点上的插值公式. 在近代由于计算机的广泛使用，插值方法发展成为数据处理、函数近似表示和计算机几何造型等常用的工具，也为其他很多数值方法提供了重要手段和理论基础，因此插值法是数值分析的基本方法.

2.1.1 插值问题

设 $f(x)$ 为定义在区间 $[a,b]$ 上的函数，并已知在 $[a,b]$ 上的 $n+1$ 个互异节点 x_i 及其相应的函数值 $y_i = f(x_i)\ (i=0,1,\cdots,n)$，若存在一简单函数 $P(x)$，使

$$P(x_i) = y_i, \quad i=0,1,\cdots,n \tag{2.1}$$

成立，则称 $P(x)$ 为 $f(x)$ 的**插值函数**，x_i 称为**插值节点**，$[a,b]$ 称为**插值区间**，条件(2.1)为插值条件，求插值函数 $P(x)$ 的方法称为**插值法**. 插值问题的几何意义就是确定曲线 $y=P(x)$，使其通过给定的 $n+1$ 个点 (x_i, y_i)，$i=0,1,\cdots,n$，并用它近似已知曲线 $y=f(x)$.

插值函数 $P(x)$ 的类型可以有不同的选择，若 $P(x)$ 是次数不超过 n 的代数多项式，

$$P(x) = a_0 + a_1 x + \cdots + a_n x^n, \tag{2.2}$$

其中 a_i 为实数，则称 $P(x)$ 为**插值多项式**，相应的插值法称为**多项式插值**. 若 $P(x)$ 为分段的多项式，则称为**分段插值**. 若 $P(x)$ 为三角多项式，则称为**三角插值**.

2.1.2 插值多项式的存在性和唯一性

定理 1 (存在性和唯一性)　设函数 $f(x)$ 在区间 $[a,b]$ 上的 $n+1$ 个互异节点 $x_i \in [a,b]$ 的函数值为 $y_i = f(x_i)\ (i=0,1,\cdots,n)$，则存在唯一的次数不超过 n 的多项式 $P(x)$，使

$$P(x_i)=y_i,\quad i=0,1,\cdots,n. \tag{2.3}$$

由定理可知，插值多项式存在且唯一，但多项式插值有多种形式，其中以拉格朗日插值和牛顿插值为代表的多项式插值是最基本、最重要的. 常用的插值还有埃尔米特(Hermite)插值、分段多项式插值、三次样条插值等. 后面各节将逐一介绍这些插值法.

2.2 拉格朗日插值

2.2.1 线性插值与抛物线插值

对给定的插值节点，可以用多种方法求得形如(2.2)的插值多项式.

讨论 $n=1$ 的情形. 给定区间 $[x_k,x_{k+1}]$ 及端点函数值 $y_k=f(x_k),y_{k+1}=f(x_{k+1})$，要求线性插值多项式 $L_1(x)$，使它满足 $L_1(x_k)=y_k,L_1(x_{k+1})=y_{k+1}$.

线性插值就是过两点 (x_k,y_k), (x_{k+1},y_{k+1}) 的直线，这条直线方程就是一次多项式插值函数，又称为线性插值.

根据初等数学中求过两点的直线的方法，可得到 $L_1(x)$ 表达式

$$\left.\begin{aligned} L_1(x)&=y_k+\frac{y_{k+1}-y_k}{x_{k+1}-x_k}(x-x_k), && (\text{点斜式})\\ L_1(x)&=\frac{x-x_{k+1}}{x_k-x_{k+1}}y_k+\frac{x-x_k}{x_{k+1}-x_k}y_{k+1}. && (\text{两点式})\end{aligned}\right\} \tag{2.4}$$

由两点式看出，$L_1(x)$ 是由两个线性函数

$$l_k(x)=\frac{x-x_{k+1}}{x_k-x_{k+1}},\quad l_{k+1}(x)=\frac{x-x_k}{x_{k+1}-x_k} \tag{2.5}$$

的线性组合得到的，其系数分别为 y_k 及 y_{k+1}，即

$$L_1(x)=y_kl_k(x)+y_{k+1}l_{k+1}(x). \tag{2.6}$$

显然，$l_k(x)$ 及 $l_{k+1}(x)$ 也是线性插值多项式，在节点 x_k 及 x_{k+1} 上满足条件

$$l_k(x_k)=1,\quad l_k(x_{k+1})=0;\quad l_{k+1}(x_k)=0,\quad l_{k+1}(x_{k+1})=1,$$

称 $l_k(x)$ 及 $l_{k+1}(x)$ 为**线性插值基函数**.

下面讨论 $n=2$ 的情形. 假定插值节点为 x_{k-1}，x_k，x_{k+1}，要求二次插值多项式 $L_2(x)$, 使它满足 $L_2(x_j)=y_j\ (j=k-1,k,k+1)$.

我们知道，平面上不在同一直线上的三个点能确定一条抛物线，所以 $L_2(x)$ 是通过三点 $(x_{k-1},y_{k-1}),(x_k,y_k),(x_{k+1},y_{k+1})$ 的抛物线. 采用基函数的方法，仿照线性

插值，由三个节点 x_{k-1}, x_k, x_{k+1} 作三个二次插值基函数，且在节点上满足条件：

$$\left.\begin{aligned} &l_{k-1}(x_{k-1})=1, \quad l_{k-1}(x_j)=0, \quad j=k,k+1; \\ &l_k(x_k)=1, \qquad l_k(x_j)=0, \qquad j=k-1,k+1; \\ &l_{k+1}(x_{k+1})=1, \quad l_{k+1}(x_j)=0, \quad j=k-1,k. \end{aligned}\right\} \tag{2.7}$$

接下来讨论满足(2.7)的插值基函数的求法，以求 $l_{k-1}(x)$ 为例，由上述条件，它应有两个零点 x_k 及 x_{k+1}，可表示为

$$l_{k-1}(x)=A(x-x_k)(x-x_{k+1}),$$

其中 A 为待定系数，可由条件 $l_{k-1}(x_{k-1})=1$ 确定

$$A=\frac{1}{(x_{k-1}-x_k)(x_{k-1}-x_{k+1})},$$

于是

$$l_{k-1}(x)=\frac{(x-x_k)(x-x_{k+1})}{(x_{k-1}-x_k)(x_{k-1}-x_{k+1})}.$$

同理

$$l_k(x)=\frac{(x-x_{k-1})(x-x_{k+1})}{(x_k-x_{k-1})(x_k-x_{k+1})},$$

$$l_{k+1}(x)=\frac{(x-x_{k-1})(x-x_k)}{(x_{k+1}-x_{k-1})(x_{k+1}-x_k)}.$$

利用 $l_{k-1}(x)$，$l_k(x)$，$l_{k+1}(x)$，可知所求的二次插值多项式

$$L_2(x)=y_{k-1}l_{k-1}(x)+y_kl_k(x)+y_{k+1}l_{k+1}(x). \tag{2.8}$$

显然，它满足条件 $L_2(x_j)=y_j\,(j=k-1,k,k+1)$.

将 $l_{k-1}(x)$，$l_k(x)$，$l_{k+1}(x)$ 代入式(2.8)，得

$$\begin{aligned} L_2(x)=&\,y_{k-1}\frac{(x-x_k)(x-x_{k+1})}{(x_{k-1}-x_k)(x_{k-1}-x_{k+1})}+y_k\frac{(x-x_{k-1})(x-x_{k+1})}{(x_k-x_{k-1})(x_k-x_{k+1})} \\ &+y_{k+1}\frac{(x-x_{k-1})(x-x_k)}{(x_{k+1}-x_{k-1})(x_{k+1}-x_k)}. \end{aligned}$$

2.2.2 拉格朗日插值多项式

将前面的方法推广到一般情形，讨论如何构造通过 $n+1$ 个节点 $x_0<x_1<\cdots<x_n$ 的 n 次插值多项式 $L_n(x)$.

根据插值的定义，$L_n(x)$ 应满足

$$L_n(x_j)=y_j \quad (j=0,1,\cdots,n). \tag{2.9}$$

为构造 $L_n(x)$，先定义 n 次插值基函数.

定义 1　若 n 次多项式 $l_j(x)\ (j=0,1,\cdots,n)$ 在 $n+1$ 个节点 $x_0<x_1<\cdots<x_n$ 上满足条件

$$l_j(x_k)=\begin{cases}1, & k=j,\\ 0, & k\neq j,\end{cases} \quad j,k=0,1,\cdots,n, \tag{2.10}$$

则称这 $n+1$ 个 n 次多项式 $l_0(x),l_1(x),\cdots,l_n(x)$ 为节点 $x_0,x_1,\cdots,x_n$ 上的 ***n* 次插值基函数**.

与前面的推导类似，n 次插值基函数为

$$l_k(x)=\frac{(x-x_0)\cdots(x-x_{k-1})(x-x_{k+1})\cdots(x-x_n)}{(x_k-x_0)\cdots(x_k-x_{k-1})(x_k-x_{k+1})\cdots(x_k-x_n)}, \quad k=0,1,\cdots,n. \tag{2.11}$$

显然它满足条件(2.10). 于是，满足条件(2.9)的插值多项式 $L_n(x)$ 可表示为

$$L_n(x)=\sum_{k=0}^{n}y_k l_k(x). \tag{2.12}$$

由 $l_k(x)$ 的定义，知

$$L_n(x_j)=\sum_{k=0}^{n}y_k l_k(x_j)=y_j, \quad j=0,1,\cdots,n.$$

形如(2.12)的插值多项式 $L_n(x)$ 称为**拉格朗日插值多项式**，而(2.6)与(2.8)是(2.12)在 $n=1$ 和 $n=2$ 的特殊情形.

若引入记号

$$\omega_{n+1}(x)=(x-x_0)(x-x_1)\cdots(x-x_n), \tag{2.13}$$

容易求得

$$\omega_{n+1}'(x_k)=(x_k-x_0)\cdots(x_k-x_{k-1})(x_k-x_{k+1})\cdots(x_k-x_n).$$

于是公式(2.12)可改写成

$$L_n(x)=\sum_{k=0}^{n}y_k\frac{\omega_{n+1}(x)}{(x-x_k)\omega_{n+1}'(x_k)}. \tag{2.14}$$

2.2.3　插值余项与误差估计

利用插值多项式 $L_n(x)$ 作为 $f(x)$ 的近似函数，在 $[a,b]$ 上，则其截断误差为 $R_n(x)=f(x)-L_n(x)$，也称为插值多项式的**余项**.

定理 2　设 $f^{(n)}(x)$ 在 $[a,b]$ 上连续，$f^{(n+1)}(x)$ 在 (a,b) 内存在，插值节点 $a\leqslant x_0<x_1<\cdots<x_n\leqslant b$，$L_n(x)$ 是满足条件(2.9)的插值多项式，则对任何 $x\in[a,b]$，有

插值余项

$$R_n(x)=f(x)-L_n(x)=\frac{f^{(n+1)}(\xi)}{(n+1)!}\omega_{n+1}(x), \tag{2.15}$$

其中，$\xi\in(a,b)$ 且依赖于 x，$\omega_{n+1}(x)$ 是(2.13)所定义的.

证明 由给定条件知 $R_n(x)$ 在节点 $x_k\ (k=0,1,\cdots,n)$ 上为零，即 $R_n(x_k)=0$ $(k=0,1,\cdots,n)$，于是

$$R_n(x)=K(x)(x-x_0)(x-x_1)\cdots(x-x_n)=K(x)\omega_{n+1}(x), \tag{2.16}$$

其中 $K(x)$ 是与 x 有关的待定函数.

构造辅助函数

$$\varphi(t)=f(t)-L_n(t)-K(x)(t-x_0)(t-x_1)\cdots(t-x_n),$$

x 可看作 $[a,b]$ 上的一个固定值，根据 $f(x)$ 的假设，可知 $\varphi^{(n)}(t)$ 在 $[a,b]$ 上连续，$\varphi^{(n+1)}(t)$ 在 (a,b) 内存在. 根据插值条件及余项定义，可知 $\varphi(x_0)=\varphi(x_1)=\cdots=\varphi(x_n)=\varphi(x)=0$，故 $\varphi(t)$ 在 $[a,b]$ 上有 $n+2$ 个零点，由罗尔(Rolle)定理知 $\varphi'(t)$ 在 $\varphi(t)$ 的两个零点间至少有一个零点，则 $\varphi'(t)$ 在 $[a,b]$ 内至少有 $n+1$ 个零点. 对 $\varphi'(t)$ 再应用罗尔定理，可知 $\varphi''(t)$ 在 $[a,b]$ 内至少有 n 个零点. 依此类推，$\varphi^{(n+1)}(t)$ 在 (a,b) 内至少有一个零点，记 $\xi\in(a,b)$，使

$$\varphi^{(n+1)}(\xi)=f^{(n+1)}(\xi)-(n+1)!K(x)=0,$$

于是

$$K(x)=\frac{f^{(n+1)}(\xi)}{(n+1)!},\quad \xi\in(a,b),$$

且依赖于 x. 将它代入(2.16)，就得到余项表达式(2.15).

余项表达式只有在 $f(x)$ 的高阶导数存在时才能应用，ξ 在 (a,b) 内的具体位置通常不可能给出，如果可以求出 $\max\limits_{a<x<b}\left|f^{(n+1)}(x)\right|=M_{n+1}$，那么插值多项式 $L_n(x)$ 逼近 $f(x)$ 的截断误差限是

$$\left|R_n(x)\right|\leqslant\frac{M_{n+1}}{(n+1)!}\left|\omega_{n+1}(x)\right|. \tag{2.17}$$

当 $n=1$ 时，线性插值余项为

$$R_1(x)=\frac{1}{2}f''(\xi)\omega_2(x)=\frac{1}{2}f''(\xi)(x-x_0)(x-x_1),\quad \xi\in[x_0,x_1]; \tag{2.18}$$

当 $n=2$ 时，抛物线插值余项为

$$R_2(x)=\frac{1}{6}f'''(\xi)(x-x_0)(x-x_1)(x-x_2),\quad \xi\in[x_0,x_2]. \tag{2.19}$$

利用余项表达式(2.15)，当 $f(x)=x^k(k\leqslant n)$ 时，由于 $f^{(n+1)}(x)=0$，所以

$$R_n(x)=x^k-\sum_{i=0}^{n}x_i^k l_i(x)=0,$$

由此得

$$\sum_{i=0}^{n}x_i^k l_i(x)=x^k,\quad k=0,1,\cdots,n. \tag{2.20}$$

特别，当 $k=0$ 时，有

$$\sum_{i=0}^{n}l_i(x)=1. \tag{2.21}$$

利用余项表达式(2.15)还可知，若被插值函数 $f(x)\in H_n$ (H_n 代表次数小于等于 n 的多项式集合)，由于 $f^{(n+1)}(x)=0$, $R_n(x)=f(x)-L_n(x)=0$ ，所以它的插值多项式 $L_n(x)=f(x)$.

例 2.1　设 x_i 为互异节点 $(i=0,1,\cdots,n)$，求证:

$$\sum_{i=0}^{n}(x_i-x)^k l_i(x)=0\quad(k=1,2,\cdots,n).$$

证明　由题意知

$$\sum_{i=0}^{n}(x_i-x)^k l_i(x)=\sum_{i=0}^{n}\sum_{j=0}^{k}\mathrm{C}_k^j x_i^j(-x)^{k-j}l_i(x)=\sum_{j=0}^{k}\mathrm{C}_k^j(-x)^{k-j}\sum_{i=0}^{n}x_i^j l_i(x),$$

因为 $0\leqslant i\leqslant n$，由式(2.20)可知

$$\sum_{i=0}^{n}x_i^j l_i(x)=x^j,$$

所以

$$\sum_{i=0}^{n}(x_i-x)^k l_i(x)=\sum_{j=0}^{k}\mathrm{C}_k^j(-x)^{k-j}x^j=(x-x)^k=0.$$

得证.

例 2.2　已知函数 $y=\ln x$ 的函数表(表 2-1).

表 2-1　函数 $y=\ln x$ 的部分近似值

x	10	11	12	13	14
$y=\ln x$	2.3026	2.3979	2.4849	2.5649	2.6391

分别用拉格朗日线性插值和抛物线插值求 ln11.5 的近似值，并估计截断误差.

解　用线性插值计算，取两个节点 $x_0=11, x_1=12$，插值基函数为

$$l_0(x)=\frac{x-x_1}{x_0-x_1}=-(x-12),\quad l_1(x)=\frac{x-x_0}{x_1-x_0}=x-11.$$

由式(2.6)得

$$L_1(x)=-2.3979(x-12)+2.4849(x-11),$$

将 $x=11.5$ 代入上式，即得

$$\ln 11.5\approx L_1(11.5)=2.3979\times 0.5+2.4849\times 0.5=2.4414,$$

按式(2.15)得

$$R_1(x)=\frac{(\ln x)''|_{x=\xi}}{2!}(x-11)(x-12).$$

因为 $(\ln x)''=-\frac{1}{x^2}$，ξ 在11与12之间，故

$$\left|(\ln x)''|_{x=\xi}\right|=\frac{1}{\xi^2}\leqslant\frac{1}{11^2}=0.0082645,$$

于是

$$\left|R_1(11.5)\right|\leqslant\frac{1}{2}\times 0.0082645\times 0.5\times 0.5=1.03306\times 10^{-3}.$$

用抛物线插值计算，取 $x_0=11, x_1=12, x_2=13$，插值多项式为

$$\begin{aligned}L_2(x)&=2.3979\frac{(x-12)(x-13)}{(11-12)(11-13)}+2.4849\frac{(x-11)(x-13)}{(12-11)(12-13)}\\&\quad+2.5649\frac{(x-11)(x-12)}{(13-11)(13-12)}\\&=1.19895(x-12)(x-13)-2.4849(x-11)(x-13)\\&\quad+1.28245(x-11)(x-12),\end{aligned}$$

所以

$$\begin{aligned}\ln 11.5&\approx L_2(11.5)\\&=1.19895\times(-0.5)\times(-1.5)-2.4849\times 0.5\times(-1.5)\\&\quad+1.28245\times 0.5\times(-0.5)\\&=2.442275.\end{aligned}$$

因为 $(\ln x)'''=\frac{2}{x^3}$，于是

$$\max_{11\leqslant x\leqslant 13}\left|(\ln x)'''\right|\leqslant\frac{2}{11^3}=0.1503\times 10^{-2},$$

因此用抛物线插值计算的误差为

$$\left|R_2(11.5)\right| = \frac{\left|(\ln x)'''\big|_{x=\xi}\right|}{3!}\left|(11.5-11)(11.5-12)(11.5-13)\right|$$

$$\leqslant \frac{1}{6}\times 0.1503\times 10^{-2}\times 0.5\times 0.5\times 1.5$$

$$= 9.3938\times 10^{-5},$$

查表可得 $\ln 11.5 \approx 2.442347$.

2.3 牛 顿 插 值

2.3.1 插值多项式的逐次生成

拉格朗日插值多项式的优点是公式结构紧凑，系数有明确定义，便于理论研究；缺点是当插值节点的个数有变动时，拉格朗日插值基函数 $l_k(x)(k=0,1,\cdots,n)$ 也随之发生变化，从而整个插值公式都发生变化，这在实际计算中甚为不便. 也就是说拉格朗日插值不具有承袭性. 为了计算方便，可重新设计一种逐次生成插值多项式的方法.

当 $n=1$ 时，线性插值多项式记为 $P_1(x)$，插值条件为 $P_1(x_0)=f(x_0), P_1(x_1)=f(x_1)$，由点斜式

$$P_1(x)=f(x_0)+\frac{f(x_1)-f(x_0)}{x_1-x_0}(x-x_0),$$

将 $P_1(x)$ 看成是零次插值 $P_0(x)=f(x_0)$ 的修正，即

$$P_1(x)=P_0(x)+a_1(x-x_0),$$

其中 $a_1=\dfrac{f(x_1)-f(x_0)}{x_1-x_0}$ 称作函数 $f(x)$ 的均差.

对于三个节点的二次插值 $P_2(x)$，插值条件为

$$P_2(x_0)=f(x_0),\quad P_2(x_1)=f(x_1),\quad P_2(x_2)=f(x_2),$$

插值多项式为

$$P_2(x)=P_1(x)+a_2(x-x_0)(x-x_1).$$

显然

$$P_2(x_0)=f(x_0),\quad P_2(x_1)=f(x_1),$$

由 $P_2(x_2)=f(x_2)$，得

$$a_2=\frac{P_2(x_2)-P_1(x_2)}{(x_2-x_0)(x_2-x_1)}=\frac{\dfrac{f(x_2)-f(x_0)}{x_2-x_0}-\dfrac{f(x_1)-f(x_0)}{x_1-x_0}}{x_2-x_1}.$$

系数 a_2 是函数 f 的“均差的均差”.

一般情况, 已知 f 在插值点 $x_i(i=0,1,\cdots,n)$ 上的值为 $f(x_i)(i=0,1,\cdots,n)$, 要求 n 次插值多项式 $P_n(x)$ 满足条件

$$P_n(x_i)=f(x_i),\quad i=0,1,\cdots,n, \tag{2.22}$$

则 $P_n(x)$ 可表示为

$$P_n(x)=a_0+a_1(x-x_0)+\cdots+a_n(x-x_0)\cdots(x-x_{n-1}), \tag{2.23}$$

其中 $a_0,a_1,\cdots,a_n$ 为待定系数, 可由插值条件(2.22)确定. 这里的 $P_n(x)$ 是由基函数 $\{1,(x-x_0),\cdots,(x-x_0)\cdots(x-x_{n-1})\}$ 逐次递推得到的.

2.3.2 均差及其性质

为了介绍牛顿插值方法, 需要引进均差的概念.

定义 2 设函数 $f(x)$ 在互异节点 $x_0,x_1,\cdots,x_n$ 上的值为 $f(x_0),f(x_1),\cdots,f(x_n)$, 定义

(1) 函数 $f(x)$ 关于点 x_0,x_k 的**一阶均差**为

$$f[x_0,x_k]=\frac{f(x_k)-f(x_0)}{x_k-x_0};$$

(2) 函数 $f(x)$ 关于点 x_0,x_1,x_k 的**二阶均差**为

$$f[x_0,x_1,x_k]=\frac{f[x_0,x_k]-f[x_0,x_1]}{x_k-x_1};$$

(3) 依次类推, 函数 $f(x)$ 关于点 $x_0,x_1,\cdots,x_k$ 的 k 阶均差(均差也称为**差商**)为

$$f[x_0,x_1,\cdots,x_k]=\frac{f[x_0,\cdots,x_{k-2},x_k]-f[x_0,x_1,\cdots,x_{k-1}]}{x_k-x_{k-1}}. \tag{2.24}$$

均差有如下的基本性质:

(1) k 阶均差可表示为函数值 $f(x_0),f(x_1),\cdots,f(x_k)$ 的线性组合, 即

$$f[x_0,x_1,\cdots,x_k]=\sum_{j=0}^{k}\frac{f(x_j)}{(x_j-x_0)\cdots(x_j-x_{j-1})(x_j-x_{j+1})\cdots(x_j-x_k)}. \tag{2.25}$$

这个性质可用归纳法证明. 该性质表明均差与节点的排列次序无关, 称为均差的对称性, 即

$$f[x_0,x_1,\cdots,x_k]=f[x_1,x_0,x_2,\cdots,x_k]=\cdots=f[x_1,\cdots,x_k,x_0].$$

(2) 由性质(1)及(2.24)可得

$$f[x_0,x_1,\cdots,x_k]=\frac{f[x_1,x_2,\cdots,x_k]-f[x_0,x_1,\cdots,x_{k-1}]}{x_k-x_0}. \tag{2.26}$$

(3) 设 $f(x)$ 在 $[a,b]$ 上连续, $x_i\in[a,b](i=0,1,\cdots,n)$ 为 $n+1$ 个互异节点, 则

$f(x)$ 的 n 阶均差与其 n 阶导数关系为

$$f[x_0,x_1,\cdots,x_n]=\frac{f^{(n)}(\xi)}{n!},\quad \xi\in[a,b]. \tag{2.27}$$

该公式可直接用罗尔定理证明. 实际计算时, 常利用均差表(表 2-2)计算均差.

表 2-2　均差表

x_k	$f(x_k)$	一阶均差	二阶均差	三阶均差	四阶均差
x_0	$\underline{f(x_0)}$				
x_1	$f(x_1)$	$\underline{f[x_0,x_1]}$			
x_2	$f(x_2)$	$f(x_1,x_2)$	$\underline{f[x_0,x_1,x_2]}$		
x_3	$f(x_3)$	$f[x_2,x_3]$	$f[x_1,x_2,x_3]$	$\underline{f[x_0,x_1,x_2,x_3]}$	
x_4	$f(x_4)$	$f[x_3,x_4]$	$f[x_2,x_3,x_4]$	$f[x_1,x_2,x_3,x_4]$	$\underline{f[x_0,x_1,x_2,x_3,x_4]}$
$\vdots$	$\vdots$	$\vdots$	$\vdots$	$\vdots$	$\vdots$

2.3.3　牛顿插值公式

根据均差定义, 一次插值多项式为

$$P_1(x)=P_0(x)+f[x_0,x_1](x-x_0)=f(x_0)+f[x_0,x_1](x-x_0),$$

二次插值多项式为

$$\begin{aligned}P_2(x)&=P_1(x)+f[x_0,x_1,x_2](x-x_0)(x-x_1)\\&=f(x_0)+f[x_0,x_1](x-x_0)+f[x_0,x_1,x_2](x-x_0)(x-x_1).\end{aligned}$$

根据均差定义, 将 x 看成 $[a,b]$ 上一点,

$$f(x)=f(x_0)+f[x,x_0](x-x_0),$$

$$f[x,x_0]=f[x_0,x_1]+f[x,x_0,x_1](x-x_1),$$

$$\cdots\cdots$$

$$f[x,x_0,\cdots,x_{n-1}]=f[x_0,x_1,\cdots,x_n]+f[x,x_0,x_1,\cdots,x_n](x-x_n).$$

只要把后一式依次代入前一式, 就得到

$$\begin{aligned}f(x)=&f(x_0)+f[x_0,x_1](x-x_0)+f[x_0,x_1,x_2](x-x_0)(x-x_1)+\cdots\\&+f[x_0,x_1,\cdots,x_n](x-x_0)\cdots(x-x_{n-1})\\&+f[x,x_0,\cdots,x_n]\omega_{n+1}(x)=P_n(x)+R_n(x),\end{aligned}$$

其中

$$\begin{aligned}P_n(x)=&f(x_0)+f[x_0,x_1](x-x_0)+f[x_0,x_1,x_2](x-x_0)(x-x_1)+\cdots\\&+f[x_0,x_1,\cdots,x_n](x-x_0)\cdots(x-x_{n-1}),\end{aligned}\tag{2.28}$$

$$R_n(x) = f(x) - P_n(x) = f[x, x_0, \cdots, x_n]\omega_{n+1}(x), \tag{2.29}$$

这里 $\omega_{n+1}(x)$ 是由式(2.13)定义的.

显然，由(2.28)确定的多项式 $P_n(x)$ 满足插值条件(2.22)，且次数不超过 n，它就是形如(2.23)的多项式，其系数为

$$a_k = f[x_0, x_1, \cdots, x_k], \quad k = 0, 1, \cdots, n.$$

称 $P_n(x)$ 为**牛顿均差插值多项式**. 系数 a_k 就是表 2-2 中加横线的各阶均差，它比拉格朗日插值计算量省，且便于程序设计.

(2.29)为插值余项，由插值多项式唯一性可知，它与拉格朗日插值多项式的余项应该是等价的. 事实上，利用均差与导数关系式就可以证明这一点. 但(2.29)更有一般性，它在 $f(x)$ 是由离散点给出的情形或 $f(x)$ 导数不存在时也是适用的. 牛顿插值多项式的优点还在于它的递进性，当增加插值节点时，只要在原来插值多项式的基础上增加项即可.

例 2.3　给定下述所列节点的值(表 2-3)，构造牛顿形式插值多项式，计算 $P_3(3.5), P_4(3.5)$.

表 2-3

x	1	2	3	5	6
$f(x)$	0	2	6	20	90

解　作均差表(表 2-4).

表 2-4

i	x_i	$f(x_i)$	$f[x_{i-1}, x_i]$	$f[x_{i-2}, x_{i-1}, x_i]$	$f[x_{i-3}, \cdots, x_i]$	$f[x_{i-4}, \cdots, x_i]$
0	1	0				
1	2	2	2			
2	3	6	4	1		
3	5	20	7	1	0	
4	6	90	70	21	5	1

三次牛顿插值多项式的一般形式为

$$\begin{aligned} P_3(x) = & f(x_0) + f[x_0, x_1](x - x_0) + f[x_0, x_1, x_2](x - x_0)(x - x_1) \\ & + f[x_0, x_1, x_2, x_3](x - x_0)(x - x_1)(x - x_2). \end{aligned}$$

取 $x_0 = 1, x_1 = 2, x_2 = 3, x_3 = 5$. 根据上述均差表计算出的均差，得到三次牛顿插值多项式

$$P_3(x)=0+2(x-1)+(x-1)(x-2)+0(x-1)(x-2)(x-3)=x^2-x,$$

则 $P_3(3.5)=3.5^2-3.5=8.75$.

若取 $x_0=2,x_1=3,x_2=5,x_3=6$，根据表 2-4 计算出的均差，得到三次牛顿插值多项式

$$P_3(x)=2+4(x-2)+(x-2)(x-3)+5(x-2)(x-3)(x-5)$$
$$=-150+154x-49x^2+5x^3,$$

则 $P_3(3.5)=3.125$.

四次牛顿插值多项式为

$$P_4(x)=0+2(x-1)+(x-1)(x-2)+0(x-1)(x-2)(x-3)$$
$$+(x-1)(x-2)(x-3)(x-5)$$
$$=30-62x+42x^2-11x^3+x^4,$$

则 $P_4(3.5)=5.9375$.

2.3.4　牛顿向前插值公式

在实际应用中，插值节点有可能是等距的情形，即 $x_k=x_0+kh\,(k=0,1,\cdots,n)$ 的情形，这里 h 为常数，称为**步长**，这时插值公式可以进一步简化，计算也简单得多.

设函数 $f(x)$ 在等距节点 $x_k=x_0+kh$ 的函数值为 $f_k=f(x_k)(k=0,1,\cdots,n)$，定义

(1) $f(x)$ 在 x_k 处以 h 为步长的**一阶**(向前)**差分**

$$\Delta f_k=f_{k+1}-f_k;$$

(2) $f(x)$ 在 x_k 处的**二阶差分**

$$\Delta^2 f_k=\Delta f_{k+1}-\Delta f_k;$$

(3) 由此递推地定义 $f(x)$ 在 x_k 处的 ***n* 阶差分**

$$\Delta^n f_k=\Delta^{n-1} f_{k+1}-\Delta^{n-1} f_k. \tag{2.30}$$

为了表示方便，引入两个常用算子符号:

(1) **位移算子** E　　$Ef_k=f_{k+1}$.

(2) **不变算子** I　　$If_k=f_k$.

由此可得,

$$\Delta f_k=f_{k+1}-f_k=Ef_k-If_k=(E-I)f_k,$$

$$\Delta^n f_k=(E-I)^n f_k=\sum_{j=0}^{n}(-1)^j\binom{n}{j}E^{n-j}f_k=\sum_{j=0}^{n}(-1)^j\binom{n}{j}f_{n+k-j}, \tag{2.31}$$

其中$\begin{pmatrix} n \\ j \end{pmatrix} = \dfrac{n(n-1)\cdots(n-j+1)}{j!}$为二项式展开系数，式(2.31)说明各阶差分可由函数值给出. 反之，由

$$f_{n+k} = E^n f_k = (I+\Delta)^n f_k = \left[\sum_{j=0}^{n}\begin{pmatrix} n \\ j \end{pmatrix}\Delta^j\right] f_k$$

可得

$$f_{n+k} = \sum_{j=0}^{n}\begin{pmatrix} n \\ j \end{pmatrix}\Delta^j f_k. \tag{2.32}$$

从而有均差与差分的关系:

$$f[x_k, x_{k+1}] = \frac{f_{k+1}-f_k}{x_{k+1}-x_k} = \frac{\Delta f_k}{h},$$

$$f[x_k, x_{k+1}, x_{k+2}] = \frac{f[x_{k+1}, x_{k+2}] - f[x_k, x_{k+1}]}{x_{k+2}-x_k} = \frac{1}{2h^2}\Delta^2 f_k.$$

一般地，有

$$f[x_k, \cdots, x_{k+m}] = \frac{1}{m!}\frac{1}{h^m}\Delta^m f_k, \quad m = 1, 2, \cdots, n. \tag{2.33}$$

由(2.33)和(2.27)又可得到差分与导数的关系:

$$\Delta^n f_k = h^n f^{(n)}(\xi), \tag{2.34}$$

其中$\xi \in (x_k, x_{k+n})$. 由给定函数表计算差分可由以下形式差分表(表 2-5)给出.

表 2-5　差分表

f_k	Δ	Δ^2	Δ^3	Δ^4	$\cdots$
f_0					
	Δf_0				
f_1		$\Delta^2 f_0$			
	Δf_1		$\Delta^3 f_0$		
f_2		$\Delta^2 f_1$		$\Delta^4 f_0$	
	Δf_2		$\Delta^3 f_1$		$\vdots$
f_3		$\Delta^2 f_2$		$\vdots$	
	Δf_3		$\vdots$		
f_4		$\vdots$			
	$\vdots$				
$\vdots$					

在牛顿插值公式(2.28)中，用(2.33)的差分代替均差，并令 $x = x_0 + th$，则得

$$P_n(x_0+th) = f_0 + t\Delta f_0 + \frac{t(t-1)}{2!}\Delta^2 f_0 + \cdots + \frac{t(t-1)\cdots(t-n+1)}{n!}\Delta^n f_0, \tag{2.35}$$

式(2.35)称为**牛顿向前插值公式**，由式(2.29)得其余项为

$$R_n(x) = \frac{t(t-1)\cdots(t-n)}{(n+1)!}h^{n+1}f^{(n+1)}(\xi), \quad \xi \in (x_0, x_n). \tag{2.36}$$

例 2.4 已知 $f(x)=\sin x$ 的函数表(表 2-6)，用 3 次牛顿向前插值公式求 $\sin 0.57891$ 的近似值并估计误差.

解 为使用牛顿向前插值公式，先构造差分表(表 2-6).

表 2-6 差分表(例 2.4)

x_k	$f(x_k)$	Δf	$\Delta^2 f$	$\Delta^3 f$
0.4	0.38942			
		0.09001		
0.5	0.47943		−0.00480	
		0.08521		−0.00083
0.6	0.56464		−0.00563	
		0.07958		
0.7	0.64422			

3 次牛顿向前插值公式为

$$P_3(x_0+th) = 0.38942 + 0.09001t - \frac{1}{2}\times 0.00480t(t-1) - \frac{1}{6}\times 0.00083t(t-1)(t-2),$$

将 $t = \frac{x-x_0}{h} = (0.57891-0.4)/0.1 = 1.7891$ 代入上式得

$$\begin{aligned}\sin 0.57891 &\approx P_3(0.57891)\\ &= 0.38942 + 0.09001\times 1.7891 - \frac{1}{2}\times 0.00480\times 1.7891\times 0.7891\\ &\quad + \frac{1}{6}\times 0.00083\times 1.7891\times 0.7891\times 0.2109\\ &= 0.54711.\end{aligned}$$

由式(2.36)，误差为

$$\left|R_3(0.57891)\right| = \left|\frac{(0.1)^4}{4!}\times 1.7891\times 0.7891\times(-0.2109)\times(-1.2109)\sin\xi\right| < 2\times 10^{-6}.$$

2.4　埃尔米特插值

在实际应用中有时需要构造一个插值函数，不但要求在节点处插值多项式与被插值函数的值相等，而且还要求相应阶的导数值也相等，满足这种条件的插值多项式称为**埃尔米特(Hermite)插值多项式**.

2.4.1　重节点均差与泰勒插值

关于均差，有下面的定理.

定理 3　设 $f\in C^n[a,b]$, $x_0,x_1,\cdots,x_n$ 为 $[a,b]$ 上的相异节点，则 $f[x_0,x_1,\cdots,x_n]$ 是其变量的连续函数.

根据上述定理，可定义 n 阶重节点的均差，由(2.27)得

$$f[x_0,x_0,\cdots,x_0]=\lim_{x_i\to x_0}f[x_0,x_1,\cdots,x_n]=\frac{1}{n!}f^{(n)}(x_0). \tag{2.37}$$

在牛顿插值多项式(2.28)中，若令 $x_i\to x_0(i=1,2,\cdots,n)$，则由(2.37)可得到泰勒多项式

$$P_n(x)=f(x_0)+f'(x_0)(x-x_0)+\cdots+\frac{f^{(n)}(x_0)}{n!}(x-x_0)^n. \tag{2.38}$$

其在 x_0 的 k 阶导数，满足条件

$$P_n^{(k)}(x_0)=f^{(k)}(x_0),\quad k=0,1,\cdots,n. \tag{2.39}$$

式(2.38)称为**泰勒插值多项式**，它就是一个埃尔米特插值多项式，余项为

$$R_n(x)=\frac{f^{(n+1)}(\xi)}{(n+1)!}(x-x_0)^{n+1},\quad \xi\in(a,b), \tag{2.40}$$

它与插值余项(2.15)中令 $x_i\to x_0(i=1,2,\cdots,n)$ 的结果是一致的.

泰勒插值是牛顿插值的极限形式，是只在一点 x_0 给出 $n+1$ 个插值条件(2.39)所得到的 n 次埃尔米特插值多项式. 一般地，只要给出 $m+1$ 个插值条件(包括函数值和导数值)就可以构造出次数不超过 m 次的埃尔米特插值多项式.

2.4.2　典型的埃尔米特插值

考虑满足条件 $P(x_i)=f(x_i)\ (i=0,1,2)$ 及 $P'(x_1)=f'(x_1)$ 的插值多项式及余项表达式.

由给定的4个条件，可确定次数不超过3的插值多项式. 由于此多项式通过点 $(x_0,f(x_0)),(x_1,f(x_1)),(x_2,f(x_2))$，故其形式为

$$P(x)=f(x_0)+f[x_0,x_1](x-x_0)$$
$$+f[x_0,x_1,x_2](x-x_0)(x-x_1)+A(x-x_0)(x-x_1)(x-x_2),$$

其中待定常数为 A，可由条件 $P'(x_1)=f'(x_1)$ 确定，通过计算可得

$$A=\frac{f'(x_1)-f[x_0,x_1]-(x_1-x_0)f[x_0,x_1,x_2]}{(x_1-x_0)(x_1-x_2)}.$$

为了求出余项 $R(x)=f(x)-P(x)$ 的表达式，设

$$R(x)=k(x)(x-x_0)(x-x_1)^2(x-x_2),$$

其中 $k(x)$ 为待定函数. 构造

$$\varphi(t)=f(t)-P(t)-k(x)(t-x_0)(t-x_1)^2(t-x_2).$$

显然 $\varphi(x_j)=0\ (j=0,1,2)$，且 $\varphi'(x_1)=0,\varphi(x)=0$，故 $\varphi(t)$ 在 (a,b) 内有 5 个零点(二重根算两个零点). 反复应用罗尔定理，得 $\varphi^{(4)}(t)$ 在 (a,b) 内至少有一个零点 ξ，故有

$$\varphi^{(4)}(\xi)=f^{(4)}(\xi)-4!k(x)=0,$$

于是

$$k(x)=\frac{1}{4!}f^{(4)}(\xi),$$

余项表达式为

$$R(x)=\frac{1}{4!}f^{(4)}(\xi)(x-x_0)(x-x_1)^2(x-x_2),\tag{2.41}$$

式中 ξ 位于 x_0,x_1,x_2 和 x 所界定的范围内.

例 2.5　已知 $f(1)=3,\ f'(1)=5,\ f''(1)=-2,\ f(2)=4$，求三次埃尔米特插值多项式.

解　由插值条件 $P_3(1)=3,P_3'(1)=5$ 和 $P_3''(1)=-2$，结合 $f(x)$ 在 $x=1$ 处的 2 阶泰勒多项式，可设所求三次插值多项式为

$$\begin{aligned}P_3(x)&=f(1)+f'(1)(x-1)+\frac{f''(1)}{2}(x-1)^2+A(x-1)^3\\&=3+5(x-1)-(x-1)^2+A(x-1)^3,\end{aligned}$$

其中系数 A 待定. 显然 $P_3(x)$ 满足在 $x=1$ 点的所有插值条件. 再由 $P_3(2)=4$ 可解得 $A=-3$，故所求埃尔米特插值多项式为

$$P_3(x)=3+5(x-1)-(x-1)^2-3(x-1)^3.$$

下面讨论两点三次埃尔米特插值多项式的求法. 设插值节点为 x_k 及 x_{k+1}，则 $H_3(x)$ 满足的插值条件为

$$\left.\begin{aligned}&H_3(x_k)=y_k,\quad H_3(x_{k+1})=y_{k+1};\\&H_3'(x_k)=m_k,\quad H_3'(x_{k+1})=m_{k+1}.\end{aligned}\right\}\tag{2.42}$$

采用基函数的方法, 令

$$H_3(x)=\alpha_k(x)y_k+\alpha_{k+1}(x)y_{k+1}+\beta_k(x)m_k+\beta_{k+1}(x)m_{k+1},\tag{2.43}$$

其中$\alpha_k(x),\alpha_{k+1}(x),\beta_k(x),\beta_{k+1}(x)$是关于节点$x_k$及$x_{k+1}$的三次埃尔米特插值基函数, 满足

$$\begin{array}{lll}\alpha_k(x_k)=1, & \alpha_k(x_{k+1})=0, & \alpha_k'(x_k)=\alpha_k'(x_{k+1})=0;\\ \alpha_{k+1}(x_k)=0, & \alpha_{k+1}(x_{k+1})=1, & \alpha_{k+1}'(x_k)=\alpha_{k+1}'(x_{k+1})=0;\\ \beta_k(x_k)=\beta_k(x_{k+1})=0, & \beta_k'(x_k)=1, & \beta_k'(x_{k+1})=0;\\ \beta_{k+1}(x_k)=\beta_{k+1}(x_{k+1})=0, & \beta_{k+1}'(x_k)=0, & \beta_{k+1}'(x_{k+1})=1.\end{array}$$

根据给定条件, 可令

$$\alpha_k(x)=(ax+b)\left(\frac{x-x_{k+1}}{x_k-x_{k+1}}\right)^2,$$

解得

$$a=-\frac{2}{x_k-x_{k+1}},\quad b=1+\frac{2x_k}{x_k-x_{k+1}},$$

于是求得

$$\alpha_k(x)=\left(1-2\frac{x-x_k}{x_k-x_{k+1}}\right)\left(\frac{x-x_{k+1}}{x_k-x_{k+1}}\right)^2.\tag{2.44}$$

同理, 类似可求得

$$\alpha_{k+1}(x)=\left(1-2\frac{x-x_{k+1}}{x_{k+1}-x_k}\right)\left(\frac{x-x_k}{x_{k+1}-x_k}\right)^2.\tag{2.45}$$

为求$\beta_k(x)$, 由给定条件可令

$$\beta_k(x)=a(x-x_k)\left(\frac{x-x_{k+1}}{x_k-x_{k+1}}\right)^2,$$

直接由$\beta_k'(x_k)=a=1$, 得到

$$\beta_k(x)=(x-x_k)\left(\frac{x-x_{k+1}}{x_k-x_{k+1}}\right)^2.\tag{2.46}$$

同理

$$\beta_{k+1}(x)=(x-x_{k+1})\left(\frac{x-x_k}{x_{k+1}-x_k}\right)^2. \tag{2.47}$$

最后代入(2.43)得

$$H_3(x)=\left(1+2\frac{x-x_k}{x_{k+1}-x_k}\right)\left(\frac{x-x_{k+1}}{x_k-x_{k+1}}\right)^2 y_k+\left(1+2\frac{x-x_{k+1}}{x_k-x_{k+1}}\right)\left(\frac{x-x_k}{x_{k+1}-x_k}\right)^2 y_{k+1}$$
$$+(x-x_k)\left(\frac{x-x_{k+1}}{x_k-x_{k+1}}\right)^2 m_k+(x-x_{k+1})\left(\frac{x-x_k}{x_{k+1}-x_k}\right)^2 m_{k+1}, \tag{2.48}$$

余项 $R_3(x)=f(x)-H_3(x)$，类似(2.41)可得

$$R_3(x)=\frac{1}{4!}f^{(4)}(\xi)(x-x_k)^2(x-x_{k+1})^2,\quad \xi\in(x_k,x_{k+1}). \tag{2.49}$$

2.4.3 一般形式与插值余项

给定 $n+1$ 个节点的函数值和导数值，构造埃尔米特插值多项式 $H_{2n+1}(x)$，满足条件：

(1) $H_{2n+1}(x)$ 是次数不超过 $2n+1$ 的多项式；

(2) $H_{2n+1}(x_i)=y_i, H'_{2n+1}(x_i)=m_i (i=0,1,\cdots,n)$.

用三次埃尔米特插值多项式的构造方法，在 $n+1$ 个节点上构造 $2n+2$ 个插值基函数

$$\begin{cases}\alpha_i(x)=[1-2(x-x_i)l_i'(x_i)]l_i^2(x), & i=0,1,\cdots,n,\\ \beta_i(x)=(x-x_i)l_i^2(x), & i=0,1,\cdots,n,\end{cases} \tag{2.50}$$

其中 $l_i(x)=\prod\limits_{\substack{j=0\\ j\neq i}}^{n}\frac{x-x_j}{x_i-x_j}(i=0,1,\cdots,n)$，则 $2n+1$ 次埃尔米特插值多项式为

$$H_{2n+1}(x)=\sum_{i=0}^{n}[\alpha_i(x)y_i+\beta_i(x)m_i]. \tag{2.51}$$

关于 $2n+1$ 次埃尔米特插值多项式的余项，有下面的定理.

定理 4 设 $H_{2n+1}(x)$ 是以 $x_0,x_1,\cdots,x_n$ 为插值节点的 $2n+1$ 次埃尔米特插值多项式. 若 $f(x)\in C^{2n+1}[a,b]$, $f^{(2n+2)}(x)$ 在 (a,b) 内存在，其中 $[a,b]$ 是包含点 x_0, $x_1,\cdots,x_n$ 的任一区间，则对任意给定的 $x\in[a,b]$，总存在依赖于 $x\in(a,b)$ 的点 ξ，使

$$R(x)=f(x)-H_{2n+1}(x)=\frac{f^{(2n+2)}(\xi)}{(2n+2)!}(x-x_0)^2\cdots(x-x_n)^2,\quad a<\xi<b.$$

例 2.6 求满足下列条件(表 2-7)的埃尔米特插值多项式.

表 2-7

x_i	1	2
$f(x_i)$	2	3
$f'(x_i)$	1	−1

解 令 $x_0=1, x_1=2$，代入埃尔米特插值多项式得

$$H_3(x)=f(x_0)\left(1-2\frac{x-x_0}{x_0-x_1}\right)l_0^2(x)+f(x_1)\left(1-2\frac{x-x_1}{x_1-x_0}\right)l_1^2(x)$$
$$+f'(x_0)(x-x_0)l_0^2(x)+f'(x_1)(x-x_1)l_1^2(x),$$

其中

$$l_0(x)=\frac{x-x_1}{x_0-x_1},\quad l_1(x)=\frac{x-x_0}{x_1-x_0},$$

得

$$H_3(x)=-2x^3+8x^2-9x+5.$$

2.5 分段多项式插值

2.5.1 高次多项式插值的龙格现象

多项式是最好的逼近工具之一. 对于多项式插值，根据区间 $[a,b]$ 上给出的节点做出的插值多项式 $L_n(x)$，在次数 n 增加时逼近 $f(x)$ 的精度不一定增加. 这是因为对任意的插值节点，当 $n\to\infty$ 时，$L_n(x)$ 不一定收敛到 $f(x)$. 20世纪初德国数学家龙格(Runge)就发现，随着节点的增多，等距节点的插值多项式 $L_n(x)$ 在两端会发生激烈的振荡. 这就是**龙格现象**.

考虑函数 $f(x)=\dfrac{1}{1+x^2}$，它在 $[-5,5]$ 上的各阶导数均存在. 在 $[-5,5]$ 上取 $n+1$ 个等距节点 $x_k=-5+10\dfrac{k}{n}(k=0,1,\cdots,n)$ 及其对应的函数值 $f_k(k=0,1,\cdots,n)$，构造相应的拉格朗日插值多项式为 $L_n(x)$. 当取 $n=10$ 时，根据计算画出 $y=\dfrac{1}{1+x^2}$ 及 $y=L_{10}(x)$ 在 $[-5,5]$ 上的图形，见图 2-1.

从图 2-1 看到，在 $x=\pm5$ 附近，其插值函数 $L_{10}(x)$ 与原函数 $f(x)=\dfrac{1}{1+x^2}$ 偏离很远，这说明用高次插值多项式 $L_n(x)$ 近似 $f(x)$ 效果并不好. 因此采用分段低次

插值, 其数值结果会更好.

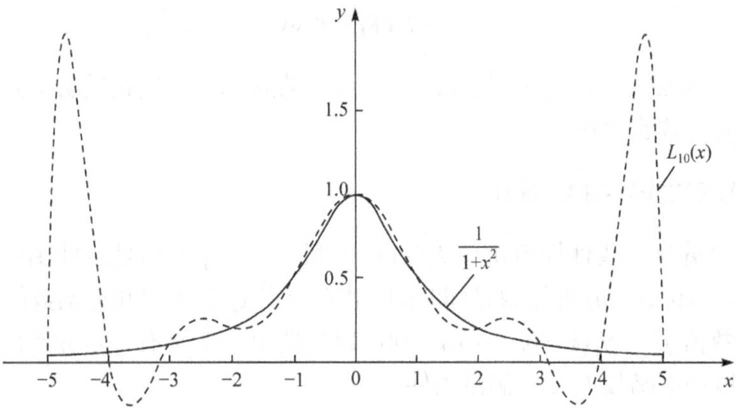

图 2-1

2.5.2　分段线性插值

由于升高插值多项式的阶数有时并不能达到提高精度的效果, 所以实际中往往采用分段插值的思想. 分段插值的基本思想是将插值区间划分为若干个子区间, 然后在每个子区间上作满足一定条件的低阶插值.

所谓分段线性插值就是通过插值点用折线段连接起来逼近 $f(x)$. 设已知节点 $a=x_0<x_1<\cdots<x_n=b$ 上的函数值为 $f_0,f_1,\cdots,f_n$, 记 $h_k=x_{k+1}-x_k$, $h=\max\limits_k h_k$, 求一折线函数 $I_h(x)$, 满足:

(1) $I_h(x)\in C[a,b]$;

(2) $I_h(x_k)=f_k(k=0,1,\cdots,n)$;

(3) 在每个小区间 $[x_k,x_{k+1}]$, $I_h(x)$ 是线性(一次)函数,

则称 $I_h(x)$ 为 $f(x)$ 在 $[a,b]$ 上的**分段线性插值函数**.

由定义可知 $I_h(x)$ 在每个小区间 $[x_k,x_{k+1}]$ 上可表示为

$$I_h(x)=\frac{x-x_{k+1}}{x_k-x_{k+1}}f_k+\frac{x-x_k}{x_{k+1}-x_k}f_{k+1},\quad x_k\leqslant x\leqslant x_{k+1},\quad k=0,1,\cdots,n-1. \tag{2.52}$$

分段线性插值的误差可利用线性插值的余项估计式(2.18)得到

$$\max_{x_k\leqslant x\leqslant x_{k+1}}|f(x)-I_h(x)|\leqslant\frac{M_2}{2}\max_{x_k\leqslant x\leqslant x_{k+1}}|(x-x_k)(x-x_{k+1})|$$

或写成

$$\max_{a\leqslant x\leqslant b}|f(x)-I_h(x)|\leqslant\frac{M_2}{8}h^2, \tag{2.53}$$

其中$M_2=\max\limits_{a\leqslant x\leqslant b}|f''(x)|$. 由此还可以得到

$$\lim_{h\to 0}I_h(x)=f(x)$$

在$[a,b]$上一致成立, 故$I_h(x)$在$[a,b]$上一致收敛到$f(x)$. 这就说明了分段线性插值函数具有一致收敛性.

2.5.3　分段三次埃尔米特插值

我们知道分段线性插值函数$I_h(x)$在区间$[x_k,x_{k+1}]$上均是线性函数, 因此在其节点$x_k(k=0,1,\cdots,n)$处导数是间断的, 若在节点x_k上不但知道函数值f_k, 而且还知道导数值$f'_k=m_k(k=0,1,\cdots,n)$, 则可以构造出一个具有一定光滑度, 即导数连续的分段插值函数$I_h(x)$, 满足条件:

(1) $I_h(x)\in C^1[a,b]$;

(2) $I_h(x_k)=f_k, I'_h(x_k)=f'_k\ (k=0,1,\cdots,n)$;

(3) $I_h(x)$在每个子区间$[x_k,x_{k+1}]$上是三次多项式.

根据两点三次埃尔米特插值多项式(2.48), $I_h(x)$在每个子区间$[x_k,x_{k+1}]$上的表达式为

$$\begin{aligned}I_h(x)=&\left(\frac{x-x_{k+1}}{x_k-x_{k+1}}\right)^2\left(1+2\frac{x-x_k}{x_{k+1}-x_k}\right)f_k+\left(\frac{x-x_k}{x_{k+1}-x_k}\right)^2\left(1+2\frac{x-x_{k+1}}{x_k-x_{k+1}}\right)f_{k+1}\\&+\left(\frac{x-x_{k+1}}{x_k-x_{k+1}}\right)^2(x-x_k)f'_k+\left(\frac{x-x_k}{x_{k+1}-x_k}\right)^2(x-x_{k+1})f'_{k+1}.\end{aligned}\tag{2.54}$$

上式对于$k=0,1,\cdots,n-1$成立.

利用三次埃尔米特插值的余项(2.49), 可得误差估计

$$|f(x)-I_h(x)|\leqslant\frac{1}{384}h_k^4\max_{x_k\leqslant x\leqslant x_{k+1}}|f^{(4)}(x)|,\quad x\in[x_k,x_{k+1}],$$

$h_k=x_{k+1}-x_k$, 于是有如下定理.

定理 5　设$f\in C^4[a,b]$, $I_h(x)$为$f(x)$在节点

$$a=x_0<x_1<\cdots<x_n=b$$

上的分段三次埃尔米特插值多项式, 则有

$$\max_{a\leqslant x\leqslant b}|f(x)-I_h(x)|\leqslant\frac{h^4}{384}\max_{a\leqslant x\leqslant b}|f^{(4)}(x)|,$$

其中$h=\max\limits_{0\leqslant k\leqslant n-1}(x_{k+1}-x_k)$.

分段插值法是一种显示算法, 只要节点间距充分小, 分段插值总能获得所要求的精度, 不会发生龙格现象. 另外, 分段插值在每一个子区间上的插值函数只

依赖于本区间段上的一些特定的节点处的信息，而与其他的节点处的信息无关，即分段插值法具有局限性.

2.6　三次样条插值

2.6.1　基本概念

在实际问题中，尤其在造型设计中，通常会遇到这样的问题：给定平面上多个不同点，要求通过这些点作一条光滑曲线. 显然这是一个插值问题. 当点很多时作高次多项式插值会出现龙格现象. 采用分段插值是一种有效的方法，但是采用分段插值，不但要知道节点处的函数值，还要知道节点处的导数值(特别是高阶导数值)，而后者往往是不容易得到的. 能否在只给出节点处函数值的情况下构造一个整体上充分光滑的函数呢？答案是肯定的. 这就是我们本章要介绍的内容，即样条函数插值.

所谓样条，原来是在船体、汽车或航天器的设计中，模线设计员使用的弹性均匀的窄木条(或钢质条). 模线员在绘制线时，用压铁压在样条的一批点上，强迫样条通过一组离散的型值点. 当样条取得合适的形状之后，再沿着样条画出所需要的曲线，这是一条光滑的曲线. 样条函数最初就是来源于这样的样条曲线. 申贝格(Schoenberg)在 1964 年提出了样条函数的概念，并给出了严格的数学定义. 自 20 世纪 60 年代以来，样条理论和方法得到了极大的发展，应用也越来越广泛. 三次样条函数是最基本最重要的样条函数，也是在实际中应用最广的样条函数. 样条函数的理论及应用都是从三次样条函数发展起来的.

定义 3　设在区间 $[a,b]$ 上给定一个分划：

$$\Delta:\ a = x_0 < x_1 < \cdots < x_N = b, \tag{2.55}$$

$S(x)$ 为实值函数，如果它满足条件：

(1) $S(x)$ 在子区间 $[x_i, x_{i+1}](i = 0,1,\cdots,N-1)$ 上是 n 次多项式；

(2) $S(x)$ 在 $[a,b]$ 上具有直到 $n-1$ 阶连续导数，即 $S(x) \in C^{n-1}[a,b]$，

则称 $S(x)$ 为 ***n* 次样条函数**，$x_0, x_1, \cdots, x_N$ 是节点.

本节主要介绍三次样条函数.

2.6.2　三次样条函数

定义 4　若函数 $S(x) \in C^2[a,b]$，且在每个小区间 $[x_j, x_{j+1}]$ 上是三次多项式，其中 $a = x_0 < x_1 < \cdots < x_n = b$ 是给定节点，则称 $S(x)$ 是节点 $x_0, x_1, \cdots, x_n$ 上的**三次样条函数**. 若在节点 x_j 上给定函数值 $y_j = f(x_j)(j = 0,1,\cdots,n)$，并成立

$$S(x_j)=y_j,\quad j=0,1,\cdots,n, \tag{2.56}$$

则称 $S(x)$ 为**三次样条插值函数**.

要在每个子区间 $[x_j,x_{j+1}]$ 上构造三次多项式

$$S(x)=S_j(x)=a_jx^3+b_jx^2+c_jx+d_j,\quad x\in[x_j,x_{j+1}],\quad j=0,1,\cdots,n-1,$$

共需 $4n$ 个条件, 共有 n 个小区间, 所以共有 $4n$ 个待定参数. 因为 $S(x)$ 在 $[a,b]$ 上二阶导数连续, 在节点 $x_j(j=1,2,\cdots,n-1)$ 处应满足连续性条件

$$S(x_j-0)=S(x_j+0),\quad S'(x_j-0)=S'(x_j+0),\quad S''(x_j-0)=S''(x_j+0). \tag{2.57}$$

这里共有 $3n-3$ 个条件, 再加上 $S(x)$ 本身还要满足的 $n+1$ 个插值条件, 总共有 $4n-2$ 个条件, 还需要两个条件才能确定 $S(x)$. 通常可在区间 $[a,b]$ 端点 $a=x_0$, $b=x_n$ 上各加一个条件(称为**边界条件**), 即可唯一确定样条插值函数. 常见的边界条件有以下 3 种:

(1) 已知两端的一阶导数值, 即

$$S'(x_0)=f_0',\quad S'(x_n)=f_n'. \tag{2.58}$$

(2) 已知两端的二阶导数, 即

$$S''(x_0)=f_0'',\quad S''(x_n)=f_n''. \tag{2.59}$$

特别地, 边界条件

$$S''(x_0)=S''(x_n)=0. \tag{2.60}$$

式(2.60)称为**自然边界条件**.

(3) 当 $f(x)$ 是以 x_n-x_0 为周期的周期函数时, 则要求 $S(x)$ 也是周期函数. 这时边界条件应满足

$$S(x_0+0)=S(x_n-0),\quad S'(x_0+0)=S'(x_n-0),\quad S''(x_0+0)=S''(x_n-0), \tag{2.61}$$

此时插值条件(2.56)中 $y_0=y_n$. 这样确定的样条函数 $S(x)$ 称为**周期样条函数**.

2.6.3 样条插值函数的建立

构造满足插值及相应边界条件的三次样条插值函数 $S(x)$ 的表达式可以有很多种方法. 下面介绍利用 $S(x)$ 的二阶导数值 $S''(x_j)=M_j(j=0,1,\cdots,n)$ 来表示 $S(x)$ 的方法.

设 $S(x)$ 在节点 $a\leqslant x_0<x_1<\cdots<x_n\leqslant b$ 上的二阶导数值 $S''(x_j)=M_j(j=0,1,\cdots,n)$, 记 $h_j=x_{j+1}-x_j$. 由于 $S(x)$ 在区间 $[x_j,x_{j+1}]$ 上是三次多项式, 故 $S''(x)$ 在 $[x_j,x_{j+1}]$ 上是一次函数, 可表示为

$$S''(x)=M_j\frac{x_{j+1}-x}{h_j}+M_{j+1}\frac{x-x_j}{h_j}. \tag{2.62}$$

对 $S''(x)$ 积分两次，并利用 $S(x_j)=y_j$ 及 $S(x_{j+1})=y_{j+1}$，可确定出积分常数，于是得三次样条表达式

$$S(x)=M_j\frac{(x_{j+1}-x)^3}{6h_j}+M_{j+1}\frac{(x-x_j)^3}{6h_j}+\left(y_j-\frac{M_jh_j^2}{6}\right)\frac{x_{j+1}-x}{h_j}$$
$$+\left(y_{j+1}-\frac{M_{j+1}h_j^2}{6}\right)\frac{x-x_j}{h_j},\quad j=0,1,\cdots,n-1,\tag{2.63}$$

这里 $M_j\,(j=0,1,\cdots,n)$ 是未知量.

为了确定 M_j，对 $S(x)$ 求导得

$$S'(x)=-M_j\frac{(x_{j+1}-x)^2}{2h_j}+M_{j+1}\frac{(x-x_j)^2}{2h_j}+\frac{y_{j+1}-y_j}{h_j}-\frac{M_{j+1}-M_j}{6}h_j.\tag{2.64}$$

由此可得

$$S'(x_j+0)=-\frac{h_j}{3}M_j-\frac{h_j}{6}M_{j+1}+\frac{y_{j+1}-y_j}{h_j}.$$

类似地，可求出 $S(x)$ 在区间 $[x_{j-1},x_j]$ 的表达式，进而得

$$S'(x_j-0)=\frac{h_{j-1}}{6}M_{j-1}+\frac{h_{j-1}}{3}M_j+\frac{y_j-y_{j-1}}{h_{j-1}},$$

由 $S'(x_j+0)=S'(x_j-0)$，可得到

$$\mu_jM_{j-1}+2M_j+\lambda_jM_{j+1}=d_j,\quad j=1,2,\cdots,n-1,\tag{2.65}$$

其中

$$\mu_j=\frac{h_{j-1}}{h_{j-1}+h_j},\quad \lambda_j=\frac{h_j}{h_{j-1}+h_j},$$

$$d_j=6\frac{f[x_j,x_{j+1}]-f[x_{j-1},x_j]}{h_{j-1}+h_j}=6f[x_{j-1},x_j,x_{j+1}],\quad j=1,2,\cdots,n-1.\tag{2.66}$$

式(2.65)是关于 $M_0,M_1,\cdots,M_n$ 的 $n-1$ 个方程.

(1) 对第一种边界条件(2.58)，可导出方程组:

$$\left.\begin{aligned}2M_0+M_1&=\frac{6}{h_0}(f[x_0,x_1]-f_0'),\\ M_{n-1}+2M_n&=\frac{6}{h_{n-1}}(f_n'-f[x_{n-1},x_n]).\end{aligned}\right\}\tag{2.67}$$

如果令

$$\lambda_0=1,\quad d_0=\frac{6}{h_0}(f[x_0,x_1]-f_0'),$$

$$\mu_n = 1, \quad d_n = \frac{6}{h_{n-1}}(f'_n - f[x_{n-1}, x_n]),$$

将式(2.65)与方程组(2.67)联立，则得到关于 $M_0, M_1, \cdots, M_n$ 的线性方程组，用矩阵形式表示为

$$\begin{pmatrix} 2 & \lambda_0 & & & \\ \mu_1 & 2 & \lambda_1 & & \\ & \ddots & \ddots & \ddots & \\ & & \mu_{n-1} & 2 & \lambda_{n-1} \\ & & & \mu_n & 2 \end{pmatrix} \begin{pmatrix} M_0 \\ M_1 \\ \vdots \\ M_{n-1} \\ M_n \end{pmatrix} = \begin{pmatrix} d_0 \\ d_1 \\ \vdots \\ d_{n-1} \\ d_n \end{pmatrix}. \tag{2.68}$$

(2) 对第二种边界条件(2.59)，可直接由边界条件得到端点方程：

$$M_0 = f''_0, \quad M_n = f''_n. \tag{2.69}$$

如果令 $\lambda_0 = \mu_n = 0, d_0 = 2f''_0, d_n = 2f''_n$，则(2.65)和(2.69)联立也可以写成方程组(2.68)的形式.

(3) 对第三种边界条件(2.61)，由边界条件得

$$M_0 = M_n, \quad \lambda_n M_1 + \mu_n M_{n-1} + 2M_n = d_n, \tag{2.70}$$

其中

$$\lambda_n = \frac{h_0}{h_{n-1} + h_0}, \quad \mu_n = 1 - \lambda_n = \frac{h_{n-1}}{h_{n-1} + h_0},$$

$$d_n = 6\frac{f[x_0, x_1] - f[x_{n-1}, x_n]}{h_{n-1} + h_0},$$

将式(2.65)与方程组(2.70)联立，则得到关于 $M_1, M_2, \cdots, M_n$ 的线性方程组，用矩阵形式表示为

$$\begin{pmatrix} 2 & \lambda_1 & & & \mu_1 \\ \mu_2 & 2 & \lambda_2 & & \\ & \ddots & \ddots & \ddots & \\ & & \mu_{n-1} & 2 & \lambda_{n-1} \\ \lambda_n & & & \mu_n & 2 \end{pmatrix} \begin{pmatrix} M_1 \\ M_2 \\ \vdots \\ M_{n-1} \\ M_n \end{pmatrix} = \begin{pmatrix} d_1 \\ d_2 \\ \vdots \\ d_{n-1} \\ d_n \end{pmatrix}. \tag{2.71}$$

线性方程组(2.68)与(2.71)都是关于 $M_j (j = 0, 1, \cdots, n)$ 的三对角方程组，M_j 在力学上解释为细梁在 x_j 截面上的截面弯矩，称为 $S(x)$ 的矩，故线性方程组(2.68)和(2.71)称为**三弯矩方程**. (2.68)和(2.71)的系数矩阵都是严格对角占优矩阵，它们可用追赶法求解. 得到 $M_0, M_1, \cdots, M_n$ 后，代入式(2.63)，则得到 $[a,b]$ 区间的三次样条插值函数 $S(x)$.

例 2.7 给出插值样点 $(1,1),(2,3),(4,4),(5,2)$，边界条件为 $M_0 = M_3 = 0$. 求其

各个子区间上的样条插值函数 $S(x)$ ，并计算 $f(3)$ 的近似值 $S(3)$.

解　显然，给定样点的函数表(表 2-8).

表 2-8

x_i	1	2	4	5
$f(x_i)$	1	3	4	2

于是求 M_j 的方程组为

$$\begin{cases}2M_1+\lambda_1M_2=d_1-\mu_1M_0,\\ \mu_2M_1+2M_2=d_2-\lambda_2M_3,\\ M_0=M_3=0,\end{cases}$$

其中

$$\lambda_1=\frac{h_1}{h_0+h_1}=\frac{x_2-x_1}{x_2-x_0}=\frac{4-2}{4-1}=\frac{2}{3},$$

$$\lambda_2=\frac{h_2}{h_1+h_2}=\frac{x_3-x_2}{x_3-x_1}=\frac{5-4}{5-2}=\frac{1}{3},$$

$$\mu_1=1-\lambda_1=\frac{1}{3},\quad \mu_2=1-\lambda_2=\frac{2}{3},$$

$$d_1=6f[x_0,x_1,x_2]=\frac{6}{x_2-x_0}\left(\frac{f(x_2)-f(x_1)}{x_2-x_1}-\frac{f(x_1)-f(x_0)}{x_1-x_0}\right)=-3,$$

$$d_2=6f[x_1,x_2,x_3]=\frac{6}{x_3-x_1}\left(\frac{f(x_3)-f(x_2)}{x_3-x_2}-\frac{f(x_2)-f(x_1)}{x_2-x_1}\right)=-5.$$

则关于 M_1,M_2 的方程组为

$$\begin{cases}2M_1+\dfrac{2}{3}M_2=-3,\\ \dfrac{2}{3}M_1+2M_2=-5.\end{cases}$$

解得 $M_1=-\dfrac{3}{4}, M_2=-\dfrac{9}{4}$. 所以所求样条插值函数为

$$S(x)=\begin{cases}-\dfrac{1}{8}(x^3-3x^2-14x+8), & x\in[1,2],\\ -\dfrac{1}{8}(x^3-3x^2-14x+8), & x\in[2,4],\\ \dfrac{1}{8}(3x^3-45x^2+206x-264), & x\in[4,5],\end{cases}$$

且

$$f(3) \approx S(3) = -\frac{1}{8} \times (3^3 - 3 \times 3^2 - 14 \times 3 + 8) = 4.25.$$

2.6.4　误差界与收敛性

三次样条函数的收敛性与误差估计的定理如下.

定理 6　设 $f(x) \in C^4[a,b]$, $S(x)$ 为满足第一种或第二种边界条件(2.58)或(2.59)的三次样条函数，令 $h = \max\limits_{0 \leqslant i \leqslant n-1} h_i, h_i = x_{i+1} - x_i \ (i = 0,1,\cdots,n-1)$，则有估计式

$$\max_{a \leqslant x \leqslant b} \left| f^{(k)}(x) - S^{(k)}(x) \right| \leqslant C_k \max_{a \leqslant x \leqslant b} \left| f^{(4)}(x) \right| h^{4-k}, \quad k = 0,1,2, \tag{2.72}$$

其中 $C_0 = \dfrac{5}{384}, C_1 = \dfrac{1}{24}, C_2 = \dfrac{3}{8}$.

这个定理不但给出了三次样条插值函数 $S(x)$ 的误差估计，还说明了当 $h \to 0$ 时，$S(x)$ 及其一阶导数 $S'(x)$ 和二阶导数 $S''(x)$ 均分别一致收敛于 $f(x), f'(x)$ 和 $f''(x)$.

习　题　2

1. 已知函数 $\sin(x)$ 与 $\cos(x)$ 在 $x = 0, \dfrac{\pi}{6}, \dfrac{\pi}{4}, \dfrac{\pi}{3}, \dfrac{\pi}{2}$ 处的值，请分别用二次和三次拉格朗日插值多项式计算 $\sin\left(\dfrac{\pi}{5}\right)$ 和 $\cos\left(\dfrac{\pi}{5}\right)$ 的近似值，并给出误差估计.

2. $f(x) = \sqrt{x}$ 在离散点有 $f(81) = 9, f(100) = 10, f(121) = 11$，用插值方法计算 $\sqrt{105}$ 的近似值，并给出近似值的误差限，且将该误差限与实际误差作比较.

3. 给出 $\cos x, 0° \leqslant x \leqslant 90°$ 的函数表，步长 $h = 1' = (1/60)°$，若函数表具有 5 位有效数字，研究用线性插值求 $\cos x$ 近似值时的总误差限.

4. 证明 n 阶均差有性质:

(1) 若 $F(x) = Cf(x)$，则 $F[x_0, x_1, \cdots, x_n] = Cf[x_0, x_1, \cdots, x_n]$;

(2) 若 $F(x) = f(x) + g(x)$，则 $F[x_0, x_1, \cdots, x_n] = f[x_0, x_1, \cdots, x_n] + g[x_0, x_1, \cdots, x_n]$.

5. 已知函数 $f(x)$ 在 x_0 的某邻域内具有 n 阶连续导数，并记 $x_i = x_0 + ih (i = 0,1,\cdots,n)$，证明

$$\lim_{h \to 0} f[x_0, x_1, \cdots, x_n] = \frac{f^{(n)}(x_0)}{n!}.$$

6. 设 $f(x) = x^7 + 5x^5 + 1$，求均差 $f[2^0, 2^1, \cdots, 2^7]$ 及 $f[2^0, 2^1, \cdots, 2^k] (k \geqslant 8)$.

7. 求次数小于等于 3 的多项式 $P(x)$，使其满足条件

$$P(x_0) = f(x_0), \quad P'(x_0) = f'(x_0),$$
$$P''(x_0) = f''(x_0), \quad P(x_1) = f(x_1).$$

8. 证明两点三次埃尔米特插值余项是

$$R_3(x)=f^{(4)}(\xi)(x-x_k)^2(x-x_{k+1})^2/4!,\quad \xi\in(x_k,x_{k+1}),$$

并由此求出分段三次埃尔米特插值的误差限.

9. 求不超过 4 次的多项式 $P(x)$，使它满足

$$P(0)=P'(0)=0,\quad P(1)=P'(1)=1,\quad P(2)=1.$$

10. 设 $f(x)=\dfrac{1}{1+x^2}$，在 $-5\leqslant x\leqslant 5$ 上取 $n=10$，按等距节点求分段线性插值函数 $I_h(x)$，计算各节点间中点处的 $I_h(x)$ 与 $f(x)$ 的值，并估计误差.

11. 求 $f(x)=x^2$ 在 $[a,b]$ 上的分段线性插值函数 $I_h(x)$，并估计误差.

12. 用分点 $x=\dfrac{1}{2}$ 把区间 $[0,1]$ 二等分，求函数 $f(x)=x^4$ 在 $[0,1]$ 上的分段三次埃尔米特插值多项式，使节点上一阶导与函数一阶导相符.

13. 已知函数给 $f(x)=\cos\pi x$ 在节点 $x=0,0.25,0.5,0.75,1.0$ 处的值，求

(1) 满足边界条件 $f'(0)=0$ 和 $f'(1.0)=0$ 的三次样条插值函数；

(2) 用样条函数的导数近似 $f'(0.5)$ 和 $f''(0.5)$.

数值实验题

1. 已知函数在下列各点的值如表 2-9 所示.

表 2-9

x_j	0.2	0.4	0.6	0.8	1.0
$f(x_j)$	0.98	0.92	0.81	0.61	0.38

试用四次牛顿插值多项式 $P_4(x)$ 及三次样条函数 $S(x)$（自然边界条件）对数据进行插值，用图给出

$$\{(x_i,y_i),x_i=0.2+0.08i,i=0,1,\cdots,10\},\ P_4(x)\text{ 及 }S(x).$$

2. 在区间 $[-5,5]$ 上选取 11 个节点，对函数 $f(x)=\dfrac{1}{1+x^2}$ 作 10 次拉格朗日插值多项式及分段线性插值，对每个 n 值，分别画出插值函数及 $f(x)$ 的图形.

3. 表 2-10 所示由数据点的插值可以得到平方根函数的近似，在区间 $[0,64]$ 上作图.

(1) 用这 9 个点作 8 次多项式插值 $L_8(x)$.

(2) 用三次样条(第一边界条件)程序求 $S(x)$.

表 2-10

x	0	1	4	9	16	25	36	49	64
y	0	1	2	3	4	5	6	7	8

从得到的结果看，在 $[0,64]$ 上，哪个插值更精确？在区间 $[0,1]$ 上，两种插值哪个更精确？

第3章　函数逼近

3.1　引　　言

3.1.1　函数逼近问题

逼近的思想和方法几乎渗透于所有的学科，其中包括自然科学和人文科学. 逼近论既是一门研究函数的各类逼近性质的学科，属于函数论的范畴，又是计算数学和科学工程计算诸多数值方法的理论基础和方法依据. 函数逼近方法与函数插值方法相类似，它也是在某一函数类中求函数，使它与被逼近函数之间满足一定的近似条件. 在插值方法中，这个近似条件是在插值节点上使插值函数与被插值函数的函数值对应相等(甚至包括各阶导数值对应相等)；在逼近方法中，这个近似条件用逼近函数与被逼近函数之间的某种距离来表达.

对于 n 个线性无关元素 $x_1,\cdots,x_n$ 生成的线性空间 S，若对 $\forall x\in S$，有

$$x=\alpha_1x_1+\cdots+\alpha_nx_n,$$

则 $x_1,\cdots,x_n$ 称为空间 S 的一组基，记为 $S=\mathrm{span}\{x_1,\cdots,x_n\}$，并称空间 S 为 n 维空间，系数 $\alpha_1,\cdots,\alpha_n$ 称为 x 在基 $x_1,\cdots,x_n$ 下的坐标，记作 $(\alpha_1,\cdots,\alpha_n)$. 考察次数不超过 n 次的多项式集合 H_n，其元素 $P(x)\in H_n$ 表示为

$$P(x)=a_0+a_1x+\cdots+a_nx^n, \tag{3.1}$$

它由 $n+1$ 个系数 $(a_0,a_1,\cdots,a_n)$ 唯一确定. $1,x,\cdots,x^n$ 是线性无关的，它是 H_n 的一组基，故

$$H_n=\mathrm{span}\{1,x,\cdots,x^n\},$$

且 $(a_0,a_1,\cdots,a_n)$ 是 $P(x)$ 的坐标向量，H_n 是 $n+1$ 维的.

对连续函数 $f(x)\in C[a,b]$，它不能用有限个线性无关的函数表示，所以 $C[a,b]$ 是无限维的，但它的任一元素 $f(x)$ 均可用有限维的 $P(x)\in H_n$ 逼近，使误差 $\max\limits_{a\leqslant x\leqslant b}|f(x)-P(x)|<\varepsilon$ (ε 为任给的小正数)，这就是著名的魏尔斯特拉斯(Weierstrass)定理.

定理1　设 $f(x)\in C[a,b]$，则对任何 $\varepsilon>0$，总存在一个代数多项式 $P(x)$，使

$$\max_{a\leqslant x\leqslant b}|f(x)-P(x)|<\varepsilon$$

在$[a,b]$上一致成立.

由这个定理可知，对任意连续函数都可以找到一个多项式序列$\{P(x)\}$整体一致逼近它，而不需要代数曲线$y=P(x)$严格通过每个型值点. 苏联数学家伯恩斯坦(Bernstein)曾经给出这样的多项式序列：伯恩斯坦多项式

$$B_n(f,x)=\sum_{k=0}^{n} f\left(\frac{k}{n}\right)P_k(x) \tag{3.2}$$

在整体上一致逼近$f(x)$，但它收敛缓慢，要达到一定的精度，n要取很大，计算量大，所以实际中很少使用.

一般地，可用一组在$C[a,b]$上线性无关的函数集合$\{\varphi_i(x)\}_{i=0}^{n}$来逼近$f(x)\in C[a,b]$，此时元素$\varphi(x)\in \Phi=\operatorname{span}\{\varphi_0(x),\varphi_1(x),\cdots,\varphi_n(x)\}\subset C[a,b]$，可表示为

$$\varphi(x)=a_0\varphi_0(x)+a_1\varphi_1(x)+\cdots+a_n\varphi_n(x). \tag{3.3}$$

于是函数逼近问题就是对任何$f(x)\in C[a,b]$在子空间Φ中找一个元素$\varphi^*(x)\in\Phi$，使$f(x)-\varphi^*(x)$在某种意义下最小. 换句话说，也就是找一组系数$\{a_0,a_1,\cdots,a_n\}$，使(3.3)式中的$\varphi(x)$成为$f(x)$在Φ中的最佳逼近元.

3.1.2　范数与赋范线性空间

由3.1.1小节知，在线性子空间Φ中寻找某一函数的逼近，需要引入一个度量的概念来衡量逼近的好坏，即衡量误差$f(x)-P(x)$的大小. 自然地，这个度量应该是$f(x)-P(x)$的某种范数$\|f(x)-P(x)\|$.

定义1　设S为线性空间，$x\in S$，若存在唯一实数$\|\bullet\|$，满足条件：

(1) $\|x\|\geqslant 0$，当且仅当$x=0$时，$\|x\|=0$;　　(正定性)

(2) $\|\alpha x\|=|\alpha|\|x\|, \alpha\in\mathbf{R}$;　　(齐次性)

(3) $\|x+y\|\leqslant\|x\|+\|y\|, x,y\in S$,　　(三角不等式)

则称$\|\bullet\|$为线性空间S上的**范数**，定义了范数的线性空间称为线性赋范空间，S与$\|\bullet\|$一起称为**赋范线性空间**，记为X.

例如，在$\mathbf{R}^n$上的向量$\boldsymbol{x}\in(x_1,\cdots,x_n)^{\mathrm{T}}\in\mathbf{R}^n$，三种常用范数为

$\|\boldsymbol{x}\|_\infty=\max\limits_{1\leqslant i\leqslant n}|x_i|$，称为$\infty$-范数或最大范数，

$\|\boldsymbol{x}\|_1=\sum\limits_{i=1}^{n}|x_i|$，称为1-范数，

$\|\boldsymbol{x}\|_2=\left(\sum\limits_{i=1}^{n}x_i^2\right)^{\frac{1}{2}}$，称为2-范数.

类似地，对连续函数空间$C[a,b]$，若$f(x)\in C[a,b]$，可定义三种常用范数如下：

$\|f\|_\infty = \max\limits_{a\leqslant x\leqslant b}|f(x)|$, 称为 ∞-范数,

$\|f\|_1 = \int_a^b |f(x)|\mathrm{d}x$, 称为 1-范数,

$\|f\|_2 = \left(\int_a^b f^2(x)\mathrm{d}x\right)^{\frac{1}{2}}$, 称为 2-范数.

可以验证这样定义的范数均满足定义 1 中的三个条件.

3.1.3 内积与内积空间

在线性代数中, $\mathbf{R}^n$ 中两个向量 $\boldsymbol{x}\in(x_1,\cdots,x_n)^{\mathrm{T}}$ 及 $\boldsymbol{y}\in(y_1,\cdots,y_n)^{\mathrm{T}}$ 的内积定义为

$$(\boldsymbol{x},\boldsymbol{y}) = x_1y_1+\cdots+x_ny_n. \tag{3.4}$$

若将它推广到一般的线性空间 X, 则有下面的定义.

定义 2 X 为数域 K 上的线性空间, 如果对每一对向量 $\boldsymbol{u},\boldsymbol{v}\in X$, 有一个数与之对应,把这一实数记为 $(\boldsymbol{u},\boldsymbol{v})$, 并且这一对应具有下列性质:

(1) $(\boldsymbol{u},\boldsymbol{v}) = \overline{(\boldsymbol{v},\boldsymbol{u})}, \forall \boldsymbol{u},\boldsymbol{v}\in X$;

(2) $(\alpha\boldsymbol{u},\boldsymbol{v}) = \alpha(\boldsymbol{u},\boldsymbol{v}), \alpha\in K, \boldsymbol{u},\boldsymbol{v}\in X$;

(3) $(\boldsymbol{u}+\boldsymbol{v},\boldsymbol{w}) = (\boldsymbol{u},\boldsymbol{w})+(\boldsymbol{v},\boldsymbol{w}), \forall \boldsymbol{u},\boldsymbol{v},\boldsymbol{w}\in X$;

(4) $(\boldsymbol{u},\boldsymbol{u})\geqslant 0$, 当且仅当 $\boldsymbol{u}=\boldsymbol{0}$ 时, $(\boldsymbol{u},\boldsymbol{u})=0$,

则称 $(\boldsymbol{u},\boldsymbol{v})$ 为 X 上 $\boldsymbol{u}$ 与 $\boldsymbol{v}$ 的**内积**. 一个线性空间, 如果其中定义了满足上述四条公理的内积, 我们称之为**内积空间**. 定义中(1)的右端 $\overline{(\boldsymbol{v},\boldsymbol{u})}$ 称为 $(\boldsymbol{v},\boldsymbol{u})$ 的**共轭**, 当 K 为实数域 $\mathbf{R}$ 时, $(\boldsymbol{u},\boldsymbol{v}) = (\boldsymbol{v},\boldsymbol{u})$.

例 3.1 对 $\forall f(x), g(x)\in C[a,b]$, 定义内积 $(f,g) = \int_a^b f(x)g(x)\mathrm{d}x$, 易验证它满足内积(1)—(4).

例 3.2 令 $X=\mathbf{R}^n$ (n 维实向量空间), 对其中向量

$$\boldsymbol{x} = (x_1,x_2,\cdots,x_n)^{\mathrm{T}}, \quad \boldsymbol{y} = (y_1,y_2,\cdots,y_n)^{\mathrm{T}},$$

定义内积

$$(\boldsymbol{x},\boldsymbol{y}) = \boldsymbol{x}^{\mathrm{T}}\boldsymbol{y} = x_1y_1+x_2y_2+\cdots+x_ny_n,$$

易知它满足内积(1)—(4).

如果 $(\boldsymbol{u},\boldsymbol{v})=0$, 则称 $\boldsymbol{u}$ 与 $\boldsymbol{v}$ **正交**. 关于内积有以下定理.

定理 2 (柯西-施瓦茨(Cauchy-Schwarz)不等式) 设 X 是内积空间, 则有

$$|(\boldsymbol{u},\boldsymbol{v})| \leqslant \sqrt{(\boldsymbol{u},\boldsymbol{u})(\boldsymbol{v},\boldsymbol{v})}, \quad \forall \boldsymbol{u},\boldsymbol{v}\in X. \tag{3.5}$$

定理 3 设 X 为一个内积空间, $\boldsymbol{u}_1,\boldsymbol{u}_2,\cdots,\boldsymbol{u}_n\in X$, 矩阵

$$G=\begin{pmatrix}(u_1,u_1) & (u_2,u_1) & \cdots & (u_n,u_1)\\ (u_1,u_2) & (u_2,u_2) & \cdots & (u_n,u_2)\\ \vdots & \vdots & & \vdots\\ (u_1,u_n) & (u_2,u_n) & \cdots & (u_n,u_n)\end{pmatrix} \tag{3.6}$$

称为格拉姆(Gram)矩阵, 则 $\boldsymbol{G}$ 非奇异的充分必要条件是 $\boldsymbol{u}_1,\boldsymbol{u}_2,\cdots,\boldsymbol{u}_n$ 线性无关.

在内积空间 X 上可以由内积导出一种范数, 即对于 $\boldsymbol{u}\in X$, 记

$$\|\boldsymbol{u}\|=\sqrt{(\boldsymbol{u},\boldsymbol{u})}, \tag{3.7}$$

容易验证它满足范数定义的三条性质, 其中三角不等式利用

$$\begin{aligned}(\|\boldsymbol{u}\|+\|\boldsymbol{v}\|)^2&=\|\boldsymbol{u}\|^2+2\|\boldsymbol{u}\|\|\boldsymbol{v}\|+\|\boldsymbol{v}\|^2\\ &\geqslant(\boldsymbol{u},\boldsymbol{u})+2(\boldsymbol{u},\boldsymbol{v})+(\boldsymbol{v},\boldsymbol{v})\\ &=(\boldsymbol{u}+\boldsymbol{v},\boldsymbol{u}+\boldsymbol{v})=\|\boldsymbol{u}+\boldsymbol{v}\|^2,\end{aligned}$$

两端开方即可得到

$$\|\boldsymbol{u}+\boldsymbol{v}\|\leqslant\|\boldsymbol{u}\|+\|\boldsymbol{v}\|. \tag{3.8}$$

关于 $\mathbf{R}^n$ 与 $\mathbf{C}^n$ 的内积定义. 设 $\boldsymbol{x},\boldsymbol{y}\in\mathbf{R}^n$, $\boldsymbol{x}=(x_1,\cdots,x_n)^{\mathrm{T}}$, $\boldsymbol{y}=(y_1,\cdots,y_n)^{\mathrm{T}}$,

$$(\boldsymbol{x},\boldsymbol{y})=\sum_{i=1}^{n}x_iy_i. \tag{3.9}$$

由此导出的向量 2-范数为

$$\|\boldsymbol{x}\|_2=(\boldsymbol{x},\boldsymbol{x})^{\frac{1}{2}}=\left(\sum_{i=1}^{n}x_i^2\right)^{\frac{1}{2}}.$$

若给定实数 $\omega_i>0(i=1,2,\cdots,n)$, 称 $\{\omega_i\}$ 为权系数, 在 $\mathbf{R}^n$ 上的加权内积为

$$(\boldsymbol{x},\boldsymbol{y})=\sum_{i=1}^{n}\omega_ix_iy_i, \tag{3.10}$$

相应的范数为

$$\|\boldsymbol{x}\|_2=\left(\sum_{i=1}^{n}\omega_ix_i^2\right)^{\frac{1}{2}}.$$

当 $\omega_i=1(i=1,2,\cdots,n)$ 时, (3.10)就是前面定义的内积(3.9).

如果 $\boldsymbol{x},\boldsymbol{y}\in\mathbf{C}^n$, 带权内积定义为

$$(\boldsymbol{x},\boldsymbol{y})=\sum_{i=1}^{n}\omega_ix_i\overline{y}_i, \tag{3.11}$$

这里 $\{\omega_i\}$ 仍为正实数序列, $\overline{y}_i$ 为 y_i 的共轭复数.

在 $C[a,b]$ 上也可以类似定义带权内积, 为此先给出权函数的定义.

定义 3　设$[a,b]$是有限或无限区间，在$[a,b]$上的非负函数$\rho(x)$满足条件:

(1) $\int_a^b x^k \rho(x)\mathrm{d}x$ 存在且为有限值$(k=0,1,\cdots)$;

(2) 对$[a,b]$上的非负连续函数$g(x)$，如果$\int_a^b g(x)\rho(x)\mathrm{d}x=0$，则$g(x)\equiv 0$，

则称$\rho(x)$为$[a,b]$上的一个**权函数**.

下面是关于$C[a,b]$上的内积定义. 设$f(x),g(x)\in C[a,b]$，$\rho(x)$是$[a,b]$上给定的权函数，则可定义内积

$$(f(x),g(x))=\int_a^b \rho(x)f(x)g(x)\mathrm{d}x. \tag{3.12}$$

由此内积导出的范数为

$$\| f(x)\|_2=(f(x),f(x))^{\frac{1}{2}}=\left[\int_a^b \rho(x)f^2(x)\mathrm{d}x\right]^{\frac{1}{2}}. \tag{3.13}$$

称(3.12)和(3.13)为带权$\rho(x)$的内积和范数. 常用的是$\rho(x)\equiv 1$的情形，即

$$(f(x),g(x))=\int_a^b f(x)g(x)\mathrm{d}x,\quad \| f(x)\|_2=\left[\int_a^b f^2(x)\mathrm{d}x\right]^{\frac{1}{2}}.$$

若$\varphi_0,\varphi_1,\cdots,\varphi_n$是$C[a,b]$中的线性无关函数族，记$\varPhi=\mathrm{span}\{\varphi_0,\varphi_1,\cdots,\varphi_n\}$，它的格拉姆矩阵为

$$\boldsymbol{G}=\boldsymbol{G}(\varphi_0,\varphi_1,\cdots,\varphi_n)=\begin{pmatrix}(\varphi_0,\varphi_0) & (\varphi_0,\varphi_1) & \cdots & (\varphi_0,\varphi_n)\\ (\varphi_1,\varphi_0) & (\varphi_1,\varphi_1) & \cdots & (\varphi_1,\varphi_n)\\ \vdots & \vdots & & \vdots\\ (\varphi_n,\varphi_0) & (\varphi_n,\varphi_1) & \cdots & (\varphi_n,\varphi_n)\end{pmatrix}. \tag{3.14}$$

根据定理 3 可知，$\varphi_0,\varphi_1,\cdots,\varphi_n$线性无关的充要条件是$\det\boldsymbol{G}(\varphi_0,\varphi_1,\cdots,\varphi_n)\neq 0$.

本章先介绍正交多项式，重要研究方便计算的最佳平方逼近、最佳一致逼近和最小二乘拟合.

3.2　正交多项式

正交多项式因其计算方便，是函数逼近的重要工具.

3.2.1　正交函数族与正交多项式

定义 4　若$f(x),g(x)\in C[a,b]$, $\rho(x)$为$[a,b]$上的权函数且满足

$$(f(x),g(x))=\int_a^b \rho(x)f(x)g(x)\mathrm{d}x=0, \tag{3.15}$$

则称 $f(x)$ 与 $g(x)$ 在 $[a,b]$ 上带权 $\rho(x)$ **正交**. 若函数族 $\varphi_0(x),\varphi_1(x),\cdots,\varphi_n(x),\cdots$ 满足关系

$$(\varphi_j,\varphi_k)=\int_a^b \rho(x)\varphi_j(x)\varphi_k(x)\mathrm{d}x=\begin{cases}0, & j\neq k,\\ A_k>0, & j=k,\end{cases} \tag{3.16}$$

则称 $\{\varphi_k(x)\}$ 是 $[a,b]$ 上带权 $\rho(x)$ 的**正交函数族**. 若 $A_k\equiv 1$, 则称之为**标准正交函数族**.

例如, 三角函数族 $1,\cos x,\sin x,\cos 2x,\sin 2x,\cdots$ 就是在区间 $[-\pi,\pi]$ 上的正交函数族.

定义 5　设 $\varphi_n(x)$ 是 $[a,b]$ 上首项系数 $a_n\neq 0$ 的 n 次多项式, $\rho(x)$ 是 $[a,b]$ 上权函数, 如果多项式序列 $\{\varphi_n(x)\}_{n=0}^{\infty}$ 满足关系式(3.16), 则称多项式序列 $\{\varphi_n(x)\}_{n=0}^{\infty}$ 为在 $[a,b]$ 上带权 $\rho(x)$ **正交**, 称 $\varphi_n(x)$ 为 $[a,b]$ 上带权 $\rho(x)$ 的 ***n* 次正交多项式**.

例如, 只要给定区间 $[a,b]$ 及权函数 $\rho(x)$, 均可由一族线性无关的幂函数 $\{1,x,\cdots,x^n,\cdots\}$, 利用逐个正交化手续构造出正交多项式序列 $\{\varphi_n(x)\}_{n=0}^{\infty}$:

$$\begin{aligned}&\varphi_0(x)=1,\\ &\varphi_n(x)=x^n-\sum_{j=0}^{n-1}\frac{(x^n,\varphi_j(x))}{(\varphi_j(x),\varphi_j(x))}\varphi_j(x),\quad n=1,2,\cdots.\end{aligned} \tag{3.17}$$

通过上述过程得到的正交多项式 $\varphi_n(x)$ 的最高次项系数为 1. 反之, 若 $\{\varphi_n(x)\}_{n=0}^{\infty}$ 是正交多项式, 则 $\varphi_0(x),\varphi_1(x),\cdots,\varphi_n(x)$ 在 $[a,b]$ 上是线性无关的.

事实上, 若 $c_0\varphi_0(x)+c_1\varphi_1(x)+\cdots+c_n\varphi_n(x)=0$, 用 $\rho(x)\varphi_j(x)(j=0,1,\cdots,n)$ 乘上式并积分得

$$\begin{aligned}&c_0\int_a^b \rho(x)\varphi_0(x)\varphi_j(x)\mathrm{d}x+c_1\int_a^b \rho(x)\varphi_1(x)\varphi_j(x)\mathrm{d}x+\cdots\\ &+c_j\int_a^b \rho(x)\varphi_j(x)\varphi_j(x)\mathrm{d}x+\cdots+c_n\int_a^b \rho(x)\varphi_n(x)\varphi_j(x)\mathrm{d}x=0.\end{aligned}$$

利用正交性有

$$c_j\int_a^b \rho(x)\varphi_j(x)\varphi_j(x)\mathrm{d}x=0.$$

由于 $\int_a^b \rho(x)\varphi_j(x)\varphi_j(x)\mathrm{d}x>0$, 故 $c_j=0(j=0,1,\cdots,n)$, 即 $\varphi_0(x),\varphi_1(x),\cdots,\varphi_n(x)$ 必线性无关.

关于正交多项式, 有以下性质.

(1) 任何 $P(x)\in H_n$ 均可表示为 $\varphi_0(x),\varphi_1(x),\cdots,\varphi_n(x)$ 的线性组合, 即

$$P(x)=\sum_{j=0}^{n}c_j\varphi_j(x).$$

(2) $\varphi_n(x)$ 与任何次数小于 n 的多项式 $P(x)\in H_{n-1}$ 正交, 即

$$(\varphi_n(x),P(x))=\int_a^b \rho(x)\varphi_n(x)P(x)\mathrm{d}x=0.$$

除此之外, 还有以下的定理.

定理 4 设 $\{\varphi_n(x)\}_{n=0}^{\infty}$ 是 $[a,b]$ 上带权 $\rho(x)$ 的正交多项式, 对 $n\geqslant 0$ 成立递推关系

$$\varphi_{n+1}(x)=(x-\alpha_n)\varphi_n(x)-\beta_n\varphi_{n-1}(x),\quad n=0,1,\cdots, \tag{3.18}$$

其中

$$\begin{aligned}&\varphi_0(x)=1,\quad \varphi_{-1}(x)=0,\\ &\alpha_n=\frac{(x\varphi_n(x),\varphi_n(x))}{(\varphi_n(x),\varphi_n(x))},\\ &\beta_n=\frac{(\varphi_n(x),\varphi_n(x))}{(\varphi_{n-1}(x),\varphi_{n-1}(x))},\quad n=1,2,\cdots,\end{aligned}$$

这里 $(x\varphi_n(x),\varphi_n(x))=\int_a^b x\varphi_n^2(x)\rho(x)\mathrm{d}x$.

定理 5 设 $\{\varphi_n(x)\}_{n=0}^{\infty}$ 是 $[a,b]$ 上带权 $\rho(x)$ 的正交多项式, 则 $\varphi_n(x)(n\geqslant 1)$ 在区间 (a,b) 内有 n 个不同的零点.

证明 假定 $\varphi_n(x)$ 在 (a,b) 内的零点都是偶数重的, 则 $\varphi_n(x)$ 在 $[a,b]$ 上符号保持不变, 这与

$$(\varphi_n(x),\varphi_0(x))=\int_a^b \rho(x)\varphi_n(x)\varphi_0(x)\mathrm{d}x=0$$

矛盾, 故 $\varphi_n(x)$ 在 (a,b) 内的零点不可能全是偶数重的. 现设 $x_i(i=1,2,\cdots,l)$ 为 $\varphi_n(x)$ 在 (a,b) 内的奇数重零点, 不妨设

$$a<x_1<x_2<\cdots<x_l<b,$$

则 $\varphi_n(x)$ 在 $x_i(i=1,2,\cdots,l)$ 处变号. 令

$$q(x)=(x-x_1)(x-x_2)\cdots(x-x_l),$$

于是 $\varphi_n(x)q(x)$ 在 $[a,b]$ 上不变号, 则得

$$(\varphi_n(x),q(x))=\int_a^b \rho(x)\varphi_n(x)q(x)\mathrm{d}x\neq 0.$$

若 $l<n$, 由 $\{\varphi_n(x)\}_{n=0}^{\infty}$ 的正交性可知

$$(\varphi_n(x),q(x))=\int_a^b \rho(x)\varphi_n(x)q(x)\mathrm{d}x=0,$$

这与 $(\varphi_n(x),q(x))\neq 0$ 矛盾, 故 $l\geqslant n$. 而 $\varphi_n(x)$ 只有 n 个零点, 故 $l=n$, 即 n 个零点都是单重的.

3.2.2　勒让德多项式

当区间为$[-1,1]$，权函数$\rho(x)\equiv 1$时，由$\{1,x,\cdots,x^n,\cdots\}$正交化所得的多项式就称为**勒让德(Legendre)多项式**，并用$P_0(x),P_1(x),\cdots,P_n(x),\cdots$表示. 这一类正交多项式有如下的简单表达式

$$P_0(x)=1,\quad P_n(x)=\frac{1}{2^n n!}\frac{\mathrm{d}^n}{\mathrm{d}x^n}[(x^2-1)^n],\quad n=1,2,\cdots.$$

由于$(x^2-1)^n$是$2n$次多项式，求n阶导数后得

$$P_n(x)=\frac{1}{2^n n!}(2n)(2n-1)\cdots(n+1)x^n+a_{n-1}x^{n-1}+\cdots+a_0,$$

于是得首项x^n的系数$a_n=\dfrac{(2n)!}{2^n(n!)^2}$. 最高项系数为 1 的勒让德多项式为

$$\tilde{P}_n(x)=\frac{n!}{(2n)!}\frac{\mathrm{d}^n}{\mathrm{d}x^n}[(x^2-1)^n].$$

勒让德多项式有下述几个重要性质:

性质 1 (正交性)

$$\int_{-1}^{1}P_n(x)P_m(x)\mathrm{d}x=\begin{cases}0, & m\neq n,\\ \dfrac{2}{2n+1}, & m=n.\end{cases}\tag{3.19}$$

性质 2 (奇偶性)

$$P_n(-x)=(-1)^n P_n(x).$$

由于$\varphi(x)=(x^2-1)^n$是偶次多项式，经过偶次求导仍为偶次多项式，经过奇次求导则为奇次多项式，故n为偶数时$P_n(x)$为偶函数，n为奇数时$P_n(x)$为奇函数.

性质 3 (递推关系)　考虑$n+1$次多项式$xP_n(x)$，它可表示为

$$xP_n(x)=a_0P_0(x)+a_1P_1(x)+\cdots+a_{n+1}P_{n+1}(x).$$

两边乘$P_k(x)$，并从-1到 1 积分，利用正交性得到

$$\int_{-1}^{1}xP_n(x)P_k(x)\mathrm{d}x=a_k\int_{-1}^{1}P_k^2(x)\mathrm{d}x.$$

当$k\leqslant n-2$时，$xP_k(x)$次数小于等于$n-1$，上式左端积分为 0，故得$a_k=0$. 当$k=n$时，$xP_n^2(x)$为奇函数，左端积分仍为 0，故$a_n=0$. 于是

$$xP_n(x)=a_{n-1}P_{n-1}(x)+a_{n+1}P_{n+1}(x),$$

其中

$$a_{n-1}=\frac{2n-1}{2}\int_{-1}^{1}xP_n(x)P_{n-1}(x)\mathrm{d}x=\frac{2n-1}{2}\cdot\frac{2n}{4n^2-1}=\frac{n}{2n+1},$$

$$a_{n+1}=\frac{2n+3}{2}\int_{-1}^{1}xP_n(x)P_{n+1}(x)\mathrm{d}x=\frac{2n+3}{2}\cdot\frac{2(n+1)}{(2n+1)(2n+3)}=\frac{n+1}{2n+1},$$

从而得到以下的递推公式

$$(n+1)P_{n+1}(x)=(2n+1)xP_n(x)-nP_{n-1}(x),\quad n=1,2,\cdots. \tag{3.20}$$

由 $P_0(x)=1, P_1(x)=x$, 利用上述递推公式就可推出

$$P_2(x)=(3x^2-1)/2,$$
$$P_3(x)=(5x^3-3x)/2,$$
$$P_4(x)=(35x^4-30x^2+3)/8,$$
$$P_5(x)=(63x^5-70x^3+15x)/8,$$
$$P_6(x)=(231x^6-315x^4+105x^2-5)/16,$$
$$\cdots\cdots$$

性质 4　$P_n(x)$ 在区间 $[-1,1]$ 内有 n 个不同的实零点.

3.2.3　切比雪夫多项式

当权函数 $\rho(x)=\frac{1}{\sqrt{1-x^2}}$, 区间为 $[-1,1]$ 时, 由序列 $\{1,x,\cdots,x^n,\cdots\}$ 正交化得到的正交多项式就是**切比雪夫**(Chebyshev)**多项式**. 它可表示为

$$T_n(x)=\cos(n\arccos x),\quad |x|\leqslant 1. \tag{3.21}$$

它是重要的多项式, 并且有很多重要性质.

性质 5 (正交性)　$\{T_n(x)\}$ 在区间 $[-1,1]$ 上带权 $\rho(x)=\frac{1}{\sqrt{1-x^2}}$ 正交, 且

$$\int_{-1}^{1}\frac{T_n(x)T_m(x)}{\sqrt{1-x^2}}\mathrm{d}x=\begin{cases}0, & n\neq m,\\ \frac{\pi}{2}, & n=m\neq 0,\\ \pi, & n=m=0.\end{cases} \tag{3.22}$$

事实上, 令 $x=\cos\theta$, 则 $\mathrm{d}x=-\sin\theta\mathrm{d}\theta$, 于是

$$\int_{-1}^{1}\frac{T_n(x)T_m(x)}{\sqrt{1-x^2}}\mathrm{d}x=\int_0^{\pi}\cos n\theta\cos m\theta\mathrm{d}\theta=\begin{cases}0, & n\neq m,\\ \frac{\pi}{2}, & n=m\neq 0,\\ \pi, & n=m=0.\end{cases}$$

性质 6 (递推关系)

$$\begin{aligned}&T_{n+1}(x)=2xT_n(x)-T_{n-1}(x), \quad n=1,2,\cdots,\\&T_0(x)=1, \quad T_1(x)=x, T_2(x)=2x^2-1, T_3(x)=4x^3-3x.\end{aligned} \tag{3.23}$$

性质 7 $T_{2k}(x)$ 只含 x 的偶次幂, $T_{2k+1}(x)$ 只含 x 的奇次幂.

性质 8 $T_n(x)$ 在区间 $[-1,1]$ 上有 n 个零点

$$x_k=\cos\frac{2k-1}{2n}\pi, \quad k=1,2,\cdots,n.$$

性质 9 $T_n(x)$ 的首项 x^n 的系数为 $2^{n-1}(n=1,2,\cdots)$.

3.2.4 其他常用的正交多项式

如果区间 $[a,b]$ 及权函数 $\rho(x)$ 不同, 则得到的正交多项式也不同. 除上述两种最重要的正交多项式外, 下面是三种较常用的正交多项式.

1. 第二类切比雪夫多项式

在区间 $[-1,1]$ 上带权 $\rho(x)=\sqrt{1-x^2}$ 的正交多项式称为**第二类切比雪夫多项式**, 表达式为

$$U_n(x)=\frac{\sin[(n+1)\arccos x]}{\sqrt{1-x^2}}. \tag{3.24}$$

令 $x=\cos\theta$, 可得

$$\begin{aligned}\int_{-1}^{1}U_n(x)U_m(x)\sqrt{1-x^2}\mathrm{d}x&=\int_0^{\pi}\sin(n+1)\theta\sin(m+1)\theta\mathrm{d}\theta\\&=\begin{cases}0, & m\neq n,\\ \dfrac{\pi}{2}, & m=n,\end{cases}\end{aligned}$$

即 $\{U_n(x)\}$ 是 $[-1,1]$ 上带权 $\rho(x)=\sqrt{1-x^2}$ 的正交多项式族. 还可得到递推关系

$$\begin{aligned}&U_0(x)=1, \quad U_1(x)=2x,\\&U_{n+1}(x)=2xU_n(x)-U_{n-1}(x), \quad n=1,2,\cdots.\end{aligned}$$

2. 拉盖尔多项式

在区间 $[0,+\infty)$ 上带权 $\rho(x)=\mathrm{e}^{-x}$ 的正交多项式称为**拉盖尔**(Laguerre)**多项式**, 表达式为

$$L_n(x)=\mathrm{e}^x\frac{\mathrm{d}^n}{\mathrm{d}x^n}(x^n\mathrm{e}^{-x}). \tag{3.25}$$

它也具有正交性质

$$\int_0^{\infty} e^{-x} L_n(x) L_m(x) dx = \begin{cases} 0, & m \neq n, \\ (n!)^2, & m = n \end{cases}$$

和递推关系

$$L_0(x) = 1, \quad L_1(x) = 1 - x,$$
$$L_{n+1}(x) = (1 + 2n - x)L_n(x) - n^2 L_{n-1}(x), \quad n = 1, 2, \cdots.$$

3. 埃尔米特多项式

在区间 $(-\infty, +\infty)$ 上带权函数 $\rho(x) = e^{-x^2}$ 的正交多项式称为**埃尔米特多项式**, 表达式为

$$H_n(x) = (-1)^n e^{x^2} \frac{d^n}{dx^n}(e^{-x^2}), \tag{3.26}$$

它满足正交关系

$$\int_{-\infty}^{+\infty} e^{-x^2} H_n(x) H_m(x) dx = \begin{cases} 0, & m \neq n, \\ 2^n n! \sqrt{\pi}, & m = n, \end{cases}$$

并有递推关系

$$H_0(x) = 1, \quad H_1(x) = 2x,$$
$$H_{n+1}(x) = 2xH_n(x) - 2nH_{n-1}(x), \quad n = 1, 2, \cdots.$$

3.3 最佳平方逼近

3.3.1 最佳平方逼近及其计算

对于在 $[a, b]$ 上给定的函数, 函数的内积

$$(f(x), g(x)) = \int_a^b \rho(x) f(x) g(x) dx,$$

$$\|f(x)\|_2^2 = \int_a^b \rho(x) f^2(x) dx,$$

这里 $\rho(x)$ 为权函数, 总假设积分

$$\int_a^b \rho(x) f^2(x) dx \tag{3.27}$$

是存在的. 满足(3.27)存在的函数全体组成了内积空间, 并选子集 $\Phi = \text{span}\{\varphi_0, \varphi_1, \cdots, \varphi_n\}$. 在子集 Φ 上寻找一函数 $S^*(x) = \sum_{j=0}^{n} C_j^* \varphi_j(x)$ 为空间中某一函数 $f(x)$ 的最佳

逼近，是指对于 $\forall S(x)\in\Phi$，都有

$$\int_a^b \rho(x)[f(x)-S^*(x)]^2\,\mathrm{d}x \leqslant \int_a^b \rho(x)[f(x)-S(x)]^2\,\mathrm{d}x. \tag{3.28}$$

式(3.28)的意义就是误差 $f(x)-\sum\limits_{j=0}^{n} C_j^*\varphi_j(x)$ 的平方在积分意义下达到极小，因此对于这种逼近就称为函数的**最佳平方逼近**，或最小二乘逼近，由于它是一个特殊的线性内积空间，因此最佳逼近的存在性、唯一性、解的构造、误差估计等由线性内积空间的最佳逼近来解决.

我们在这里指出，(3.28)也可以从另外的观点来求解，我们知道，Φ 上任一函数可写成 $\sum\limits_{j=0}^{n} C_j\varphi_j(x)$，而积分

$$\int_a^b \rho(x)\left[f(x)-\sum_{j=0}^{n} C_j\varphi_j(x)\right]^2 \mathrm{d}x$$

是关于 $C_0,C_1,\cdots,C_n$ 的二次多元函数，记

$$I(C_0,C_1,\cdots,C_n)=\int_a^b \rho(x)\left[f(x)-\sum_{j=0}^{n} C_j\varphi_j(x)\right]^2 \mathrm{d}x. \tag{3.29}$$

在子集寻找对 f 的最佳平方逼近函数，就是寻找函数 $I(C_0,C_1,\cdots,C_n)$ 的极小值.其必要条件是

$$\frac{\partial I}{\partial C_k}=0,\quad k=0,1,\cdots,n,$$

从而有

$$\sum_{j=0}^{n}\left(\int_a^b \rho(x)\varphi_k(x)\varphi_j(x)\mathrm{d}x\right)C_j=\int_a^b \rho(x)f(x)\varphi_k(x)\mathrm{d}x,$$

写成内积符号就是**法方程**

$$\sum_{j=0}^{n}(\varphi_k(x),\varphi_j(x))C_j=(f(x),\varphi_k(x)),\quad k=0,1,\cdots,n.$$

若令 $\delta(x)=f(x)-S^*(x)$，则最佳平方逼近的误差为

$$\begin{aligned}\|\delta(x)\|_2^2&=(f(x)-S^*(x),\ f(x)-S^*(x))\\&=(f(x),\ f(x))-(S^*(x),\ f(x))\\&=\|f(x)\|_2^2-\sum_{k=0}^{n}C_k^*(\varphi_k(x),f(x)).\end{aligned}$$

当然，从函数极小值的讨论去构造最佳逼近函数，其存在性、唯一性等都要建立一

套理论. 由于我们已经建立了一套最佳逼近理论, 所以在解决具体问题时运用求$I(C_0,C_1,\cdots,C_n)$极小值的办法, 常常会带来演算的方便.

例 3.3 求 $f(x)=\sqrt{x}$ 在$[0,1]$上的一次最佳平方逼近函数$S(x)$.

解 令$S(x)=a_0+a_1x$, 即取$\varphi_0=1,\varphi_1=x$, 计算

$$(\varphi_0,\varphi_0)=\int_0^1 1\,\mathrm{d}x=1,\quad (\varphi_0,\varphi_1)=(\varphi_1,\varphi_0)=\int_0^1 x\,\mathrm{d}x=\frac{1}{2},$$

$$(\varphi_1,\varphi_1)=\int_0^1 x^2\,\mathrm{d}x=\frac{1}{3},\quad (\varphi_0,f)=\int_0^1\sqrt{x}\,\mathrm{d}x=\frac{2}{3},$$

$$(\varphi_1,f)=\int_0^1 x\sqrt{x}\mathrm{d}x=\int_0^1 x^{\frac{3}{2}}\,\mathrm{d}x=\frac{2}{5},$$

得法方程

$$\begin{cases} a_0+\dfrac{1}{2}a_1=\dfrac{2}{3}, \\ \dfrac{1}{2}a_0+\dfrac{1}{3}a_1=\dfrac{2}{5}, \end{cases}$$

解之得

$$a_0^*=\frac{4}{15},\quad a_1^*=\frac{12}{15}.$$

于是, 得一次最佳平方逼近函数为

$$S^*(x)=\frac{4}{15}+\frac{12}{15}x,\quad x\in[0,1].$$

平方误差

$$\begin{aligned}\|\delta\|_2^2&=\|f-S^*\|_2^2=\|f\|_2^2-\sum_{i=0}^{1}a_i^*(\varphi_i,f)\\&=\int_0^1 x\,\mathrm{d}x-\sum_{i=0}^{1}a_i^*(\varphi_i,f)=\frac{1}{2}-\frac{4}{15}\times\frac{2}{3}-\frac{12}{15}\times\frac{2}{5}=0.002222.\end{aligned}$$

3.3.2 用正交函数族作最佳平方逼近

设 $f(x)\in[a,b],\varPhi=\operatorname{span}\{\varphi_0(x),\varphi_1(x),\cdots,\varphi_n(x)\}$, 若 $\varphi_0(x),\varphi_1(x),\cdots,\varphi_n(x)$ 是正交函数族, 则$(\varphi_i(x),\varphi_j(x))=0,\ i\neq j$, 而$(\varphi_j(x),\varphi_j(x))>0$, 故法方程的解为

$$C_k^*=\frac{(f(x),\varphi_k(x))}{(\varphi_k(x),\varphi_k(x))},\quad k=0,1,\cdots,n.$$

于是$f(x)$在$\varPhi$中的最佳平方逼近函数为

$$S^*(x)=\sum_{k=0}^{n}\frac{(f(x),\varphi_k(x))}{\|\varphi_k(x)\|_2^2}\varphi_k(x).$$

此时平方逼近误差为

$$\|\delta_n(x)\|_2=\|f(x)-S_n^*(x)\|_2$$
$$=\left(\|f(x)\|_2^2-\sum_{k=0}^{n}\left[\frac{(f(x),\varphi_k(x))}{\|\varphi_k(x)\|_2}\right]^2\right)^{\frac{1}{2}}.$$

由此可得**贝塞尔(Bessel)不等式**

$$\sum_{k=0}^{n}(C_k^*\|\varphi_k(x)\|_2)^2\leqslant\|f(x)\|_2^2.$$

现讨论，若 $\{\varphi_0(x),\varphi_1(x),\cdots,\varphi_n(x)\}$ 是正交多项式，$\Phi=\mathrm{span}\{\varphi_0(x),\varphi_1(x),\cdots,\varphi_n(x)\}$，$\varphi_k(x)(k=0,1,\cdots,n)$ 可由 $1,x,\cdots,x^n$ 正交化得到，则有下面的收敛定理.

定理 6　设 $f(x)$ 是 $[a,b]$ 上的连续函数，$S^*(x)$ 是 $f(x)$ 的最佳平方逼近多项式，其中 $\{\varphi_k(x),k=0,1,\cdots,n\}$ 是正交多项式族，则有 $\lim\limits_{n\to\infty}\|f(x)-S_n^*(x)\|_2=0$.

考虑函数 $f(x)$ 是 $[-1,1]$ 上的连续函数时，按勒让德多项式 $\{P_0(x),P_1(x),\cdots,P_n(x)\}$ 展开，可得

$$S_n^*(x)=C_0^*P_0(x)+C_1^*P_1(x)+\cdots+C_n^*P_n(x),$$

其中

$$C_k^*=\frac{(f(x),P_k(x))}{(P_k(x),P_k(x))}=\frac{2k+1}{2}\int_{-1}^{1}f(x)P_k(x)\mathrm{d}x.$$

此时平方逼近误差为

$$\|\delta_n(x)\|_2^2=\int_{-1}^{1}f^2(x)\mathrm{d}x-\sum_{k=0}^{n}\frac{2}{2k+1}C_k^{*2}.$$

对于 $f(x)$ 具有二阶导数连续，有如下结论.

定理 7　设 $f(x)$ 在 $[-1,1]$ 上二阶导数连续，则对任意 $x\in[-1,1]$ 和 $\forall\varepsilon>0$，当 n 充分大时有

$$|f(x)-S_n^*(x)|\leqslant\frac{\varepsilon}{\sqrt{n}}.$$

对于首项系数为 1 的勒让德多项式 $\tilde{P}_n(x)$，具有以下结论.

定理 8　在所有最高次项系数为 1 的 n 次多项式中，勒让德多项式 $\tilde{P}_n(x)$ 在 $[-1,1]$ 上与零的平方逼近误差最小.

例 3.4　用勒让德多项式作函数 $f(x)=\mathrm{e}^x$ 在 $[-1,1]$ 上的一次和三次最佳平方逼近多项式.

解　依据勒让德多项式的正交性，由

$$C_0^* = \frac{2\times 0+1}{2}\int_{-1}^{1} \mathrm{e}^x \mathrm{d}x = \frac{1}{2}\times\left(\mathrm{e}-\frac{1}{\mathrm{e}}\right)\approx 1.1752,$$

$$C_1^* = \frac{2\times 1+1}{2}\int_{-1}^{1} x\mathrm{e}^x \mathrm{d}x = \frac{3}{2}\times 2\mathrm{e}^{-1}\approx 1.1036,$$

可得一次最佳逼近多项式

$$S_1^*(x) = 1.1752 + 1.1036x.$$

类似地，再由

$$C_2^* = \frac{2\times 2+1}{2}\int_{-1}^{1} \mathrm{e}^x\left(\frac{3}{2}x^2-\frac{1}{2}\right)\mathrm{d}x = \frac{5}{2}\times\left(\mathrm{e}-\frac{7}{\mathrm{e}}\right)\approx 0.3578,$$

$$C_3^* = \frac{2\times 3+1}{2}\int_{-1}^{1} \mathrm{e}^x\left(\frac{5}{2}x^3-\frac{3}{2}x\right)\mathrm{d}x = \frac{7}{2}\times(37\mathrm{e}^{-1}-5\mathrm{e})\approx 0.07046,$$

可得三次最佳逼近多项式

$$\begin{aligned} S_3^*(x) &= 1.1752 + 1.1036x + 0.3578\left(\frac{3}{2}x^2-\frac{1}{2}\right) + 0.07046\left(\frac{5}{2}x^3-\frac{3}{2}x\right) \\ &= 0.9963 + 0.9976x + 0.5367x^2 + 0.1761x^3. \end{aligned}$$

对于三次最佳逼近多项式，还可算出平方误差

$$\|\delta\|_2^2 = \|\mathrm{e}^x - S_3^*(x)\|_2^2 = \int_{-1}^{1}(\mathrm{e}^x)^2\mathrm{d}x - \sum_{i=0}^{3}\frac{2}{2i+1}a_i^{*2} = 0.88\times 10^{-4}.$$

如果 $f(x)$ 是 $[a,b]$ 上的连续函数，求 $[a,b]$ 上的最佳平方逼近多项式，可以作变换

$$x = \frac{b-a}{2}t + \frac{b+a}{2} \quad (-1 \leqslant t \leqslant 1),$$

于是 $F(t) = f\left(\dfrac{b-a}{2}t + \dfrac{b+a}{2}\right)$，在 $[-1,1]$ 上可用勒让德多项式作最佳平方逼近多项式 $S_n^*(t)$，从而得到区间 $[a,b]$ 上的最佳平方逼近多项式 $S_n^*\left(\dfrac{1}{b-a}(2x-a-b)\right)$. 由于勒让德多项式 $\{P_k(x)\}$ 是在区间 $[-1,1]$ 上由 $\{1,x,\cdots,x^k,\cdots\}$ 正交化得到的，因此利用函数的勒让德展开部分和得到的最佳平方逼近多项式与通过解法方程得到的最佳平方逼近多项式是一致的.

3.4　最佳一致逼近

3.4.1　基本概念及其理论

本节讨论在区间 $[a,b]$ 上的最佳一致逼近问题，设 $f\in C[a,b]$, $P_n^*(x)\in H_n$ 使得

$$\begin{aligned}\| f(x)-P_n^*(x)\|_\infty &= \min_{P\in H_n}\| f(x)-P(x)\|_\infty \\ &= \min_{P\in H_n}\max_{a\leqslant x\leqslant b}| f(x)-P(x)|,\end{aligned} \tag{3.30}$$

则称 $P_n^*(x)$ 是 $f(x)$ 在 $[a,b]$ 上的 n 次**最佳一致逼近多项式**，这样的问题就称为最佳一致逼近问题.

定理 9 若 $f(x)\in C[a,b]$，则在区间 $[a,b]$ 上的 n 次最佳一致逼近多项式存在且唯一.

定理 10 设 $f(x)\in C[a,b]$，则 n 次多项式 $P_n^*(x)$ 为 $f(x)$ 的 n 次最佳一致逼近多项式的充要条件是，在区间 $[a,b]$ 上至少有 $n+2$ 个点

$$a\leqslant x_1<x_2<\cdots<x_{n+1}<x_{n+2}\leqslant b$$

使得 $f(x)-P_n^*(x)$ 在这些点上以正负相间的符号依次取得

$$E_n(f,x)=\max_{a\leqslant x\leqslant b}| f(x)-P_n^*(x)|, \tag{3.31}$$

即有

$$f(x_k)-P_n^*(x_k)=(-1)^k\delta E_n(f,x),\quad k=1,2,\cdots,n+2, \tag{3.32}$$

其中 δ 为 -1 或 1，点 $\{x_1,x_2,\cdots,x_{n+2}\}$ 称为**切比雪夫交错点组**，其中 $x_k(k=1,\cdots,n+2)$ 称为**交错点**.

推论 1 如果函数 $f(x)$ 在区间 $[a,b]$ 上有 $n+1$ 阶导数，且 $f^{(n+1)}(x)$ 在 $[a,b]$ 上保号，那么区间 $[a,b]$ 的端点 a 和 b 都属于 $f(x)-P_n^*(x)$ 的交错点组.

设函数 $f(x)\in C[-1,1]$，按 $\{T_k(x)\}_{k=0}^{\infty}$ 展成广义傅里叶级数，可得级数

$$\frac{C_0^*}{2}+\sum_{k=1}^{\infty}C_k^*T_k(x), \tag{3.33}$$

其中系数由(3.22)得到

$$C_k^*=\frac{2}{\pi}\int_{-1}^{1}\frac{f(x)T_k(x)}{\sqrt{1-x^2}}\mathrm{d}x,\quad k=0,1,\cdots, \tag{3.34}$$

这里

$$T_k(x)=\cos(k\arccos x),\quad |x|\leqslant 1.$$

级数(3.33)称为 $f(x)$ 在 $[-1,1]$ 上的**切比雪夫级数**.

若令 $x=\cos\theta,0\leqslant\theta\leqslant\pi$，则(3.33)就是 $f(\cos\theta)$ 的广义傅里叶级数，其中

$$C_k^*=\frac{2}{\pi}\int_0^{\pi}f(\cos\theta)\cos k\theta\mathrm{d}\theta,\quad k=0,1,\cdots. \tag{3.35}$$

根据傅里叶级数理论，只要 $f''(x)$ 在 $[-1,1]$ 上分段连续，则 $f(x)$ 在 $[-1,1]$ 上的切比雪夫级数(3.33)一致收敛于 $f(x)$. 从而

$$f(x)=\frac{C_0^*}{2}+\sum_{k=1}^{\infty}C_k^*T_k(x). \tag{3.36}$$

取部分和

$$C_n^*(x)=\frac{C_0^*}{2}+\sum_{k=1}^{n}C_k^*T_k(x), \tag{3.37}$$

其误差为

$$f(x)-C_n^*(x)\approx C_{n+1}^*T_{n+1}(x).$$

由于 $T_{n+1}(x)$ 有 $n+2$ 个偏差点，在这些点上依次取得 1 和 −1，因此近似地说，$f(x)-C_n^*(x)$ 也有 $n+2$ 个偏差点，且依次取得 $\pm\max\limits_{-1\leqslant x\leqslant 1}|f(x)-C_n^*(x)|$. 这样，根据定理 10，$C_n^*(x)$ 就是 $f(x)$ 的 n 次近似最佳一致逼近多项式.

例 3.5　求函数 $f(x)=\sqrt{x}$ 在 $\left[\frac{1}{4},1\right]$ 上的线性最佳一致逼近多项式 $P_1^*(x)=c_0+c_1x$.

解　由定理 10 可知，在区间 $\left[\frac{1}{4},1\right]$ 上至少有 3 个点 $\frac{1}{4}\leqslant x_1<x_2\leqslant x_3<1$，使 $f(x_k)-P_1^*(x_k)=(-1)^k\delta\max\limits_{\frac{1}{4}\leqslant x\leqslant 1}|f(x)-P_1^*(x)|,\delta=\pm1,k=1,2,3$. 由于 $f''(x)$ 在 $\left[\frac{1}{4},1\right]$ 上不变号，故 $f'(x)$ 在 $\left[\frac{1}{4},1\right]$ 上单调，所以 $[f(x)-P_1^*(x)]'=f'(x)-c_1$ 在 $\left(\frac{1}{4},1\right)$ 内只能有一个零点，将其记为 x_2，即 $c_1=f'(x_2)$. 根据推论 1 可知，区间 $\left[\frac{1}{4},1\right]$ 的两个端点 $\frac{1}{4},1$ 都属于 $f(x_k)-P_1^*(x)$ 的交错点组，即 $x_1=\frac{1}{4},x_3=1$，于是得 $f\left(\frac{1}{4}\right)-P_1^*\left(\frac{1}{4}\right)=-[f(x_2)-P_1^*(x_2)]=f(1)-P_1^*(1)$，由此可得 $P_1^*(x)=\frac{2}{3}x+\frac{17}{48}$.

若令 $\tilde{T}_0(x)=1,\ \tilde{T}_n(x)=\frac{1}{2^{n-1}}T_n(x),n=1,2,\cdots$，则 $\tilde{T}_n(x)$ 是首项系数为 1 的切比雪夫多项式. 若记 $\tilde{H}_n$ 为所有次数小于等于 n 的首项系数为 1 的多项式集合，则对 $\tilde{T}_n(x)$ 有以下定理.

定理 11　设 $\tilde{T}_n(x)$ 是首项系数为 1 的切比雪夫多项式，则

$$\max_{-1\leqslant x\leqslant 1}|\tilde{T}_n(x)|\leqslant\max_{-1\leqslant x\leqslant 1}|P(x)|,\quad \forall P(x)\in\tilde{H}_n,$$

且

$$\max_{-1\leqslant x\leqslant 1}|\tilde{T}_n(x)|=\frac{1}{2^{n-1}}.$$

定理 11 表明在所有首项系数为 1 的 n 次多项式集合 $\tilde{H}_n$ 中，$\|\tilde{T}_n(x)\|_\infty=\min\limits_{P\in\tilde{H}_n}\|P(x)\|_\infty$，所以 $\tilde{T}_n(x)$ 是 $\tilde{H}_n$ 中最大值最小的多项式，即

$$\max_{-1\leqslant x\leqslant 1}|\tilde{T}_n(x)|=\min_{P\in\tilde{H}_n}\max_{-1\leqslant x\leqslant 1}|P(x)|=\frac{1}{2^{n-1}}.\tag{3.38}$$

利用这一结论，可求 $P(x)\in H_n$ 在 H_{n-1} 中的最佳一致逼近多项式.

例 3.6　求 $f(x)=2x^3+x^2+2x-1$ 在 $[-1,1]$ 上的二次最佳一致逼近多项式.

解　由题意，所求最佳逼近多项式 $P_2^*(x)$ 应满足

$$\max_{-1\leqslant x\leqslant 1}|f(x)-P_2^*(x)|=\min.$$

由定理 11 可知，当

$$f(x)-P_2^*(x)=\frac{1}{2}T_3(x)=2x^3-\frac{3}{2}x$$

时，多项式 $f(x)-P_2^*(x)$ 与零偏差最小，故

$$P_2^*(x)=f(x)-\frac{1}{2}T_3(x)=x^2+\frac{7}{2}x-1$$

就是 $f(x)$ 在 $[-1,1]$ 上的二次最佳一致逼近多项式.

由于切比雪夫多项式是在区间 $[-1,1]$ 上定义的，对于一般区间 $[a,b]$，要通过变量替换变换到 $[-1,1]$，可令

$$x=\frac{1}{2}[(b-a)t+a+b],\tag{3.39}$$

则可将 $x\in[a,b]$ 变换到 $t\in[-1,1]$.

3.4.2　用插值余项最小化作最佳一致逼近

切比雪夫多项式 $T_n(x)$ 在区间 $[-1,1]$ 上有 n 个零点 $x_k=\cos\dfrac{2k-1}{2n}\pi(k=1,2,\cdots,n)$ 和 $n+1$ 个极值点(包括端点) $x_k=\cos\dfrac{k\pi}{n}(k=0,1,\cdots,n)$，这两组点称为**切比雪夫点**，它们在插值中有重要作用.

利用切比雪夫点作插值，可使插值区间最大误差最小化. 例如，设插值点 $x_0,x_1,\cdots,x_n\in[-1,1]$, $f\in C^{n+1}[-1,1]$, $L_n(x)$ 为相应的 n 次拉格朗日插值多项式，则余项

$$R_n(x)=f(x)-L_n(x)=\frac{f^{(n+1}(\xi)}{(n+1)!}\omega_{n+1}(x),$$

于是

$$\max_{-1\leqslant x\leqslant 1}|f(x)-L_n(x)|\leqslant\frac{M_{n+1}}{(n+1)!}\max_{-1\leqslant x\leqslant 1}|(x-x_0)(x-x_1)\cdots(x-x_n)|,$$

其中

$$M_{n+1}=\|f^{(n+1)}(x)\|_\infty=\max_{-1\leqslant x\leqslant 1}|f^{(n+1)}(x)|$$

是由被插值函数决定的. 如果插值节点为 $T_{n+1}(x)$ 的零点

$$x_k=\cos\frac{2k+1}{2(n+1)}\pi,\quad k=0,1,\cdots,n,$$

则由式(3.38)可得

$$\max_{-1\leqslant x\leqslant 1}|\omega_{n+1}(x)|=\max_{-1\leqslant x\leqslant 1}|\tilde{T}_{n+1}(x)|=\frac{1}{2^n}.$$

由此可导出插值误差最小化的结论.

定理 12 设插值节点 $x_0,x_1,\cdots,x_n$ 为切比雪夫多项式 $T_{n+1}(x)$ 的零点, 被插值函数 $f\in C^{n+1}[-1,1]$, $L_n(x)$ 为相应的插值多项式, 则

$$\max_{-1\leqslant x\leqslant 1}|f(x)-L_n(x)|\leqslant\frac{1}{2^n(n+1)!}\|f^{(n+1)}(x)\|_\infty. \tag{3.40}$$

对于一般区间 $[a,b]$ 上的插值只要利用变换(3.39)就可得到相应结果, 此时插值节点为

$$x_k=\frac{b-a}{2}\cos\frac{2k+1}{2(n+1)}\pi+\frac{a+b}{2},\quad k=0,1,\cdots,n.$$

例 3.7 对于区间为 $[0,1]$ 的函数 $f(x)=\mathrm{e}^x$, 求解下列问题.

(1) $f(x)$ 的四次拉格朗日插值多项式 $L_4(x)$, 插值节点用 $T_5(x)$ 的零点, 并估计误差 $\max\limits_{0\leqslant x\leqslant 1}|\mathrm{e}^x-L_4(x)|$.

(2) $f(x)$ 的近似最佳一致逼近多项式, 使其误差不超过 $\frac{1}{2}\times 10^{-4}$.

解 (1) 利用 $T_5(x)$ 的零点和区间变换可得节点

$$x_k=\frac{1}{2}\left(1+\cos\frac{2k+1}{10}\pi\right),\quad k=0,1,2,3,4,$$

即

$$x_0 = 0.97553,\quad x_1 = 0.79390,\quad x_2 = 0.5,$$
$$x_3 = 0.20611,\quad x_4 = 0.02447.$$

对应的拉格朗日插值多项式为

$$L_4(x) = 1.00002274 + 0.99886233x + 0.50902251x^2 + 0.14184105x^3 + 0.06849435x^4.$$

利用(3.40)可得误差估计

$$\max_{0\leqslant x\leqslant 1} |\mathrm{e}^x - L_4(x)| \leqslant \frac{M_{n+1}}{(n+1)!}\frac{(b-a)^{n+1}}{2^{2n+1}},\quad n = 4,$$

而

$$M_{n+1} = \| f^{(5)}(x) \|_\infty = \| \mathrm{e}^x \|_\infty = \mathrm{e}^1 = 2.72,$$

于是有

$$\max_{0\leqslant x\leqslant 1} |\mathrm{e}^x - L_4(x)| \leqslant \frac{\mathrm{e}}{5!}.\frac{1}{2^9} < \frac{2.72}{6}\frac{1}{10240} < 4.4\times 10^{-5}.$$

(2) 本题上述(1)得到的误差 $4.4\times 10^{-5} < 5\times 10^{-5} = \frac{1}{2}\times 10^{-4}$，所以用上述(1)中的四次拉格朗日插值多项式 $L_4(x)$ 作为 $f(x)$ 的近似最佳一致逼近多项式时，误差不超过 $\frac{1}{2}\times 10^{-4}$.

第 2 章曾经指出，高次插值会出现龙格现象，一般 $L_n(x)$ 不收敛于 $f(x)$，因此并不适用. 但若用切比雪夫多项式零点插值却可避免龙格现象，可保证整个区间上收敛.

例 3.8　设 $f(x) = \frac{1}{1+x^2}$，在 $[-5,5]$ 上利用 $T_{11}(x)$ 的零点作插值点，构造 10 次拉格朗日插值多项式 $\tilde{L}_{10}(x)$. 与第 2 章得到的等距节点造出的 $L_{10}(x)$ 近似 $f(x)$ 作比较.

解　在 $[-1,1]$ 上的 11 次切比雪夫多项式 $T_{11}(x)$ 的零点为

$$t_k = \cos\frac{21-2k}{22}\pi,\quad k = 0,1,\cdots,10.$$

作变换 $x_k = 5t_k$, $k = 0,1,\cdots,10$. 它们是 $(-5,5)$ 内的插值点，由此得到 $y = f(x)$ 在 $[-5,5]$ 上的拉格朗日插值多项式 $\tilde{L}_{10}(x)$. $f(x)$, $L_{10}(x)$, $\tilde{L}_{10}(x)$ 的图形见图 3-1，从图上可见 $\tilde{L}_{10}(x)$ 没有出现龙格现象.

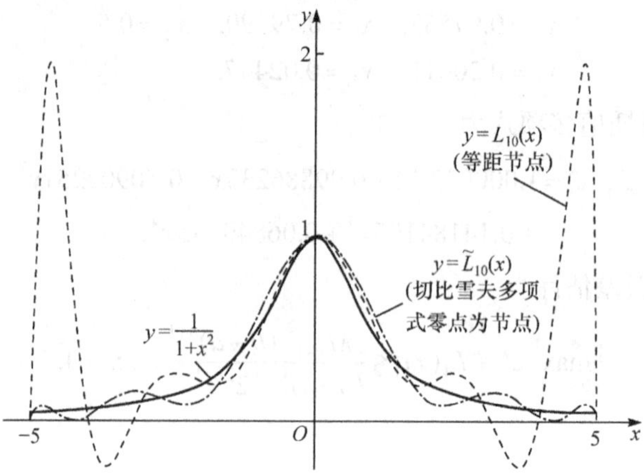

图 3-1

3.5 最小二乘拟合

3.5.1 最小二乘法及其计算

设 f 是在 $m+1$ 个节点 $x_j \in [a,b],\ j=0,1,2,\cdots,m$ 上给定的离散函数, 即给定离散数据(或称实验数据或观测数据)

$$(x_j, f(x_j)), \quad j=0,1,\cdots,m, \tag{3.41}$$

要在某指定的函数空间 Φ 中, 找出一个函数 $S^*(x)\in\Phi$ 作为 f 的近似的连续模型, 要求 S^* 在 x_j 处的值 $S^*(x_j)$ 与 $f(x_j)$ 的误差

$$\delta_j = f(x_j) - S^*(x_j) \quad (j=0,1,\cdots,m) \tag{3.42}$$

的平方和最小, 即记 $\boldsymbol{\delta}=(\delta_0,\delta_1,\cdots,\delta_m)^{\mathrm{T}}$, 有

$$\|\boldsymbol{\delta}\|_2^2 = \sum_{j=0}^{m}\delta_j^2 = \sum_{j=0}^{m}[f(x_j)-S^*(x_j)]^2 = \min_{S\in\Phi}\sum_{j=0}^{m}[f(x_j)-S(x_j)]^2, \tag{3.43}$$

或为了体现数据的重要性不同, 引入不同点 x_j 的权函数值 $\rho(x_j)>0\ (j=0,1,\cdots,m)$, 因而式(3.43)写成更一般的带权形式

$$\|\boldsymbol{\delta}\|_2^2 = \sum_{j=0}^{m}\rho(x_j)[f(x_j)-S^*(x_j)]^2 = \min_{S\in\Phi}\sum_{j=0}^{m}\rho(x_j)[f(x_j)-S(x_j)]^2. \tag{3.44}$$

这就是**最小二乘拟合问题**, $S^*(x)$ 称为 f 在 $m+1$ 个节点 $x_j\ (j=0,1,\cdots,m)$ 上的最小二乘解, 或称拟合曲线或经验公式或回归线. 通常, 在简单情形下, 选择 Φ 为

多项式空间(或其子空间)，$\Phi=\text{span}\{1,x,\cdots,x^n\}$，这时，若$S(x)\in\Phi$，则$S(x)$的形式为

$$S(x)=a_0+a_1x+\cdots+a_nx^n. \tag{3.45}$$

在一般情形下，选择Φ为线性空间$\Phi=\text{span}\{\varphi_0(x),\varphi_1(x),\cdots,\varphi_n(x)\}$，其中$\varphi_i(x)$是$[a,b]$上已知的线性无关组，这时，若$S(x)\in\Phi$，则

$$S(x)=a_0\varphi_0(x)+a_1\varphi_1(x)+\cdots+a_n\varphi_n(x)=\sum_{i=0}^{n}a_i\varphi_i(x). \tag{3.46}$$

这就是说，简单形式(3.45)相对于一般形式(3.46)来说，即取

$$\varphi_0(x)=1,\varphi_1(x)=x,\cdots,\varphi_n(x)=x^n.$$

由于两式中关于待定参数(也称回归系数)$a_0,a_1,\cdots,a_n$都是一次的，所以$S(x)$是一种线性模型，而上述问题称为线性最小二乘拟合.

假定$S(x)\in\Phi$已经选定，那么，如何由已知数据(3.41)求出最小二乘解$S^*(x)$呢？下面就一般情形来讨论. 由

$$\|\boldsymbol{\delta}\|_2^2=\sum_{j=0}^{m}\rho(x_j)[f(x_j)-S^*(x_j)]^2=\min\sum_{j=0}^{m}\rho(x_j)[f(x_j)-S(x_j)]^2$$

可知，要求$a_0,a_1,\cdots,a_n$，这相当于求多元函数

$$F(a_0,a_1,\cdots,a_n)=\sum_{j=0}^{m}\rho(x_j)\left[f(x_j)-\sum_{i=0}^{n}a_i\varphi_i(x_j)\right]^2 \tag{3.47}$$

的极小值点. 按照求极值的必要条件，应有

$$\frac{\partial F}{\partial a_k}=2\sum_{j=0}^{m}\rho(x_j)\left[f(x_j)-\sum_{i=0}^{n}a_i\varphi_i(x_j)\right](-\varphi_k(x_j))=0\quad(k=0,1,\cdots,n),$$

整理为

$$\sum_{i=0}^{n}\left[\sum_{j=0}^{m}\rho(x_j)\varphi_k(x_j)\varphi_i(x_j)\right]a_i=\sum_{j=0}^{m}\rho(x_j)\varphi_k(x_j)f(x_j)\quad(k=0,1,\cdots,n).$$

这里，引用离散点集$\{x_j\}_{j=0}^{m}$上的两个函数值向量的内积(即所谓“离散意义下”的内积)

$$\begin{cases}(\varphi_k,\varphi_i)=\displaystyle\sum_{j=0}^{m}\rho(x_j)\varphi_k(x_j)\varphi_i(x_j),\\(\varphi_k,f)=\displaystyle\sum_{j=0}^{m}\rho(x_j)\varphi_k(x_j)f(x_j)\equiv d_k\end{cases}\quad(k,i=0,1,\cdots,n), \tag{3.48}$$

于是有

$$\sum_{i=0}^{n}(\varphi_k,\varphi_i)a_i=d_k \quad (k=0,1,\cdots,n), \tag{3.49}$$

其系数矩阵是

$$G=\begin{pmatrix}(\varphi_0,\varphi_0) & (\varphi_0,\varphi_1) & \cdots & (\varphi_0,\varphi_n)\\ (\varphi_1,\varphi_0) & (\varphi_1,\varphi_1) & \cdots & (\varphi_1,\varphi_n)\\ \vdots & \vdots & & \vdots\\ (\varphi_n,\varphi_0) & (\varphi_n,\varphi_1) & \cdots & (\varphi_n,\varphi_n)\end{pmatrix}. \tag{3.50}$$

要使法方程(3.49)有唯一解，就要求矩阵 $\boldsymbol{G}$ 非奇异，而 $\varphi_0(x),\varphi_1(x),\cdots,\varphi_n(x)$ 在 $[a,b]$ 上线性无关不能推出矩阵 $\boldsymbol{G}$ 非奇异，必须加上另外的条件.

定义 6 设 $\varphi_0(x),\varphi_1(x),\cdots,\varphi_n(x)\in C[a,b]$ 的任意线性组合在点集 $\{x_i,\ i=0,1,\cdots,m\}$ $(m\geqslant n)$ 上至多只有 n 个不同的零点，则称 $\varphi_0(x),\varphi_1(x),\cdots,\varphi_n(x)$ 在点集 $\{x_i,\ i=0,1,\cdots,m\}$ 上满足**哈尔(Haar)条件**.

显然 $1,x,\cdots,x^n$ 在任意 $m(m\geqslant n)$ 个点上满足哈尔条件.

如果 $\varphi_0(x),\varphi_1(x),\cdots,\varphi_n(x)\in C[a,b]$ 在 $\{x_i\}_{i=0}^{m}$ 上满足哈尔条件，则法方程(3.49)的系数矩阵(3.50)非奇异，于是方程(3.49)存在唯一的解 $a_k=a_k^*$, $k=0,1,\cdots,n$. 从而得到函数 $f(x)$ 的最小二乘解为

$$S^*(x)=a_0^*\varphi_0(x)+a_1^*\varphi_1(x)+\cdots+a_n^*\varphi_n(x).$$

这样得到的 $S^*(x)$ 就是所求最小二乘解.

给定 $f(x)$ 的离散数据 $\{(x_i,y_i),i=0,1,\cdots,m\}$，一般可取 $\Phi=\mathrm{span}\{1,x,\cdots,x^n\}$，但这样做，当 $n\geqslant 3$ 时，求解法方程(3.49)将出现系数矩阵 $\boldsymbol{G}$ 为病态的问题，通常对 $n=1$ 的简单情形都可通过求法方程(3.49)得到 $S^*(x)$. 有时根据给定数据图形，其拟合函数 $y=S(x)$ 表面上不是(3.46)的形式，但通过变换仍可化为线性模型. 例如，$S(x)=a\mathrm{e}^{bx}$，若两边取对数得

$$\ln S(x)=\ln a+bx,$$

这样就变成了形如(3.46)的线性模型.

例 3.9 已知一组实验数据如表 3-1，求它的拟合曲线.

表 3-1

x	1	3	4	6	7
f	−2.1	−0.9	−0.6	0.6	0.9

解 作简图如图 3-2 所示.

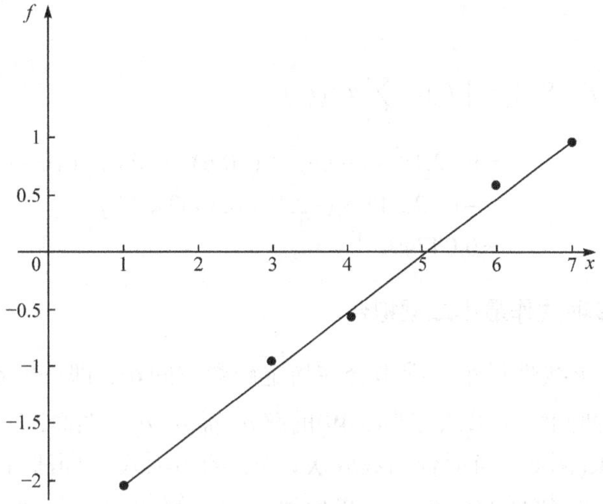

图 3-2

它的总体轮廓近乎一条直线，因此设 $S(x)=a_0+a_1x$，即取 $\varphi_0(x)=1,\varphi_1(x)=x$，计算

$$(\varphi_0,\varphi_0)=\sum_{j=0}^{4}\varphi_0^2(x_j)=\sum_{j=0}^{4}1\times1=5,$$

$$(\varphi_0,\varphi_1)=(\varphi_1,\varphi_0)=\sum_{j=0}^{4}\varphi_0(x_j)\varphi_1(x_j)=\sum_{j=0}^{4}1\times x_j=1+3+4+6+7=21,$$

$$(\varphi_1,\varphi_1)=\sum_{j=0}^{4}\varphi_1^2(x_j)=\sum_{j=0}^{4}x_j^2=1^2+3^2+4^2+6^2+7^2=111,$$

$$(\varphi_0,f)=\sum_{j=0}^{4}\varphi_0(x_j)f_j=\sum_{j=0}^{4}f_j=(-2.1)+(-0.9)+(-0.6)+0.6+0.9=-2.1,$$

$$\begin{aligned}(\varphi_1,f)&=\sum_{j=0}^{4}\varphi_1(x_j)f_j=\sum_{j=0}^{4}x_jf_j\\&=1\times(-2.1)+3\times(-0.9)+4\times(-0.6)+6\times0.6+7\times0.9=2.7,\end{aligned}$$

得法方程

$$\begin{cases}5a_0+21a_1=-2.1,\\21a_0+111a_1=2.7,\end{cases}$$

解之得

$$a_0=a_0^*=-2.542,\quad a_1=a_1^*=0.5053.$$

于是，得拟合曲线

$$S^*(x)=-2.542+0.5053x,$$

平方误差

$$
\begin{aligned}
\| f-S^* \|_2^2 &= \| f \|_2^2 - \sum_{i=0}^{1} a_i^* (\varphi_i, f) \\
&= [(-2.1)^2 + (-0.9)^2 + (-0.6)^2 + (0.6)^2 + (0.9)^2] \\
&\quad - [(-2.542)\times(-2.1) + 0.5053 \times 2.7] \\
&= 0.04749.
\end{aligned}
$$

3.5.2 用正交多项式作最小二乘拟合

如前所述, 求线性最小二乘拟合在指定函数空间 Φ, 即选定 Φ 的基函数 φ_0, $\varphi_1,\cdots,\varphi_n$ 之后, 便归结于求法方程(3.49)的解 $a_0^*,a_1^*,\cdots,a_n^*$. 然而, 法方程(3.49)往往会出现病态现象(例如, 当拟合函数取次数 ≥ 3 的多项式), 即法方程(3.49)的条件数很大, 因而已知数据的微小误差将导致方程组解的很大波动, 使计算结果不可靠.

对此, 人们研究能否有改善病态现象的解方程组的直接方法, 这就提出了"用正交多项式作曲线拟合".

现在, 审视法方程(3.49)可以看出, 其系数矩阵的元素都是函数序列 $\{\varphi_k\}_{k=0}^n$ 的内积. 因此, 如果一开始选择基函数 $\varphi_0,\varphi_1,\cdots,\varphi_n$, 使得法方程系数矩阵中的内积, 除了主对角线上的内积不为零外, 其他的内积均为零, 即有

$$
(\varphi_i,\varphi_k) = \begin{cases} 0, & k \neq i, \\ A_i > 0, & k = i, \end{cases} \tag{3.51}
$$

那么, 法方程就成为对角方程组, 方程组的解可直接写出:

$$
a_i = a_i^* = \frac{(\varphi_i, f)}{(\varphi_i,\varphi_i)} \quad (i=0,1,\cdots,n). \tag{3.52}
$$

不过, 需要注意的是, 式(3.51)中的 (φ_i,φ_k) 指的是离散点集上的内积, 要把式(3.51)作正交性的定义, 还需作正式的陈述:

设 $\varphi_0,\varphi_1,\cdots,\varphi_n \in C[a,b]$, 对于点集 $\{x_j\}_{j=0}^m \subset [a,b]$ 和权 $\rho_j > 0\ (j=0,1,\cdots,m)$, 如果有

$$
(\varphi_i,\varphi_k) = \sum_{j=0}^{m} \rho_j \varphi_i(x_j)\varphi_k(x_j) = \begin{cases} 0, & k \neq i, \\ \|\varphi_i\|^2 > 0, & k = i, \end{cases} \tag{3.53}
$$

则称 $\varphi_0,\varphi_1,\cdots,\varphi_n$ 是关于点集 $\{x_j\}_{j=0}^m$ 带权 $\rho_0,\rho_1,\cdots,\rho_m$ 的正交函数组.

现在, 为了采集离散点集 $\{x_j\}_{j=0}^m$ 上的正交多项式 $\varphi_0,\varphi_1,\cdots,\varphi_n$ 作拟合, 可按下列所谓三项递推公式产生这些 $\varphi_0,\varphi_1,\cdots,\varphi_n$:

$$\begin{cases}\varphi_0(x)=1,\\ \varphi_1(x)=(x-\alpha_1)\varphi_0(x),\\ \varphi_{k+1}(x)=(x-\alpha_{k+1})\varphi_k(x)-\beta_k\varphi_{k-1}(x), \quad k=1,\cdots,n-1,\end{cases} \tag{3.54}$$

其中,

$$\begin{cases}\alpha_{k+1}=\dfrac{(x\varphi_k,\varphi_k)}{(\varphi_k,\varphi_k)}, \quad k=0,1,\cdots,n-1,\\ \beta_k=\dfrac{(\varphi_k,\varphi_k)}{(\varphi_{k-1},\varphi_{k-1})}, \quad k=1,2,\cdots,n-1,\\ (x\varphi_k,\varphi_k)=\sum\limits_{j=0}^{m}x_j\varphi_k^2(x_j).\end{cases} \tag{3.55}$$

3.6 有理逼近

3.6.1 有理函数逼近与插值

给定 $m+n+1$ 个互异的点

$$x_0, x_1, \cdots, x_{m+n}$$

和相应的函数值

$$f(x_0), f(x_1), \cdots, f(x_{m+n}),$$

希望构造一个有理分式函数

$$R_{m,n}(x)=\frac{N_m(x)}{D_n(x)}=\frac{a_mx^m+\cdots+a_1x+a_0}{b_nx^n+\cdots+b_1x+b_0}, \tag{3.56}$$

使之满足插值条件

$$R_{m,n}(x_j)=f(x_j) \quad (j=0,1,\cdots,m+n+1), \tag{3.57}$$

这种问题就是所谓有理函数插值问题.

显然，当分母次数 $n=0$ 时，$R_{m,n}(x)$ 是一个 m 次的多项式. 从而插值问题(3.57)的解存在并且唯一. 但是，当 $n>0$，即(3.56)所示的 $R_{m,n}(x)$ 真正是一个有理分式函数时，插值问题(3.57)是否对任何右端 $\{f(x_j)\}$ 皆有唯一解存在呢？下面描述几个例子.

例 3.10 设 $m=0, f(x_j)=0, f(x_k)\neq 0$，

$$R_{0,n}(x)=\frac{a_0}{b_nx^n+\cdots+b_1x+b_0},$$

于是由 $R_{0,n}(x_j)=0$ 推知 $a_0=0$. 但是当 $a_0=0$ 时, 显然

$$R_{0,n}(x)\neq 0$$

不成立. 故此时相应插值问题无解.

例 3.11　设 $m=n=1$, 且

$$f(x_1)=f(x_2)\neq f(x_3),$$

则由相应插值条件, 必有

$$\frac{a_1x_1+a_0}{b_1x_1+b_0}=\frac{a_1x_2+a_0}{b_1x_2+b_0},$$

于是

$$(a_0b_1-a_1b_0)(x_2-x_1)=0.$$

而 $x_1\neq x_2$, 从而

$$a_0b_1=a_1b_0.$$

若 $b_1=0$, 则 $R_{1,1}(x)$ 退化为一次多项式. 既然 $R_{1,1}(x)$ 于 $x=x_1,x_2$ 处的值一样(假定), 说明 $y=R_{1,1}(x)$ 是一条平行于 x 轴的直线. 当然也就不可能满足

$$R_{1,1}(x_3)\neq f(x_2)$$

了. 所以不妨假设 $b_1\neq 0$. 于是

$$a_0=\frac{a_1b_0}{b_1}.$$

从而

$$R_{1,1}(x)=\frac{a_1x+a_0}{b_1x+b_0}=\frac{a_1x+a_1b_0/b_1}{b_1x+b_0}=\frac{a_1(b_1x+b_0)}{b_1(b_1x+b_0)}=\frac{a_1}{b_1}=\text{常数}.$$

这样一来, 又不可能满足插值条件中所要求的条件

$$R_{1,1}(x_1)\neq R_{1,1}(x_3)$$

了. 总之, 本例所讨论的有理插值问题的解不存在.

为了便于讨论, 需要引进一些定义. 两个有理式

$$R_1(x)=\frac{P_1(x)}{Q_1(x)},\quad R_2(x)=\frac{P_2(x)}{Q_2(x)} \tag{3.58}$$

称为恒等, 如果存在一个非零常数 a, 使得

$$P_2(x)=aP_1(x),\quad Q_2(x)=aQ_1(x).$$

此时记 $R_1(x)\equiv R_2(x)$.

(3.58)中的两有理分式 $R_1(x),R_2(x)$ 称为等价的, 如果

$$P_1(x)Q_2(x)\equiv P_2(x)Q_1(x).$$

此时常记为 $R_1(x) \sim R_2(x)$.

因为

(1) $R(x) \sim R(x)$;

(2) $R(x) \sim Q(x), Q(x) \sim S(x)$, 则 $R(x) \sim S(x)$;

(3) $R(x) \sim Q(x)$, 则 $Q(x) \sim R(x)$,

所以"~"是等价关系.

由上可知, 两有理分式 $R_1(x)$ 和 $R_2(x)$ 等价, 必须且只需 $R_1(x)$ 和 $R_2(x)$ 的最简有理分式 $\overline{R_1}(x)$ 和 $\overline{R_2}(x)$ 恒等.

综上所述, 只要两有理分式等价, 则认为它们是同一个有理分式, 而不加以区别. 有理函数插值的唯一性也是在这种意义上说的.

3.6.2 帕德逼近

一个函数的泰勒级数展开的系数同该函数值的关系问题, 既是一个有深刻意义的数学问题, 也是一个重要的实际问题. 它既是数学分析研究的基础, 也是遍及许多物理和生物学中数学模型的实际计算基础. 如所知, 如果一个泰勒级数展开绝对收敛, 则它唯一确定一函数的值, 且该函数任意次可微. 反之, 如果一个函数任意次可微, 则它也唯一确定一个泰勒级数展开. 此时我们可以用多项式来逼近给定的函数. 当然这种功能是有一定限度的. 考虑

$$f(x)=\left(\frac{1+2x}{1+x}\right)^{\frac{1}{2}}=1+\frac{1}{2}x-\frac{5}{8}x^2+\frac{13}{16}x^3-\frac{141}{128}x^4+\cdots, \tag{3.59}$$

容易看到当 $x>\frac{1}{2}$ 时, 上述泰勒级数是不收敛的. 当然也不能用它来计算

$$f(\infty)=\sqrt{2}.$$

如果作变量替换

$$x=\frac{\omega}{1-2\omega} \quad 或者 \quad \omega=\frac{x}{1+2x},$$

则

$$f[x(\omega)]=(1-\omega)^{-\frac{1}{2}}=1+\frac{1}{2}\omega+\frac{3}{8}\omega^2+\frac{5}{16}\omega^3+\frac{35}{128}\omega^4+\cdots \tag{3.60}$$

在 $\omega=\frac{1}{2}(x=\infty)$ 处是收敛的. 取泰勒级数(3.60)的前几个截断多项式在 $\omega=\frac{1}{2}$ 的值, 即可得 $\sqrt{2}=f(\infty)$ 的近似值

$$1, 1.125, 1.34375, 1.38281, 1.39990, \cdots. \tag{3.61}$$

还原于原先的变量 x，则(3.60)的前几个关于 ω 的截断多项式，正是 x 的下列有理分式

$$1, \frac{1+(5/2)x}{1+2x}, \frac{1+(9/2)x+(43/8)x^2}{(1+2x)^2}, \cdots. \tag{3.62}$$

下面考虑获取由泰勒级数展开式(3.59)所定义的函数 $f(x)$ 的其他有理分式的一种重要方法——帕德(Padé)逼近方法.

考虑 $f(x)$ 的有理分式逼近

$$\frac{a+bx}{c+dx},$$

使其泰勒级数展开的前三项同(3.59)的前三项重合，于是求得

$$\frac{1+(7/4)x}{1+(5/4)x} = 1+\frac{1}{2}x-\frac{5}{8}x^2+\frac{25}{32}x^3-\frac{125}{128}x^4+\cdots. \tag{3.63}$$

按它算出 $\sqrt{2}=f(\infty)\approx 1.4$，它比(3.61)近似要好. 考虑 $f(x)$ 的下述有理分式

$$\frac{a+bx+cx^2}{d+ex+hx^2},$$

使其泰勒级数展开的前五项同(3.59)的前五项重合，则得到

$$\frac{1+(13/4)x+(41/16)x^2}{1+(11/4)x+(29/16)x^2}. \tag{3.64}$$

由它算出 $\sqrt{2}=f(\infty)\approx\frac{41}{29}=1.413793103$. 往下，按同样的思路分别考虑分子(母)为 3 次、4 次和 5 次的多项式的有理分式，使其泰勒级数展开与(3.59)的前 7 项、9 项、11 项相重合. 于是相应求得 $\sqrt{2}=f(\infty)$ 的下述近似值:

$$1.414201183,\quad 1.414213198,\quad 1.414213552. \tag{3.65}$$

$\sqrt{2}$ 同最后值近似的误差仅为 10^{-8}，所以这种算法是优越的. 由此引导出一般的帕德逼近方法.

设 $f(x)$ 由下述形式的幂级数所定义

$$f(x)=\sum_{j=0}^{\infty}a_j x^j. \tag{3.66}$$

$f(x)$ 的 $[L/M]$ 帕德逼近为

$$[L/M]=\frac{P_L(x)}{Q_M(x)}, \tag{3.67}$$

其中 $P_L(x)\in P_L, Q_M(x)\in P_M$，分别为次数不超过 L, M 的多项式. (3.67)中 $P_L(x)$ 和 $Q_M(x)$ 的系数，按下述方程确定

$$f(x)-\frac{P_L(x)}{Q_M(x)}=O(x^{L+M+1}). \tag{3.68}$$

因为一个有理分式的分子、分母同乘一常数其值不变，此处要求 $Q_M(x)$ 满足标准化条件

$$Q_M(0)=1.0, \tag{3.69}$$

最后要求 $P_L(x)$ 和 $Q_M(x)$ 无公因子存在.

若记

$$\begin{aligned} P_L(x)&=p_0+p_1x+\cdots+p_Lx^L,\\ Q_M(x)&=q_0+q_1x+\cdots+q_Mx^M, \end{aligned} \tag{3.70}$$

则由标准化条件(3.69)，可用 $Q_M(x)$ 遍乘式(3.68)以线性化系数方程. 于是比较系数可得线性方程组

$$\begin{cases} a_0 & =p_0,\\ a_1+a_0q_1 & =p_1,\\ a_2+a_1q_1+a_0q_2 & =p_2,\\ \quad\cdots\cdots & \\ a_L+a_{L-1}q_1+\cdots+a_0q_L & =p_L,\\ a_{L+1}+a_Lq_1+\cdots+a_{L-M+1}q_M & =0,\\ \quad\cdots\cdots & \\ a_{L+M}+a_{L+M-1}q_1+\cdots+a_Lq_M & =0, \end{cases} \tag{3.71}$$

其中已规定

$$a_n\equiv 0\ (n<0),\quad q_j\equiv 0\ (j>M). \tag{3.72}$$

为方便计算，记

$$L+M=N,\quad L-M=J. \tag{3.73}$$

弗罗贝尼乌斯(Frobenius)和帕德曾利用条件 $Q_M(0)\neq 0$ 来代替标准化条件(3.69). 这两类条件显然是不同的. 事实上，作为例子考虑

$$f(x)=1+x^2+\cdots,$$

对于 $L=M=1$，容易验证

$$P_1(x)=Q_1(x)=x,\quad \frac{P_1(x)}{Q_1(x)}=1,$$

满足

$$Q_M(x)f(x)-P_L(x)=O(x^{N+1}),$$

而不满足(3.68)，按我们的定义，该幂级数的 $[1/1]$ 逼近是不存在的.

下面的唯一性定理, 无论按哪种规定都是成立的.

定理 13 对于任意形式幂级数 $f(x)$, 若其 $[L/M]$ 帕德逼近存在, 则必唯一.

上述定理的成立与否, 与定义方程的奇异性无关. 当非奇异时, 可直接求解得 $[L/M]$ 帕德逼近

$$L/M=\frac{\begin{vmatrix} a_{L-M+1} & a_{L-M+2} & \cdots & a_{L+1} \\ \vdots & \vdots & & \vdots \\ a_L & a_{L+1} & \cdots & a_{L+M} \\ \sum\limits_{j=M}^{L} a_{j-M}x^j & \sum\limits_{j=M}^{L} a_{j-M+1}x^j & \cdots & \sum\limits_{j=M}^{L} a_jx^j \end{vmatrix}}{\begin{vmatrix} a_{L-M+1} & a_{L-M+2} & \cdots & a_{L+1} \\ \vdots & \vdots & & \vdots \\ a_L & a_{L+1} & \cdots & a_{L+M} \\ x^M & x^{M-1} & \cdots & 1 \end{vmatrix}}. \tag{3.74}$$

在上述各求和号中, 若下标超过上标时, 该和为 0. 常将函数 $f(x)=\sum\limits_{j=0}^{\infty} a_j x_j$ 的帕德逼近列成“帕德表”(表 3-2).

表 3-2 帕德表

L	M					
	0	1	2	3	4	$\cdots$
0	(0,0)	(0,1)	(0,2)	(0,3)	(0,4)	$\cdots$
1	(1,0)	(1,1)	(1,2)	(1,3)	(1,4)	$\cdots$
2	(2,0)	(2,1)	(2,2)	(2,3)	(2,4)	$\cdots$
3	(3,0)	(3,1)	(3,2)	(3,3)	(3,4)	$\cdots$
4	(4,0)	(4,1)	(4,2)	(4,3)	(4,4)	$\cdots$
$\vdots$	$\vdots$	$\vdots$	$\vdots$	$\vdots$	$\vdots$	

习 题 3

1. 计算下列函数 $f(x)$ 关于 $C[0,1]$ 的 $\|f\|_\infty, \|f\|_1$ 与 $\|f\|_2$:

(1) $f(x)=(x-1)^5$;

(2) $f(x)=\left|x-\frac{1}{3}\right|$;

(3) $f(x)=x^p(1-x)^q$，p 与 q 为正整数.

2. 对 $f(x),g(x)\in C^1[a,b]$，定义

(1) $(f,g)=\int_a^b f'(x)g'(x)\mathrm{d}x$；

(2) $(f,g)=\int_a^b f'(x)g'(x)\mathrm{d}x+f(a)g(a)$.

问它们是否构成内积.

3. 求 $f(x)=\sin x$ 在 $\left[0,\frac{\pi}{2}\right]$ 上的线性最佳一致逼近多项式.

4. 设 $f(x)=x^4+3x^3-1$，在 $[0,1]$ 上求三次最佳一致逼近多项式.

5. 求 $f(x)=x^4$ 在 $[-1,1]$ 上关于 $\rho(x)=1$ 的最佳平方逼近三次多项式.

6. 求 $f(x)=\mathrm{e}^x$ 在 $[0,1]$ 上对于 $\Phi=\mathrm{span}\{1,x\}$ 的最佳平方逼近多项式.

7. 求 $f(x)=\sin\frac{\pi}{2}$ 在 $[-1,1]$ 上的二次最佳平方逼近多项式 $\varphi^*(x)$.

8. 设有某实验数据如表 3-3 所示.

表 3-3

x	1.36	1.73	1.95	2.28
y	14.096	16.844	18.475	20.963

试按最小二乘法求一次多项式拟合以上数据.

9. 在某个低温过程中，函数 y 依赖于温度 θ(℃)的实验数据如表 3-4 所示.

表 3-4

i	1	2	3	4
θ_i	1	2	3	4
y_i	0.8	1.5	1.8	2.0

已知经验公式的形式为 $y=a\theta+b\theta^2$. 试用最小二乘法求出 a 和 b.

10. 已知一组实验数据如表 3-5 所示.

表 3-5

x	2.2	2.6	3.4	4.0
y	65	61	54	50

试用最小二乘法确定拟合公式 $y=ax^b$ 中的参数 a 和 b.

11. 用辗转相除法将 $R_{22}=\dfrac{3x^2+6x}{x^2+6x+6}$ 化为连分式.

12. 求 $f(x)=\mathrm{e}^x$ 在 $x=0$ 处的 $(2,1)$ 阶帕德逼近 $R_{21}(x)$.

数值实验题

1. 建立 $f(x)=\tan x$ 的 $[5/4]$ 帕德逼近 $R_{5,4}(x)$, 计算其在 0.4, 0.8 及 1.2 处的值, 与 $\tan x$ 的 9 次泰勒展开 $T_9(x)$ 作比较. 取其他不同的整数 m, n 和自变量 x, 对 $R_{m,n}(x)$ 和 $T_{m+n}(x)$ 作类似的比较.

2. 设 $f(x)=\dfrac{1}{1+25x^2}$,

(1) 求连续函数 $f(x)$ 在区间 $[-1,1]$ 上的 3 次最佳平方逼近多项式, 计算均方误差 δ_c;

(2) 在区间 $[-1,1]$ 上取 5 个等距节点, 求 $f(x)$ 的离散 3 次最佳平方逼近多项式, 计算均方误差 δ_5;

(3) 在区间 $[-1,1]$ 上取 9 个等距节点, 求 $f(x)$ 的离散 3 次最佳平方逼近多项式, 计算均方误差 δ_9.

比较 δ_5 和 δ_9, 你发现什么问题, 应如何合理地定义离散情况下的均方误差?你的定义与(1)中的 δ_c 有何关系?

第 4 章　数值积分与数值微分

4.1　数值积分概论

4.1.1　数值积分的基本思想

在实际问题中常常需要计算定积分 $I=\int_a^b f(x)\mathrm{d}x$. 根据微分学基本定理, 若被积函数 $f(x)$ 在区间 $[a,b]$ 上连续, 则存在着一个原函数 $F(x)$, 利用牛顿-莱布尼茨(Newton-Leibniz)公式 $\int_a^b f(x)\mathrm{d}x=F(b)-F(a)$ 可得到其积分值. 但在实际问题中, 往往会遇到一些困难, 有些函数找不到用初等函数表示的原函数, 例如, 对积分 $\int_0^x \mathrm{e}^{-\frac{x^2}{2}}\mathrm{d}x$, $\int_0^1 \frac{\sin x}{x}\mathrm{d}x$ 而言, 被积函数不存在用初等函数表示的原函数, 因而无法直接求出定积分. 有些被积函数虽然能找到原函数, 但计算 $F(a), F(b)$ 过于复杂. 有些被积函数, 只知道区间内有限个点的函数值, 并没有函数的具体表达式, 因而也无法给出定积分的值.

在高等数学教材中, 有如下定积分的近似计算公式: 在区间 $[a,b]$ 取等距节点 $a\leqslant x_0,x_1,\cdots,x_n\leqslant b$, 作 n 个宽为 Δx_i, 高为 $f(\xi_i), i=1,2,\cdots,n$ 的小矩形面积的和来近似定积分 $\int_a^b f(x)\mathrm{d}x$ 的值

$$\int_a^b f(x)\mathrm{d}x\approx\sum_{i=1}^n f(\xi_i)\Delta x_i,$$

也可以作一个梯形面积来近似定积分的值

$$\int_a^b f(x)\mathrm{d}x\approx\frac{b-a}{2}[f(a)+f(b)],$$

对各节点 $x_0,x_1,\cdots,x_n$ 的函数值作线性组合 $\sum_{i=0}^n c_i f(x_i)$ 替换中值定理

$$\int_a^b f(x)\mathrm{d}x=f(\xi)(b-a)$$

中的 $f(\xi)$, 得到

$$\int_a^b f(x)\mathrm{d}x \approx (b-a)\sum_{k=0}^{n} c_k f(x_k),$$

其中c_i是与$f(x)$无关的系数.

现在构造更一般的定积分近似计算公式，构造如下**数值求积公式**

$$I(f)=\int_a^b f(x)\mathrm{d}x \approx \sum_{k=0}^{n} A_k f(x_k), \tag{4.1}$$

其中x_k为**求积节点**，A_k为**求积系数**，A_k为与$f(x)$无关的系数，仅仅与求积节点x_k有关. 该求积公式通常称为数值积分公式，也称为机械求积公式. 通过有效的数值积分方法，我们能较为精确地计算出定积分的值.

一般地

$$I(f)=\int_a^b f(x)\mathrm{d}x = \sum_{k=0}^{n} A_k f(x_k) + R(f),$$

其中$R(f)$称为求积公式的**余项**或**离散误差**.

4.1.2　代数精度的概念

定义 1　如果某个求积公式对于次数不超过m次的多项式均能精确成立，但对于$m+1$次多项式就不精确成立，则称该求积公式具有**m次代数精度**.

构造一个求积公式，关键构造求积系数A_k与求积节点x_k. 求积公式的代数精度不但与求积公式的节点、求积系数有关，而且还与求积公式的具体形式有关.

例如，定积分的中点公式为

$$\int_a^b f(x)\mathrm{d}x \approx (b-a)f\left(\frac{a+b}{2}\right),$$

验证其代数精度为 1.

分别将$f(x)=1, x, x^2$代入上述求积公式，得到

$$\int_a^b 1\mathrm{d}x = (b-a)f\left(\frac{a+b}{2}\right) = b-a,$$

$$\int_a^b x\mathrm{d}x = \frac{b^2-a^2}{2} = (b-a)f\left(\frac{a+b}{2}\right) = \frac{b^2-a^2}{2},$$

$$\int_a^b x^2\mathrm{d}x = \frac{b^3-a^3}{3} \neq (b-a)f\left(\frac{a+b}{2}\right) = (b-a)\frac{(a+b)^2}{4},$$

故梯形公式的代数精度为 1.

对于给定求积节点和求积系数的求积公式，只需要将代数单项式代入确定其代数精度. 若求积公式的求积系数和求积节点未知，或者部分未知，可以利用代

数精度的关系构造一个方程组, 从而确定求积系数. 对于更一般的求积公式(4.1), 若要全部确定所有求积系数 A_k 与求积节点 x_k, 就要构造 $2n+2$ 个方程才能确定所有求积系数和求积节点, 况且这些方程绝大部分是非线性方程, 求解起来相对复杂一些.

例 4.1　确定下列求积公式

$$\int_0^1 f(x)\mathrm{d}x \approx A_0 f(0) + A_1 f(1) + A_2 f'(1)$$

的求积系数及其代数精度.

解　将 $f(x)=1, x, x^2$ 代入上述求积公式, 得到

$$\int_0^1 1\mathrm{d}x = 1 = A_0 + A_1,$$

$$\int_0^1 x\mathrm{d}x = \frac{1}{2} = A_1 + A_2,$$

$$\int_0^1 x^2\mathrm{d}x = \frac{1}{3} = A_1 + 2A_2,$$

解得 $A_0 = \frac{1}{3}, A_1 = \frac{2}{3}, A_2 = -\frac{1}{6}$, 于是得到该求积公式为

$$\int_0^1 f(x)\mathrm{d}x \approx \frac{1}{3}f(0) + \frac{2}{3}f(1) - \frac{1}{6}f'(1).$$

将 $f(x)=x^3$ 代入上述求积公式, 得到

$$\int_0^1 x^3\mathrm{d}x = \frac{1}{4} \neq \frac{1}{3}f(0) + \frac{2}{3}f(1) - \frac{1}{6}f'(1) = \frac{1}{6},$$

即当 $f(x)=x^3$ 代入求积公式不精确成立, 因此代数精度为 2.

4.1.3　插值型的求积公式

设给定一组节点

$$a \leqslant x_0 < x_1 < x_2 < \cdots\cdots < x_{n-1} < x_n \leqslant b,$$

且已知函数 $f(x)$ 在这些节点上的值, 作拉格朗日插值函数 $L_n(x)$, 取

$$I_n = \int_a^b L_n(x)\mathrm{d}x$$

作为积分 $I = \int_a^b f(x)\mathrm{d}x$ 的近似值, 这样构造出的求积公式 $I_n = \sum_{k=0}^{n} A_k f(x_k)$ 称为**插值型求积公式**. 插值型的求积公式的**余项**

$$R[f]=I-I_n=\int_a^b \frac{f^{(n+1)}(\xi)}{(n+1)!}\omega(x)\mathrm{d}x, \tag{4.2}$$

式中ξ与变量x有关，$\omega(x)=(x-x_0)(x-x_1)(x-x_2)\cdots(x-x_n)$.

定理 1 形如(4.1)的求积公式至少有n次代数精度的充分必要条件是，它是插值型求积公式.

证明 充分性. 给定一组节点

$$a\leqslant x_0<x_1<x_2<\cdots<x_{n-1}<x_n\leqslant b.$$

建立n次拉格朗日插值多项式

$$f(x)=L_n(x)+\frac{f^{(n+1)}(\xi)}{(n+1)!}\omega(x),$$

其中

$$L_n(x)=\sum_{i=0}^{n} l_i(x)f(x_i),$$

$$l_i(x)=\frac{(x-x_0)\cdots(x-x_{i-1})(x-x_{i+1})\cdots(x-x_n)}{(x_i-x_0)\cdots(x_i-x_{i-1})(x_i-x_{i+1})\cdots(x_i-x_n)},$$

$$\omega(x)=(x-x_0)(x-x_1)\cdots(x-x_n).$$

将$f(x)$代入积分$\int_a^b f(x)\mathrm{d}x$，得到

$$\int_a^b f(x)\mathrm{d}x=\int_a^b L_n(x)\mathrm{d}x+\int_a^b \frac{f^{(n+1)}(\xi)}{(n+1)!}\omega(x)\mathrm{d}x,$$

即

$$\int_a^b f(x)\mathrm{d}x=\sum_{i=0}^{n}\int_a^b l_i(x)\mathrm{d}x f(x_i)+\int_a^b \frac{f^{(n+1)}(\xi)}{(n+1)!}\omega(x)\mathrm{d}x,$$

令

$$A_i=\int_a^b l_i(x)\mathrm{d}x,\quad i=0,1,2,\cdots,n,$$

得到

$$\int_a^b f(x)\mathrm{d}x=\sum_{i=0}^{n}A_i f(x_i)+\int_a^b \frac{f^{(n+1)}(\xi)}{(n+1)!}\omega(x)\mathrm{d}x.$$

考虑插值型求积公式

$$\int_a^b f(x)\mathrm{d}x\approx\sum_{i=0}^{n}A_i f(x_i)$$

的代数精度. 将$f(x)=1,x,x^2,x^3,\cdots,x^n$代入求积公式，都有

$$\int_a^b \frac{f^{(n+1)}(\xi)}{(n+1)!}\omega(x)\mathrm{d}x = 0,$$

因此，$\int_a^b f(x)\mathrm{d}x = \sum_{i=0}^{n} A_i f(x_i)$ 精确成立. 将 $f(x) = x^{n+1}$ 代入求积公式，有

$$\int_a^b \frac{f^{(n+1)}(\xi)}{(n+1)!}\omega(x)\mathrm{d}x \neq 0,$$

因此，$\int_a^b f(x)\mathrm{d}x \neq \sum_{i=0}^{n} A_i f(x_i)$ 成立.

必要性略.

综上所述，$n+1$ 个节点的插值型求积公式的代数精度为 n.

4.1.4　求积公式的收敛性与稳定性

定义 2　在求积公式(4.1)中，若 $\lim\limits_{n\to\infty}\sum_{k=0}^{n} A_k f(x_k) = \int_a^b f(x)\mathrm{d}x$，其中当 $h \to 0$ 时，$n\to\infty$，这里 $h = \max\limits_{1\leqslant i\leqslant n}(x_i - x_{i-1})$，则称求积公式(4.1)是收敛的.

定义 3　对任意给定的 $\varepsilon > 0$，若存在 $\delta > 0$，只要 $|f(x_k) - \overline{f}(x_k)| \leqslant \delta(k = 0,1,2,\cdots,n)$，则有

$$\left|I_n(f) - I_n(\overline{f})\right| = \left|\sum_{k=0}^{n} A_k(f(x_k) - \overline{f}(x_k))\right| \leqslant \varepsilon$$

成立，则称求积公式(4.1)是稳定的.

定理 2　若求积公式(4.1)中系数 $A_k > 0(k = 0,1,2,\cdots,n)$，则此求积公式是稳定的.

证明　对任意给定的 $\varepsilon > 0$，存在 $\delta = \dfrac{\varepsilon}{b-a}$，当 $|f(x_k) - \overline{f}(x_k)| \leqslant \delta(k = 0,1,2,\cdots,n)$ 时，都有

$$\left|I_n(f) - I_n(\overline{f})\right| = \left|\sum_{k=0}^{n} A_k(f(x_k) - \overline{f}(x_k))\right| \leqslant \left|\sum_{k=0}^{n} A_k \frac{\varepsilon}{b-a}\right| = \frac{\varepsilon}{b-a}\left|\sum_{k=0}^{n} A_k\right| = \varepsilon,$$

由定义 3 知，求积公式(4.1)是稳定的.

定理 2 表明，求积系数 $A_k > 0$ 时，就能保证求积公式计算的稳定性.

4.1.5　求积公式的余项

定理 3　设节点 $a \leqslant x_0 < x_1 < x_2 < \cdots < x_{n-1} < x_n \leqslant b$，若求积公式的余项 $R[f] = \int_a^b f(x)\mathrm{d}x - \sum_{i=0}^{n} A_i f(x_i)$ 在区间 $[a,b]$ 上具有 $n+1$ 阶连续导函数，余项 $R[f]=0$ 的代

数精度为n，则求积公式的余项的表达式为

$$R[f]=\int_a^b \frac{f^{(n+1)}(\xi)}{(n+1)!}\omega_{n+1}(x)\mathrm{d}x, \tag{4.3}$$

其中，$\omega_{n+1}(x)=(x-x_0)(x-x_1)(x-x_2)\cdots(x-x_n)$，$\xi$介于$x,x_0,x_1,\cdots,x_n$之间.

证明 设过节点$a\leqslant x_0<x_1<x_2<\cdots<x_{n-1}<x_n\leqslant b$的插值多项式为$P_n(x)$，且

$$\omega(x)=(x-x_0)(x-x_1)\cdots(x-x_n),$$

则

$$f(x)=P_n(x)+\frac{f^{(n+1)}(\xi)}{(n+1)!}\omega(x),$$

两边作定积分，得

$$\int_a^b f(x)\mathrm{d}x=\int_a^b P_n(x)\mathrm{d}x+\int_a^b \frac{f^{(n+1)}(\xi)}{(n+1)!}\omega(x)\mathrm{d}x,$$

即

$$\int_a^b f(x)\mathrm{d}x=\sum_{i=0}^n \int_a^b l_i(x)\mathrm{d}x f(x_i)+\int_a^b \frac{f^{(n+1)}(\xi)}{(n+1)!}\omega(x)\mathrm{d}x.$$

令节点x_i的插值基函数为$l_i(x)$，

$$A_i=\int_a^b l_i(x)\mathrm{d}x,\quad i=0,1,2,\cdots,n,$$

得到

$$\int_a^b f(x)\mathrm{d}x=\sum_{i=0}^n A_i f(x_i)+\int_a^b \frac{f^{(n+1)}(\xi)}{(n+1)!}\omega(x)\mathrm{d}x.$$

所以

$$R[f]=\int_a^b f(x)\mathrm{d}x-\sum_{i=0}^n A_i f(x_i)=\int_a^b \frac{f^{(n+1)}(\xi)}{(n+1)!}\omega(x)\mathrm{d}x.$$

若出现重节点的情形，$\omega(x)$出现重因式，在这些重节点可以建立埃尔米特插值多项式.

下面利用定理 3 讨论梯形求积公式、辛普森求积公式的代数精度与余项.

由于梯形求积公式的代数精度为$m=1$，过节点$x_0=a,x_1=b$的插值多项式为$L_1(x)$，根据定理 3，梯形求积公式的余项为

$$R[f]=\int_a^b \frac{f^{(n+1)}(\xi_1)}{(n+1)!}\omega(x)\mathrm{d}x=\int_a^b \frac{f^{(2)}(\xi_1)}{2!}(x-a)(x-b)\mathrm{d}x,$$

其中，ξ_1介于x,x_0,x_1之间.

由于 $f^{(2)}(\xi_1)$ 在 $[a,b]$ 连续，$(x-a)(x-b)$ 在区间 $[a,b]$ 上不改变符号，且 $(x-a)\times(x-b)\leqslant 0$，由积分第二中值定理，存在 $\eta\in(a,b)$，使得

$$R[f]=\int_a^b\frac{f^{(2)}(\xi_1)}{2!}(x-a)(x-b)\mathrm{d}x=f^{(2)}(\eta)\int_a^b\frac{1}{2!}(x-a)(x-b)\mathrm{d}x=-\frac{(b-a)^3}{12}f^{(2)}(\eta),$$

因此**梯形求积公式的余项**为

$$R[f]=-\frac{(b-a)^3}{12}f^{(2)}(\eta),\quad \eta\in(a,b). \tag{4.4}$$

例 4.2　设 $f(x)$ 具有二阶连续的导数，确定下列求积公式

$$\int_0^1 f(x)\mathrm{d}x\approx A_0f(0)+A_1f(1)+A_2f'(0)$$

的求积系数、代数精度及其余项.

解　类似例 4.1 的方法，可以确定求积公式为

$$\int_0^1 f(x)\mathrm{d}x\approx\frac{2}{3}f(0)+\frac{1}{3}f(1)+\frac{1}{6}f'(0),$$

代数精度 $m=2$. 此时出现了重节点，以重节点 $x_0=0,x_1=0,x_2=1$ 作埃尔米特插值多项式，其余项为

$$R[f]=\int_0^1\frac{f^{(3)}(\xi_1)}{3!}(x-0)^2(x-1)\mathrm{d}x,$$

由于 $f^{(3)}(\xi_1)$ 在 $[0,1]$ 连续，$x^2(x-1)$ 在区间 $[0,1]$ 上不改变符号，且 $x^2(x-1)\leqslant 0$，由积分第二中值定理，存在 $\eta\in(0,1)$，使得求积公式的余项为

$$R[f]=f^{(3)}(\eta)\int_0^1\frac{1}{3!}x^2(x-1)\mathrm{d}x=-\frac{f^{(3)}(\eta)}{72}.$$

例 4.3　设 $f(x)$ 具有二阶连续的导数，确定下列辛普森求积公式

$$\int_a^b f(x)\mathrm{d}x\approx S=\frac{b-a}{6}\left[f(a)+4f\left(\frac{a+b}{2}\right)+f(b)\right]$$

的代数精度及其余项.

解　将 $f(x)=1,x,x^2,x^3$ 代入上述求积公式，得到

$$\int_a^b 1\mathrm{d}x=b-a=\frac{b-a}{6}\left[f(a)+4f\left(\frac{a+b}{2}\right)+f(b)\right]=b-a,$$

$$\int_a^b x\mathrm{d}x=\frac{b^2-a^2}{2}=\frac{b-a}{6}\left[a+4\left(\frac{a+b}{2}\right)+b\right]=\frac{b^2-a^2}{2},$$

$$\int_a^b x^2\mathrm{d}x=\frac{b^3-a^3}{3}=\frac{b-a}{6}\left[a^2+4\left(\frac{a+b}{2}\right)^2+b^2\right]=\frac{b^3-a^3}{3},$$

$$\int_a^b x^3 \mathrm{d}x = \frac{b^4 - a^4}{4} = \frac{b-a}{6}\left[a^3 + 4\left(\frac{a+b}{2}\right)^3 + b^3\right] = \frac{b^4 - a^4}{4}.$$

但是将 $f(x) = x^4$ 代入辛普森求积公式时，左右两边不精确成立，即

$$\int_a^b x^4 \mathrm{d}x = \frac{b^5 - a^5}{5} \neq \frac{b-a}{6}\left[a^4 + 4\left(\frac{a+b}{2}\right)^4 + b^4\right],$$

所以辛普森求积公式的代数精度为 3.

接下来讨论辛普森求积公式的余项，辛普森求积公式的代数精度为 $m = 3$，以重节点 $x_0 = a, x_1 = \frac{a+b}{2}, x_2 = \frac{a+b}{2}, x_3 = b$ 作插值多项式 $P_3(x)$，其余项为

$$R[f] = \int_a^b f(x)\mathrm{d}x - \sum_{i=0}^{3} A_i f(x_i) = \int_a^b \frac{f^{(4)}(\xi_1)}{4!}(x-a)\left(x - \frac{a+b}{2}\right)^2 (x-b)\mathrm{d}x .$$

由于 $f^{(4)}(\xi_1)$ 在 $[a,b]$ 连续，$(x-a)\left(x-\frac{a+b}{2}\right)^2(x-b)$ 在区间 $[a,b]$ 上不改变符号，且 $(x-a)\left(x-\frac{a+b}{2}\right)^2(x-b) \leqslant 0$，由积分第二中值定理，存在 $\eta \in (a,b)$，得到**辛普森求积公式的余项**为

$$\begin{aligned} R[f] &= \frac{f^{(4)}(\eta)}{4!}\int_a^b (x-a)\left(x - \frac{a+b}{2}\right)^2 (x-b)\mathrm{d}x \\ &= -\frac{(b-a)}{180}\left(\frac{b-a}{2}\right)^4 f^{(4)}(\eta) = -\frac{(b-a)^5}{2880} f^{(4)}(\eta) \end{aligned} . \tag{4.5}$$

4.2 牛顿-科茨公式

4.2.1 科茨系数

设将积分区间 $[a,b]$ 划分为 n 等份，步长 $h = \frac{b-a}{n}$，选取等距节点 $x_k = a + kh,$ $k = 0,1,\cdots,n$ 构造出的插值型求积公式

$$\int_a^b f(x)\mathrm{d}x \approx (b-a)\sum_{k=0}^{n} C_k^{(n)} f(x_k), \tag{4.6}$$

称为牛顿-科茨**求积公式**，式中 $C_k^{(n)}$ 称为科茨**求积系数**.

作变换 $x = a + th$，$x_j = a + jh$，则有

$$C_k^{(n)}=\frac{h}{b-a}\int_0^n\prod_{\substack{j=0\\ j\neq k}}^{n}\frac{t-j}{k-j}\mathrm{d}t=\frac{(-1)^{n-k}}{nk!(n-k)!}\int_0^n\prod_{\substack{j=0\\ j\neq k}}^{n}(t-j)\mathrm{d}t. \tag{4.7}$$

现在考虑两个简单的牛顿-科茨求积公式.

当 $n=1$ 时，取两个节点 $x_0=a,x_1=b$,

$$C_0^{(1)}=(-1)\frac{h}{b-a}\int_0^1(t-1)\mathrm{d}t=\frac{1}{2},$$

$$C_1^{(1)}=\frac{h}{b-a}\int_0^1 t\mathrm{d}t=\frac{1}{2},$$

得到**梯形公式**

$$\int_a^b f(x)\mathrm{d}x\approx T[f]=\frac{b-a}{2}[f(a)+f(b)]. \tag{4.8}$$

当 $n=2$ 时，取三个节点 $x_0=a,x_1=\frac{a+b}{2},x_2=b$，$h=\frac{b-a}{2}$,

$$C_0^{(2)}=\frac{1}{2\times 2!}\int_0^2(t-1)(t-2)\mathrm{d}t=\frac{1}{6},$$

$$C_1^{(2)}=-\frac{1}{2}\int_0^2 t(t-2)\mathrm{d}t=\frac{4}{6},$$

$$C_2^{(2)}=\frac{1}{2\times 2!}\int_0^2 t(t-1)\mathrm{d}t=\frac{1}{6},$$

得到**辛普森公式**

$$\int_a^b f(x)\mathrm{d}x\approx S[f]=\frac{h}{3}\left[f(a)+4f\left(\frac{a+b}{2}\right)+f(b)\right],\quad h=\frac{b-a}{2}. \tag{4.9}$$

例 4.4　应用梯形公式和辛普森求积公式计算积分

$$\int_0^1\frac{1}{1+x}\mathrm{d}x,$$

积分准确值为 $\ln(2)=0.69314718$.

解　应用梯形公式

$$\int_a^b f(x)\mathrm{d}x\approx T[f]=\frac{b-a}{2}[f(a)+f(b)]$$

$$=\frac{1}{2}[f(0)+f(1)]=\frac{1}{2}(1+0.5)=0.75;$$

应用辛普森求积公式

$$\int_a^b f(x)\mathrm{d}x\approx S[f]=\frac{h}{3}\left[f(a)+4f\left(\frac{a+b}{2}\right)+f(b)\right]$$

$$=\frac{0.5}{3}\left[f(0)+4f\left(\frac{1}{2}\right)+f(1)\right]$$

$$=\frac{0.5}{3}(1+4\times 0.66666667+0.5)$$
$$=0.69444444.$$

当$n=4$时，得到**科茨公式**

$$\int_a^b f(x)\mathrm{d}x \approx C=\frac{b-a}{90}[7f(x_0)+32f(x_1)+12f(x_2)+32f(x_3)+7f(x_4)],$$

其中$x_k=a+kh$，$h=\frac{b-a}{4}$. **科茨公式的余项**

$$R_C[f]=I-C=-\frac{2(b-a)}{945}\left(\frac{b-a}{4}\right)^6 f^{(6)}(\eta),\tag{4.10}$$

其中$\eta\in(a,b)$.

4.2.2 偶阶求积公式的代数精度及其余项

定理 4 (1) 当n为偶数时，$f(x)$在区间(a,b)上有$n+2$阶连续的导数，牛顿-科茨公式(4.6)至少具有$n+1$次代数精度，且局部截断误差为

$$R[f]=\frac{h^{n+3}f^{(n+2)}(\eta)}{(n+2)!}\int_0^n t(t-1)(t-2)\cdots(t-n)\mathrm{d}t,\quad \eta\in(a,b).\tag{4.11}$$

(2) 当 n 为奇数时，$f(x)$在区间(a,b)上有$n+1$阶连续的导数，牛顿-科茨公式(4.6)至少有n次代数精度，且局部截断误差为

$$R[f]=\frac{h^{n+2}f^{(n+1)}(\eta)}{(n+1)!}\int_0^n t(t-1)(t-2)\cdots(t-n)\mathrm{d}t,\quad \eta\in(a,b).\tag{4.12}$$

证明 (1) 要验证当n为偶数时，$f(x)$在区间(a,b)上有$n+1$阶连续的导数，牛顿-科茨公式(4.6)至少具有$n+1$次代数精度，即验证余项为零.

由科茨求积公式得

$$R[f]=\int_a^b f(x)\mathrm{d}x-(b-a)\sum_{k=0}^n C_k^{(n)}f(x_k)=\int_a^b\frac{f^{(n+1)}(\xi)}{(n+1)!}(x-x_0)(x-x_1)\cdots(x-x_n)\mathrm{d}x.$$

由于$f(x)$在区间(a,b)上有$n+1$阶连续的导数，$(x-x_0)(x-x_1)\cdots(x-x_n)\geqslant 0$在区间$[a,b]$不改变符号，由积分第二中值定理，存在$\eta\in(a,b)$使得

$$R[f]=\frac{f^{(n+1)}(\eta)}{(n+1)!}\int_a^b(x-x_0)(x-x_1)\cdots(x-x_n)\mathrm{d}x,$$

将

$$x=a+th,\quad x_i=a+ih,\quad i=0,1,2,\cdots,n,\quad h=\frac{b-a}{n}$$

代入余项整理得

$$R[f]=\frac{h^{n+2}f^{(n+1)}(\eta)}{(n+1)!}\int_0^n t(t-1)(t-2)\cdots(t-n)\mathrm{d}t,\quad \eta\in(a,b).$$

作变量代换 $t=u+\dfrac{n}{2}$，得到

$$\begin{aligned}R[f]&=\frac{h^{n+2}f^{(n+1)}(\eta)}{(n+1)!}\int_0^n t(t-1)(t-2)\cdots(t-n)\mathrm{d}t\\&=\frac{h^{n+2}f^{(n+1)}(\eta)}{(n+1)!}\int_{-\frac{n}{2}}^{\frac{n}{2}}\left(u+\frac{n}{2}\right)\left(u+\frac{n}{2}-1\right)\left(u+\frac{n}{2}-2\right)\cdots\left(u+\frac{n}{2}-n\right)\mathrm{d}x,\quad \eta\in(a,b).\end{aligned}$$

因为 n 为偶数，被积函数 $T(u)=\left(u+\dfrac{n}{2}\right)\left(u+\dfrac{n}{2}-1\right)\left(u+\dfrac{n}{2}-2\right)\cdots\left(u+\dfrac{n}{2}-n\right)$ 满足

$$\begin{aligned}T(-u)&=\left(-u+\frac{n}{2}\right)\left(-u+\frac{n}{2}-1\right)\left(-u+\frac{n}{2}-2\right)\cdots\left(-u+\frac{n}{2}-(n-1)\right)\left(-u+\frac{n}{2}-n\right)\\&=(-1)^{n+1}\left(u-\frac{n}{2}\right)\left(u-\frac{n}{2}+1\right)\left(u-\frac{n}{2}+2\right)\cdots\left(u+\frac{n}{2}-1\right)\left(u+\frac{n}{2}\right)=-T(u),\end{aligned}$$

所以 $T(u)$ 为奇函数. 余项

$$R[f]=\frac{h^{n+2}f^{(n+1)}(\eta)}{(n+1)!}\int_0^n t(t-1)(t-2)\cdots(t-n)\mathrm{d}t=0\,.$$

当 n 为偶数时，牛顿-科茨公式(4.6)至少具有 $n+1$ 次代数精度. 显然 n 为偶数时牛顿-科茨公式(4.6)的余项为

$$R[f]=\frac{h^{n+3}f^{(n+2)}(\eta)}{(n+2)!}\int_0^n t(t-1)(t-2)\cdots(t-n)\mathrm{d}t,\quad \eta\in(a,b)\,.$$

(2) 证明略.

4.3　复合求积公式

利用高阶的牛顿-科茨型求积公式计算积分 $\int_a^b f(x)\mathrm{d}x$ 会出现数值不稳定，当 $n\geqslant 8$ 时，牛顿-科茨求积系数出现负值，计算误差增大. 低阶的梯形公式与辛普森公式由于区间过大使得余项误差大. 若积分区间越小，则余项的误差越小. 为了提高求积公式的精确度，可以把积分区间分成若干个子区间，在每个子区间上使用低阶求积公式，然后将各个区间的结果加起来，这种求积公式称为**复合求积公式**.

4.3.1 复合梯形公式

设将积分区间 $[a,b]$ 划分为 n 等份, 步长 $h=\dfrac{b-a}{n}$, 选取等距节点 $x_k=a+kh$, $k=0,1,2,\cdots,n$. 并在每个小区间上 $[x_i,x_{i+1}],i=0,1,2,\cdots,n-1$ 采用梯形公式, 得到复合梯形公式

$$\int_{x_i}^{x_{i+1}} f(x)\mathrm{d}x=\frac{h}{2}[f(x_i)+f(x_{i+1})]-\frac{h^3}{12}f''(\xi_i),\quad i=0,1,2,\cdots,n-1,$$

$$I=\int_a^b f(x)\mathrm{d}x=\sum_{i=0}^{n-1}\int_{x_i}^{x_{i+1}} f(x)\mathrm{d}x=\sum_{i=0}^{n-1}\frac{h}{2}[f(x_i)+f(x_{i+1})]-\frac{h^3}{12}\sum_{i=0}^{n-1}f''(\xi_i).$$

设 $f''(x)$ 在 $[a,b]$ 上连续, 则在 (a,b) 中存在一点 ξ, 使得

$$\frac{1}{n}\sum_{i=0}^{n-1}f''(\xi_i)=f''(\xi),$$

$$\int_a^b f(x)\mathrm{d}x=\frac{h}{2}\left[f(a)+2\sum_{i=1}^{n-1}f(x_i)+f(b)\right]-\frac{h^3}{12}\sum_{i=0}^{n-1}f''(\xi_i),\tag{4.13}$$

$$\int_a^b f(x)\mathrm{d}x=\frac{h}{2}\left[f(a)+2\sum_{i=1}^{n-1}f(x_i)+f(b)\right]-\frac{(b-a)h^2}{12}f''(\xi).\tag{4.14}$$

复合梯形求积公式

$$\int_a^b f(x)\mathrm{d}x\approx\frac{h}{2}\left[f(a)+2\sum_{i=1}^{n-1}f(x_i)+f(b)\right].\tag{4.15}$$

复合梯形求积公式的余项

$$R=-\frac{nh^3}{12}f''(\xi)=-\frac{b-a}{12}h^2f''(\xi),\quad \xi\in(a,b).\tag{4.16}$$

4.3.2 复合辛普森求积公式

将区间 $[a,b]$ 分为 $2n$ 等份, $h=\dfrac{b-a}{2n}$, $x_i=a+ih$, $i=0,1,2,\cdots,2n$, 在每个子区间 $[x_{2i},x_{2i+2}]$ 上采用辛普森公式, 得到

$$\int_{x_{2i}}^{x_{2i+2}} f(x)\mathrm{d}x=\frac{h}{3}[f(x_{2i})+4f(x_{2i+1})+f(x_{2i+2})]-\frac{h^5}{90}f^{(4)}(\xi_i),$$

$$\xi_i\in(x_{2i},x_{2i+2}),\quad i=0,1,2,\cdots,n-1,$$

$$I=\int_a^b f(x)\mathrm{d}x=\sum_{i=0}^{n-1}\int_{x_{2i}}^{x_{2i+2}} f(x)\mathrm{d}x=\sum_{i=0}^{n-1}\frac{h}{3}[f(x_{2i})+4f(x_{2i+1})+f(x_{2i+2})]-\frac{h^5}{90}\sum_{i=1}^{n}f^{(4)}(\xi_i).$$

设 $f''(x)$ 在 $[a,b]$ 上连续, 则在 (a,b) 中存在一点 ξ, 使得

$$\frac{1}{n}\sum_{i=1}^{n} f^{(4)}(\xi_i) = f^{(4)}(\xi), \quad \xi \in (a,b),$$

所以

$$\begin{aligned}\int_a^b f(x)\mathrm{d}x &= \sum_{i=0}^{n-1}\int_{x_{2i}}^{x_{2i+2}} f(x)\mathrm{d}x \\ &= \sum_{i=0}^{n-1}\frac{h}{3}[f(x_{2i}) + 4f(x_{2i+1}) + f(x_{2i+2})] - \frac{nh}{90}h^4 f^{(4)}(\xi),\end{aligned} \tag{4.17}$$

$$\begin{aligned}\int_a^b f(x)\mathrm{d}x &= \sum_{i=0}^{n-1}\int_{x_{2i}}^{x_{2i+2}} f(x)\mathrm{d}x \\ &= \sum_{i=0}^{n-1}\frac{h}{3}[f(x_{2i}) + 4f(x_{2i+1}) + f(x_{2i+2})] - \frac{b-a}{180}h^4 f^{(4)}(\xi).\end{aligned} \tag{4.18}$$

复合辛普森求积公式

$$S_n = \frac{h}{3}\left[f(a) + 2\sum_{i=1}^{n-1} f(x_{2i}) + 4\sum_{i=0}^{n-1} f(x_{2i+1}) + f(b)\right]. \tag{4.19}$$

复合辛普森求积公式的余项

$$R = I - S_n = -\frac{b-a}{180}h^4 f^{(4)}(\xi), \quad \xi \in (a,b). \tag{4.20}$$

例 4.5　利用复合梯形公式计算积分

$$\int_0^1 \mathrm{e}^{-x^2}\mathrm{d}x,$$

要求误差不超过10^{-6}，试确定将区间至少分成多少等份?

解　令 $f(x) = \mathrm{e}^{-x^2}$，将积分区间$[0,1]$分成n等份，取步长 $h = \frac{b-a}{n} = \frac{1-0}{n} = \frac{1}{n}$，则

$$f'(x) = -2x\mathrm{e}^{-x^2},$$

$$f''(x) = (4x^2 - 2)\mathrm{e}^{-x^2},$$

$$f'''(x) = 4x(3 - 2x^2)\mathrm{e}^{-x^2} \neq 0, \quad x \in (0,1),$$

$f''(x)$ 在区间$[0,1]$上为单调函数，因此

$$\max_{x\in[0,1]}|f''(x)| = \max\{|f''(0)|, |f''(1)|\} = 2.$$

由于复合梯形公式的余项为

$$|R[f]| = \left|-\frac{b-a}{12}h^2 f''(\xi)\right| \leqslant \frac{b-a}{12}h^2 \max_{\xi\in[0,1]}|f''(\xi)| \leqslant \frac{1}{6}h^2 \leqslant 10^{-6},$$

于是

$$n \geqslant 408.24828,$$

因此将区间至少分成 409 等份.

例 4.6 利用复合辛普森公式计算定积分

$$\int_0^1 \frac{\sin x}{x} \mathrm{d}x ,$$

取区间为 8 等分数, 并确定其误差限.

解 先计算 $f(x)=\dfrac{\sin x}{x}$ 在区间内节点的函数值(取七位小数), 见表 4-1. $h=\dfrac{b-a}{8}=\dfrac{1}{8}$, $2n=8$, $n=4$.

表 4-1 $f(x)$ 在区间内节点的函数值

x	0	$\frac{1}{8}$	$\frac{1}{4}$	$\frac{3}{8}$	$\frac{1}{2}$	$\frac{5}{8}$	$\frac{3}{4}$	$\frac{7}{8}$	1
$f(x)$	1	0.9973978	0.9896158	0.9767267	0.9588510	0.9361556	0.9088516	0.8771925	0.8414709

由复合辛普森求积公式(4.19), 得

$$\int_a^b f(x)\mathrm{d}x=\sum_{i=0}^{n-1}\frac{h}{3}[f(x_{2i})+4f(x_{2i+1})+f(x_{2i+2})],$$

$$\int_0^1 \frac{\sin x}{x}\mathrm{d}x \approx \sum_{i=0}^{3}\frac{h}{3}[f(x_{2i})+4f(x_{2i+1})+f(x_{2i+2})]=0.9460832 .$$

由于

$$f(x)=\int_0^1 \cos(xt)\mathrm{d}t ,$$

$$f^{(k)}(x)=\int_0^1 \frac{\mathrm{d}^k \cos(xt)}{\mathrm{d}x^k}\mathrm{d}t=\int_0^1 t^k \cos\left(xt+\frac{k\pi}{2}\right)\mathrm{d}t ,$$

所以

$$\max_{0\leqslant x\leqslant 1}\left|f^{(4)}(x)\right|=\left|\int_0^1 \frac{\mathrm{d}^4 \cos(xt)}{\mathrm{d}x^4}\mathrm{d}t\right|=\left|\int_0^1 t^4 \cos\left(xt+\frac{4\pi}{2}\right)\mathrm{d}t\right|\leqslant\left|\int_0^1 t^4\mathrm{d}t\right|\leqslant\frac{1}{4+1}=\frac{1}{5} .$$

辛普森余项的误差限, 取 $h=\dfrac{1}{8}$, 则

$$R=I-S_n=-\frac{b-a}{180}h^4 f^{(4)}(\xi),\quad \xi\in(a,b) ,$$

$$|R[f]|=\left|-\frac{b-a}{180}h^4 f^{(4)}(\xi)\right|\leqslant\frac{1}{180}h^4\max_{0\leqslant x\leqslant 1}\left|f^{(4)}(\xi)\right|,\quad \xi\in(0,1),$$

$$\leqslant\frac{1}{180}\left(\frac{1}{8}\right)^4\frac{1}{5}=2.712673\times10^{-7}.$$

误差限为 2.712673×10^{-7} .

4.4　龙贝格求积公式

4.4.1　梯形公式的递推化

实际计算时若精度不够可将步长逐次分半. 设将区间 $[a,b]$ 分为 n 等份, 共有 $n+1$ 个分点, 如果将求积区间再二分一次, 则分点增至 $2n+1$ 个, 我们将二分前后两个积分值联系起来加以考察. 注意到每个子区间 $[x_k,x_{k+1}]$ 经过二分增加了一个分点 $x_{k+\frac{1}{2}}=x_k+\frac{1}{2}h$,

$$T_n=\sum_{i=0}^{n-1}\frac{h}{2}[f(x_i)+f(x_{i+1})]=\frac{h}{2}\left[f(a)+2\sum_{i=0}^{n-1}f(x_i)+f(b)\right],$$

$$\begin{aligned}T_{2n}&=\sum_{i=0}^{n-1}\frac{1}{2}\left(\frac{h}{2}\right)[f(x_i)+2f(x_{i+\frac{1}{2}})+f(x_{i+1})]\\&=\frac{1}{2}\sum_{i=0}^{n-1}\left(\frac{h}{2}\right)[f(x_i)+f(x_{i+1})]+\frac{h}{2}\sum_{i=0}^{n-1}f(x_{i+\frac{1}{2}})\\&=\frac{1}{2}T_n+\frac{h}{2}\sum_{i=0}^{n-1}f(x_{i+\frac{1}{2}}).\end{aligned}$$

4.4.2　龙贝格算法

梯形公式计算简单但收敛慢, 如何提高收敛速度以节省计算量是本节要讨论的中心问题. 根据复合梯形公式的余项

$$I-T_n=-\frac{b-a}{12}h^2f''(\eta_1),\quad \eta_1\in(a,b),$$

$$I-T_{2n}=-\frac{b-a}{12}\frac{h^2}{4}f''(\eta_2),\quad \eta_2\in(a,b),$$

假设 $f''(\eta_1)\approx f''(\eta_2)$, 则有

$$I-T_{2n}\approx\frac{1}{3}(T_{2n}-T_n),$$

二分后的误差 $I-T_{2n}$, 可以用事先计算出的结果 T_{2n},T_n 来估计, 这样直接用计算结果来估计误差的方法通常称作误差的**事后估计法**.

$$\mathrm{I}\approx\tilde{T}=T_{2n}+\frac{1}{3}(T_{2n}-T_n)=\frac{4}{3}T_{2n}-\frac{1}{3}T_n,$$

即得到**复合辛普森求积公式**

$$S_n = \frac{4}{3}T_{2n} - \frac{1}{3}T_n. \tag{4.21}$$

同样地, 利用辛普森的误差公式得

$$I - S_n = -\frac{b-a}{180}\left(\frac{h}{2}\right)^4 f^{(4)}(\eta_1), \quad \eta_1 \in (a,b),$$

$$I - S_{2n} = -\frac{b-a}{180}\left(\frac{h}{2}\right)^4 \frac{1}{2^4} f^{(4)}(\eta_2), \quad \eta_2 \in (a,b),$$

假设 $f^{(4)}(\eta_1) \approx f^{(4)}(\eta_2)$, 则有

$$I - S_{2n} \approx \frac{1}{15}(S_{2n} - S_n),$$

$$I \approx \tilde{S} = S_{2n} + \frac{1}{15}(S_{2n} - S_n) = \frac{16}{15}S_{2n} - \frac{1}{15}S_n,$$

得到**复合科茨求积公式**

$$C_n = \frac{16}{15}S_{2n} - \frac{1}{15}S_n. \tag{4.22}$$

重复类似的过程, 科茨法的误差阶为 $O(h^6)$, 可进一步推导下列**龙贝格**(Romberg)**公式**

$$R_n = \frac{64}{63}C_{2n} - \frac{1}{63}C_n. \tag{4.23}$$

4.4.3　理查森外推加速法

由梯形公式出发, 将区间 $[a,b]$ 逐次二分可提高求积公式的精度, 上述加速过程还可继续下去, 其理论依据是梯形公式的余项展开,

$$I - T_n = -\frac{b-a}{12}h^2 f''(\eta), \quad h = \frac{b-a}{n}, \quad \eta \in (a,b),$$

$$T(h) = I + \frac{b-a}{12}h^2 f''(\eta), \quad \lim_{n\to\infty} T(h) = T(0) = I.$$

下面给出梯形公式余项展开成级数形式, 即**欧拉-麦克劳林**(Euler-Maclaurin)**定理**.

定理 5　设 $f(x) \in C^\infty[a,b]$, 则有

$$T(h) = I + \alpha_1 h^2 + \alpha_2 h^4 + \alpha_3 h^6 + \cdots + \alpha_i h^{2i} + \cdots, \tag{4.24}$$

其中系数 α_i ($i = 1,2,3,\cdots$)与 h 无关.

根据定理 5,

$$T_0(h) = I + \alpha_1 h^2 + \alpha_2 h^4 + \alpha_3 h^6 + \cdots + \alpha_i h^{2i} + \cdots,$$

$$T_0\left(\frac{h}{2}\right)=I+\alpha_1\frac{h^2}{4}+\alpha_2\frac{h^4}{16}+\alpha_3\left(\frac{h}{2}\right)^6+\cdots+\alpha_i\left(\frac{h}{2}\right)^{2i}+\cdots$$

联立，得到

$$T_1(h)=\frac{4T_0\left(\frac{h}{2}\right)-T_0(h)}{4-1}=I+\gamma_1h^4+\gamma_2h^6+\cdots.$$

一般地，记 $T_0(h)=T(h)$，所以

$$T_m(h)=\frac{4^mT_{m-1}\left(\frac{h}{2}\right)-T_{m-1}(h)}{4^m-1},\quad k=1,2,3,\cdots, \tag{4.25}$$

$$T_m(h)=I+\delta_1h^{2(m+1)}+\delta_2h^{2(m+2)}+\cdots.$$

上述处理方法称为理查森(Richardson)外推加速方法.

设 $T_0^{(k)}$ 表示二分 k 次后的梯形公式值，$T_m^{(k)}$ 表示 m 次加速值

$$T_m^{(k)}(h)=\frac{4^m}{4^m-1}T_{m-1}^{(k+1)}\left(\frac{h}{2}\right)-\frac{1}{4^m-1}T_{m-1}^{(k)}(h),\quad k=1,2,3,4,\cdots, \tag{4.26}$$

称为**龙贝格求积算法**(表 4-2).

表 4-2　龙贝格求积算法

k	h	$T_0^{(k)}$	$T_1^{(k)}$	$T_2^{(k)}$	$T_3^{(k)}$	$T_4^{(k)}$	……
0	$b-a$	$T_0^{(0)}$					
1	$\frac{b-a}{2}$	$T_0^{(1)}$	$T_1^{(0)}$				
2	$\frac{b-a}{4}$	$T_0^{(2)}$	$T_1^{(1)}$	$T_2^{(0)}$			
3	$\frac{b-a}{8}$	$T_0^{(3)}$	$T_1^{(2)}$	$T_2^{(1)}$	$T_3^{(0)}$		
4	$\frac{b-a}{16}$	$T_0^{(4)}$	$T_1^{(3)}$	$T_2^{(2)}$	$T_3^{(1)}$	$T_4^{(0)}$	
⋮	⋮	⋮	⋮	⋮	⋮	⋮	⋮

计算过程

(1) 取 $k=0,h=b-a$，求 $T_0^{(0)}=\frac{b-a}{2}[f(a)+f(b)]$，$1\to k$.

(2) 计算 $T_0^{(k)}$.

(3) 计算加速值 $T_j^{(k-j)}(j=1,2,\cdots,k)$.

(4) 若满足精度 $\left|T_k^{(0)}-T_{k-1}^{(0)}\right|<\varepsilon$，则取 $I\approx T_k^{(0)}$；否则，$k+1\to k$ 转(2).

可以证明龙贝格算法中有 $\lim_{n\to\infty} T_m^{(0)} = I$, $\lim_{k\to\infty} T_m^{(k)} = I$.

例 4.7 利用龙贝格公式计算 $I = \int_0^1 \frac{\sin x}{x}\mathrm{d}x$ 的近似值.

解 利用龙贝格算法计算, 如表 4-3 所示.

表 4-3

k	$T_2^{(k)}$	$S_2^{(k-1)}$	$C_2^{(k-2)}$	$R_2^{(k-3)}$
0	0.9207355			
1	0.9397933	0.9461459		
2	0.9445135	0.9460869	0.9400830	
3	0.9456909	0.9460833	0.9460831	0.9460831

作三次二分的数据(它们的精度都很差, 只有两三位有效数字), 通过三次加速求得 $R_2 = 0.9460831$, 这个结果的每一位数字都是有效数字, 可见加速的效果是十分显著的.

例 4.8 利用龙贝格算法计算 $I = \int_0^1 x^{3/2}\mathrm{d}x$ 的近似值, 误差不超过10^{-4}.

解 利用龙贝格算法计算, 如表 4-4 所示.

表 4-4

k	$T_0^{(k)}$	$T_1^{(k)}$	$T_2^{(k)}$	$T_3^{(k)}$	$T_4^{(k)}$	$T_5^{(k)}$
0	0.500000					
1	0.426777	0.402369				
2	0.407018	0.400432	0.400302			
3	0.401812	0.400077	0.400054	0.400050		
4	0.400463	0.400014	0.400009	0.400009	0.400009	
5	0.400118	0.400002	0.400002	0.400002	0.400002	0.400002

因为$|T_5^{(k)} - T_4^{(k)}| \leqslant 10^{-4}$, 所以$\int_0^1 x^{3/2}\mathrm{d}x \approx 0.400002$.

4.5 高斯型求积公式

4.5.1 一般理论

在上一节的牛顿-科茨求积公式中, 积分区间限制在有限区间上, 权函数 $\rho(x) = 1$, 节点为等距的. 若去掉这些限制, 建立如下的高斯型数值求积公式.

数值求积公式

$$\int_a^b f(x)\mathrm{d}x \approx \sum_{i=0}^{n} A_i f(x_i)$$

含有 $2n+2$ 个待定参数 x_i , $A_i(i=0,1,\cdots,n)$. 插值型求积公式的代数精度至少是 n 次. 若适当选取 x_k $(k=0,1,2,3,\cdots,n)$, 有可能使求积公式具有 $2n+1$ 次代数精度, 该求积公式称为**高斯型求积公式**.

一般地, 我们研究带权插值型求积公式

$$\int_a^b \rho(x) f(x)\mathrm{d}x \approx \sum_{i=0}^{n} A_i f(x_i), \tag{4.27}$$

其中 $\rho(x)$ 为权函数.

定义 4　若求积公式(4.27)具有 $2n+1$ 次代数精度, 则称其节点 $x_k(k=0,1,2,3,\cdots,n)$ 为高斯点, 相应公式(4.27)称为高斯型求积公式.

例 4.9　试构造下列积分的高斯型求积公式 $\int_{-1}^{1} f(x)\mathrm{d}x \approx w_0 f(x_0) + w_1 f(x_1)$.

解　取 $f(x)=1, x, x^2, x^3$ 代入该求积公式使其精确成立, 则得方程组

$$\begin{cases} w_0 + w_1 = 2, \\ w_0 x_0 + w_1 x_1 = 0, \\ w_0 x_0^2 + w_1 x_1^2 = \dfrac{2}{3}, \\ w_0 x_0^3 + w_1 x_1^3 = 0. \end{cases}$$

解该方程组得到 $w_0 = w_1 = 1$, $x_0 = -\dfrac{\sqrt{3}}{3}$, $x_1 = \dfrac{\sqrt{3}}{3}$, 所以求积公式可构造如下:

$$\int_{-1}^{1} f(x)\mathrm{d}x \approx f\left(-\frac{\sqrt{3}}{3}\right) + f\left(\frac{\sqrt{3}}{3}\right).$$

定理 6　数值求积公式(4.27)的节点 $a \leqslant x_0 < x_1 < x_2 < \cdots < x_{n-1} < x_n \leqslant b$ 是高斯点的充分必要条件是, 以这些节点为零点的多项式

$$\omega_{n+1}(x) = (x-x_0)(x-x_1)(x-x_2)\cdots(x-x_n)$$

与任何次数不超过 n 的多项式 $P(x)$ 带权 $\rho(x)$ 正交, 即

$$\int_a^b \rho(x)\omega_{n+1}(x)P(x)\mathrm{d}x = 0.$$

证明　必要性. 高斯型求积公式(4.27)的代数精度是 $2n+1$, 对于任何不高于 n 次的多项式 $P(x)$, 则 $P(x)\omega_{n+1}(x)$ 是一个不高于 $2n+1$ 次的多项式. 取 $f(x)= P(x)\omega_{n+1}(x)$, 得到

$$\int_a^b \rho(x)f(x)\mathrm{d}x = \int_a^b \rho(x)P(x)\omega_{n+1}(x)\mathrm{d}x = \sum_{i=0}^{n} A_i\omega_{n+1}(x_i)P(x_i) = 0,$$

这说明了 $\omega_{n+1}(x)$ 与任何不高于 n 次的多项式关于 $[a,b]$ 上的权函数 $\rho(x)$ 都正交.

充分性. 设 $f(x)$ 为任意不高于 $2n+1$ 次的多项式, 根据多项式带余除法定理, 存在唯一的多项式 $P(x)$ 和 $r(x)$, 使得

$$f(x) = P(x)\omega_{n+1}(x) + r(x),$$

其中 $r(x)=0$ 或者 $r(x)$ 的次数小于 $\omega_{n+1}(x)$ 的次数, $P(x)$ 的次数不高于 n. 用权函数 $\rho(x)$ 两端乘以 $f(x) = P(x)\omega_{n+1}(x) + r(x)$, 并在区间 $[a,b]$ 上积分, 得

$$\int_a^b \rho(x)f(x)\mathrm{d}x = \int_a^b \rho(x)P(x)\omega_{n+1}(x)\mathrm{d}x + \int_a^b \rho(x)r(x)\mathrm{d}x,$$

右端第一项积分 $\int_a^b \rho(x)P(x)\omega_{n+1}(x)\mathrm{d}x = 0$, 所以

$$\int_a^b \rho(x)f(x)\mathrm{d}x = \int_a^b \rho(x)r(x)\mathrm{d}x.$$

另外, 以 $n+1$ 个插值节点 $x_0, x_1, \cdots, x_n$ 的插值型求积公式至少具有 n 次的代数精度, 所以

$$\int_a^b \rho(x)r(x)\mathrm{d}x = \sum_{i=0}^{n} A_i r(x_i).$$

因而

$$\begin{aligned}\int_a^b \rho(x)f(x)\mathrm{d}x &= \sum_{i=0}^{n} A_i r(x_i) = \sum_{i=0}^{n} A_i r(x_i) + \sum_{i=0}^{n} A_i P(x_i)\omega_{n+1}(x_i)\\ &= \sum_{i=0}^{n} A_i(r(x_i) + P(x_i)\omega_{n+1}(x_i))\\ &= \sum_{i=0}^{n} A_i f(x_i).\end{aligned}$$

当取 $f(x) = \omega_{n+1}^2(x)$ 时,

$$\int_a^b \rho(x)f(x)\mathrm{d}x = \int_a^b \rho(x)\omega_{n+1}^2(x)\mathrm{d}x \neq \sum_{i=0}^{n} A_i\omega_{n+1}^2(x_i),$$

故求积公式(4.27)的代数精度是 $2n+1$, 充分性得证.

定理 7 高斯型求积公式(4.27)的求积系数 $A_k(k=0,1,2,\cdots,n)$ 全是正的.

证明 事实上, 取

$$f_k(x) = (x-x_0)^2(x-x_1)^2\cdots(x-x_{k-1})^2(x-x_{k+1})^2\cdots(x-x_n)^2,$$

所以 $f_k(x)$ 是 $2n$ 次多项式, 代入高斯型求积公式

$$\int_a^b \rho(x) f_k(x) \mathrm{d}x = \sum_{i=0}^{n} A_i f_k(x_i).$$

又因为

$$f_k(x_i)\begin{cases} >0, & k=i, \\ =0, & k\neq i, \end{cases}$$

因此

$$\int_a^b \rho(x) f_k(x) \mathrm{d}x = A_k f_k(x_k).$$

在区间 $[a,b]$ 上，$\rho(x)>0, f_k(x)\geqslant 0$，得到 $\int_a^b \rho(x) f_k(x) \mathrm{d}x > 0$，所以

$$A_k = \int_a^b \frac{\rho(x) f_k(x) \mathrm{d}x}{f_k(x_k)} > 0,$$

求积公式中的求积系数大于零，所以该求积公式是稳定的. 于是有以下推论.

推论 1　高斯型求积公式(4.27)是稳定的.

定理 8　设 $f(x)\in C[a,b]$，则高斯型求积公式(4.27)是收敛的，即

$$\lim_{n\to\infty, h\to 0} \sum_{k=0}^{n} A_k f(x_k) = \int_a^b f(x)\rho(x) \mathrm{d}x .$$

下面讨论高斯型求积公式(4.27)的余项. 在节点 $x_k, k=0,1,2,\cdots,n$ 上，$f(x)$ 满足埃尔米特插值条件

$$f(x_k) = H_{2n+1}(x_k), \quad f'(x_k) = H'_{2n+1}(x_k), \quad k=0,1,2,\cdots,n,$$

于是

$$f(x) = H_{2n+1}(x) + \frac{f^{(2n+2)}(\xi)}{(2n+2)!}\omega_{n+1}^2(x), \quad k=0,1,2,\cdots,n,$$

两端同时在区间 $[a,b]$ 上积分，

$$\int_a^b \rho(x) f(x) \mathrm{d}x = \int_a^b \rho(x) H_{2n+1}(x) \mathrm{d}x + \int_a^b \rho(x) \frac{f^{(2n+2)}(\xi)}{(2n+2)!}\omega_{n+1}^2(x) \mathrm{d}x,$$

$$\int_a^b \rho(x) f(x) \mathrm{d}x = \sum_{k=0}^{n} A_k f(x_k) + \int_a^b \rho(x) \frac{f^{(2n+2)}(\xi)}{(2n+2)!}\omega_{n+1}^2(x) \mathrm{d}x,$$

故余项

$$R_n[f] = I - \sum_{k=0}^{n} A_k f(x_k) = \int_a^b \rho(x) \frac{f^{(2n+2)}(\xi)}{(2n+2)!}\omega_{n+1}^2(x) \mathrm{d}x, \quad \xi\in(a,b),$$

由第二积分中值定理，$\rho(x)\omega_{n+1}^2(x)\geqslant 0$，上式化为**高斯型求积公式的余项**

$$R_n[f]=\frac{f^{(2n+2)}(\eta)}{(2n+2)!}\int_a^b \rho(x)\omega_{n+1}^2(x)\mathrm{d}x,\quad \eta\in(a,b).$$

4.5.2 高斯-勒让德求积公式

若取权函数 $\rho(x)=1$，区间为 $[-1,1]$，则得公式

$$\int_{-1}^{1} f(x)\mathrm{d}x\approx\sum_{i=0}^{n}A_i f(x_i), \tag{4.28}$$

形如(4.28)的高斯公式特别地称为**高斯-勒让德求积公式**.

下面根据 $P_{n+1}(x)$ 的 $n+1$ 个零点构造高斯-勒让德求积公式:

(1) 一个节点时，$\int_{-1}^{1} f(x)\mathrm{d}x\approx 2f(0)$.

(2) 两个节点时，$\int_{-1}^{1} f(x)\mathrm{d}x\approx f\left(-\frac{1}{\sqrt{3}}\right)+f\left(\frac{1}{\sqrt{3}}\right)$.

(3) 三个节点时，$\int_{-1}^{1} f(x)\mathrm{d}x\approx \frac{5}{9}f\left(-\sqrt{\frac{3}{5}}\right)+\frac{8}{9}f(0)+\frac{5}{9}f\left(\sqrt{\frac{3}{5}}\right)$.

表 4-5 给出 n 个零点下节点的取值.

表 4-5 高斯-勒让德求积公式节点和系数

n	x_k	A_k
0	0.0000000	2.0000000
1	±0.5773503	1.0000000
2	±0.7745967 0.0000000	0.5555556 0.8888889
3	±0.8611363 ±0.3399810	0.3478548 0.6521452
4	±0.9061798 ±0.5384693 0.0000000	0.2369269 0.4786287 0.5688889

若 $f(x)\in C^{2n+2}[-1,1]$，则**高斯-勒让德求积公式的余项**

$$\begin{aligned}R_n[f]&=\int_{-1}^{1} f(x)\mathrm{d}x-\sum_{i=0}^{n}A_i f(x_i)=\frac{f^{(2n+2)}(\eta)}{(2n+2)!}\int_{-1}^{1}\tilde{P}_{n+1}^2(x)\mathrm{d}x\\&=\frac{2^{2n+3}[(n+1)!]^4}{(2n+3)[(2n+2)!]^3}f^{(2n+2)}(\eta),\quad \eta\in(-1,1),\end{aligned} \tag{4.29}$$

其中，$\tilde{P}_{n+1}(x)$ 为首项系数为 1 的勒让德多项式.

证明　函数 $f(x)$ 在节点 $x_i, i=0,1,2,\cdots,n$ 作埃尔米特插值 $H_{2n+1}(x)$，满足

$$H_{2n+1}(x_i)=f(x_i),\quad H'_{2n+1}(x_i)=f'(x_i),\quad i=0,1,2,\cdots,n.$$

于是

$$f(x)=H_{2n+1}(x)+\frac{f^{(2n+2)}(\xi)}{(2n+2)!}\omega_{n+1}^2(x),\quad i=0,1,2,\cdots,n,\quad \xi\in(-1,1),$$

$$\int_{-1}^{1}f(x)\mathrm{d}x=\int_{-1}^{1}H_{2n+1}(x)\mathrm{d}x+\int_{-1}^{1}\frac{f^{(2n+2)}(\xi)}{(2n+2)!}\omega_{n+1}^2(x)\mathrm{d}x,$$

$$\int_{-1}^{1}f(x)\mathrm{d}x=\int_{-1}^{1}H_{2n+1}(x)\mathrm{d}x+R[f],\quad i=0,1,2,\cdots,n,$$

其中右端第一项积分对 $2n+1$ 次多项式精确成立，故

$$R[f]=I-\sum_{i=0}^{n}A_if(x_i)=\int_{-1}^{1}\frac{f^{(2n+2)}(\xi)}{(2n+2)!}\omega_{n+1}^2(x)\mathrm{d}x.$$

由积分第二中值定理得

$$\begin{aligned}R[f]=I-\sum_{i=0}^{n}A_if(x_i)&=\frac{f^{(2n+2)}(\eta)}{(2n+2)!}\int_{-1}^{1}\omega_{n+1}^2(x)\mathrm{d}x\\&=\frac{f^{(2n+2)}(\eta)}{(2n+2)!}\int_{-1}^{1}\tilde{P}_{n+1}^2(x)\mathrm{d}x,\quad \eta\in(-1,1),\end{aligned}$$

其中 $\tilde{P}_{n+1}(x)$ 为首项系数为 1 的勒让德多项式，

$$R[f]=\frac{f^{(2n+2)}(\eta)}{(2n+2)!}\int_{-1}^{1}\tilde{P}_{n+1}^2(x)\mathrm{d}x=\frac{2^{2n+3}[(n+1)!]^4}{(2n+3)[(2n+2)!]^3}f^{(2n+2)}(\eta),\quad \eta\in(-1,1).$$

例 4.10　利用四点 $(n=3)$ 高斯-勒让德求积公式计算 $I=\int_0^{\pi/2}x^2\cos x\mathrm{d}x$，其中积分的准确值为 $0.467401\cdots$.

解　先将区间 $\left[0,\dfrac{\pi}{2}\right]$ 变换成 $[-1,1]$，

$$\begin{aligned}\int_a^b f(x)\mathrm{d}x&=\frac{b-a}{2}\int_{-1}^{1}f\left(\frac{b-a}{2}t+\frac{b+a}{2}\right)\mathrm{d}t\\&=\int_{-1}^{1}\left(\frac{\pi}{4}\right)^3(1+t)^2\cos\frac{\pi}{4}(1+t)\mathrm{d}t.\end{aligned}$$

由高斯-勒让德求积节点和表 4-5，得到

$$\int_{-1}^{1}\left(\frac{\pi}{4}\right)^3(1+t)^2\cos\frac{\pi}{4}(1+t)\mathrm{d}t\approx\sum_{i=0}^{3}\omega_if(t_i)\approx 0.467402.$$

4.5.3 高斯-切比雪夫求积公式

若取权函数 $\rho(x)=\dfrac{1}{\sqrt{1-x^2}}$，区间为 $[-1,1]$，则得公式

$$\int_{-1}^{1}\frac{1}{\sqrt{1-x^2}}f(x)\mathrm{d}x\approx\sum_{i=0}^{n}A_i f(x_i),\tag{4.30}$$

形如(4.30)的高斯公式特别地称为**高斯-切比雪夫求积公式**.

求积公式(4.30)的高斯点是 $n+1$ 次切比雪夫多项式的零点和求积系数

$$x_k=\cos\frac{(2k-1)\pi}{2n},\quad A_k=\frac{\pi}{n+1},\quad k=1,2,\cdots,n.\tag{4.31}$$

于是得到 n 个节点的**高斯-切比雪夫求积公式**为

$$\int_{-1}^{1}\frac{1}{\sqrt{1-x^2}}f(x)\mathrm{d}x\approx\frac{\pi}{n}\sum_{i=1}^{n}f\left(\cos\left(\frac{2i-1}{2n}\pi\right)\right),\tag{4.32}$$

余项

$$\begin{aligned}R_n[f]&=\frac{f^{(2n)}(\eta)}{(2n)!}\int_{-1}^{1}\frac{\tilde{T}_n^2(x)}{\sqrt{1-x^2}}\mathrm{d}x\\&=\frac{f^{(2n)}(\eta)}{(2n)!}\left(\frac{1}{2^{n-1}}T_n,\frac{1}{2^{n-1}}T_n\right)\\&=\frac{2\pi}{2^{2n}(2n)!}f^{(2n)}(\eta),\quad \eta\in(-1,1).\end{aligned}\tag{4.33}$$

例 4.11　求形如 $\int_{-1}^{1}\frac{f(x)}{\sqrt{1-x^2}}\mathrm{d}x\approx\omega_0 f(x_0)+\omega_1 f(x_1)$ 的两点高斯-切比雪夫求积公式.

解　根据求积系数公式(4.31)，求得节点与系数分别为

$$\omega_0=-\frac{\sqrt{2}}{2},\quad \omega_1=\frac{\sqrt{2}}{2},\quad A_0=\frac{\pi}{2},\quad A_1=\frac{\pi}{2},$$

由公式(4.32)知

$$\int_{-1}^{1}\frac{f(x)}{\sqrt{1-x^2}}\mathrm{d}x\approx\frac{\pi}{2}f\left(-\frac{\sqrt{2}}{2}\right)+\frac{\pi}{2}f\left(\frac{\sqrt{2}}{2}\right).$$

4.6 数值微分

4.6.1 中点方法与误差分析

数值微分就是用函数值的线性组合近似表示函数在某点处的导数值. 按导数

定义可以简单地用差商近似导数, 这样立即得到几种数值微分公式

$$f'(a) \approx \frac{f(a+h)-f(a)}{h},$$

$$f'(a) \approx \frac{f(a)-f(a-h)}{h},$$

$$f'(a) \approx \frac{f(a+h)-f(a-h)}{2h}.$$

以最后的中点公式为例, 由下列式子

$$f(a \pm h) = f(a) \pm hf'(a) + \frac{h^2}{2!}f''(a) \pm \frac{h^3}{3!}f'''(a) + \frac{h^4}{4!}f^{(4)}(a) \pm \frac{h^5}{5!}f^{(5)}(a) + \cdots,$$

$$G(h) = \frac{f(a+h)-f(a-h)}{2h} = f'(a) + \frac{h^2}{3!}f'''(a) + \frac{h^4}{5!}f^{(5)}(a) + \cdots$$

得到微分公式的误差估计

$$\left|G(h) - f'(a)\right| \leqslant \frac{h^2}{6}M, \text{ 其中 } M \leqslant \max_{|x-a|\leqslant h}\left|f^{(3)}(x)\right|.$$

从结果看, 截断误差随 h 的减小而减小. 但是从中点微分公式

$$G(h) = \frac{f(a+h)-f(a-h)}{2h}$$

本身来看, 舍入误差随 h 的减小而增加. 下面取不同的步长来计算导数的值

$$f'(a) = \frac{f(a+h)-f(a-h)}{2h}.$$

设 $f(x)=\sqrt{x}$, $f'(2) \approx \dfrac{f(2+h)-f(2-h)}{2h}$, 取不同的步长得到不同的导数值, 如表 4-6 所示.

表 4-6

h	$G(h)$	h	$G(h)$	h	$G(h)$
1	0.3660	0.05	0.3530	0.001	0.3500
0.5	0.3564	0.01	0.3500	0.0005	0.3000
0.1	0.3535	0.005	0.3500	0.0001	0.3000

与准确值 $f'(2)=0.353553$ 相比, $h=0.1$ 时导数值的效果最好, 为什么呢?

当给出总体误差最小时, 最优步长近似是多少? 设计算 $f(a+h)$ 和 $f(a-h)$ 的舍入误差分别为 $\varepsilon_1, \varepsilon_2$, 记 $\varepsilon = \max\{|\varepsilon_1|, |\varepsilon_2|\}$, 计算 $f'(a)$ 的舍入误差.

$$\left|f'(a)\right| \leqslant \frac{\left|\varepsilon_1\right|+\left|\varepsilon_2\right|}{2h}=\frac{\varepsilon}{h},$$

则总体误差的上界

$$E(h) \leqslant \frac{h^2}{6}M+\frac{\varepsilon}{h},$$

其最优步长为 $h=\sqrt[3]{3\varepsilon / M}$.

4.6.2　插值型的求导公式

设函数 $y=f(x)$ 经过节点 (x_i, y_i)，$i=0,1,2,3,\cdots,n$，过 $n+1$ 个节点的插值多项式 $P_n(x)$，建立的数值公式 $f'(x) \approx P_n'(x)$ 称为插值型的求导公式，余项为

$$f'(x)-P_n'(x)=\frac{f^{(n+1)}(\xi)}{(n+1)!}\omega_{n+1}'(x)+\frac{\omega_{n+1}(x)}{(n+1)!}\frac{\mathrm{d}}{\mathrm{d}x}f^{(n+1)}(\xi),$$

$$\xi \in(a, b), \quad \omega_{n+1}(x)=\prod_{j=0}^{n}(x-x_j),$$

即余项公式

$$f'(x_k)-P_n'(x_k)=\frac{f^{(n+1)}(\xi)}{(n+1)!}\omega_{n+1}'(x_k).$$

依据以上公式，下面给出等距节点的两点公式和三点公式．两点公式

$$P_1(x)=\frac{x-x_1}{x_0-x_1}f(x_0)+\frac{x-x_0}{x_1-x_0}f(x_1).$$

$$P_1'(x_0)=\frac{1}{h}\left[f(x_1)-f(x_0)\right], \quad P_1'(x_1)=\frac{1}{h}\left[f(x_1)-f(x_0)\right],$$

$$f'(x_0)=\frac{1}{h}\left[f(x_1)-f(x_0)\right]-\frac{h}{2}f''(\xi), \quad f'(x_1)=\frac{1}{h}\left[f(x_1)-f(x_0)\right]+\frac{h}{2}f''(\xi).$$

三点公式

$$P_2(x)=\frac{(x-x_1)(x-x_2)}{(x_0-x_1)(x_0-x_2)}f(x_0)+\frac{(x-x_0)(x-x_2)}{(x_1-x_0)(x_1-x_2)}f(x_1)+\frac{(x-x_0)(x-x_1)}{(x_2-x_0)(x_2-x_1)}f(x_2).$$

$$P_2'(x_0)=\frac{1}{2h}[-3f(x_0)+4f(x_1)-f(x_2)],$$

$$P_2'(x_1)=\frac{1}{2h}[-f(x_0)+f(x_2)],$$

$$P_2'(x_2)=\frac{1}{2h}[f(x_0)-4f(x_1)+3f(x_2)],$$

$$f'(x_0)=\frac{1}{2h}[-3f(x_0)+4f(x_1)-f(x_2)]+\frac{h^2}{3}f'''(\xi_1),$$

$$f'(x_1)=\frac{1}{2h}[-f(x_0)+f(x_2)]-\frac{h^2}{6}f'''(\xi_2),$$

$$f'(x_2)=\frac{1}{2h}[f(x_0)-4f(x_1)+3f(x_2)]+\frac{h^2}{3}f'''(\xi_3).$$

习　题　4

1. 确定下列求积公式中的待定参数, 并指明所构造出的求积公式所具有的代数精度.

(1) $\int_{-1}^{1}f(x)\mathrm{d}x\approx A_0f(-1)+A_1f\left(-\frac{1}{3}\right)+A_2f\left(\frac{1}{3}\right)$;

(2) $\int_{0}^{2}f(x)\mathrm{d}x\approx A_0f(0)+A_1f(1)+A_2f(2)$.

2. 试用梯形公式、辛普森公式和科茨公式计算定积分(计算结果取 5 位有效数字) $\int_{0.5}^{1}\sqrt{x}\mathrm{d}x$.

3. 用辛普森公式求积分 $\int_0^1\mathrm{e}^{-x}\mathrm{d}x$, 并估计误差.

4. 用复合梯形公式、复辛普森公式计算下列积分, 并与精确积分值相比较, 探讨两类公式的精度.

(1) $\int_0^1\frac{x}{x^2+4}\mathrm{d}x$, 将区间 8 等分;

(2) $\int_0^{\frac{\pi}{6}}\sqrt{4-\sin^2 x}\mathrm{d}x$, 将区间 6 等分.

5. 若用复合梯形公式计算积分 $\int_0^1\mathrm{e}^{x}\mathrm{d}x$, 问区间 [0,1] 应分多少等份才能使截断误差不超过 $\frac{1}{2}\times10^{-5}$? 若改用复合辛普森公式, 要达到同样精度则区间 [0,1] 应分多少等份?

6. 用龙贝格积分法计算下列积分的近似值 $T_3^{(0)}$:

(1) $\int_0^1 x\sqrt{1+x^2}\mathrm{d}x$;　　(2) $\int_0^1 x^2\mathrm{e}^{x}\mathrm{d}x$.

7. 试用龙贝格积分法计算积分

$$\int_0^1\mathrm{e}^{x}\sin x\mathrm{d}x,$$

要求 $\left|T_3^{(0)}-T_4^{(0)}\right|<10^{-6}$, 并与积分准确值比较.

8. 求高斯型求积公式

$$\int_0^1 f(x)\mathrm{e}^{x}\mathrm{d}x\approx A_1f(x_1)+A_2f(x_2)$$

的系数 A_1,A_2 和节点 x_1,x_2, 并导出离散误差.

9. 应用两点和三点高斯-勒让德求积公式计算积分 $\int_1^3\frac{1}{x}\mathrm{d}x$.

10. 应用高斯-切比雪夫求积公式计算定积分 $\int_{-1}^{1} x\sqrt{-x^2+4x-3}\,\mathrm{d}x$ 的近似值.

数值实验题

1. 设定积分 $\int_0^1 \frac{\sin x}{x}\mathrm{d}x$,

(1) 将区间分成 6 等份, 试用复合梯形公式和复合辛普森公式近似计算积分值.

(2) 问区间 [0,1] 应分多少等份才能使截断误差不超过 $\frac{1}{2}\times 10^{-5}$? 若改用复合辛普森公式, 要达到同样精度区间 [0,1] 应分多少等份?

2. 试用龙贝格积分法计算积分

$$\int_0^1 2x\mathrm{e}^{x^2}\mathrm{d}x,$$

要求 $\left|T_3^{(0)}-T_4^{(0)}\right|<10^{-6}$, 并与积分准确值比较.

第 5 章　线性方程组的直接解法

如何利用计算机来快速、有效地求解线性方程组是数值线性代数研究的核心问题, 而且也是目前仍在继续研究的重大课题之一. 这是因为各种各样的科学与工程问题往往最终都要归结为一个线性方程组的求解问题, 例如, 结构分析、网络分析、大地测量、数据分析、最优化及非线性方程组和微分方程数值解等, 都常遇到线性方程组的求解问题.

求解线性方程组的数值方法大体上可以分为直接法和迭代法两大类. 直接法是指在没有舍入误差的情况下经过有限次运算可求得方程组的精确解的方法. 因此, 直接法又称精确法. 迭代法则是采取逐次逼近的方法, 亦即从一个初始向量出发, 按照一定的计算格式, 构造一个向量的无穷序列, 其极限是方程组的精确解, 只经过有限次运算得不到精确解.

本章将主要介绍解线性方程组的一类最基本的直接法——高斯消去法.

5.1　高斯消去法

5.1.1　消去过程与回代过程

高斯消去法的基本思想是: 首先使用初等变换将方程组转化为一个同解的三角形方程组(称为**消去过程**), 再通过回代求解该三角形方程组(称为**回代过程**).

设有线性方程组

$$\begin{cases} a_{11}x_1 + a_{12}x_2 + \cdots + a_{1n}x_n = b_1, \\ a_{21}x_1 + a_{22}x_2 + \cdots + a_{2n}x_n = b_2, \\ \qquad\qquad \cdots\cdots \\ a_{n1}x_1 + a_{n2}x_2 + \cdots + a_{nn}x_n = b_n, \end{cases} \tag{5.1}$$

或写为矩阵形式

$$\begin{pmatrix} a_{11} & a_{12} & \cdots & a_{1n} \\ a_{21} & a_{22} & \cdots & a_{2n} \\ \vdots & \vdots & & \vdots \\ a_{n1} & a_{n2} & \cdots & a_{nn} \end{pmatrix} \begin{pmatrix} x_1 \\ x_2 \\ \vdots \\ x_n \end{pmatrix} = \begin{pmatrix} b_1 \\ b_2 \\ \vdots \\ b_n \end{pmatrix},$$

简记为 $\boldsymbol{Ax} = \boldsymbol{b}$.

首先举一个简单的例子来说明消去法的基本思想.

例 5.1　用消去法求解线性方程组

$$\begin{cases} x_1 + x_2 + x_3 = 6, \\ -x_1 + 3x_2 + x_3 = 4, \\ 2x_1 - 6x_2 + x_3 = -5. \end{cases} \tag{5.2}$$

解　消元过程:

$$\left(\begin{array}{ccc|c} 1 & 1 & 1 & 6 \\ -1 & 3 & 1 & 4 \\ 2 & -6 & 1 & -5 \end{array}\right) \xrightarrow[r_3-2r_1]{r_2+r_1} \left(\begin{array}{ccc|c} 1 & 1 & 1 & 6 \\ 0 & 4 & 2 & 10 \\ 0 & -8 & -1 & -17 \end{array}\right) \xrightarrow{r_3+2r_2} \left(\begin{array}{ccc|c} 1 & 1 & 1 & 6 \\ 0 & 4 & 2 & 10 \\ 0 & 0 & 3 & 3 \end{array}\right),$$

回代过程: 由

$$\begin{cases} x_1 + x_2 + x_3 = 6, \\ 4x_2 + 2x_3 = 10, \\ 3x_3 = 3, \end{cases}$$

得

$$\begin{cases} x_3 = 1, \\ x_2 = \dfrac{10 - 2x_3}{4} = 2, \\ x_1 = 6 - x_2 - x_3 = 3. \end{cases}$$

由此看出, 上述过程就是用行的初等变换将原线性方程组系数矩阵化为简单形式(上三角形矩阵), 从而将求解原线性方程组(5.2)的问题转化为求解上三角形方程组的问题.

下面将讨论求解一般线性方程组的高斯消去法.

将方程组(5.1)记为 $\boldsymbol{A}^{(1)}\boldsymbol{x} = \boldsymbol{b}^{(1)}$, 其中

$$\boldsymbol{A}^{(1)} = (a_{ij}^{(1)}) = (a_{ij}), \quad \boldsymbol{b}^{(1)} = \boldsymbol{b}.$$

(1) 第 1 次消元 $(k = 1)$.

设 $a_{11}^{(1)} \neq 0$, 首先计算乘数

$$m_{i1} = a_{i1}^{(1)} / a_{11}^{(1)}, \quad i = 2, 3, \cdots, n.$$

用 $-m_{i1}$ 乘方程组(5.1)的第 1 个方程, 加到第 i 个 $(i = 2, 3, \cdots, n)$ 方程上, 消去方程组(5.1)从第 2 个方程到第 n 个方程中的未知数 x_1, 得到与方程组(5.1)等价的线性方程组

$$\begin{pmatrix} a_{11}^{(1)} & a_{12}^{(1)} & \cdots & a_{1n}^{(1)} \\ 0 & a_{22}^{(2)} & \cdots & a_{2n}^{(2)} \\ \vdots & \vdots & & \vdots \\ 0 & a_{n2}^{(2)} & \cdots & a_{nn}^{(2)} \end{pmatrix} \begin{pmatrix} x_1 \\ x_2 \\ \vdots \\ x_n \end{pmatrix} = \begin{pmatrix} b_1^{(1)} \\ b_2^{(2)} \\ \vdots \\ b_n^{(2)} \end{pmatrix}, \tag{5.3}$$

简记为

$$\boldsymbol{A}^{(2)}\boldsymbol{x}=\boldsymbol{b}^{(2)},$$

其中 $\boldsymbol{A}^{(2)},\boldsymbol{b}^{(2)}$ 的元素计算公式为

$$\begin{cases} a_{ij}^{(2)}=a_{ij}^{(1)}-m_{i1}a_{1j}^{(1)}, & i,j=2,3,\cdots,n, \\ b_i^{(2)}=b_i^{(1)}-m_{i1}b_1^{(1)}, & i=2,3,\cdots,n. \end{cases}$$

(2) 第 k 次消元 $(k=2,\cdots,n-1)$.

设上述第 1 步, …, 第 k–1 步消元过程计算已经完成, 即已计算好与方程组(5.1)等价的线性方程组

$$\begin{pmatrix} a_{11}^{(1)} & a_{12}^{(1)} & \cdots & a_{1k}^{(1)} & \cdots & a_{1n}^{(1)} \\ & a_{22}^{(2)} & \cdots & a_{2k}^{(2)} & \cdots & a_{2n}^{(2)} \\ & & \ddots & \vdots & & \vdots \\ & & & a_{kk}^{(k)} & \cdots & a_{kn}^{(k)} \\ & & & \vdots & & \vdots \\ & & & a_{nk}^{(k)} & \cdots & a_{nn}^{(k)} \end{pmatrix}\begin{pmatrix} x_1 \\ x_2 \\ \vdots \\ x_k \\ \vdots \\ x_n \end{pmatrix}=\begin{pmatrix} b_1^{(1)} \\ b_2^{(2)} \\ \vdots \\ b_k^{(k)} \\ \vdots \\ b_n^{(k)} \end{pmatrix}, \tag{5.4}$$

简记为

$$\boldsymbol{A}^{(k)}\boldsymbol{x}=\boldsymbol{b}^{(k)}.$$

设 $a_{kk}^{(k)}\neq 0$, 计算乘数

$$m_{ik}=a_{ik}^{(k)}/a_{kk}^{(k)},\quad i=k+1,\cdots,n,$$

用 $-m_{ik}$ 乘方程组(5.4)的第 k 个方程, 加到第 i 个 $(i=k+1,\cdots,n)$ 方程上, 消去从第 $k+1$ 个方程到第 n 个方程中的未知数 x_k, 得到与方程组(5.1)等价的线性方程组 $\boldsymbol{A}^{(k+1)}\boldsymbol{x}=\boldsymbol{b}^{(k+1)}$, $\boldsymbol{A}^{(k+1)},\boldsymbol{b}^{(k+1)}$ 元素的计算公式为

$$\begin{cases} a_{ij}^{(k+1)}=a_{ij}^{(k)}-m_{ik}a_{kj}^{(k)}, & i,j=k+1,\cdots,n, \\ b_i^{(k+1)}=b_i^{(k)}-m_{ik}b_k^{(k)}, & i=k+1,\cdots,n. \end{cases}$$

(3) 继续上述过程, 且设 $a_{kk}^{(k)}\neq 0(k=1,2,\cdots,n-1)$, 直到完成第 $n-1$ 步消元计算. 最后得到与原方程组等价的上三角形方程组 $\boldsymbol{A}^{(n)}\boldsymbol{x}=\boldsymbol{b}^{(n)}$, 即

$$\begin{pmatrix} a_{11}^{(1)} & a_{12}^{(1)} & \cdots & a_{1n}^{(1)} \\ & a_{22}^{(2)} & \cdots & a_{2n}^{(2)} \\ & & \ddots & \vdots \\ & & & a_{nn}^{(n)} \end{pmatrix}\begin{pmatrix} x_1 \\ x_2 \\ \vdots \\ x_n \end{pmatrix}=\begin{pmatrix} b_1^{(1)} \\ b_2^{(2)} \\ \vdots \\ b_n^{(n)} \end{pmatrix}. \tag{5.5}$$

由方程组(5.1)约化为方程组(5.5)的过程称为**消去过程**.

如果 $A\in\mathbf{R}^{n\times n}$ 是非奇异矩阵，且 $a_{kk}^{(k)}\neq 0(k=1,2,\cdots,n-1)$，求解三角形方程组(5.5)得到求解公式

$$\begin{cases}x_n=b_n^{(n)}\Big/a_{nn}^{(n)},\\ x_k=\left(b_k^{(k)}-\sum\limits_{j=k+1}^{n}a_{kj}^{(k)}x_j\right)\Bigg/a_{kk}^{(k)},\quad k=n-1,n-2,\cdots,1,\end{cases}\tag{5.6}$$

方程组(5.5)的求解过程(5.6)称为**回代过程**.

总结上述讨论即有以下定理.

定理 1　设 $\boldsymbol{Ax}=\boldsymbol{b}$，其中 $\boldsymbol{A}\in\mathbf{R}^{n\times n}$，

(1) 如果 $a_{kk}^{(k)}\neq 0(k=1,2,\cdots,n-1)$，则可通过高斯消去法将 $\boldsymbol{Ax}=\boldsymbol{b}$ 约化为等价的三角形线性方程组(5.5)，且计算公式为:

① 消元计算 $(k=1,2,\cdots,n-1)$，

$$\begin{cases}m_{ik}=a_{ik}^{(k)}\Big/a_{kk}^{(k)}, & i=k+1,\cdots,n,\\ a_{ij}^{(k+1)}=a_{ij}^{(k)}-m_{ik}a_{kj}^{(k)}, & i,j=k+1,\cdots,n,\\ b_i^{(k+1)}=b_i^{(k)}-m_{ik}b_k^{(k)}, & i=k+1,\cdots,n.\end{cases}$$

② 回代计算，

$$\begin{cases}x_n=b_n^{(n)}\Big/a_{nn}^{(n)},\\ x_k=\left(b_k^{(k)}-\sum\limits_{j=k+1}^{n}a_{kj}^{(k)}x_j\right)\Bigg/a_{kk}^{(k)},\quad k=n-1,n-2,\cdots,1.\end{cases}$$

(2) 如果 $\boldsymbol{A}$ 为非奇异矩阵，则可通过高斯消去法将方程组 $\boldsymbol{Ax}=\boldsymbol{b}$ 约化为方程组(5.5).

以上消元和回代过程总的乘除法次数为 $\dfrac{n^3}{3}+n^2-\dfrac{n}{3}\approx\dfrac{n^3}{3}$，加减法次数为 $\dfrac{n^3}{3}+\dfrac{n^2}{2}-\dfrac{5n}{6}\approx\dfrac{n^3}{3}$.

通常称高斯消去过程中的 $a_{kk}^{(k)}$ 为主元. 显然，当且仅当 $a_{kk}^{(k)}\neq 0(k=1,2,\cdots,n-1)$ 时，消元才能进行到底.

定理 2　主元 $a_{kk}^{(k)}(k=1,2,\cdots,n)$ 不为零的充分必要条件是矩阵 $\boldsymbol{A}$ 的 k 阶顺序主子式 $D_k\neq 0(k=1,2,\cdots,n)$，即

$$D_1=a_{11}\neq 0,\quad D_k=\begin{vmatrix}a_{11} & \cdots & a_{1k}\\ \vdots & & \vdots\\ a_{k1} & \cdots & a_{kk}\end{vmatrix}\neq 0,\quad k=2,3,\cdots,n.$$

5.1.2 高斯消去法的矩阵描述

下面可以借助矩阵分析的理论进一步对消去法做些分析.

设方程组(5.1)的系数矩阵 $\boldsymbol{A}\in\mathbf{R}^{n\times n}$ 的各阶顺序主子式均不为零. 由于对 $\boldsymbol{A}$ 施行行初等变换相当于用初等矩阵左乘 $\boldsymbol{A}$, 于是对方程组(5.1)施行第一步消元后化为方程组(5.3), 即取 $\boldsymbol{A}^{(1)}=\boldsymbol{A}$, $\boldsymbol{b}^{(1)}=\boldsymbol{b}$, 这时 $\boldsymbol{A}^{(1)}$ 化为 $\boldsymbol{A}^{(2)}$, $\boldsymbol{b}^{(1)}$ 化为 $\boldsymbol{b}^{(2)}$, 作如下表示

$$\boldsymbol{L}_1\boldsymbol{A}^{(1)}=\boldsymbol{A}^{(2)},\quad \boldsymbol{L}_1\boldsymbol{b}^{(1)}=\boldsymbol{b}^{(2)},$$

其中

$$\boldsymbol{L}_1=\begin{pmatrix}1&&&&\\-m_{21}&1&&&\\-m_{31}&&1&&\\\vdots&&&\ddots&\\-m_{n1}&&&&1\end{pmatrix}.$$

一般第 k 步消元后, $\boldsymbol{A}^{(k)}$ 化为 $\boldsymbol{A}^{(k+1)}$, $\boldsymbol{b}^{(k)}$ 化为 $\boldsymbol{b}^{(k+1)}$, 相当于

$$\boldsymbol{L}_k\boldsymbol{A}^{(k)}=\boldsymbol{A}^{(k+1)},\quad \boldsymbol{L}_k\boldsymbol{b}^{(k)}=\boldsymbol{b}^{(k+1)},$$

其中

$$\boldsymbol{L}_k=\begin{pmatrix}1&&&&&\\&\ddots&&&&\\&&1&&&\\&&-m_{k+1,k}&1&&\\&&\vdots&&\ddots&\\&&-m_{nk}&&&1\end{pmatrix}.$$

重复以上过程, 得到

$$\begin{cases}\boldsymbol{L}_{n-1}\cdots\boldsymbol{L}_2\boldsymbol{L}_1\boldsymbol{A}^{(1)}=\boldsymbol{A}^{(n)},\\\boldsymbol{L}_{n-1}\cdots\boldsymbol{L}_2\boldsymbol{L}_1\boldsymbol{b}^{(1)}=\boldsymbol{b}^{(n)}.\end{cases}\tag{5.7}$$

将上三角矩阵 $\boldsymbol{A}^{(n)}$ 记为 $\boldsymbol{U}$, 由式(5.7)得到

$$\boldsymbol{A}=\boldsymbol{L}_1^{-1}\boldsymbol{L}_2^{-1}\cdots\boldsymbol{L}_{n-1}^{-1}\boldsymbol{U}=\boldsymbol{L}\boldsymbol{U},$$

其中

$$\boldsymbol{L}=\boldsymbol{L}_1^{-1}\boldsymbol{L}_2^{-1}\cdots\boldsymbol{L}_{n-1}^{-1}=\begin{pmatrix}1&&&&\\m_{21}&1&&&\\m_{31}&m_{32}&1&&\\\vdots&\vdots&\vdots&\ddots&\\m_{n1}&m_{n2}&m_{n3}&\cdots&1\end{pmatrix}$$

为单位下三角矩阵.

这表明, 高斯消去法实质上是将系数矩阵 $\boldsymbol{A}$ 分解为两个三角形矩阵. 于是得到如下定理, 它在解线性方程组的直接法中起着重要作用.

定理 3 (矩阵的 $\boldsymbol{LU}$ 分解) 设 $\boldsymbol{A}\in\mathbf{R}^{n\times n}$, 如果 $\boldsymbol{A}$ 的顺序主子式 $D_i\neq 0(i=1,2,\cdots,n-1)$, 则 $\boldsymbol{A}$ 可分解为一个单位下三角矩阵 $\boldsymbol{L}$ 和一个上三角矩阵 $\boldsymbol{U}$ 的乘积, 且这种分解是唯一的.

当 $\boldsymbol{A}$ 进行 $\boldsymbol{LU}$ 分解后, $\boldsymbol{Ax}=\boldsymbol{b}$ 可改写为 $\boldsymbol{LUx}=\boldsymbol{b}$, 令 $\boldsymbol{Ux}=\boldsymbol{y}$, 有 $\boldsymbol{Ly}=\boldsymbol{b}$, 即解 $\boldsymbol{Ax}=\boldsymbol{b}$ 等价于求解方程组

$$\begin{cases}\boldsymbol{Ly}=\boldsymbol{b},\\ \boldsymbol{Ux}=\boldsymbol{y}.\end{cases} \tag{5.8}$$

例 5.2 对于例 5.1 的如下系数矩阵作 $\boldsymbol{LU}$ 分解

$$\boldsymbol{A}=\begin{pmatrix}1&1&1\\-1&3&1\\2&-6&1\end{pmatrix}.$$

解 由高斯消去法, $m_{21}=-1$, $m_{31}=2$, $m_{32}=-2$, 故

$$\boldsymbol{A}=\begin{pmatrix}1&0&0\\-1&1&0\\2&-2&1\end{pmatrix}\begin{pmatrix}1&1&1\\0&4&2\\0&0&3\end{pmatrix}=\boldsymbol{LU}.$$

5.1.3 选主元的高斯消去法

对于高斯消去法, 一旦出现主元素 $a_{kk}^{(k)}=0$, 计算就不能进行. 即使对所有 $k=1,2,\cdots,n-1$, $a_{kk}^{(k)}\neq 0$, 也不能保证计算过程数值稳定.

例 5.3 用高斯消去法取 3 位有效数字解线性方程组

$$\begin{cases}0.001x_1+x_2=1,\\ x_1+x_2=2.\end{cases}$$

解 消元过程: 根据 3 位浮点数运算法则, $1-1000=(0.0001-0.1)\times10^4=(0.000-0.1)\times10^4=-1000$, 同理, $2-1000=-1000$.

$$\left(\begin{array}{cc|c}0.001&1&1\\1&1&2\end{array}\right)\xrightarrow{r_2-1000r_1}\left(\begin{array}{cc|c}0.001&1&1\\0&1-1000&2-1000\end{array}\right)\longrightarrow\left(\begin{array}{cc|c}0.001&1&1\\0&-1000&-1000\end{array}\right).$$

回代过程: 由

$$\begin{cases}0.001x_1+x_2=1,\\ -1000x_2=-1000,\end{cases}\text{得}\begin{cases}x_2=1.00,\\ x_1=0.00.\end{cases}$$

代入原方程组验算，发现结果严重失真.

分析结果失真的原因：由于第 1 列的主元素 0.001 绝对值过于小，从而消元过程作分母时把中间过程数值放大 1000 倍，使中间结果“吃”掉了原始数据，造成数值不稳定.

针对以上问题，考虑选用绝对值大的数作为主元素.

消元过程:

$$\left(\begin{array}{cc|c}0.001 & 1 & 1\\ 1 & 1 & 2\end{array}\right)\xrightarrow{r_2\leftrightarrow r_1}\left(\begin{array}{cc|c}1 & 1 & 2\\ 0.001 & 1 & 1\end{array}\right)\xrightarrow{r_2-0.001r_1}\left(\begin{array}{cc|c}1 & 1 & 2\\ 0 & 1-0.001 & 1-0.002\end{array}\right)\longrightarrow\left(\begin{array}{cc|c}1 & 1 & 2\\ 0 & 1 & 1\end{array}\right).$$

这里舍入过程 $1-0.001=(0.1-0.0001)\times 10^1\approx 1$，同理 $1-0.002\approx 1$.

回代过程：由

$$\begin{cases}x_1+x_2=2,\\ x_2=1,\end{cases}\text{得}\begin{cases}x_2=1.00,\\ x_1=1.00.\end{cases}$$

代入原方程组验算，分析结果基本合理.

这个例子告诉我们，在采用高斯消去法解方程组时，小主元可能产生麻烦，故应避免采用绝对值小的主元素. 对一般矩阵来说，最好每一步选取系数矩阵中绝对值最大的元素作为主元，以使高斯消去法具有较好的数值稳定性，这就是全主元消去法. 但是全主元消去法在选主元时要花费较多的机器时间，目前主要使用的是列主元消去法.

下面介绍列主元消去法，假定线性方程组(5.1)的系数矩阵 $\boldsymbol{A}\in\mathbf{R}^{n\times n}$ 非奇异.

设线性方程组(5.1)的增广矩阵为

$$\boldsymbol{B}=\left(\begin{array}{cccc|c}a_{11} & a_{12} & \cdots & a_{1n} & b_1\\ a_{21} & a_{22} & \cdots & a_{2n} & b_2\\ \vdots & \vdots & & \vdots & \vdots\\ a_{n1} & a_{n2} & \cdots & a_{nn} & b_n\end{array}\right).$$

首先在 $\boldsymbol{A}$ 的第 1 列中选取绝对值最大的元素作为主元素，例如

$$\left|a_{i_1,1}\right|=\max_{1\leqslant i\leqslant n}\left|a_{i1}\right|\neq 0,$$

然后交换 $\boldsymbol{B}$ 的第 1 行与第 i_1 行，经第 1 次消元计算得

$$(\boldsymbol{A}\mid\boldsymbol{b})\to\left(\boldsymbol{A}^{(2)}\mid\boldsymbol{b}^{(2)}\right).$$

重复上述过程，设已完成第 $k-1$ 次的选主元素，交换两行及消元计算，$(\boldsymbol{A}\mid\boldsymbol{b})$ 约化为 $\left(\boldsymbol{A}^{(k)}\mid\boldsymbol{b}^{(k)}\right)$，其中 $\boldsymbol{A}^{(k)}$ 的元素仍记为 a_{ij}，$\boldsymbol{b}^{(k)}$ 的元素仍记为 b_i.

第 k 步选主元素，即确定 i_k 使

$$\left|a_{i_k,k}\right|=\max_{k\leqslant i\leqslant n}\left|a_{ik}\right|\neq 0,$$

交换$\left(A^{(k)} \mid b^{(k)}\right)$第 k 行与$i_k(k=1,2,\cdots,n-1)$行的元素，再进行消元计算，最后将原线性方程组化为一个上三角形方程组，然后回代求解这个上三角形方程组，就得到原方程组的解.

下面用矩阵运算来描述解线性方程组(5.1)的列主元消去法.

$$\begin{cases} L_1 I_{1,i_1} A^{(1)} = A^{(2)}, L_1 I_{1,i_1} b^{(1)} = b^{(2)}, \\ L_k I_{k,i_k} A^{(k)} = A^{(k+1)}, L_k I_{k,i_k} b^{(k)} = b^{(k+1)}, \end{cases} \tag{5.9}$$

其中 L_k 的元素满足$|m_{ik}| \leqslant 1(k=1,2,\cdots,n-1)$，$I_{k,i_k}$ 是初等置换阵.

利用式(5.9)得到

$$L_{n-1} I_{n-1,i_{n-1}} \cdots L_2 I_{2,i_2} L_1 I_{1,i_1} A = A^{(n)} = U,$$

U 为上三角矩阵. 令

$$P = I_{n-1,i_{n-1}} \cdots I_{2,i_2} I_{1,i_1},$$

$$L = P(L_{n-1} I_{n-1,i_{n-1}} \cdots L_2 I_{2,i_2} L_1 I_{1,i_1})^{-1},$$

则有

$$PA = LU, \tag{5.10}$$

我们称(5.10)为 A 的列主元三角分解.

定理 4 (列主元三角分解定理)　设 $A \in \mathbf{R}^{n\times n}$ 非奇异，则存在排列矩阵 P，以及单位下三角矩阵 L 和上三角矩阵 U，使得

$$PA = LU.$$

实际计算的经验和理论分析的结果都表明，列主元高斯消去法与全主元高斯消去法在数值稳定性方面是一致的，但它的运算量大大减少. 因此，该方法成为目前求解中小型稠密线性方程组最好的方法之一.

例 5.4　用列主元高斯消去法解方程组(5.2).

解　消元过程:

$$\left(\begin{array}{ccc|c} 1 & 1 & 1 & 6 \\ -1 & 3 & 1 & 4 \\ 2 & -6 & 1 & -5 \end{array}\right) \xrightarrow{r_1 \leftrightarrow r_3} \left(\begin{array}{ccc|c} 2 & -6 & 1 & -5 \\ -1 & 3 & 1 & 4 \\ 1 & 1 & 1 & 6 \end{array}\right) \xrightarrow[r_3-0.5r_1]{r_2+0.5r_1} \left(\begin{array}{ccc|c} 2 & -6 & 1 & -5 \\ 0 & 0 & 1.5 & 1.5 \\ 0 & 4 & 0.5 & 8.5 \end{array}\right)$$

$$\xrightarrow{r_2 \leftrightarrow r_3} \left(\begin{array}{ccc|c} 2 & -6 & 1 & -5 \\ 0 & 4 & 0.5 & 8.5 \\ 0 & 0 & 1.5 & 1.5 \end{array}\right).$$

一般在第二次选主元素时只需比较第 2 列中第 2 行以后的各元素.

回代过程: 由

$$\begin{cases} 2x_1 - 6x_2 + x_3 = -5, \\ 4x_2 + 0.5x_3 = 8.5, \\ 1.5x_3 = 1.5, \end{cases} \text{得} \begin{cases} x_3 = 1, \\ x_2 = 2, \\ x_1 = 3. \end{cases}$$

5.2　矩阵的三角分解

高斯消去法有许多变形，有的是高斯消去法的改进、改写，有的是用于某一类特殊性质矩阵的高斯消去法的简化.

5.2.1　直接三角分解法

矩阵 $\boldsymbol{A}$ 的 $\boldsymbol{LU}$ 分解可以用高斯消去法完成，也可以直接从矩阵 $\boldsymbol{A}$ 的元素得到计算矩阵 $\boldsymbol{L}$ 和 $\boldsymbol{U}$ 的元素的递推公式，这就是矩阵的直接三角分解.

设 $\boldsymbol{A} = (a_{ij}) \in \mathbf{R}^{n\times n}$ 非奇异，且有分解式

$$\boldsymbol{A} = \boldsymbol{LU},$$

其中 $\boldsymbol{L}$ 为单位下三角矩阵，$\boldsymbol{U}$ 为上三角矩阵，即

$$\begin{pmatrix} 1 & & & \\ l_{21} & 1 & & \\ \vdots & \vdots & \ddots & \\ l_{n1} & l_{n2} & \cdots & 1 \end{pmatrix} \begin{pmatrix} u_{11} & u_{12} & \cdots & u_{1n} \\ & u_{22} & \cdots & u_{2n} \\ & & \ddots & \vdots \\ & & & u_{nn} \end{pmatrix}. \tag{5.11}$$

下面说明 $\boldsymbol{L},\boldsymbol{U}$ 的元素可以由 n 步直接计算得出，由分解式(5.11)有

$$a_{1i} = u_{1i}, \quad i = 1,2,\cdots,n,$$

得到 $\boldsymbol{U}$ 的第 1 行元素；由分解式(5.11)有

$$a_{i1} = l_{i1}u_{11}, \quad l_{i1} = a_{i1} / u_{11}, \quad i = 2,3,\cdots,n,$$

得到 $\boldsymbol{L}$ 的第 1 列元素.

设已经确定出 $\boldsymbol{U}$ 的第 1 行到第 $r-1$ 行元素与 $\boldsymbol{L}$ 的第 1 列到第 $r-1$ 列元素. 由分解式(5.11)，利用矩阵乘法(注意当 $r<k$ 时，$l_{rk}=0$)，有

$$a_{ri} = \sum_{k=1}^{n} l_{rk}u_{ki} = \sum_{k=1}^{r-1} l_{rk}u_{ki} + u_{ri},$$

故

$$u_{ri} = a_{ri} - \sum_{k=1}^{r-1} l_{rk}u_{ki}, \quad i = r, r+1, \cdots, n.$$

又由分解式(5.11)有

$$a_{ir}=\sum_{k=1}^{n}l_{ik}u_{kr}=\sum_{k=1}^{r-1}l_{ik}u_{kr}+l_{ir}u_{rr},$$

所以

$$l_{ir}=\left(a_{ir}-\sum_{k=1}^{r-1}l_{ik}u_{kr}\right)\Big/u_{rr},\quad i=r+1,\cdots,n\text{ 且 }r\neq n.$$

以上的分解公式又称**杜利特尔(Doolittle)分解**，实际上是高斯消去法的另一种形式. 它的计算量与高斯消去法一样，但它不是逐次对 $\boldsymbol{A}$ 进行变换，而是一次性地算出 $\boldsymbol{L}$ 和 $\boldsymbol{U}$ 的元素.

总结上述讨论，得到利用直接三角分解法解 $\boldsymbol{Ax}=\boldsymbol{b}$ (要求 $\boldsymbol{A}$ 的所有顺序主子式都不为零)的计算公式.

(1) $a_{1i}=u_{1i},i=1,2,\cdots,n;$

(2) $l_{i1}=a_{i1}/u_{11},i=2,3,\cdots,n;$

(3) $u_{ri}=a_{ri}-\sum\limits_{k=1}^{r-1}l_{rk}u_{ki},i=r,r+1,\cdots,n;$

(4) $l_{ir}=\left(a_{ir}-\sum\limits_{k=1}^{r-1}l_{ik}u_{kr}\right)\Big/u_{rr},i=r+1,\cdots,n\text{ 且 }r\neq n.$

求解 $\boldsymbol{Ly}=\boldsymbol{b},\boldsymbol{Ux}=\boldsymbol{y}$ 的计算公式:

(5) $\begin{cases}y_1=b_1,\\ y_i=b_i-\sum\limits_{k=1}^{i-1}l_{ik}y_k,\quad i=2,3,\cdots,n;\end{cases}$

(6) $\begin{cases}x_n=y_n/u_{nn},\\ x_i=\left(y_i-\sum\limits_{k=i+1}^{n}u_{ik}x_k\right)\Big/u_{ii},\quad i=n-1,n-2,\cdots,1.\end{cases}$

5.2.2　平方根法

应用有限元法解结构力学问题时，最后归结为求解的线性方程组的系数矩阵大多具有对称正定性质，则高斯消元法可简化为平方根法或者改进的平方根法. 所谓平方根法，就是利用对称正定矩阵的三角分解而得到的求解对称正定方程组的一种有效的方法，目前在计算机上被广泛应用于解此类方程组.

设 $\boldsymbol{A}$ 为对称矩阵，且 $\boldsymbol{A}$ 的所有顺序主子式均不为零. 由定理 3 知道，$\boldsymbol{A}$ 可唯一分解为(5.11)的形式.

为了利用 $\boldsymbol{A}$ 的对称性，将 $\boldsymbol{U}$ 再分解为

$$
\boldsymbol{U}=\begin{pmatrix} u_{11} & & & \\ & u_{22} & & \\ & & \ddots & \\ & & & u_{nn} \end{pmatrix}\begin{pmatrix} 1 & \dfrac{u_{12}}{u_{11}} & \cdots & \dfrac{u_{1n}}{u_{11}} \\ & 1 & \cdots & \dfrac{u_{2n}}{u_{22}} \\ & & \ddots & \vdots \\ & & & 1 \end{pmatrix}=\boldsymbol{D}\boldsymbol{U}_1,
$$

其中 $\boldsymbol{D}$ 为对角阵, $\boldsymbol{U}_1$ 为单位上三角阵. 于是

$$
\boldsymbol{A}=\boldsymbol{L}\boldsymbol{U}=\boldsymbol{L}\boldsymbol{D}\boldsymbol{U}_1,
$$

又

$$
\boldsymbol{A}=\boldsymbol{A}^{\mathrm{T}}=\boldsymbol{U}_1^{\mathrm{T}}\boldsymbol{D}\boldsymbol{L}^{\mathrm{T}},
$$

由分解的唯一性, 知

$$
\boldsymbol{U}_1=\boldsymbol{L}^{\mathrm{T}}.
$$

代入得到对称阵 $\boldsymbol{A}$ 的分解式 $\boldsymbol{A}=\boldsymbol{L}\boldsymbol{D}\boldsymbol{L}^{\mathrm{T}}$, 于是有下面定理.

定理 5 (对称阵的三角分解定理)　设 $\boldsymbol{A}$ 为 n 阶对称矩阵, 且 $\boldsymbol{A}$ 的各阶顺序主子式均不为零, 则 $\boldsymbol{A}$ 可以唯一分解为

$$
\boldsymbol{A}=\boldsymbol{L}\boldsymbol{D}\boldsymbol{L}^{\mathrm{T}},
$$

其中 $\boldsymbol{L}$ 是单位下三角矩阵, $\boldsymbol{D}$ 是对角阵.

设 $\boldsymbol{A}$ 是对称正定阵, 由正定性知, $\boldsymbol{D}$ 的对角元素 d_i 均大于零. 于是

$$
\begin{aligned}
\boldsymbol{D}&=\begin{pmatrix} d_1 & & & \\ & d_2 & & \\ & & \ddots & \\ & & & d_n \end{pmatrix}\\
&=\begin{pmatrix} \sqrt{d_1} & & & \\ & \sqrt{d_2} & & \\ & & \ddots & \\ & & & \sqrt{d_n} \end{pmatrix}\begin{pmatrix} \sqrt{d_1} & & & \\ & \sqrt{d_2} & & \\ & & \ddots & \\ & & & \sqrt{d_n} \end{pmatrix}\\
&=\boldsymbol{D}^{\frac{1}{2}}\boldsymbol{D}^{\frac{1}{2}},
\end{aligned}
$$

得到

$$
\boldsymbol{A}=\boldsymbol{L}\boldsymbol{D}\boldsymbol{L}^{\mathrm{T}}=\boldsymbol{L}\boldsymbol{D}^{\frac{1}{2}}\boldsymbol{D}^{\frac{1}{2}}\boldsymbol{L}^{\mathrm{T}}=\boldsymbol{L}\boldsymbol{D}^{\frac{1}{2}}(\boldsymbol{L}\boldsymbol{D}^{\frac{1}{2}})^{\mathrm{T}}=\boldsymbol{L}_1\boldsymbol{L}_1^{\mathrm{T}},
$$

其中 $\boldsymbol{L}_1=\boldsymbol{L}\boldsymbol{D}^{\frac{1}{2}}$ 为下三角矩阵. 这个分解也称为**楚列斯基**(Cholesky)**分解**.

定理 6 (对称正定矩阵的三角分解定理或楚列斯基分解) 设 $\boldsymbol{A}$ 为 n 阶对称正定矩阵, 则 $\boldsymbol{A}$ 可以分解为

$$\boldsymbol{A}=\boldsymbol{L}\boldsymbol{L}^{\mathrm{T}},$$

其中 $\boldsymbol{L}$ 为实的非奇异下三角矩阵, 当限定 $\boldsymbol{L}$ 的对角元素为正时, 这种分解是唯一的.

下面直接分解来确定 $\boldsymbol{L}$ 元素的递推公式.

$$\boldsymbol{A}=\boldsymbol{L}\boldsymbol{L}^{\mathrm{T}}=\begin{pmatrix} l_{11} & & & \\ l_{21} & l_{22} & & \\ \vdots & \vdots & \ddots & \\ l_{n1} & l_{n2} & \cdots & l_{nn} \end{pmatrix}\begin{pmatrix} l_{11} & l_{21} & \cdots & l_{n1} \\ & l_{22} & \cdots & l_{n2} \\ & & \ddots & \vdots \\ & & & l_{nn} \end{pmatrix},$$

其中 $l_{ii}>0(i=1,2,\cdots,n)$. 由矩阵乘法及 $l_{jk}=0$ (当 $j<k$ 时), 得

$$a_{ij}=\sum_{k=1}^{n} l_{ik}l_{jk}=\sum_{k=1}^{j-1} l_{ik}l_{jk}+l_{jj}l_{ij}.$$

于是得到解对称正定方程组 $\boldsymbol{A}\boldsymbol{x}=\boldsymbol{b}$ 的平方根计算公式:

对于 $j=1,2,\cdots,n$,

(1) $l_{jj}=\left(a_{jj}-\sum\limits_{k=1}^{j-1} l_{jk}^{2}\right)^{\frac{1}{2}}$;

(2) $l_{ij}=\left(a_{ij}-\sum\limits_{k=1}^{j-1} l_{ik}l_{jk}\right)\Big/ l_{jj},\ i=j+1,\cdots,n.$

求解 $\boldsymbol{A}\boldsymbol{x}=\boldsymbol{b}$ 等价于 $\boldsymbol{L}\boldsymbol{y}=\boldsymbol{b}, \boldsymbol{U}\boldsymbol{x}=\boldsymbol{y}$,

(3) $y_i=\left(b_i-\sum\limits_{k=1}^{i-1} l_{ik}y_k\right)\Big/ l_{ii},\ i=1,2,\cdots,n;$

(4) $x_i=\left(y_i-\sum\limits_{k=i+1}^{n} l_{ki}x_k\right)\Big/ l_{ii},\ i=n,n-1,\cdots,1.$

平方根法不用考虑选主元, 这是它的优点. 它的缺点是要 n 次计算开平方, 为避免开平方运算, 发展了平方根法的改进形式, 它对应于 $\boldsymbol{A}=\boldsymbol{L}\boldsymbol{D}\boldsymbol{L}^{\mathrm{T}}$ 分解, 即

$$\boldsymbol{A}=\boldsymbol{L}\boldsymbol{D}\boldsymbol{L}^{\mathrm{T}}=\begin{pmatrix} 1 & & & \\ l_{21} & 1 & & \\ \vdots & \vdots & \ddots & \\ l_{n1} & l_{n2} & \cdots & 1 \end{pmatrix}\begin{pmatrix} d_1 & & & \\ & d_2 & & \\ & & \ddots & \\ & & & d_3 \end{pmatrix}\begin{pmatrix} 1 & l_{21} & \cdots & l_{n1} \\ & 1 & \cdots & l_{n2} \\ & & \ddots & \vdots \\ & & & 1 \end{pmatrix}.$$

比较两边对应元素, 得

$$a_{ij}=\sum_{k=1}^{j-1} l_{ik}d_k l_{jk}+l_{ij}d_j,\quad 1\leqslant j\leqslant i\leqslant n.$$

由此得确定 l_{ij} 和 d_j 的计算公式如下:

$$v_k = d_k l_{jk}, \quad k = 1, \cdots, j-1,$$

$$d_j = a_{jj} - \sum_{k=1}^{j-1} l_{jk} v_k,$$

$$l_{ij} = \left(a_{ij} - \sum_{k=1}^{j-1} l_{ik} v_k \right) \Big/ d_j, \quad i = j+1, \cdots, n,$$

这里 $j = 1, 2, \cdots, n$, 上述这种确定 $\boldsymbol{A}$ 的分解方法称作改进的平方根法. 实际计算时是将 $\boldsymbol{L}$ 的严格下三角元素存储在 $\boldsymbol{A}$ 的对应位置上, 而将 $\boldsymbol{D}$ 的对角元素存储在 $\boldsymbol{A}$ 的对应的对角位置上. 这样就可得到如下的实用算法.

求得分解后, 再解 $\boldsymbol{Ly} = \boldsymbol{b}$, $\boldsymbol{DL}^{\mathrm{T}} \boldsymbol{x} = \boldsymbol{y}$, 即可求得线性方程组的解. 计算公式如下:

$$(1) \begin{cases} y_1 = b_1, \\ y_i = b_i - \displaystyle\sum_{k=1}^{i-1} l_{ik} y_k, \quad i = 2, 3, \cdots, n; \end{cases}$$

$$(2) \begin{cases} x_n = y_n / d_n, \\ x_i = y_i / d_i - \displaystyle\sum_{k=i+1}^{n} l_{ki} x_k, \quad i = n-1, \cdots, 2, 1. \end{cases}$$

此外, 楚列斯基分解的计算过程是稳定的. 事实上, 由关系式

$$a_{ii} = \sum_{k=1}^{i} l_{ik}^2$$

得

$$|l_{ik}| \leqslant \sqrt{a_{ii}}, \quad k = 1, 2, \cdots, i.$$

上式说明楚列斯基分解中的量 l_{ij} 能够得以控制, 因此其计算过程是稳定的.

5.2.3　追赶法

在一些实际问题中, 例如, 解常微分方程边值问题、解热传导方程, 以及船体数学放样中求解三次样条函数等, 都会要求解系数矩阵为对角占优的三对角方程组.

$$\begin{pmatrix} b_1 & c_1 & & & \\ a_2 & b_2 & c_2 & & \\ & \ddots & \ddots & \ddots & \\ & & a_{n-1} & b_{n-1} & c_{n-1} \\ & & & a_n & b_n \end{pmatrix} \begin{pmatrix} x_1 \\ x_2 \\ \vdots \\ x_{n-1} \\ x_n \end{pmatrix} = \begin{pmatrix} f_1 \\ f_2 \\ \vdots \\ f_{n-1} \\ f_n \end{pmatrix}, \tag{5.12}$$

简记为 $\boldsymbol{Ax}=\boldsymbol{f}$，其中$|i-j|>1$时，$a_{ij}=0$，且满足如下的对角占优条件:

(1) $|b_1|>|c_1|>0$，$|b_n|>|a_n|>0$；

(2) $|b_i|\geqslant|a_i|+|c_i|$，$a_ic_i\neq 0$，$i=2,3,\cdots,n-1$.

下面利用矩阵的直接三角分解来推导方程组(5.12)的计算公式. 由系数矩阵 $\boldsymbol{A}$ 的特点, 将 $\boldsymbol{A}$ 分解为两个三角矩阵的乘积, 即

$$\boldsymbol{A}=\begin{pmatrix}\alpha_1 & & & & \\ \gamma_2 & \alpha_2 & & & \\ & \ddots & \ddots & & \\ & & \ddots & \ddots & \\ & & & \gamma_n & \alpha_n\end{pmatrix}\begin{pmatrix}1 & \beta_1 & & & \\ & 1 & \beta_2 & & \\ & & \ddots & \ddots & \\ & & & \ddots & \beta_{n-1} \\ & & & & 1\end{pmatrix},$$

用矩阵乘法比较得

$$\begin{cases}b_1=\alpha_1, \quad c_1=\alpha_1\beta_1, \\ a_i=\gamma_i, \quad b_i=\gamma_i\beta_{i-1}+\alpha_i, \quad i=2,3,\cdots,n, \\ c_i=\alpha_i\beta_i, \quad i=2,3,\cdots,n-1.\end{cases}$$

解得$\alpha_i,\beta_i,\gamma_i$的计算公式

$$\begin{cases}\alpha_1=b_1, \quad \beta_1=c_1/b_1, \\ \gamma_i=a_i, \quad \alpha_i=b_i-a_i\beta_{i-1}, \quad i=2,3,\cdots,n, \\ \beta_i=c_i/(b_i-a_i\beta_{i-1}), \quad i=2,3,\cdots,n-1.\end{cases}$$

当 $\boldsymbol{A}$ 满足对角占优条件时, 以上分解能够进行到底.

这样 $\boldsymbol{Ax}=\boldsymbol{f}$ 写为 $\boldsymbol{LUx}=\boldsymbol{f}$，等价于

$$\begin{cases}\boldsymbol{Ly}=\boldsymbol{f}, \\ \boldsymbol{Ux}=\boldsymbol{y}.\end{cases}$$

于是计算公式为

(1) $\begin{cases}y_1=f_1/b_1, \\ y_i=(f_i-a_iy_{i-1})/(b_i-a_i\beta_{i-1}), \quad i=2,3,\cdots,n;\end{cases}$

(2) $\begin{cases}x_n=y_n, \\ x_i=y_i-\beta_ix_{i+1}, \quad i=n-1,\cdots,2,1.\end{cases}$

实际计算中 $\boldsymbol{Ax}=\boldsymbol{f}$ 的阶数往往很高, 应注意 $\boldsymbol{A}$ 的存储技术. 已知数据只用 4 个一维数组就可以存完，即$\{a_i\},\{b_i\},\{c_i\},\{f_i\}$各占一个一维数组，$\{\alpha_i\}$和$\{\beta_i\}$可存放在$\{b_i\},\{c_i\}$的位置，$\{y_i\}$和$\{x_i\}$则可存放在$\{f_i\}$的位置, 整个运算可在4个一维数组中运行. 追赶法的计算量也很小, 计算也不用选主元素.

例 5.5 用平方根法、改进的平方根法和追赶法分别求解下列方程组

$$\begin{pmatrix} 6 & 1 & 0 \\ 1 & 4 & 1 \\ 0 & 1 & 14 \end{pmatrix}\begin{pmatrix} x_1 \\ x_2 \\ x_3 \end{pmatrix} = \begin{pmatrix} 6 \\ 24 \\ 322 \end{pmatrix}.$$

解　(1) 平方根法:

$$\boldsymbol{A} = \boldsymbol{LU} = \begin{pmatrix} 2.4495 & 0 & 0 \\ 0.40825 & 1.9579 & 0 \\ 0 & 0.51075 & 3.7066 \end{pmatrix}\begin{pmatrix} 2.4495 & 0.40825 & 0 \\ 0 & 1.9579 & 0.51075 \\ 0 & 0 & 3.7066 \end{pmatrix},$$

由 $\boldsymbol{Ly} = \boldsymbol{b}$, 解得 $\boldsymbol{y} = (2.4495, 11.247, 85.254)^{\mathrm{T}}$, 再由 $\boldsymbol{Ux} = \boldsymbol{y}$, 解得 $\boldsymbol{x} = (1, 0, 23)^{\mathrm{T}}$.

(2) 改进的平方根法:

$$\boldsymbol{A} = \boldsymbol{LDL}^{\mathrm{T}}$$

$$= \begin{pmatrix} 1 & 0 & 0 \\ 0.16667 & 1 & 0 \\ 0 & 0.26087 & 1 \end{pmatrix}\begin{pmatrix} 6 & 0 & 0 \\ 0 & 3.8333 & 0 \\ 0 & 0 & 13.739 \end{pmatrix}\begin{pmatrix} 1 & 0.16667 & 0 \\ 0 & 1 & 0.26087 \\ 0 & 0 & 1 \end{pmatrix},$$

由 $\boldsymbol{Ly} = \boldsymbol{b}$, 解得 $\boldsymbol{y} = (6, 23, 316)^{\mathrm{T}}$, 再由 $\boldsymbol{DL}^{\mathrm{T}}\boldsymbol{x} = \boldsymbol{y}$, 解得 $\boldsymbol{x} = (1, 0, 23)^{\mathrm{T}}$.

(3) 追赶法: 此方程组系数矩阵是三对角阵, 且满足对角占优条件.

$$\boldsymbol{A} = \boldsymbol{LU} = \begin{pmatrix} 6 & 0 & 0 \\ 1 & 3.8333 & 0 \\ 0 & 1 & 13.739 \end{pmatrix}\begin{pmatrix} 1 & 0.16667 & 0 \\ 0 & 1 & 0.26087 \\ 0 & 0 & 1 \end{pmatrix},$$

由 $\boldsymbol{Ly} = \boldsymbol{b}$, 解得 $\boldsymbol{y} = (1, 6, 23)^{\mathrm{T}}$, 再由 $\boldsymbol{Ux} = \boldsymbol{y}$, 解得 $\boldsymbol{x} = (1, 0, 23)^{\mathrm{T}}$.

5.3　向量和矩阵范数

例 5.6　已知线性方程组

$$\begin{cases} x_1 + x_2 = 2, \\ x_1 + 1.0001x_2 = 2.0001 \end{cases} \tag{5.13}$$

的解为 $\begin{cases} x_1 = 1, \\ x_2 = 1, \end{cases}$ 现假设方程组右端数据有一个小误差(称为数据扰动), 变成

$$\begin{cases} x_1 + x_2 = 2, \\ x_1 + 1.0001x_2 = 2, \end{cases} \tag{5.14}$$

求解得到 $\begin{cases} x_1 = 2, \\ x_2 = 0. \end{cases}$ 我们看到, 这里尽管数据扰动很微小, 解相差却很明显. 此类线性方程组称为**病态线性方程组**(ill-conditioned liner equation system).

为了从理论上分析线性方程组求解误差的大小和产生原因，需要给出衡量向量或矩阵“大小”的概念——范数，并由此来讨论关于线性方程组解的精度.

向量范数已经在第 3 章讲授过(见 3.1.2 小节)，下面我们将使用它的定义及性质.

5.3.1 向量的极限定义

定义 1 设$\left\{\boldsymbol{x}^{(k)}\right\}$为$\mathbf{R}^n$中一向量序列，$\boldsymbol{x}^*\in\mathbf{R}^n$，记$\boldsymbol{x}^{(k)}=(x_1^{(k)},x_2^{(k)},\cdots,x_n^{(k)})^{\mathrm{T}}$，$\boldsymbol{x}^*=(x_1^*,x_2^*,\cdots,x_n^*)^{\mathrm{T}}$. 如果$\lim\limits_{k\to\infty}x_i^{(k)}=x_i^*(i=1,2,\cdots,n)$，则称$\boldsymbol{x}^{(k)}$收敛于$\boldsymbol{x}^*$，记为

$$\lim_{k\to\infty}\boldsymbol{x}^{(k)}=\boldsymbol{x}^*.$$

定理 7 (向量范数的等价性) 设$\|\boldsymbol{x}\|_s$，$\|\boldsymbol{x}\|_t$为$\mathbf{R}^n$上向量的任意两种范数，则存在常数$c_1,c_2>0$，使得对一切$\boldsymbol{x}\in\mathbf{R}^n$有

$$c_1\|\boldsymbol{x}\|_s\leqslant\|\boldsymbol{x}\|_t\leqslant c_2\|\boldsymbol{x}\|_s.$$

证明 只要就$\|\boldsymbol{x}\|_s=\|\boldsymbol{x}\|_\infty$证明上式成立即可，即证明存在常数$c_1,c_2>0$，使

$$c_1\leqslant\frac{\|\boldsymbol{x}\|_t}{\|\boldsymbol{x}\|_\infty}\leqslant c_2,\quad 对一切\boldsymbol{x}\in\mathbf{R}^n 且 \boldsymbol{x}\neq\boldsymbol{0}.$$

考虑函数$f(\boldsymbol{x})=\|\boldsymbol{x}\|_t\geqslant 0$，$\boldsymbol{x}\in\mathbf{R}^n$. 记$S=\left\{\boldsymbol{x}\,\middle|\,\|\boldsymbol{x}\|_\infty=1,\boldsymbol{x}\in\mathbf{R}^n\right\}$，则$S$是一个有界闭集. 由于$f(\boldsymbol{x})$是$S$上的连续函数，所以$f(\boldsymbol{x})$于$S$上达到最大最小值，即存在$\boldsymbol{x}',\boldsymbol{x}''\in S$使得

$$f(\boldsymbol{x}')=\min_{\boldsymbol{x}\in S}f(\boldsymbol{x})=c_1,\quad f(\boldsymbol{x}'')=\max_{\boldsymbol{x}\in S}f(\boldsymbol{x})=c_2.$$

设$\boldsymbol{x}\in\mathbf{R}^n$且$\boldsymbol{x}\neq\boldsymbol{0}$，则$\dfrac{\boldsymbol{x}}{\|\boldsymbol{x}\|_\infty}\in S$，从而有

$$c_1\leqslant f\left(\frac{\boldsymbol{x}}{\|\boldsymbol{x}\|_\infty}\right)\leqslant c_2,$$

显然$c_1,c_2>0$，上式为

$$c_1\leqslant\left\|\frac{\boldsymbol{x}}{\|\boldsymbol{x}\|_\infty}\right\|_t\leqslant c_2,$$

即

$$c_1\|\boldsymbol{x}\|_\infty\leqslant\|\boldsymbol{x}\|_t\leqslant c_2\|\boldsymbol{x}\|_\infty,\quad 对一切\boldsymbol{x}\in\mathbf{R}^n.$$

由定理 7 可得到结论：如果在一种范数意义下向量序列收敛，则在任何一种范数意义下该向量序列均收敛.

定理 8　$\lim\limits_{k\to\infty} \boldsymbol{x}^{(k)} = \boldsymbol{x}^* \Leftrightarrow \lim\limits_{k\to\infty} \| \boldsymbol{x}^{(k)} - \boldsymbol{x}^* \| = 0$，其中$\|\cdot\|$为向量的任一种范数.

证明　显然，$\lim\limits_{k\to\infty} \boldsymbol{x}^{(k)} = \boldsymbol{x}^* \Leftrightarrow \lim\limits_{k\to\infty} \| \boldsymbol{x}^{(k)} - \boldsymbol{x}^* \|_\infty = 0$，而对于$\mathbf{R}^n$上任一种范数，由定理 7，存在$c_1, c_2 > 0$，使

$$c_1 \| \boldsymbol{x}^{(k)} - \boldsymbol{x}^* \|_\infty \leqslant \| \boldsymbol{x}^{(k)} - \boldsymbol{x}^* \| \leqslant c_2 \| \boldsymbol{x}^{(k)} - \boldsymbol{x}^* \|_\infty ,$$

于是有

$$\lim_{k\to\infty} \| \boldsymbol{x}^{(k)} - \boldsymbol{x}^* \|_\infty = 0 \Leftrightarrow \lim_{k\to\infty} \| \boldsymbol{x}^{(k)} - \boldsymbol{x}^* \| = 0.$$

5.3.2　矩阵范数

定义 2　若$\mathbf{R}^{n\times n}$上实值函数$\|\cdot\|$满足：对于任意$\boldsymbol{A}, \boldsymbol{B} \in \mathbf{R}^{n\times n}$及$k \in \mathbf{R}$，

(1) $\|\boldsymbol{A}\| \geqslant 0$，且$\|\boldsymbol{A}\| = 0$当且仅当$\boldsymbol{A} = \boldsymbol{0}$时成立(正定性)；

(2) $\|k\boldsymbol{A}\| = |k| \|\boldsymbol{A}\|$(齐次性)；

(3) $\|\boldsymbol{A}+\boldsymbol{B}\| \leqslant \|\boldsymbol{A}\| + \|\boldsymbol{B}\|$(三角不等式)；

(4) $\|\boldsymbol{AB}\| \leqslant \|\boldsymbol{A}\| \|\boldsymbol{B}\|$，

则称$\|\cdot\|$为$\mathbf{R}^{n\times n}$上的**矩阵范数**.

由于在大多数与估计有关的问题中，矩阵和向量会同时参与讨论，所以希望引进一种矩阵范数，使其与向量范数相联系. 如要求对任何向量$\boldsymbol{x} \in \mathbf{R}^n$及$\boldsymbol{A} \in \mathbf{R}^{n\times n}$都成立

$$\|\boldsymbol{Ax}\|_v \leqslant \|\boldsymbol{A}\|_v \|\boldsymbol{x}\|_v . \tag{5.15}$$

定义 3 (矩阵的算子范数)　设$\boldsymbol{x} \in \mathbf{R}^n$，$\boldsymbol{A} \in \mathbf{R}^{n\times n}$，给出一种向量范数$\|\boldsymbol{x}\|_v$(如$v = 1, 2$或$\infty$)，相应地，定义一个矩阵的非负函数

$$\|\boldsymbol{A}\|_v = \max_{\boldsymbol{x}\neq\boldsymbol{0}} \frac{\|\boldsymbol{Ax}\|_v}{\|\boldsymbol{x}\|_v} . \tag{5.16}$$

可验证$\|\boldsymbol{A}\|_v$满足定义 2，所以$\|\boldsymbol{A}\|_v$是$\mathbf{R}^{n\times n}$上矩阵的一个范数，称为$\boldsymbol{A}$的**算子范数**，也称**从属范数**.

定理 9　设$\|\boldsymbol{x}\|_v$是$\mathbf{R}^n$上的一个向量范数，则$\|\boldsymbol{A}\|_v$是$\mathbf{R}^{n\times n}$上的矩阵范数，且满足相容条件

$$\|\boldsymbol{Ax}\|_v \leqslant \|\boldsymbol{A}\|_v \|\boldsymbol{x}\|_v . \tag{5.17}$$

证明　由式(5.16)知相容性条件(5.17)是显然的. 现只验证定义 2 中条件(4).

由相容性条件(5.17)，有

$$\|\boldsymbol{ABx}\|_v \leqslant \|\boldsymbol{A}\|_v \|\boldsymbol{Bx}\|_v \leqslant \|\boldsymbol{A}\|_v \|\boldsymbol{B}\|_v \|\boldsymbol{x}\|_v .$$

当$\boldsymbol{x} \neq \boldsymbol{0}$时，有

$$\frac{\| \boldsymbol{ABx} \|_v}{\| \boldsymbol{x} \|_v} \leqslant \| \boldsymbol{A} \|_v \| \boldsymbol{B} \|_v ,$$

所以

$$\| \boldsymbol{AB} \|_v = \max_{\boldsymbol{x} \neq \boldsymbol{0}} \frac{\| \boldsymbol{ABx} \|_v}{\| \boldsymbol{x} \|_v} \leqslant \| \boldsymbol{A} \|_v \| \boldsymbol{B} \|_v .$$

显然这种矩阵的范数$\| \boldsymbol{A} \|_v$依赖于向量范数$\| \boldsymbol{x} \|_v$的具体含义. 也就是说, 当给出一种具体的向量范数$\| \boldsymbol{x} \|_v$时, 相应地也就得到了一种矩阵范数$\| \boldsymbol{A} \|_v$.

定理 10 设$\boldsymbol{x} \in \mathbf{R}^n$, $\boldsymbol{A} = (a_{ij})_{n\times n} \in \mathbf{R}^{n\times n}$, 则:

(1) $\| \boldsymbol{A} \|_\infty = \max\limits_{1\leqslant i\leqslant n} \sum\limits_{j=1}^{n} | a_{ij} |$ (称为$\boldsymbol{A}$的**行范数**);

(2) $\| \boldsymbol{A} \|_1 = \max\limits_{1\leqslant j\leqslant n} \sum\limits_{i=1}^{n} | a_{ij} |$ (称为$\boldsymbol{A}$的**列范数**);

(3) $\| \boldsymbol{A} \|_2 = \sqrt{\lambda_{\max}(\boldsymbol{A}^{\mathrm{T}}\boldsymbol{A})}$ (称为$\boldsymbol{A}$的**2-范数**), 其中$\lambda_{\max}(\boldsymbol{A}^{\mathrm{T}}\boldsymbol{A})$表示$\boldsymbol{A}^{\mathrm{T}}\boldsymbol{A}$的最大特征值.

证明(1) 设$\boldsymbol{x} = (x_1, x_2, \cdots, x_n)^{\mathrm{T}} \neq \boldsymbol{0}$, 不妨设$\boldsymbol{A} \neq \boldsymbol{0}$. 记

$$t = \| \boldsymbol{x} \|_\infty = \max_{1\leqslant i\leqslant n} | x_i |, \quad \mu = \max_{1\leqslant i\leqslant n} \sum_{j=1}^{n} | a_{ij} |,$$

则

$$\| \boldsymbol{Ax} \|_\infty = \max_{1\leqslant i\leqslant n} \left| \sum_{j=1}^{n} a_{ij} x_j \right| \leqslant \max_{i} \sum_{j=1}^{n} | a_{ij} | | x_j | \leqslant t \max_{i} \sum_{j=1}^{n} | a_{ij} |,$$

这说明对任何非零$\boldsymbol{x} \in \mathbf{R}^n$, 有

$$\frac{\| \boldsymbol{Ax} \|_\infty}{\| \boldsymbol{x} \|_\infty} \leqslant \mu .$$

下面说明有一向量$\boldsymbol{x}_0 \neq \boldsymbol{0}$, 使$\dfrac{\| \boldsymbol{Ax}_0 \|_\infty}{\| \boldsymbol{x}_0 \|_\infty} \leqslant \mu$, 设$\mu = \sum\limits_{j=1}^{n} | a_{i_0 j} |$, 取向量$\boldsymbol{x} = (x_1, x_2, \cdots, x_n)^{\mathrm{T}} \neq \boldsymbol{0}$, 其中$x_j = \operatorname{sgn}(a_{i_0 j}) (j = 1, 2, \cdots, n)$. 显然$\| \boldsymbol{x}_0 \|_\infty = 1$, 且$\boldsymbol{Ax}_0$的第$i_0$个分量为$\sum\limits_{j=1}^{n} a_{i_0 j} x_j = \sum\limits_{j=1}^{n} | a_{i_0 j} |$, 这说明

$$\| \boldsymbol{Ax}_0 \|_\infty = \max_{1\leqslant i\leqslant n} \left| \sum_{j=1}^{n} a_{ij} x_j \right| = \sum_{j=1}^{n} | a_{i_0 j} | = \mu .$$

(2) 同理可证(2).

(3) 由于对一切 $\boldsymbol{x}\in\mathbf{R}^n$，$\|\boldsymbol{A}\boldsymbol{x}\|_2^2=(\boldsymbol{A}\boldsymbol{x},\boldsymbol{A}\boldsymbol{x})=(\boldsymbol{A}^{\mathrm{T}}\boldsymbol{A}\boldsymbol{x},\boldsymbol{x})\geqslant 0$，从而 $\boldsymbol{A}^{\mathrm{T}}\boldsymbol{A}$ 的特征值为非负实数，设为

$$\lambda_1\geqslant\lambda_2\geqslant\cdots\geqslant\lambda_n\geqslant 0, \tag{5.18}$$

$\boldsymbol{A}^{\mathrm{T}}\boldsymbol{A}$ 为对称矩阵，设 $u_1,u_2,\cdots,u_n$ 为 $\boldsymbol{A}^{\mathrm{T}}\boldsymbol{A}$ 的相应于特征值序列(5.18)的特征向量，且 $(u_i,u_j)=\delta_{ij}$，又设 $\boldsymbol{x}\in\mathbf{R}^n$ 为任一非零向量，于是有

$$\boldsymbol{x}=\sum_{i=1}^{n}c_iu_i,$$

其中 c_i 为组合系数，则

$$\frac{\|\boldsymbol{A}\boldsymbol{x}\|_2^2}{\|\boldsymbol{x}\|_2^2}=\frac{(\boldsymbol{A}^{\mathrm{T}}\boldsymbol{A}\boldsymbol{x},\boldsymbol{x})}{(\boldsymbol{x},\boldsymbol{x})}=\frac{\sum\limits_{i=1}^{n}c_i^{\,2}\lambda_i}{\sum\limits_{i=1}^{n}c_i^{\,2}}\leqslant\lambda_1.$$

另一方面，取 $\boldsymbol{x}=\boldsymbol{u}_1$，则上式等号成立，故

$$\|\boldsymbol{A}\|_2=\max_{\boldsymbol{x}\neq\boldsymbol{0}}\frac{\|\boldsymbol{A}\boldsymbol{x}\|_2}{\|\boldsymbol{x}\|_2}=\sqrt{\lambda_1}=\sqrt{\lambda_{\max}(\boldsymbol{A}^{\mathrm{T}}\boldsymbol{A})}.$$

由定理 10 可以看出，计算一个矩阵的 $\|\boldsymbol{A}\|_\infty$，$\|\boldsymbol{A}\|_1$ 还是比较容易的，而矩阵的 2-范数 $\|\boldsymbol{A}\|_2$ 在计算上不方便，但是矩阵的 2-范数具有许多好的性质，在理论上是非常有用的.

例 5.7　已知矩阵 $\boldsymbol{A}=\begin{pmatrix}0&-1&1\\0&2&2\\3&0&0\end{pmatrix}$，求矩阵范数 $\|\boldsymbol{A}\|_\infty$，$\|\boldsymbol{A}\|_1$，$\|\boldsymbol{A}\|_2$.

解　$\|\boldsymbol{A}\|_\infty=\max\{|-1|+1,2+2,3\}=4$，$\|\boldsymbol{A}\|_1=\max\{3,|-1|+2,1+2\}=3$，又

$$\boldsymbol{A}^{\mathrm{T}}\boldsymbol{A}=\begin{pmatrix}0&0&3\\-1&2&0\\1&2&0\end{pmatrix}\begin{pmatrix}0&-1&1\\0&2&2\\3&0&0\end{pmatrix}=\begin{pmatrix}9&0&0\\0&5&3\\0&3&5\end{pmatrix},$$

可求得 $\boldsymbol{A}^{\mathrm{T}}\boldsymbol{A}$ 的特征值为 $\lambda_1=2,\lambda_2=8,\lambda_3=9$，从而

$$\|\boldsymbol{A}\|_2=\sqrt{\lambda_{\max}(\boldsymbol{A}^{\mathrm{T}}\boldsymbol{A})}=\sqrt{9}=3.$$

定义 4　设 n 阶矩阵 $\boldsymbol{A}$ 的特征值为 $\lambda_i(i=1,2,\cdots,n)$，则称

$$\rho(\boldsymbol{A})=\max_{1\leqslant i\leqslant n}|\lambda_i|$$

为 $\boldsymbol{A}$ 的谱半径.

定理 11　矩阵谱半径和矩阵范数有如下关系:

$$\rho(\boldsymbol{A})\leqslant\|\boldsymbol{A}\|.$$

证明　设$\lambda_i(i=1,2,\cdots,n)$是$\boldsymbol{A}$的任一特征值，$\boldsymbol{x}_i$为对应的特征向量，则

$$\boldsymbol{A}\boldsymbol{x}_i=\lambda_i\boldsymbol{x}_i,$$

两边取范数，有$\|\boldsymbol{A}\boldsymbol{x}_i\|=\|\lambda_i\boldsymbol{x}_i\|$. 因为$\|\boldsymbol{x}_i\|>0$，所以$|\lambda_i|\leqslant\|\boldsymbol{A}\|$，$i=1,2,\cdots,n$，于是

$$\max_{1\leqslant i\leqslant n}|\lambda_i|\leqslant\|\boldsymbol{A}\|.$$

定理 12　如果$\boldsymbol{A}\in\mathbf{R}^{n\times n}$为对称矩阵，则$\|\boldsymbol{A}\|_2=\rho(\boldsymbol{A})$.

证明留作习题.

定理 13　如果$\|\boldsymbol{B}\|<1$，则$\boldsymbol{I}\pm\boldsymbol{B}$为非奇异矩阵，且

$$\|(\boldsymbol{I}\pm\boldsymbol{B})^{-1}\|\leqslant\frac{1}{1-\|\boldsymbol{B}\|},$$

其中$\|\cdot\|$是指矩阵的算子范数.

证　用反证法. 若$\det(\boldsymbol{I}-\boldsymbol{B})=0$，则$(\boldsymbol{I}-\boldsymbol{B})\boldsymbol{x}=\boldsymbol{0}$有非零解，即存在$\boldsymbol{x}_0\neq\boldsymbol{0}$使$\boldsymbol{B}\boldsymbol{x}_0=\boldsymbol{x}_0$，$\dfrac{\|\boldsymbol{B}\boldsymbol{x}_0\|}{\|\boldsymbol{x}_0\|}=1$，故$\|\boldsymbol{B}\|\geqslant1$，与假设矛盾. 又由$(\boldsymbol{I}-\boldsymbol{B})(\boldsymbol{I}-\boldsymbol{B})^{-1}=\boldsymbol{I}$，有

$$(\boldsymbol{I}-\boldsymbol{B})^{-1}=\boldsymbol{I}+\boldsymbol{B}(\boldsymbol{I}-\boldsymbol{B})^{-1},$$

从而

$$\|(\boldsymbol{I}-\boldsymbol{B})^{-1}\|\leqslant\|\boldsymbol{I}\|+\|\boldsymbol{B}\|\|(\boldsymbol{I}-\boldsymbol{B})^{-1}\|,$$

$$\|(\boldsymbol{I}-\boldsymbol{B})^{-1}\|\leqslant\frac{1}{1-\|\boldsymbol{B}\|}.$$

5.4　误 差 分 析

5.4.1　条件数与误差分析

线性方程组$\boldsymbol{A}\boldsymbol{x}=\boldsymbol{b}$的解是由系数矩阵$\boldsymbol{A}$及右端向量$\boldsymbol{b}$决定的. 在实际问题得到的方程组中，$\boldsymbol{A}$的元素和$\boldsymbol{b}$的分量总不可避免地带有误差，因此也必然对解向量$\boldsymbol{x}$产生影响.

定义 5　如果矩阵$\boldsymbol{A}$或常数项$\boldsymbol{b}$的微小变化，引起线性方程组解$\boldsymbol{A}\boldsymbol{x}=\boldsymbol{b}$的解的巨大变化，则称此线性方程组为“病态”方程组，矩阵$\boldsymbol{A}$称为“病态”矩阵，否则称线性方程组为“良态”方程组，称$\boldsymbol{A}$为“良态”矩阵.

矩阵的“病态”性质是矩阵本身的特性，下面我们希望找出刻画矩阵“病态”性质的量. 设有线性方程组

$$\boldsymbol{A}\boldsymbol{x}=\boldsymbol{b},\tag{5.19}$$

其中 $\boldsymbol{A}$ 为非奇异矩阵，$\boldsymbol{x}$ 为线性方程组(5.19)的准确解. 以下研究线性方程组的系数矩阵 $\boldsymbol{A}$ (或 $\boldsymbol{b}$)的微小误差(扰动)对解的影响.

(1) 设 $\boldsymbol{A}$ 是精确的，$\boldsymbol{b}$ 有扰动 $\Delta\boldsymbol{b}$，则

$$\boldsymbol{A}(\boldsymbol{x}+\Delta\boldsymbol{x})=\boldsymbol{b}+\Delta\boldsymbol{b},\quad \Delta\boldsymbol{x}=\boldsymbol{A}^{-1}\Delta\boldsymbol{b},\quad \|\Delta\boldsymbol{x}\|\leqslant\|\boldsymbol{A}^{-1}\|\|\Delta\boldsymbol{b}\|,$$

由线性方程组(5.19)有

$$\|\boldsymbol{b}\|\leqslant\|\boldsymbol{A}\|\|\boldsymbol{x}\|,\quad \frac{1}{\|\boldsymbol{x}\|}\leqslant\frac{\|\boldsymbol{A}\|}{\|\boldsymbol{b}\|},\quad 设\ \boldsymbol{b}\neq\boldsymbol{0}.$$

于是得到以下定理.

定理 14　设 $\boldsymbol{A}$ 是非奇异矩阵，$\boldsymbol{Ax}=\boldsymbol{b}\neq\boldsymbol{0}$，且

$$\boldsymbol{A}(\boldsymbol{x}+\Delta\boldsymbol{x})=\boldsymbol{b}+\Delta\boldsymbol{b},$$

则

$$\frac{\|\Delta\boldsymbol{x}\|}{\|\boldsymbol{x}\|}\leqslant\|\boldsymbol{A}^{-1}\|\|\boldsymbol{A}\|\frac{\|\Delta\boldsymbol{b}\|}{\|\boldsymbol{b}\|}.$$

上式给出了解的相对误差的上界，常数项 $\boldsymbol{b}$ 的相对误差在解中可能放大 $\frac{\|\Delta\boldsymbol{x}\|}{\|\boldsymbol{x}\|}\leqslant\|\boldsymbol{A}^{-1}\|\|\boldsymbol{A}\|\frac{\|\Delta\boldsymbol{b}\|}{\|\boldsymbol{b}\|}$ 倍.

(2) 设 $\boldsymbol{b}$ 是精确的，$\boldsymbol{A}$ 有微小扰动 $\Delta\boldsymbol{A}$，解为 $\boldsymbol{x}+\Delta\boldsymbol{x}$，则

$$\begin{cases}(\boldsymbol{A}+\Delta\boldsymbol{A})(\boldsymbol{x}+\Delta\boldsymbol{x})=\boldsymbol{b},\\(\boldsymbol{A}+\Delta\boldsymbol{A})\Delta\boldsymbol{x}=-(\Delta\boldsymbol{A})\boldsymbol{x}.\end{cases}\tag{5.20}$$

如果 $\Delta\boldsymbol{A}$ 不受限制，$\boldsymbol{A}+\Delta\boldsymbol{A}$ 可能奇异，而

$$\boldsymbol{A}+\Delta\boldsymbol{A}=\boldsymbol{A}(\boldsymbol{I}+\boldsymbol{A}^{-1}\Delta\boldsymbol{A}),$$

由定理 13 知，当 $\|\boldsymbol{A}^{-1}\Delta\boldsymbol{A}\|<1$ 时，$(\boldsymbol{I}+\boldsymbol{A}^{-1}\Delta\boldsymbol{A})^{-1}$ 存在. 由(5.20)式有

$$\Delta\boldsymbol{x}=-(\boldsymbol{I}+\boldsymbol{A}^{-1}\Delta\boldsymbol{A})^{-1}\boldsymbol{A}^{-1}(\Delta\boldsymbol{A})\boldsymbol{x},$$

因此

$$\|\Delta\boldsymbol{x}\|\leqslant\frac{\|\boldsymbol{A}^{-1}\|\|\Delta\boldsymbol{A}\|\|\boldsymbol{x}\|}{1-\|\boldsymbol{A}^{-1}\Delta\boldsymbol{A}\|}.$$

设 $\|\boldsymbol{A}^{-1}\|\|\Delta\boldsymbol{A}\|<1$，即得

$$\frac{\|\Delta\boldsymbol{x}\|}{\|\boldsymbol{x}\|}\leqslant\frac{\|\boldsymbol{A}^{-1}\|\|\boldsymbol{A}\|\frac{\|\Delta\boldsymbol{A}\|}{\|\boldsymbol{A}\|}}{1-\|\boldsymbol{A}^{-1}\|\|\boldsymbol{A}\|\frac{\|\Delta\boldsymbol{A}\|}{\|\boldsymbol{A}\|}}.\tag{5.21}$$

定理 15　设 $\boldsymbol{A}$ 为非奇异矩阵，$\boldsymbol{Ax}=\boldsymbol{b}\neq\boldsymbol{0}$，且

$$(A+\Delta A)(x+\Delta x)=b,$$

如果$\|A^{-1}\|\|\Delta A\|<1$，则式(5.21)成立.

如果ΔA充分小，且在条件$\|A^{-1}\|\|\Delta A\|<1$下，那么上式说明矩阵A的相对误差$\dfrac{\|\Delta A\|}{\|A\|}$在解中可能被放大$\|A^{-1}\|\|\Delta A\|$倍.

综上所述，量$\|A^{-1}\|\|\Delta A\|$愈小，由A(或b)的相对误差引起的解的相对误差就愈小；量$\|A^{-1}\|\|\Delta A\|$愈大，解的相对误差就可能愈大. 所以量$\|A^{-1}\|\|\Delta A\|$实际上刻画了解对原始数据变化的灵敏程度，即刻画了方程的“病态”程度. 于是引入下面定义.

定义 6　设A为非奇异矩阵，称数$\mathrm{cond}(A)_v=\|A^{-1}\|_v\|A\|_v$ ($v=1,2$或∞)为矩阵A的**条件数**.

可知条件数$\mathrm{cond}(A)$总是大于等于 1 的数. 条件数反映了方程组的“病态”程度，条件数越小，方程组的状态越好；条件数越大，方程组的“病态”程度就越严重. 但多大的条件数才算是“病态”则应视具体问题而定，“病态”的说法只是相对而言.

通常使用的条件数有

(1) $\mathrm{cond}(A)_\infty=\|A^{-1}\|_\infty\|A\|_\infty$.

(2) A的谱条件数

$$\mathrm{cond}(A)_2=\|A^{-1}\|_2\|A\|_2=\sqrt{\frac{\lambda_{\max}(A^{\mathrm{T}}A)}{\lambda_{\min}(AA^{\mathrm{T}})}}.$$

当A为对称阵时

$$\mathrm{cond}(A)_2=\frac{|\lambda_1|}{|\lambda_n|},$$

其中λ_1，λ_n为A的绝对值最大和绝对值最小的特征值.

条件数的性质:

(1) 对任何非奇异矩阵A，都有$\mathrm{cond}(A)_v>1$. 事实上

$$\mathrm{cond}(A)_v=\|A^{-1}\|_v\|A\|_v\geqslant\|A^{-1}A\|_v=1.$$

(2) 设A为非奇异矩阵且$c\neq 0$(常数)，则

$$\mathrm{cond}(cA)_v=\mathrm{cond}(A)_v.$$

(3) 如果A为正交阵，则$\mathrm{cond}(A)_2=1$；如果A为非奇异矩阵，R为正交阵，则

$$\mathrm{cond}(RA)_2=\mathrm{cond}(AR)_2=\mathrm{cond}(A)_2.$$

例 5.8　n 阶希尔伯特(Hilbert)矩阵

$$
\boldsymbol{H}_n=\begin{pmatrix} 1 & \frac{1}{2} & \frac{1}{3} & \cdots & \frac{1}{n} \\ \frac{1}{2} & \frac{1}{3} & \frac{1}{4} & \cdots & \frac{1}{n+1} \\ \frac{1}{3} & \frac{1}{4} & \frac{1}{5} & \cdots & \frac{1}{n+2} \\ \vdots & \vdots & \vdots & & \vdots \\ \frac{1}{n} & \frac{1}{n+1} & \frac{1}{n+2} & \cdots & \frac{1}{2n-1} \end{pmatrix}, \tag{5.22}
$$

当 n 较高时，是有名的“病态”矩阵. 在函数逼近时，有时得到方程组 $\boldsymbol{H}_n\boldsymbol{x}=\boldsymbol{b}$，当 n 稍高时，用任何方法都难以解出理想结果. 考察它的条件数如表 5-1 所示.

表 5-1　希尔伯特矩阵条件数表

n	$\mathrm{cond}_2(\boldsymbol{H}_n)$	n	$\mathrm{cond}_2(\boldsymbol{H}_n)$	n	$\mathrm{cond}_2(\boldsymbol{H}_n)$	n	$\mathrm{cond}_2(\boldsymbol{H}_n)$
3	5.24×10^{2}	5	4.77×10^{5}	7	4.75×10^{8}	9	4.93×10^{11}
4	1.55×10^{4}	6	1.50×10^{7}	8	1.53×10^{10}	10	1.60×10^{13}

可见阶数较大时，即呈现严重“病态”.

5.4.2　病态检测与改善

当求得方程组 $\boldsymbol{Ax}=\boldsymbol{b}$ 的近似解 $\tilde{\boldsymbol{x}}$ 后，检验该解精度的一个简单办法是将 $\tilde{\boldsymbol{x}}$ 代回到原方程组计算残差向量 $\boldsymbol{r}$，即

$$
\boldsymbol{r}=\boldsymbol{b}-\boldsymbol{A}\tilde{\boldsymbol{x}}.
$$

如果残差向量 $\boldsymbol{r}$ 的某种范数很小，一般可以认为计算解 $\tilde{\boldsymbol{x}}$ 是好的.

但是，对于“病态”方程组，这一检验方法非常不可靠.

事实上，若设方程组 $\boldsymbol{Ax}=\boldsymbol{b}$ 的准确解为 $\boldsymbol{x}^*$，则计算解 $\tilde{\boldsymbol{x}}=\boldsymbol{x}^*+\Delta\boldsymbol{x}$，由不等式(5.21)易得误差估计式

$$
\frac{\|\boldsymbol{x}^*-\tilde{\boldsymbol{x}}\|}{\|\boldsymbol{x}^*\|}\leqslant \mathrm{cond}(\boldsymbol{A})\frac{\|\boldsymbol{r}\|}{\|\boldsymbol{b}\|}.
$$

可见计算解在范数意义下的相对误差取决于 $\mathrm{cond}(\boldsymbol{A})$ 和 $\frac{\|\boldsymbol{r}\|}{\|\boldsymbol{b}\|}$ 这两个因素，所以尽管 $\frac{\|\boldsymbol{r}\|}{\|\boldsymbol{b}\|}$ 很小，方程组在病态条件下，$\mathrm{cond}(\boldsymbol{A})$ 可能很大，因而解的相对误差就不一定很小了.

因此, 要检验一个方程组是否“病态”, 需要计算系数矩阵的条件数, 这是一件比较困难的事, 实际计算时通常采用如下方法检测系数矩阵的“病态”情况.

(1) 如果矩阵 $\boldsymbol{A}$ 三角化的过程中出现小主元素, 通常来说矩阵 $\boldsymbol{A}$ 是“病态”的;

(2) 当方程组的系数矩阵的行列式很小或系数矩阵的某些行或列线性相关时, $\boldsymbol{A}$ 可能是“病态”矩阵;

(3) 矩阵 $\boldsymbol{A}$ 的元素之间数量级差别较大, 并且没有一定的规律性, 则 $\boldsymbol{A}$ 可能是“病态”矩阵.

当用选主元素的方法不能解决“病态”问题时, 对“病态”方程组可采用高精度的算术运算, 该方法基本思想如下:

第 1 步, 先将方程组 $\boldsymbol{Ax}=\boldsymbol{b}$ 化为等价方程组

$$\boldsymbol{PAQy}=\boldsymbol{Pb}, \tag{5.23}$$

其中 $\boldsymbol{y}=\boldsymbol{Q}^{-1}\boldsymbol{x}$, 选择非奇异矩阵 $\boldsymbol{P},\boldsymbol{Q}$, 使

$$\operatorname{cond}(\boldsymbol{PAQ})<\operatorname{cond}(\boldsymbol{A}),$$

其中 $\boldsymbol{P},\boldsymbol{Q}$ 一般为对角矩阵或三角矩阵;

第 2 步, 求解方程组(5.23);

第 3 步, 求解 $\boldsymbol{y}=\boldsymbol{Q}^{-1}\boldsymbol{x}$ 得原方程的计算解 $\tilde{\boldsymbol{x}}$.

当矩阵 $\boldsymbol{A}$ 的元素大小不均时, 对 $\boldsymbol{A}$ 的行(列)引入适当的比例因子, 也会对 $\boldsymbol{A}$ 的条件数产生有益的影响, 参见下例.

例 5.9 求解线性方程组 $\boldsymbol{Ax}=\boldsymbol{b}$, 其中 $\boldsymbol{A}=\begin{pmatrix}1 & 10^4\\ 1 & 1\end{pmatrix}$, $\boldsymbol{b}=\begin{pmatrix}10^4\\ 2\end{pmatrix}$.

解 计算得

$$\operatorname{cond}(\boldsymbol{A})_\infty=\frac{(10^4+1)^2}{10^4-1}\approx 10^4,$$

于是矩阵 $\boldsymbol{A}$ 是“病态”矩阵, 为此将方程组的第 1 个方程两边同除以 10^4 得同解方程组

$$\begin{pmatrix}10^{-4} & 1\\ 1 & 1\end{pmatrix}\begin{pmatrix}x_1\\ x_2\end{pmatrix}=\begin{pmatrix}1\\ 2\end{pmatrix}, \tag{5.24}$$

令 $\hat{\boldsymbol{A}}=\begin{pmatrix}10^{-4} & 1\\ 1 & 1\end{pmatrix}$, 于是得 $\operatorname{cond}(\hat{\boldsymbol{A}})_\infty=2+\dfrac{2}{1-10^{-4}}\approx 4$, 因此条件数得到很大改善, ($\hat{\boldsymbol{A}}$ 为“良态”矩阵), 用列主元高斯消去法求解方程组(5.24), 于是得到计算解 $\boldsymbol{x}=\begin{pmatrix}1\\ 1\end{pmatrix}$.

事实上, 若直接对原方程组使用列主元高斯消去法可得

$$(A \mid b) \to \begin{pmatrix} 1 & 10^4 & \vdots & 10^4 \\ 0 & 1-10^4 & \vdots & 2-10^4 \end{pmatrix},$$

因此得计算解 $x = \begin{pmatrix} 0 \\ 1 \end{pmatrix}$，这个解误差很大.

习　题　5

1. 用高斯消去法解线性方程组:

(1) $\begin{cases} x_1 + x_2 - x_3 = 1, \\ x_1 + 2x_2 - 2x_3 = 0, \\ -2x_1 + x_2 + x_3 = 1; \end{cases}$　(2) $\begin{cases} 4x_1 + 3x_2 + 2x_3 + x_4 = 1, \\ 3x_1 + 4x_2 + 3x_3 + 2x_4 = 1, \\ 2x_1 + 3x_2 + 4x_3 + 3x_4 = -1, \\ x_1 + 2x_2 + 3x_3 + 4x_4 = -1. \end{cases}$

2. 用列主元高斯消去法解线性方程组:

$$\begin{cases} -3x_1 + 2x_2 + 6x_3 = 4, \\ 10x_1 - 7x_2 = 7, \\ 5x_1 - x_2 + 5x_3 = 6. \end{cases}$$

3. 设线性方程组 $Ax = b$ 的系数矩阵可逆, 证明在用列主元高斯消去法求解过程中, 主元素不会出现零.

4. 用追赶法解三对角线性方程组:

$$\begin{cases} 2x_1 - x_2 = 1, \\ -x_1 + 2x_2 - x_3 = 0, \\ -x_2 + 2x_3 - x_4 = 0, \\ -x_3 + 2x_4 = 0. \end{cases}$$

5. 用 LU 分解法解第 1 题中的线性方程组.

6. 分别用平方根法和改进的平方根法解下列线性方程组:

$$\begin{cases} 2x_1 - x_2 + x_3 = 4, \\ -x_1 + 2x_2 + x_3 = 1, \\ x_1 + x_2 + 3x_3 = 6. \end{cases}$$

7. 证明: 如果用全主元高斯消去法得到 $PAQ = LU$, 则对任意的 i 有 $|u_{ii}| \geqslant |u_{ij}|$， $j = i+1,\cdots,n$.

8. 设 $A \in \mathbf{R}^{n\times n}$ 为对称正定矩阵, 定义

$$\| x \|_A = (Ax, x)^{\frac{1}{2}},$$

试证明 $\| x \|_A$ 为 $\mathbf{R}^n$ 上向量的一种范数.

9. 验证向量范数具有下列等价性质:

(1) $\| x \|_2 \leqslant \| x \|_1 \leqslant \sqrt{n} \| x \|_2$;

(2) $\| x \|_\infty \leqslant \| x \|_1 \leqslant \sqrt{n} \| x \|_\infty$;

(3) $\|x\|_\infty \leqslant \|x\|_2 \leqslant \sqrt{n}\|x\|_\infty$.

10. 求下列矩阵的$\|A\|_1$，$\|A\|_2$，$\|A\|_\infty$，$\rho(A)$.

(1) $A=\begin{pmatrix}0.6 & 0.5\\ 0.1 & 0.3\end{pmatrix}$;　(2) $A=\begin{pmatrix}1 & 0 & 0\\ 0 & 2 & 4\\ 0 & -2 & 4\end{pmatrix}$.

11. 证明: 若 A 为正交阵, 则 $\mathrm{cond}_2(A)=1$.

12. 证明: 若 A 是对称正定阵, λ_1 是 A 的最大特征值, λ_n 是 A 的最小特征值, 则

$$\mathrm{cond}_2(A)=\frac{\lambda_1}{\lambda_n}.$$

13. 证明: 如果 $A\in\mathbf{R}^{n\times n}$ 为对称矩阵, 则$\|A\|_2=\rho(A)$.

14. 求 $\mathrm{cond}_2(A)$.

(1) $A=\begin{pmatrix}1 & 0.99\\ 0.99 & 0.98\end{pmatrix}$;　(2) $A=\begin{pmatrix}\cos\theta & -\sin\theta\\ \sin\theta & \cos\theta\end{pmatrix}$.

15. 设

$$A=\begin{pmatrix}16 & 4 & 8 & 4\\ 4 & 10 & 8 & 4\\ 8 & 8 & 12 & 10\\ 4 & 4 & 10 & 12\end{pmatrix},\quad b=\begin{pmatrix}32\\ 26\\ 38\\ 30\end{pmatrix},$$

用平方根法证明 A 是正定的, 并给出方程组 $Ax=b$ 的解.

数值实验题

1. 先用你熟悉的计算机语言将不选主元和列主元高斯消去法编写成通用的子程序, 然后用你编写的程序求解下面的 84 阶方程组.

$$\begin{pmatrix}6 & 1 & & & & & \\ 8 & 6 & 1 & & & & \\ & 8 & 6 & 1 & & & \\ & & \ddots & \ddots & \ddots & & \\ & & & 8 & 6 & 1 & \\ & & & & 8 & 6 & 1\\ & & & & & 8 & 6\end{pmatrix}\begin{pmatrix}x_1\\ x_2\\ x_3\\ \vdots\\ x_{82}\\ x_{83}\\ x_{84}\end{pmatrix}=\begin{pmatrix}7\\ 15\\ 15\\ \vdots\\ 15\\ 15\\ 14\end{pmatrix},$$

最后, 将你的计算结果与方程组的精确解进行比较, 并就此谈谈你对高斯消去法的看法.

2. 先用你熟悉的计算机语言将平方根法和改进的平方根法编写成通用的子程序, 然后用你编写的程序求解对称正定方程组 $Ax=b$, 其中

(1) b 随机选取, 系数矩阵为 100 阶矩阵

$$\begin{pmatrix} 10 & 1 & & & & & \\ 1 & 10 & 1 & & & & \\ & 1 & 10 & 1 & & & \\ & & \ddots & \ddots & \ddots & & \\ & & & 1 & 10 & 1 & \\ & & & & 1 & 10 & 1 \\ & & & & & 1 & 10 \end{pmatrix};$$

(2) 系数矩阵为40阶希尔伯特矩阵, 即系数矩阵 A 的第 i 行第 j 列元素为 $a_{ij}=\dfrac{1}{i+j-1}$, 向量的第 i 个分量为 $b_i=\sum\limits_{j=1}^{n}\dfrac{1}{i+j-1}$.

3. 用第 1 题的程序求解第 2 题的两个方程组并比较所有的计算结果, 然后评论各个方法的优劣.

4. 考虑 n 阶三对角方程组

$$\begin{pmatrix} 2 & 1 & & & \\ 1 & 2 & 1 & & \\ & 1 & 2 & \ddots & \\ & & \ddots & \ddots & 1 \\ & & & 1 & 2 \end{pmatrix}\begin{pmatrix} x_1 \\ x_2 \\ x_3 \\ \vdots \\ x_n \end{pmatrix}=\begin{pmatrix} 3 \\ 4 \\ \vdots \\ 4 \\ 3 \end{pmatrix}, \qquad n=300.$$

(1) 用列主元高斯消去法求解;

(2) 编写追赶法程序, 并求解;

(3) 比较 2 种方法的计算时间和精度.

第 6 章　解线性代数方程组的迭代法

寻求能够保持大型稀疏矩阵的稀疏性的有效数值解法是线性代数方程组数值解法的一个非常重要的课题. 线性方程组的求解方法分为直接解法和迭代解法, 使用迭代法的好处在于它只需要存储稀疏矩阵的非零元素和方程的右端项, 因而大型稀疏矩阵具有存储量小、程序结构简单的优点. 由于迭代格式的收敛性和收敛速度与方程组的系数矩阵密切相关, 因此迭代格式的选择和迭代的收敛性将成为讨论的中心问题. 本章主要介绍迭代法的一些基本理论及雅可比(Jacobi)迭代法、高斯-赛德尔(Gauss-Seidel)迭代法以及逐次超松弛(SOR)迭代法.

6.1　迭代法的基本思想

迭代法的基本思想是将线性方程组转化为便于迭代的同解方程组, 对任选一组初始值 $\boldsymbol{x}^{(0)}=(x_1^{(0)},x_2^{(0)},\cdots,x_n^{(0)})^{\mathrm{T}}\in\mathbf{R}^n$, 按某种计算规则, 不断地对所得到的值进行修正, 最终获得满足精度要求的方程组的近似解.

设线性方程组

$$\boldsymbol{A}\boldsymbol{x}=\boldsymbol{b}, \tag{6.1}$$

其中 $\boldsymbol{A}\in\mathbf{R}^{n\times n}$ 非奇异, $\boldsymbol{b}\in\mathbf{R}^n$.

为了求解(6.1), 经过变换构造出一个等价同解方程组

$$\boldsymbol{x}=\boldsymbol{B}\boldsymbol{x}+\boldsymbol{f}. \tag{6.2}$$

设方程组(6.2)有唯一解 $\boldsymbol{x}^*$, 则

$$\boldsymbol{x}^*=\boldsymbol{B}\boldsymbol{x}^*+\boldsymbol{f},$$

又设 $\boldsymbol{x}^{(0)}=(x_1^{(0)},x_2^{(0)},\cdots,x_n^{(0)})^{\mathrm{T}}$ 为任意取的初始向量, 按照下述公式构造迭代向量序列

$$\boldsymbol{x}^{(k+1)}=\boldsymbol{B}\boldsymbol{x}^{(k)}+\boldsymbol{f}\quad(k=0,1,\cdots), \tag{6.3}$$

其中 k 表示迭代次数. 一旦给定初始解, 根据式(6.3)可逐个计算出近似解, 相应的迭代法称为**1 阶定常迭代法**. “1 阶”指 $\boldsymbol{x}^{(k+1)}$ 仅依赖于前一个近似解 $\boldsymbol{x}^{(k)}$, “定常”指迭代计算公式中的矩阵与向量在迭代过程中保持不变.

对于任何一个线性方程组 $\boldsymbol{x}=\boldsymbol{B}\boldsymbol{x}+\boldsymbol{f}$ (由 $\boldsymbol{A}\boldsymbol{x}=\boldsymbol{b}$ 变形得到的同解线性方程组), 由迭代法产生的向量序列是否一定逐步逼近此方程组的解呢? 回答是不一定.

例 6.1　用迭代法求解线性方程组

$$\begin{cases}2x_1 + x_2 = 1,\\ 3x_1 + 5x_2 = 2.\end{cases}$$

解　构造方程组的同解方程组

$$\begin{cases}2x_1 = 1 - x_2,\\ 5x_2 = 2 - 3x_1.\end{cases}$$

构造迭代公式

$$\begin{cases}x_1^{(k+1)} = \dfrac{1}{2}(1 - x_2^{(k)}),\\ x_2^{(k+1)} = \dfrac{1}{5}(2 - 3x_1^{(k)}).\end{cases}$$

取 $\boldsymbol{x}^{(0)} = \begin{pmatrix}x_1^{(0)}\\ x_2^{(0)}\end{pmatrix} = \begin{pmatrix}0\\0\end{pmatrix}$, 计算得

$$\begin{cases}x_1^{(1)} = 0.5,\\ x_2^{(1)} = 0.4,\end{cases}\quad \begin{cases}x_1^{(2)} = 0.3,\\ x_2^{(2)} = 0.1,\end{cases}\quad \begin{cases}x_1^{(3)} = 0.45,\\ x_2^{(3)} = 0.22,\end{cases}\quad \begin{cases}x_1^{(4)} = 0.39,\\ x_2^{(4)} = 0.13,\end{cases}\quad \begin{cases}x_1^{(5)} = 0.435,\\ x_2^{(5)} = 0.166,\end{cases}\quad \cdots.$$

迭代的近似解逐渐逼近精确解 $x_1 = \dfrac{3}{7}, x_2 = \dfrac{1}{7}$, 迭代收敛.

类似地, 可以构造此方程组另一形式的同解方程组

$$\begin{cases}x_1 = -x_1 - x_2 + 1,\\ x_2 = -3x_1 - 4x_2 + 2.\end{cases}$$

建立迭代公式, 此时迭代的近似解离精确解越来越远, 迭代不收敛.

下面给出如下定义.

定义 1　设线性方程组 $\boldsymbol{Ax} = \boldsymbol{b}$, $\boldsymbol{A} \in \mathbf{R}^{n\times n}$, $\boldsymbol{b} \in \mathbf{R}^n$ 的同解方程组为 $\boldsymbol{x} = \boldsymbol{Bx} + \boldsymbol{f}$, 建立迭代公式(6.3), 将初始值 $\boldsymbol{x}^{(0)}$ 代入(6.3)逐步求其近似解 $\boldsymbol{x}^{(k)}$ 的方法称为迭代法(其中 $\boldsymbol{B}$ 与 k 无关). $\boldsymbol{B}$ 称为迭代矩阵. 并且, 若向量序列 $\{\boldsymbol{x}^{(k)}\}$ 收敛于 $\boldsymbol{x}^*$ $(k \to \infty)$, 则称迭代公式(6.3)**收敛**, 否则称该迭代法**发散**.

由此可见, 对于给定的方程组可以构造各种迭代公式, 但不一定收敛, 我们的重点是构造收敛的迭代公式.

6.2　雅可比迭代法与高斯-赛德尔迭代法

6.2.1　雅可比迭代法

设方程组 $\boldsymbol{Ax} = \boldsymbol{b}$ 的系数矩阵 $\boldsymbol{A}$ 非奇异, 且主对角元素 $a_{ii} \neq 0 (i = 1,2,\cdots,n)$, 可

将 $\boldsymbol{A}$ 分裂成

$$\boldsymbol{A}=\begin{pmatrix}a_{11} & & & \\ & a_{22} & & \\ & & \ddots & \\ & & & a_{nn}\end{pmatrix}-\begin{pmatrix}0 & & & & \\ -a_{21} & 0 & & & \\ -a_{31} & -a_{32} & 0 & & \\ & & & \ddots & \\ -a_{n1} & -a_{n2} & \cdots & -a_{n,n-1} & 0\end{pmatrix}$$

$$-\begin{pmatrix}0 & -a_{12} & -a_{13} & \cdots & -a_{1n} \\ & 0 & -a_{23} & \cdots & -a_{2n} \\ & & 0 & & \\ & & & \ddots & \\ & & & 0 & -a_{n-1,n} \\ & & & & 0\end{pmatrix},$$

记作 $\boldsymbol{A}=\boldsymbol{D}-\boldsymbol{L}-\boldsymbol{U}$, 则 $\boldsymbol{Ax}=\boldsymbol{b}$ 等价于

$$(\boldsymbol{D}-\boldsymbol{L}-\boldsymbol{U})\boldsymbol{x}=\boldsymbol{b},$$

即

$$\boldsymbol{Dx}=(\boldsymbol{L}+\boldsymbol{U})\boldsymbol{x}+\boldsymbol{b}.$$

因为 $a_{ii}\neq 0(i=1,2,\cdots,n)$, $\boldsymbol{D}$ 可逆, 所以

$$\boldsymbol{x}=\boldsymbol{D}^{-1}(\boldsymbol{L}+\boldsymbol{U})\boldsymbol{x}+\boldsymbol{D}^{-1}\boldsymbol{b},$$

建立迭代公式

$$\boldsymbol{x}^{(k+1)}=\boldsymbol{D}^{-1}(\boldsymbol{L}+\boldsymbol{U})\boldsymbol{x}^{(k)}+\boldsymbol{D}^{-1}\boldsymbol{b}. \tag{6.4}$$

令

$$\boldsymbol{J}=\boldsymbol{D}^{-1}(\boldsymbol{L}+\boldsymbol{U}), \quad \boldsymbol{f}=\boldsymbol{D}^{-1}\boldsymbol{b},$$

则有

$$\boldsymbol{x}^{(k+1)}=\boldsymbol{Jx}^{(k)}+\boldsymbol{f} \quad (k=0,1,\cdots),$$

称之为雅可比迭代公式, $\boldsymbol{J}$ 称为雅可比迭代矩阵.

下面给出雅可比迭代法的分量计算公式, 记

$$\boldsymbol{x}^{(k)}=(x_1^{(k)},\cdots,x_i^{(k)},\cdots,x_n^{(k)})^{\mathrm{T}}.$$

由雅可比迭代公式(6.4)有

$$\boldsymbol{Dx}^{(k+1)}=(\boldsymbol{L}+\boldsymbol{U})\boldsymbol{x}^{(k)}+\boldsymbol{b}$$

或

$$a_{ii}x_i^{(k+1)}=-\sum_{j=1}^{i-1}a_{ij}x_j^{(k)}-\sum_{j=i+1}^{n}a_{ij}x_j^{(k)}+b_i, \quad i=1,2,\cdots,n.$$

雅可比迭代法的矩阵表示法主要是用来讨论其收敛性，实际计算中要用雅可比迭代法公式的分量形式，即

$$\begin{cases} x_1^{(k+1)} = \dfrac{1}{a_{11}}(-a_{12}x_2^{(k)} - a_{13}x_3^{(k)} - \cdots - a_{1n}x_n^{(k)} + b_1), \\ x_2^{(k+1)} = \dfrac{1}{a_{22}}(-a_{21}x_1^{(k)} - a_{23}x_3^{(k)} - \cdots - a_{2n}x_n^{(k)} + b_2), \\ \cdots\cdots \\ x_n^{(k+1)} = \dfrac{1}{a_{nn}}(-a_{n1}x_1^{(k)} - a_{n2}x_2^{(k)} - \cdots - a_{n,n-1}x_{n-1}^{(k)} + b_n), \end{cases} \quad k = 0,1,2,\cdots. \tag{6.5}$$

由式(6.5)可知，雅可比迭代法计算公式简单，每迭代一次只需要计算一次矩阵和向量的乘法且计算过程中原始矩阵 $\boldsymbol{A}$ 始终不变.

6.2.2　高斯-赛德尔迭代法

在雅可比迭代法中，每次迭代只用到前一次的迭代值，若每次迭代充分利用当前最新的迭代值，即在求 $x_i^{(k+1)}$ 时用新分量 $x_1^{(k+1)}, x_2^{(k+1)}, \cdots, x_{i-1}^{(k+1)}$ 代替旧分量 $x_1^{(k)}, x_2^{(k)}, \cdots, x_{i-1}^{(k)}$，就得到高斯-赛德尔迭代法. 其迭代格式为

$$x_i^{(k+1)} = \frac{1}{a_{ii}}\left(b_i - \sum_{j=1}^{i-1} a_{ij}x_j^{(k+1)} - \sum_{j=i+1}^{n} a_{ij}x_j^{(k)}\right) \quad (i = 1,2,\cdots,n;\ k = 0,1,2,\cdots).$$

下面给出高斯-赛德尔迭代法的矩阵形式，将 $\boldsymbol{A}$ 分裂成 $\boldsymbol{A} = \boldsymbol{D} - \boldsymbol{L} - \boldsymbol{U}$，则 $\boldsymbol{Ax} = \boldsymbol{b}$ 等价于

$$(\boldsymbol{D} - \boldsymbol{L} - \boldsymbol{U})\boldsymbol{x} = \boldsymbol{b},$$

于是高斯-赛德尔迭代过程

$$\boldsymbol{D}\boldsymbol{x}^{(k+1)} = \boldsymbol{L}\boldsymbol{x}^{(k+1)} + \boldsymbol{U}\boldsymbol{x}^{(k)} + \boldsymbol{b}.$$

因为 $|\boldsymbol{D}| \neq 0$，所以 $|\boldsymbol{D} - \boldsymbol{L}| = |\boldsymbol{D}| \neq 0$，故

$$(\boldsymbol{D} - \boldsymbol{L})\boldsymbol{x}^{(k+1)} = \boldsymbol{U}\boldsymbol{x}^{(k)} + \boldsymbol{b},$$

$$\boldsymbol{x}^{(k+1)} = (\boldsymbol{D} - \boldsymbol{L})^{-1}\boldsymbol{U}\boldsymbol{x}^{(k)} + (\boldsymbol{D} - \boldsymbol{L})^{-1}\boldsymbol{b}. \tag{6.6}$$

令

$$\boldsymbol{G} = (\boldsymbol{D} - \boldsymbol{L})^{-1}\boldsymbol{U}, \quad \boldsymbol{f} = (\boldsymbol{D} - \boldsymbol{L})^{-1}\boldsymbol{b},$$

则迭代形式为

$$\boldsymbol{x}^{(k+1)} = \boldsymbol{G}\boldsymbol{x}^{(k)} + \boldsymbol{f}.$$

称之为高斯-赛德尔迭代公式，$\boldsymbol{G}$ 称为高斯-赛德尔迭代矩阵.

例 6.2　用雅可比迭代法和高斯-赛德尔迭代法解线性方程组

$$\begin{cases}10x_1 - x_2 - 2x_3 = 7.2,\\ -x_1 + 10x_2 - 2x_3 = 8.3,\\ -x_1 - x_2 + 5x_3 = 4.2,\end{cases}$$

其中，初值取 $x_1^{(0)} = x_2^{(0)} = x_3^{(0)} = 1$，精度要求 $\varepsilon = 10^{-3}$.

解　由式(6.5)得雅可比迭代格式为

$$\begin{cases}x_1^{(k+1)} = 0.72 + 0.1x_2^{(k)} + 0.2x_3^{(k)},\\ x_2^{(k+1)} = 0.83 + 0.1x_1^{(k)} + 0.2x_3^{(k)}, \quad k = 0,1,2,3,\cdots,\\ x_3^{(k+1)} = 0.84 + 0.2x_1^{(k)} + 0.2x_2^{(k)},\end{cases} \tag{6.7}$$

计算结果见表 6-1，其中 $\| \boldsymbol{x}^{(6)} - \boldsymbol{x}^{(5)} \|_\infty \leqslant 10^{-3}$.

表 6-1　用雅可比迭代法求例 6.2 的解

k	$x_1^{(k)}$	$x_2^{(k)}$	$x_3^{(k)}$
1	1.0200	1.1300	1.2400
2	1.0810	1.1800	1.2700
3	1.0920	1.1921	1.2922
4	1.0977	1.1976	1.2968
5	1.0991	1.1991	1.2991
6	1.0997	1.1997	1.2997

在实际计算时，式(6.7)中的 3 个关系式将依次使用，这就需要考虑 $x_1^{(k+1)}$, $x_2^{(k+1)}, x_3^{(k+1)}$ 存储问题. 例如，不能用式(6.7)第一个关系式求得的“新值” $x_1^{(k+1)}$ 代替“老值” $x_1^{(k)}$，因为在式(6.7)第二个关系式中还需使用“老值”. $x_2^{(k+1)}$ 的存储也存在同样的问题. 进一步注意到，若式(6.7)是一个收敛的迭代格式，可以预期 $x_1^{(k+1)}$ 是比 $x_1^{(k)}$ 更好的解，同样，$x_2^{(k+1)}$ 应该是比 $x_2^{(k)}$ 更好的解，上述分析启示我们将式(6.7)改写成下式更合理:

$$\begin{cases}x_1^{(k+1)} = 0.72 + 0.1x_2^{(k)} + 0.2x_3^{(k)},\\ x_2^{(k+1)} = 0.83 + 0.1x_1^{(k+1)} + 0.2x_3^{(k)}, \quad k = 0,1,2,3,\cdots,\\ x_3^{(k+1)} = 0.84 + 0.2x_1^{(k+1)} + 0.2x_2^{(k+1)},\end{cases} \tag{6.8}$$

式(6.8)称为高斯-赛德尔迭代格式.

计算结果见表6-2. 由 $\| \boldsymbol{x}^{(6)} - \boldsymbol{x}^{(5)} \|_\infty \leqslant 10^{-3}$ 可见它比雅可比迭代收敛速度略快.

表 6-2　用高斯-赛德尔迭代法求例 6.2 的解

k	$x_1^{(k)}$	$x_2^{(k)}$	$x_3^{(k)}$
1	1.0200	1.1320	1.2704
2	1.0873	1.1928	1.2960
3	1.0985	1.1991	1.2995
4	1.0998	1.1999	1.2999
5	1.1000	1.2000	1.3000

6.3　迭代法及其收敛性

6.3.1　矩阵序列的极限

向量序列的极限在第 5 章中已定义, 现在引入矩阵序列的极限定义.

定义 2　设 $\{A_k\}$ 为 $\mathbf{R}^{n\times n}$ 中的矩阵序列, $A\in\mathbf{R}^{n\times n}$, 如果

$$\lim_{k\to\infty}\|A_k-A\|=0,$$

其中 $\|\cdot\|$ 为任意一种矩阵范数, 则称序列 $\{A_k\}$ 收敛于 A, 记为 $\lim\limits_{k\to\infty}A_k=A$.

定理 1　$\mathbf{R}^{n\times n}$ 中的矩阵序列 $\{A_k\}$ 收敛于 $\mathbf{R}^{n\times n}$ 中的矩阵 A 的充要条件为

$$\lim_{k\to\infty}a_{ij}^{(k)}=a_{ij},\quad i,j=1,2,\cdots,n.$$

证明留给读者.

定理 1 表明, 矩阵序列的收敛可以归结为对应分量或对应元素序列的收敛.

定理 2　$\lim\limits_{k\to\infty}A_k=\mathbf{0}$ 的充分必要条件是

$$\lim_{k\to\infty}A_k x=\mathbf{0},\quad \forall x\in\mathbf{R}^n,$$

其中两个极限的右端分别指零矩阵和零向量.

证明　对任意一种矩阵范数, 有 $\|A_k x\|\leqslant\|A_k\|\|x\|$, 从而可证必要性.

若 x 依次取 n 个单位向量 $e_j\,(j=1,2,\cdots,n)$, 其中 e_j 的第 j 个分量为 1, 其余分量为零, 得

$$A_k=A_kI=A_k(e_1,e_2,\cdots,e_n)=(A_ke_1,A_ke_2,\cdots,A_ke_n),$$

所以

$$\lim_{k\to\infty}A_k=\left(\lim_{k\to\infty}A_ke_1,\lim_{k\to\infty}A_ke_2,\cdots,\lim_{k\to\infty}A_ke_n\right)=\mathbf{0}.$$

充分性得证.

6.3.2　迭代法的收敛性

定理 3　设矩阵 $\boldsymbol{B}$ 为方阵，则 $\boldsymbol{B}^k \to \boldsymbol{0}(k \to \infty)$ 的充要条件是谱半径 $\rho(\boldsymbol{B})<1$.

此定理的严格证明需使用矩阵的若尔当标准形，下面仅考虑矩阵 $\boldsymbol{B}$ 可对角化的简化情况. 设 $\boldsymbol{B}=\boldsymbol{X}\boldsymbol{\Lambda}\boldsymbol{X}^{-1}$，其中 $\boldsymbol{\Lambda}$ 为 $\boldsymbol{B}$ 的特征值组成的对角阵，则 $\boldsymbol{B}^k=\boldsymbol{X}\boldsymbol{\Lambda}^k\boldsymbol{X}^{-1}$，很容易理解 $\{\boldsymbol{B}^k\}$ 的极限为零矩阵等价于 $\boldsymbol{\Lambda}^k \to \boldsymbol{0}(k \to \infty)$，而它的等价条件是 $\boldsymbol{\Lambda}$ 每个对角元的模都小于 1，即 $\rho(\boldsymbol{B})<1$. 完整的证明过程留给感兴趣的读者补充.

定理 4　设有 1 阶定常迭代法

$$\boldsymbol{x}^{(k+1)}=\boldsymbol{B}\boldsymbol{x}^{(k)}+\boldsymbol{f} \quad (k=0,1,\cdots),$$

对任意初始向量 $\boldsymbol{x}^{(0)}$ 迭代法得到的解序列 $\{\boldsymbol{x}^{(k)}\}$ 均收敛的充要条件是谱半径 $\rho(\boldsymbol{B})<1$.

证明　必要性. 设存在向量 $\boldsymbol{x}^*$，使得 $\lim\limits_{k\to\infty}\boldsymbol{x}^{(k)}=\boldsymbol{x}^*$，则

$$\boldsymbol{x}^*=\boldsymbol{B}\boldsymbol{x}^*+\boldsymbol{f}.$$

由此及迭代公式有

$$\boldsymbol{x}^{(k)}-\boldsymbol{x}^*=\boldsymbol{B}\boldsymbol{x}^{(k-1)}+\boldsymbol{f}-\boldsymbol{B}\boldsymbol{x}^*-\boldsymbol{f}=\boldsymbol{B}^k(\boldsymbol{x}^{(0)}-\boldsymbol{x}^*).$$

于是

$$\lim_{k\to\infty}\boldsymbol{B}^k(\boldsymbol{x}^{(0)}-\boldsymbol{x}^*)=\lim_{k\to\infty}(\boldsymbol{x}^{(k)}-\boldsymbol{x}^*)=\boldsymbol{0}.$$

因为 $\boldsymbol{x}^{(0)}$ 为任意 n 维向量，由定理 2，可得

$$\lim_{k\to\infty}\boldsymbol{B}^k=\boldsymbol{0},$$

由定理 3，即得 $\rho(\boldsymbol{B})<1$.

充分性. 若 $\rho(\boldsymbol{B})<1$，则 $\lambda=1$ 不是 $\boldsymbol{B}$ 的特征值，因而有 $|\boldsymbol{I}-\boldsymbol{B}|\neq 0$，于是对任意 n 维向量 $\boldsymbol{f}$，方程组 $(\boldsymbol{I}-\boldsymbol{B})\boldsymbol{x}=\boldsymbol{f}$ 有唯一解，记为 $\boldsymbol{x}^*$，即

$$\boldsymbol{x}^*=\boldsymbol{B}\boldsymbol{x}^*+\boldsymbol{f},$$

并且

$$\lim_{k\to\infty}\boldsymbol{B}^k=\boldsymbol{0}.$$

又因为

$$\boldsymbol{x}^{(k)}-\boldsymbol{x}^*=\boldsymbol{B}(\boldsymbol{x}^{(k-1)}-\boldsymbol{x}^*)=\boldsymbol{B}^k(\boldsymbol{x}^{(0)}-\boldsymbol{x}^*),$$

所以，对任意初始向量 $\boldsymbol{x}^{(0)}$，都有

$$\lim_{k\to\infty}(\boldsymbol{x}^{(k)}-\boldsymbol{x}^*)=\lim_{k\to\infty}\boldsymbol{B}^k(\boldsymbol{x}^{(0)}-\boldsymbol{x}^*)=\boldsymbol{0},$$

即由迭代公式产生的向量序列 $\{\boldsymbol{x}^{(k)}\}$ 收敛.

推论 1　对任一种矩阵范数$\|\cdot\|$，若$\|\boldsymbol{B}\|<1$，则$\{\boldsymbol{x}^{(k)}\}$收敛.

注意推论 1 只给出了迭代法(6.3)是收敛的充分条件，即使条件$\|\boldsymbol{B}\|<1$对任何常用范数均不成立，迭代序列仍可能收敛.

例 6.3　设有迭代格式$\boldsymbol{x}^{(k+1)}=\boldsymbol{B}\boldsymbol{x}^{(k)}+\boldsymbol{f}\,(k=0,1,\cdots)$，其中

$$\boldsymbol{B}=\begin{pmatrix} 0 & 0.5 & -\dfrac{1}{\sqrt{2}} \\ 0.5 & 0 & 0.5 \\ \dfrac{1}{\sqrt{2}} & 0.5 & 0 \end{pmatrix},\quad \boldsymbol{f}=\begin{pmatrix} -0.5 \\ 1 \\ -0.5 \end{pmatrix},$$

试证明该迭代格式收敛，并取$\boldsymbol{x}^{(0)}=\begin{pmatrix} 0 \\ 0 \\ 0 \end{pmatrix}$作四步迭代求近似解.

证明　设λ为矩阵$\boldsymbol{B}$的特征值，则由

$$|\lambda\boldsymbol{I}-\boldsymbol{B}|=\begin{vmatrix} \lambda & -0.5 & \dfrac{1}{\sqrt{2}} \\ -0.5 & \lambda & -0.5 \\ -\dfrac{1}{\sqrt{2}} & -0.5 & \lambda \end{vmatrix}=\lambda^3=0,$$

可得$\rho(\boldsymbol{B})=0$，从而该迭代格式收敛. 取$\boldsymbol{x}^{(0)}=\begin{pmatrix} 0 \\ 0 \\ 0 \end{pmatrix}$，计算得

$$\boldsymbol{x}^{(1)}=\begin{pmatrix} -0.5 \\ 1 \\ -0.5 \end{pmatrix},\quad \boldsymbol{x}^{(2)}=\begin{pmatrix} \dfrac{1}{2\sqrt{2}} \\ \dfrac{1}{2} \\ -\dfrac{1}{2\sqrt{2}} \end{pmatrix},\quad \boldsymbol{x}^{(3)}=\begin{pmatrix} 0 \\ 1 \\ 0 \end{pmatrix},\quad \boldsymbol{x}^{(4)}=\begin{pmatrix} 0 \\ 1 \\ 0 \end{pmatrix}.$$

例 6.4　讨论迭代法$\boldsymbol{x}^{(k+1)}=\boldsymbol{B}\boldsymbol{x}^{(k)}+\boldsymbol{f}$的收敛性，其中$\boldsymbol{B}=\begin{pmatrix} 0.9 & 0 \\ 0.3 & 0.8 \end{pmatrix}$，$\boldsymbol{f}=\begin{pmatrix} 1 \\ 2 \end{pmatrix}$.

解　显然$\|\boldsymbol{B}\|_\infty=1.1$，$\|\boldsymbol{B}\|_1=1.2$，$\|\boldsymbol{B}\|_2=1.043$，表明$\boldsymbol{B}$的各种范数均大于 1，但由于$\rho(\boldsymbol{B})=0.9<1$，故由此迭代法产生的迭代序列$\left\{\boldsymbol{x}^{(k)}\right\}$是收敛的.

下面考虑雅可比迭代法和高斯-赛德尔迭代法的收敛性. 由定理 4 可立即得到

以下结论.

定理 5 设 $\boldsymbol{Ax}=\boldsymbol{b}$, 其中 $\boldsymbol{A}=\boldsymbol{D}-\boldsymbol{L}-\boldsymbol{U}$ 为非奇异矩阵, 且对角矩阵 $\boldsymbol{D}$ 也非奇异, 则

(1) 解线性方程组的雅可比迭代法收敛的充要条件是 $\rho(\boldsymbol{J})<1$, 其中

$$\boldsymbol{J}=\boldsymbol{D}^{-1}(\boldsymbol{L}+\boldsymbol{U}).$$

(2) 解线性方程组的高斯-赛德尔迭代法收敛的充要条件是 $\rho(\boldsymbol{G})<1$, 其中

$$\boldsymbol{G}=(\boldsymbol{D}-\boldsymbol{L})^{-1}\boldsymbol{U}.$$

由推论 1 还可得到雅可比迭代法收敛的充分条件是 $\|\boldsymbol{J}\|<1$. 高斯-赛德尔迭代法收敛的充分条件是 $\|\boldsymbol{G}\|<1$.

例 6.5 给定线性方程组 $\begin{pmatrix}2&-1&1\\1&1&1\\1&1&-2\end{pmatrix}\begin{pmatrix}x_1\\x_2\\x_3\end{pmatrix}=\begin{pmatrix}1\\1\\1\end{pmatrix}$, 判断雅可比迭代法和高斯-赛德尔迭代法是否收敛?

解 (1) 雅可比迭代矩阵为

$$\boldsymbol{J}=\boldsymbol{D}^{-1}(\boldsymbol{L}+\boldsymbol{U})=\begin{pmatrix}2&&\\&1&\\&&-2\end{pmatrix}^{-1}\begin{pmatrix}0&1&-1\\-1&0&-1\\-1&-1&0\end{pmatrix}=\begin{pmatrix}0&\frac{1}{2}&-\frac{1}{2}\\-1&0&-1\\\frac{1}{2}&\frac{1}{2}&0\end{pmatrix},$$

由

$$|\lambda\boldsymbol{I}-\boldsymbol{J}|=\begin{vmatrix}\lambda&-\frac{1}{2}&\frac{1}{2}\\1&\lambda&1\\-\frac{1}{2}&-\frac{1}{2}&\lambda\end{vmatrix}=\lambda\left(\lambda^2+\frac{5}{4}\right)=0$$

可知, $\rho(\boldsymbol{J})=\dfrac{\sqrt{5}}{2}>1$, 因而雅可比迭代法发散.

(2) 高斯-赛德尔迭代矩阵为

$$\boldsymbol{G}=(\boldsymbol{D}-\boldsymbol{L})^{-1}\boldsymbol{U}=\begin{pmatrix}2&0&0\\1&1&0\\1&1&-2\end{pmatrix}^{-1}\begin{pmatrix}0&1&-1\\0&0&-1\\0&0&0\end{pmatrix}=\begin{pmatrix}0&\frac{1}{2}&-\frac{1}{2}\\0&-\frac{1}{2}&-\frac{1}{2}\\0&0&-\frac{1}{2}\end{pmatrix},$$

由

$$|\lambda \boldsymbol{I}-\boldsymbol{G}|=\begin{vmatrix}\lambda & -\frac{1}{2} & \frac{1}{2} \\ 0 & \lambda+\frac{1}{2} & \frac{1}{2} \\ 0 & 0 & \lambda+\frac{1}{2}\end{vmatrix}=\lambda\left(\lambda+\frac{1}{2}\right)^2=0$$

可知，$\rho(\boldsymbol{G})=\frac{1}{2}<1$，因而高斯-赛德尔迭代法收敛.

6.3.3 特殊方程组迭代法的收敛性

在科学与工程计算中，要求解线性方程组 $\boldsymbol{Ax}=\boldsymbol{b}$，其系数矩阵 $\boldsymbol{A}$ 常常具有某些特性. 下面讨论解这些方程组的迭代格式的收敛性.

定义 3 若 $\boldsymbol{A}=(a_{ij})_{n\times n}$ 满足

$$|a_{ii}| \geqslant \sum_{j=1, j\neq i}^{n} |a_{ij}|, \quad i=1,2,\cdots,n,$$

且至少有一个 i，使上式中不等式严格成立，则称 $\boldsymbol{A}$ 为弱对角占优. 若对所有的 i 上述不等式均严格成立，则称 $\boldsymbol{A}$ 为严格对角占优.

定义 4 若 $\boldsymbol{A}=(a_{ij})_{n\times n}$，能找到排列矩阵 $\boldsymbol{P}$，使得

$$\boldsymbol{P}^{\mathrm{T}}\boldsymbol{AP}=\begin{pmatrix}\boldsymbol{A}_{11} & \boldsymbol{A}_{12} \\ \boldsymbol{0} & \boldsymbol{A}_{22}\end{pmatrix},$$

其中 $\boldsymbol{A}_{11},\boldsymbol{A}_{22}$ 均为方阵，则称 $\boldsymbol{A}$ 为可约，否则，称 $\boldsymbol{A}$ 为不可约.

定理 6 若 $\boldsymbol{A}=(a_{ij})_{n\times n}$ 严格对角占优或为不可约弱对角占优矩阵，则 $a_{ii}\neq 0$ $(i=1,2,\cdots,n)$，且 $\boldsymbol{A}$ 非奇异.

定理 7 若 $\boldsymbol{A}=(a_{ij})_{n\times n}$ 为严格对角占优或为不可约弱对角占优阵，则解 $\boldsymbol{Ax}=\boldsymbol{b}$ 的雅可比迭代法和高斯-赛德尔迭代法均收敛.

证明 本书只给出严格对角占优情形的证明. 只需要证明 $\rho(\boldsymbol{J})<1$ 和 $\rho(\boldsymbol{G})<1$.

雅可比迭代法的迭代矩阵

$$\boldsymbol{J}=\boldsymbol{D}^{-1}(\boldsymbol{L}+\boldsymbol{U})=\begin{pmatrix}0 & -\frac{a_{12}}{a_{11}} & \cdots & -\frac{a_{1n}}{a_{11}} \\ -\frac{a_{21}}{a_{22}} & 0 & \cdots & -\frac{a_{2n}}{a_{22}} \\ \vdots & \vdots & & \vdots \\ -\frac{a_{n1}}{a_{nn}} & -\frac{a_{n2}}{a_{nn}} & \cdots & 0\end{pmatrix},$$

显然有$\|\boldsymbol{J}\|_\infty<1$，故$\rho(\boldsymbol{J})<1$，从而雅可比迭代法收敛.

高斯-赛德尔迭代法的特征方程为

$$\left|\lambda\boldsymbol{I}-\boldsymbol{G}\right|=\left|\lambda\boldsymbol{I}-(\boldsymbol{D}-\boldsymbol{L})^{-1}\boldsymbol{U}\right|=0\Leftrightarrow\left|\lambda\boldsymbol{I}-\boldsymbol{G}\right|=\left|\lambda(\boldsymbol{D}-\boldsymbol{L})-\boldsymbol{U}\right|=0,$$

令$\boldsymbol{C}=\lambda(\boldsymbol{D}-\boldsymbol{L})-\boldsymbol{U}$，有$\left|\boldsymbol{C}\right|=0$.

现在证明$|\lambda|<1$. 采用反证法，若$|\lambda|\geqslant1$，则由$\boldsymbol{A}$为严格对角占优阵，有

$$|\lambda||a_{ii}|>|\lambda|\sum_{j=1,j\neq i}^{n}|a_{ij}|\geqslant|\lambda|\left(\sum_{j=1}^{i-1}|a_{ij}|+\sum_{j=i+1}^{n}|a_{ij}|\right),\quad i=1,2,\cdots,n,$$

因此$\boldsymbol{C}$为严格对角占优阵，故$\left|\boldsymbol{C}\right|\neq0$，矛盾！因此只能$|\lambda|<1$，即$\rho(\boldsymbol{G})<1$，从而高斯-赛德尔迭代法收敛.

例 6.6 考虑系数矩阵$\boldsymbol{A}=\begin{pmatrix}10&-1&-2\\-1&10&-2\\-1&-1&5\end{pmatrix}$的方程组，显然，$\boldsymbol{A}$为严格对角占优阵，故雅可比迭代法和高斯-赛德尔迭代法均收敛.

如果线性方程组系数矩阵$\boldsymbol{A}$对称正定，则有以下的收敛定理.

定理 8 设矩阵$\boldsymbol{A}$是对称矩阵，且对角元$a_{ii}>0(i=1,2,\cdots,n)$，则

(1) 解线性方程组$\boldsymbol{Ax}=\boldsymbol{b}$的雅可比迭代法收敛的充分必要条件是$\boldsymbol{A}$及$2\boldsymbol{D}-\boldsymbol{A}$均为正定矩阵，其中$\boldsymbol{D}=\mathrm{diag}(a_{11},a_{22},\cdots,a_{nn})$.

(2) 解线性方程组$\boldsymbol{Ax}=\boldsymbol{b}$的高斯-赛德尔迭代法收敛的充分条件是$\boldsymbol{A}$正定.

定理表明，若$\boldsymbol{A}$对称正定，则高斯-赛德尔迭代法一定收敛，但雅可比法不一定收敛.

例 6.7 给定线性方程组$\boldsymbol{Ax}=\boldsymbol{b}$，其中

$$\boldsymbol{A}=\begin{pmatrix}1&\frac{1}{2}&\frac{1}{2}\\\frac{1}{2}&1&\frac{1}{2}\\\frac{1}{2}&\frac{1}{2}&1\end{pmatrix},$$

判别雅可比迭代法和高斯-赛德尔迭代法是否收敛.

解法一 (1) 雅可比迭代矩阵为

$$\boldsymbol{J}=\boldsymbol{D}^{-1}(\boldsymbol{L}+\boldsymbol{U})=\begin{pmatrix}1&&\\&1&\\&&1\end{pmatrix}^{-1}\begin{pmatrix}0&-\frac{1}{2}&-\frac{1}{2}\\-\frac{1}{2}&0&-\frac{1}{2}\\-\frac{1}{2}&-\frac{1}{2}&0\end{pmatrix}=\begin{pmatrix}0&-\frac{1}{2}&-\frac{1}{2}\\-\frac{1}{2}&0&-\frac{1}{2}\\-\frac{1}{2}&-\frac{1}{2}&0\end{pmatrix},$$

由

$$|\lambda \boldsymbol{I}-\boldsymbol{J}|=\begin{vmatrix}\lambda & \frac{1}{2} & \frac{1}{2}\\ \frac{1}{2} & \lambda & \frac{1}{2}\\ \frac{1}{2} & \frac{1}{2} & \lambda\end{vmatrix}=(\lambda+1)\left(\lambda-\frac{1}{2}\right)^2=0$$

可知 $\rho(\boldsymbol{J})=1$, 因而雅可比迭代法发散.

(2) 高斯-赛德尔迭代矩阵为

$$\boldsymbol{G}=(\boldsymbol{D}-\boldsymbol{L})^{-1}\boldsymbol{U}=\begin{pmatrix}1 & 0 & 0\\ \frac{1}{2} & 1 & 0\\ \frac{1}{2} & \frac{1}{2} & 1\end{pmatrix}^{-1}\begin{pmatrix}0 & -\frac{1}{2} & -\frac{1}{2}\\ 0 & 0 & -\frac{1}{2}\\ 0 & 0 & 0\end{pmatrix}$$

$$=\begin{pmatrix}1 & 0 & 0\\ -\frac{1}{2} & 1 & 0\\ -\frac{1}{2} & -\frac{1}{2} & 1\end{pmatrix}\begin{pmatrix}0 & -\frac{1}{2} & -\frac{1}{2}\\ 0 & 0 & -\frac{1}{2}\\ 0 & 0 & 0\end{pmatrix}=\begin{pmatrix}0 & -\frac{1}{2} & -\frac{1}{2}\\ 0 & \frac{1}{4} & -\frac{1}{4}\\ 0 & \frac{1}{4} & \frac{1}{2}\end{pmatrix}.$$

由

$$|\lambda \boldsymbol{I}-\boldsymbol{G}|=\begin{vmatrix}\lambda & \frac{1}{2} & \frac{1}{2}\\ 0 & \lambda-\frac{1}{4} & \frac{1}{4}\\ 0 & -\frac{1}{4} & \lambda-\frac{1}{2}\end{vmatrix}=\lambda\left(\lambda^2-\frac{3}{4}\lambda+\frac{3}{16}\right)=0$$

可知, $\rho(\boldsymbol{G})=\dfrac{\sqrt{3}}{4}<1$, 因而高斯-赛德尔迭代法收敛.

解法二　(1) 显然 $\boldsymbol{A}$ 为对称矩阵, 并且 $\boldsymbol{A}$ 的各阶顺序主子式大于零, 从而 $\boldsymbol{A}$ 为对称正定矩阵, 但 $2\boldsymbol{D}-\boldsymbol{A}$ 不是正定矩阵, 知雅可比迭代法不收敛.

(2) 由(1)知 $\boldsymbol{A}$ 为对称正定矩阵, 知高斯-赛德尔迭代法收敛.

6.3.4　误差估计

定理 9　设有线性方程组

$$x = Bx + f, \quad B \in \mathbf{R}^{n\times n},$$

以及迭代公式

$$x^{(k+1)} = Bx^{(k)} + f,$$

如果有 B 的某算子范数 $\|B\| = q < 1$，则:

(1) 迭代法收敛，即对任取 $x^{(0)}$ 有

$$\lim_{k\to\infty} x^{(k)} = x^* \quad 及 \quad x^* = Bx^* + f;$$

(2) $\|x^* - x^{(k)}\| \leqslant q^k \|x^* - x^{(0)}\|$;

(3) $\|x^* - x^{(k)}\| \leqslant \dfrac{q}{1-q}\|x^{(k)} - x^{(k-1)}\|$;

(4) $\|x^* - x^{(k)}\| \leqslant \dfrac{q^k}{1-q}\|x^{(1)} - x^{(0)}\|$.

证明 (1) 由定理 4 知，结论(1)是显然的.

(2) 由关系式

$$x^* - x^{(k)} = B(x^* - x^{(k-1)}) \quad 及 \quad x^{(k+1)} - x^{(k)} = B(x^{(k)} - x^{(k-1)}),$$

有

(a) $\|x^{(k+1)} - x^{(k)}\| \leqslant q\|x^{(k)} - x^{(k-1)}\|$;

(b) $\|x^* - x^{(k)}\| \leqslant q\|x^* - x^{(k-1)}\|$.

反复利用(b)即得(2).

(3) 利用(b)，得

$$\|x^{(k+1)} - x^{(k)}\| \geqslant \|x^* - x^{(k)}\| - \|x^* - x^{(k+1)}\| \geqslant (1-q)\|x^* - x^{(k)}\|,$$

于是有

$$\|x^* - x^{(k)}\| \leqslant \frac{1}{1-q}\|x^{(k+1)} - x^{(k)}\| \leqslant \frac{q}{1-q}\|x^{(k)} - x^{(k-1)}\|.$$

(4) 利用上式并反复利用(a)，则得到(4).

注 (1) 利用定理 9 作误差估计，一般可取矩阵的 1, 2 或 ∞ 范数. 结论(3)是近似解 $x^{(k)}$ 的误差事后估计式，对于给定的精度 ε (当然 ε 应当选得恰当，小于或接近于机器精度可能会造成死循环)，只要 q 不是很接近 1，则可用 $\|x^{(k)} - x^{(k-1)}\| < \varepsilon$ 来控制迭代终止. 若 $q \approx 1$，即使 $\|x^{(k)} - x^{(k-1)}\|$ 很小，也不能判定 $\|x^* - x^{(k)}\|$ 很小.

(2) 结论(4)可用作迭代次数的估计. 根据事先给定的精度 ε，可以估算出迭代的次数

$$k \geqslant \frac{\ln \dfrac{\varepsilon(1-q)}{\|x^{(1)} - x^{(0)}\|}}{\ln q}.$$

迭代法是否收敛虽与初始向量 $\boldsymbol{x}^{(0)}$ 的选取无关, 但由上面的公式看出对迭代次数却有很大的影响, 因而应重视初始向量 $\boldsymbol{x}^{(0)}$ 的选取.

6.3.5　迭代法的收敛速度

定理 5 说明, 雅可比迭代公式和高斯-赛德尔迭代公式的收敛性仅与迭代矩阵的谱半径有关, 即仅与迭代矩阵有关.

对于收敛速度, 由式

$$\boldsymbol{\varepsilon}^{(k)} = \boldsymbol{B}^k \boldsymbol{\varepsilon}^{(0)} \to \boldsymbol{0} \quad (k \to \infty)$$

知: 当 $k \to \infty$ 时, 若迭代格式 $\boldsymbol{x}^{(k+1)} = \boldsymbol{B}\boldsymbol{x}^{(k)} + \boldsymbol{f}$ 收敛, 其收敛速度取决于 $\boldsymbol{B}^k \to \boldsymbol{0}$ 的快慢程度.

对于 $\boldsymbol{\varepsilon}^{(0)} = \boldsymbol{x}^{(0)} - \boldsymbol{x}^*$, 设迭代矩阵 $\boldsymbol{B}$ 有 n 个线性无关的特征向量 $\boldsymbol{u}_1, \boldsymbol{u}_2, \cdots, \boldsymbol{u}_n$, 且其相应的特征值满足

$$|\lambda_1| \geqslant |\lambda_2| \geqslant \cdots \geqslant |\lambda_n|,$$

由于

$$\boldsymbol{x}^{(0)} - \boldsymbol{x}^* = \alpha_1 \boldsymbol{u}_1 + \alpha_2 \boldsymbol{u}_2 + \cdots + \alpha_n \boldsymbol{u}_n,$$

故当 $\rho(\boldsymbol{B}) < 1$ 时,

$$\boldsymbol{x}^{(k)} - \boldsymbol{x}^* = \boldsymbol{B}^k (\boldsymbol{x}^{(0)} - \boldsymbol{x}^*) = \sum_{i=1}^{n} \alpha_i \lambda_i^k \boldsymbol{u}_i \to \boldsymbol{0} \quad (k \to \infty),$$

可以看出 $\boldsymbol{\varepsilon}^{(k)} \to \boldsymbol{0}$ 的速度取决于谱半径 $\rho^n(\boldsymbol{B}) = |\lambda_1|^n \to 0$ 的速度, 即若 $\rho(\boldsymbol{B}) < 1$ 越小, 迭代法收敛得越快, 而若 $\rho(\boldsymbol{B}) \approx 1$, 收敛就越慢.

因此可以用量 $\rho(\boldsymbol{B})$ 来描述迭代法的收敛速度.

定义 5　称

$$R(\boldsymbol{B}) = -\ln \rho(\boldsymbol{B}) \tag{6.9}$$

为迭代法的**收敛速度**.

根据定义 5 和定理 4 知当 $R(\boldsymbol{B}) > 0$ 时迭代法收敛, 当 $R(\boldsymbol{B}) \leqslant 0$ 时迭代法发散, 且 $R(\boldsymbol{B})$ 的代数值越大, 迭代法的收敛速度越快.

就雅可比迭代法和高斯-赛德尔迭代法而言, 一般情况下, 两种迭代法的收敛性无任何联系, 因此两者收敛速度也就无法比较, 但是可以证明在满足一定条件下, 如果两种迭代法都收敛, 则高斯-赛德尔迭代法的收敛速度是雅可比迭代法的两倍(参见习题 5).

6.4 逐次超松弛迭代法

线性方程组迭代解法的一个局限是难以估计其计算量. 有时迭代过程虽然收敛, 但由于收敛速度缓慢, 计算量变得很大而失去使用价值. 因此, 迭代过程的加速具有重要意义. 逐次超松弛迭代法(successive over relaxatic method, SOR 方法), 可以看作是带参数的高斯-赛德尔迭代法, 实质上是高斯-赛德尔迭代法的一种加速方法.

6.4.1 超松弛迭代法的基本思想

超松弛迭代法是高斯-赛德尔迭代方法的一种加速方法. 这种方法是将前一步的结果 $x_i^{(k)}$ 与高斯-赛德尔迭代方法的迭代值 $\tilde{x}_i^{(k+1)}$ 适当加权平均, 期望获得更好的近似值 $x_i^{(k+1)}$. SOR 方法是解大型稀疏矩阵方程组的有效方法之一, 在科学计算上有着广泛的应用.

其具体计算公式如下:

(1) 用高斯-赛德尔迭代法定义辅助量,

$$\tilde{x}_i^{(k+1)} = \frac{1}{a_{ii}}\left[b_i - \sum_{j=1}^{i-1} a_{ij}x_j{}^{(k+1)} - \sum_{j=i+1}^{n} a_{ij}x_j{}^{(k)}\right] \quad (i=1,2,\cdots,n);$$

(2) 把 $x_i^{(k+1)}$ 取为 $x_i^{(k)}$ 与 $\tilde{x}_i^{(k+1)}$ 的加权平均, 即

$$x_i^{(k+1)} = (1-\omega)x_i^{(k)} + \omega\tilde{x}_i^{(k+1)} = x_i^{(k)} + \omega(\tilde{x}_i^{(k+1)} - x_i^{(k)})$$

或

$$x_i^{(k+1)} = (1-\omega)x_i^{(k)} + \frac{\omega}{a_{ii}}\left(b_i - \sum_{j=1}^{i-1} a_{ij}x_j^{(k+1)} - \sum_{j=i+1}^{n} a_{ij}x_j^{(k)}\right), \tag{6.10}$$

式中系数 ω 称为松弛因子, 当 $\omega=1$ 时, 便为高斯-赛德尔迭代法. 为了保证迭代过程收敛, 要求 $0<\omega<2$. 当 $0<\omega<1$ 时, 称为**低松弛法**; 当 $1<\omega<2$ 时, 称为**超松弛法**, 但通常统称为**超松弛法**. 超松弛迭代法中松弛因子 ω 的选取不但影响收敛速度, 而且还会影响敛散性.

6.4.2 超松弛迭代法的矩阵形式

设线性方程组 $\boldsymbol{Ax}=\boldsymbol{b}$ 的系数矩阵 $\boldsymbol{A}$ 非奇异, 且主对角元素 $a_{ii}\neq 0(i=1,2,\cdots,n)$, 则将 $\boldsymbol{A}$ 分裂成 $\boldsymbol{A}=\boldsymbol{D}-\boldsymbol{L}-\boldsymbol{U}$, 于是超松弛迭代公式用矩阵表示为

$$\boldsymbol{x}^{(k+1)} = (1-\omega)\boldsymbol{x}^{(k)} + \omega\boldsymbol{D}^{-1}(\boldsymbol{b} + \boldsymbol{L}\boldsymbol{x}^{(k+1)} + \boldsymbol{U}\boldsymbol{x}^{(k)})$$

或

$$\boldsymbol{D}\boldsymbol{x}^{(k+1)} = (1-\omega)\boldsymbol{D}\boldsymbol{x}^{(k)} + \omega(\boldsymbol{b} + \boldsymbol{L}\boldsymbol{x}^{(k+1)} + \boldsymbol{U}\boldsymbol{x}^{(k)}),$$

故

$$(\boldsymbol{D} - \omega\boldsymbol{L})\boldsymbol{x}^{(k+1)} = \left[(1-\omega)\boldsymbol{D} + \omega\boldsymbol{U}\right]\boldsymbol{x}^{(k)} + \omega\boldsymbol{b}.$$

显然对任何一个 ω 值 $(\boldsymbol{D}-\omega\boldsymbol{L})$ 是非奇异的(因为假设 $a_{ii} \neq 0(i=1,2,\cdots,n)$)，于是超松弛迭代公式为

$$\boldsymbol{x}^{(k+1)} = (\boldsymbol{D}-\omega\boldsymbol{L})^{-1}\left[(1-\omega)\boldsymbol{D} + \omega\boldsymbol{U}\right]\boldsymbol{x}^{(k)} + \omega(\boldsymbol{D}-\omega\boldsymbol{L})^{-1}\boldsymbol{b}, \tag{6.11}$$

其中

$$\boldsymbol{L}_\omega = (\boldsymbol{D}-\omega\boldsymbol{L})^{-1}\left[(1-\omega)\boldsymbol{D} + \omega\boldsymbol{U}\right],$$

$$\boldsymbol{f}_\omega = \omega(\boldsymbol{D}-\omega\boldsymbol{L})^{-1}\boldsymbol{b}.$$

则超松弛迭代公式的矩阵形式可写成

$$\boldsymbol{x}^{(k+1)} = \boldsymbol{L}_\omega\boldsymbol{x}^{(k)} + \boldsymbol{f}_\omega.$$

6.4.3　超松弛法的收敛性

根据定理 3 可知，逐次超松弛迭代法收敛的充分必要条件是 $\rho(\boldsymbol{L}_\omega)<1$，而 $\rho(\boldsymbol{L}_\omega)$ 与松弛因子 ω 有关，下面先研究 ω 在什么范围内，逐次超松弛迭代法才可能收敛.

定理 10　超松弛迭代法对任意初始向量 $\boldsymbol{x}^{(0)}$ 都收敛的必要条件是：$0<\omega<2$.

证明　设 $\boldsymbol{L}_\omega$ 的特征值为 $\lambda_1, \lambda_2, \cdots, \lambda_n$，则

$$\begin{aligned}
\lambda_1\lambda_2\cdots\lambda_n &= |\boldsymbol{L}_\omega| = \left|(\boldsymbol{D}-\omega\boldsymbol{L})^{-1}\left[(1-\omega)\boldsymbol{D}+\omega\boldsymbol{U}\right]\right| \\
&= |\boldsymbol{D}-\omega\boldsymbol{L}|^{-1}\left|\left[(1-\omega)\boldsymbol{D}+\omega\boldsymbol{U}\right]\right| \\
&= (a_{11}a_{22}\cdots a_{nn})^{-1}(1-\omega)a_{11}(1-\omega)a_{22}\cdots(1-\omega)a_{nn} \\
&= (1-\omega)^n,
\end{aligned}$$

要使超松弛迭代法收敛，由定理 3 必须

$$\left|(1-\omega)^n\right| = |\lambda_1\lambda_2\cdots\lambda_n| \leqslant \left[\rho(L_\omega)\right]^n < 1,$$

所以 $0<\omega<2$.

定理 10 说明解 $\boldsymbol{A}\boldsymbol{x}=\boldsymbol{b}$ 的超松弛迭代法，只有在(0, 2)范围内才可能收敛.

定理 11　若 $\boldsymbol{A}$ 为对称正定矩阵，则解 $\boldsymbol{A}\boldsymbol{x}=\boldsymbol{b}$ 的超松弛迭代法收敛的充要条件为 $0<\omega<2$.

定理 12　若 $\boldsymbol{A}$ 为严格对角占优阵或不可约弱对角占优矩阵，$0<\omega\leqslant 1$，则超松弛迭代法对任意初始向量 $\boldsymbol{x}^{(0)}$ 收敛.

超松弛迭代法的收敛速度与松弛因子 ω 有关，后面的例题中将会看到不同的 ω 迭代次数差别.

对于超松弛迭代法，希望选择松弛因子 ω 使迭代过程(6.10)式收敛较快，在理论上即确定 ω_{opt} 使

$$\min_{0<\omega<2} \rho(\boldsymbol{L}_\omega) = \rho(\boldsymbol{L}_{\omega_{\text{opt}}}).$$

对某些特殊类型的矩阵，建立了逐次超松弛迭代法最佳松弛因子理论. 例如，对满足条件的线性方程组建立了最佳松弛因子公式:

$$\omega_{\text{opt}} = \frac{2}{1+\sqrt{1-(\rho(\boldsymbol{J}))^2}}, \tag{6.12}$$

其中 $\rho(\boldsymbol{J})$ 为解 $\boldsymbol{Ax}=\boldsymbol{b}$ 的雅可比迭代法的迭代矩阵的谱半径.

例 6.8 设方程组

$$\begin{pmatrix} 4 & 3 & 0 \\ 3 & 4 & -1 \\ 0 & -1 & 4 \end{pmatrix}\begin{pmatrix} x_1 \\ x_2 \\ x_3 \end{pmatrix} = \begin{pmatrix} 24 \\ 30 \\ -24 \end{pmatrix}.$$

(1) 讨论 SOR 方法的收敛性;

(2) 用 $\omega=1.0$ (高斯-赛德尔迭代法)及 $\omega=1.25$ 的 SOR 方法求解，使得

$$\| \boldsymbol{x}^{(k+1)} - \boldsymbol{x}^{(k)} \|_\infty < \frac{1}{2}\times 10^{-7}.$$

解 (1) 设 $\boldsymbol{A}=\begin{pmatrix} 4 & 3 & 0 \\ 3 & 4 & -1 \\ 0 & -1 & 4 \end{pmatrix}$，由于 $\boldsymbol{A}^{\mathrm{T}}=\boldsymbol{A}$，且 $a_{11}=4$，$\begin{vmatrix} 4 & 3 \\ 3 & 4 \end{vmatrix}=7>0$，$\det \boldsymbol{A}=24>0$，所以 $\boldsymbol{A}$ 为对称正定矩阵. 故 SOR 方法当 $0<\omega<2$ 时对任意的初始向量 $\boldsymbol{x}^{(0)}$ 都收敛.

(2) SOR 方法的迭代公式为

$$\begin{cases} x_1^{(k+1)} = x_1^{(k)} + \dfrac{\omega}{4}(24 - 4x_1^{(k)} - 3x_2^{(k)}), \\ x_2^{(k+1)} = x_2^{(k)} + \dfrac{\omega}{4}(30 - 3x_1^{(k+1)} - 4x_2^{(k)} + x_3^{(k)}), \quad k=0,1,2,\cdots. \\ x_3^{(k+1)} = x_3^{(k)} + \dfrac{\omega}{4}(-24 + x_2^{(k+1)} - 4x_3^{(k)}), \end{cases}$$

当 $\omega=1$ 时，即为高斯-赛德尔迭代法公式

$$\begin{cases} x_1^{(k+1)} = 6 - 0.75x_2^{(k)}, \\ x_2^{(k+1)} = 7.5 - 0.75x_1^{(k+1)} + 0.25x_3^{(k)}, \quad k=0,1,2,\cdots. \\ x_3^{(k+1)} = -6 + 0.25x_2^{(k+1)}, \end{cases}$$

当 $\omega=1.25$ 时, SOR 方法的迭代公式为

$$\begin{cases} x_1^{(k+1)}=7.5-0.25x_1^{(k)}-0.9375x_2^{(k)}, \\ x_2^{(k+1)}=9.375-0.9375x_1^{(k+1)}-0.25x_2^{(k)}+0.3125x_3^{(k)}, \quad k=0,1,2,\cdots. \\ x_3^{(k+1)}=-7.5+0.3125x_2^{(k+1)}-0.25x_3^{(k)}, \end{cases}$$

取初始向量 $\boldsymbol{x}^{(0)}=(1,1,1)^{\mathrm{T}}$. 当 $\omega=1$ 时, 即高斯-赛德尔迭代法计算结果见表 6-3.

表 6-3

k	1	2	3	4	5
$x_1^{(k)}$	5.250000	3.1406250	3.0878906	3.0549316	3.0343323
$x_2^{(k)}$	3.812500	3.8828125	3.9267578	3.9542236	3.9713898
$x_3^{(k)}$	−5.046875	−5.0292969	−5.0183105	−5.0114441	−5.0071526

一直计算到 34 步得到: $\boldsymbol{x}^{(34)}=(3.0000000, 4.0000000, -5.0000000)^{\mathrm{T}}$. 当 $\omega=1.25$ 时, SOR 方法计算结果见表 6-4.

表 6-4

k	1	2	3	4	5
$x_1^{(k)}$	6.312500	2.6223145	3.1333027	2.9570512	3.0037211
$x_2^{(k)}$	3.519313	3.9585266	4.0102646	4.0074838	4.0029250
$x_3^{(k)}$	−6.6501465	−4.6004238	−5.0966863	−4.9734897	−5.0057135

迭代到 14 次时得到: $\boldsymbol{x}^{(14)}=(3.0000000, 4.0000000, -5.0000000)^{\mathrm{T}}$. 由此例可看到当松弛因子 ω 选得合适时, SOR 方法比高斯-赛德尔迭代法收敛快得多. 事实上, 松弛因子选择得好与坏, 会直接影响逐次超松弛迭代法收敛的快慢, 即选择好的松弛因子, 收敛速度快; 反之收敛速度会非常慢. 因此使用逐次超松弛迭代法求解线性方程组时, 松弛因子的选择这一步必不可少并且至关重要.

例 6.9 设有方程组 $\boldsymbol{Ax}=\boldsymbol{b}$, 其中 $\boldsymbol{A}$ 为对称正定阵. 迭代公式

$$\boldsymbol{x}^{(k+1)}=\boldsymbol{x}^{(k)}+\omega(\boldsymbol{b}-\boldsymbol{Ax}^{(k)}) \quad (k=0,1,2,\cdots),$$

试证明当 $0<\omega<\dfrac{2}{\beta}$ 时上述迭代法收敛(其中 $0<\alpha\leqslant\lambda(\boldsymbol{A})\leqslant\beta$, $\lambda(\boldsymbol{A})$ 是矩阵 $\boldsymbol{A}$ 的特征值).

解 因为迭代矩阵为 $\boldsymbol{B}=\boldsymbol{I}-\omega\boldsymbol{A}$, 而 $\lambda(\boldsymbol{B})=1-\omega\lambda(\boldsymbol{A})$, 由 $0<\alpha\leqslant\lambda(\boldsymbol{A})\leqslant\beta$ 可知, 当 $0<\omega<\dfrac{2}{\beta}$ 时, $-1<\lambda(\boldsymbol{B})<1$, 即 $|\lambda(\boldsymbol{B})|<1$, 从而迭代法收敛.

习 题 6

1. 设方程组 $\begin{cases} 5x_1 + 2x_2 + x_3 = -12, \\ -x_1 + 4x_2 + 2x_3 = 20, \\ 2x_1 - 3x_2 + 10x_3 = 3. \end{cases}$

(1) 考察用雅可比迭代法、高斯-赛德尔迭代法解此方程组的收敛性;

(2) 用雅可比迭代法及高斯-赛德尔迭代法解此方程组, 要求当 $\| \boldsymbol{x}^{(k+1)} - \boldsymbol{x}^{(k)} \|_\infty < 10^{-4}$ 时迭代终止.

2. 设方程组

(1) $\begin{cases} x_1 + 0.4x_2 + 0.4x_3 = 1, \\ 0.4x_1 + x_2 + 0.8x_3 = 2, \\ 0.4x_1 + 0.8x_2 + x_3 = 3; \end{cases}$ (2) $\begin{cases} x_1 + 2x_2 - 2x_3 = 1, \\ x_1 + x_2 + x_3 = 1, \\ 2x_1 + 2x_2 + x_3 = 1. \end{cases}$

试讨论解该方程组的雅可比迭代法及高斯-赛德尔迭代法的收敛性.

3. 设 $\boldsymbol{A} = \begin{pmatrix} 0 & 0 \\ 2 & 0 \end{pmatrix}$, 证明: 即使 $\| \boldsymbol{A} \|_1 = \| \boldsymbol{A} \|_\infty > 1$, 级数 $\boldsymbol{I} + \boldsymbol{A} + \boldsymbol{A}^2 + \cdots + \boldsymbol{A}^k + \cdots$ 也收敛.

4. 求证 $\lim\limits_{k \to \infty} \boldsymbol{A}_k = \boldsymbol{A}$ 的充要条件是对任何向量 $\boldsymbol{x}$ 都有 $\lim\limits_{k \to \infty} \boldsymbol{A}_k \boldsymbol{x} = \boldsymbol{A}\boldsymbol{x}$.

5. 设方程组

$$\begin{cases} a_{11}x_1 + a_{12}x_2 = b_1, \\ a_{21}x_1 + a_{22}x_2 = b_2 \end{cases} \quad (a_{11}, a_{22} \neq 0).$$

证明解此方程组的雅可比迭代法与高斯-赛德尔迭代法同时收敛或发散, 并求两种方法收敛速度之比.

6. 设 $\boldsymbol{Ax} = \boldsymbol{b}$, 其中 $\boldsymbol{A}$ 为对称正定阵, 问解此方程组的雅可比迭代法是否一定收敛? 试考察习题 2(1)方程组.

7. 设方程组 $\begin{cases} x_1 - \dfrac{1}{4}x_3 - \dfrac{1}{4}x_4 = \dfrac{1}{2}, \\ x_2 - \dfrac{1}{4}x_3 - \dfrac{1}{4}x_4 = \dfrac{1}{2}, \\ -\dfrac{1}{4}x_1 - \dfrac{1}{4}x_2 + x_3 = \dfrac{1}{2}, \\ -\dfrac{1}{4}x_1 - \dfrac{1}{4}x_2 + x_4 = \dfrac{1}{2}. \end{cases}$

(1) 求解此方程组的雅可比迭代法的迭代矩阵 $\boldsymbol{J}$ 的谱半径;

(2) 求解此方程组的高斯-赛德尔迭代法的迭代矩阵 $\boldsymbol{G}$ 的谱半径;

(3) 讨论解此方程组的雅可比迭代法及高斯-赛德尔迭代法的收敛性.

8. 用逐次超松弛迭代法解方程组(分别取松弛因子 $\omega = 1.03, \omega = 1.1$)

$$\begin{cases} 4x_1 - x_2 = 1, \\ -x_1 + 4x_2 - x_3 = 4, \\ -x_2 + 4x_3 = -3. \end{cases}$$

精确解 $\boldsymbol{x}^*=\left(\dfrac{1}{2},1,-\dfrac{1}{2}\right)^{\mathrm{T}}$. 要求当 $\|\boldsymbol{x}^*-\boldsymbol{x}^{(k)}\|_\infty<5\times10^{-6}$ 时迭代终止, 并且对每一个 ω 值确定迭代次数.

9. 用逐次超松弛迭代法解方程组 $\begin{cases}5x_1+2x_2+x_3=-12,\\-x_1+4x_2+2x_3=20,\\2x_1-3x_2+10x_3=3,\end{cases}$ 取 $\omega=0.9$. 要求当 $\|\boldsymbol{x}^{(k+1)}-\boldsymbol{x}^{(k)}\|_\infty<10^{-4}$ 时迭代终止.

数值实验题

1. 给定方程组 $\begin{pmatrix}2&1&1\\1&1&1\\1&1&2\end{pmatrix}\begin{pmatrix}x_1\\x_2\\x_3\end{pmatrix}=\begin{pmatrix}0\\3\\1\end{pmatrix}$, 给定 $\boldsymbol{x}^{(0)}=\begin{pmatrix}0\\0\\0\end{pmatrix}$, 用雅可比迭代法和高斯-赛德尔迭代法求解该方程组, 收敛控制条件 $\|\boldsymbol{x}^{(k+1)}-\boldsymbol{x}^{(k)}\|_\infty<10^{-4}$.

2. 设方程组 $\begin{pmatrix}4&3&0\\3&4&-1\\0&-1&4\end{pmatrix}\begin{pmatrix}x_1\\x_2\\x_3\end{pmatrix}=\begin{pmatrix}24\\30\\-24\end{pmatrix}$, 给定 $\boldsymbol{x}^{(0)}=\begin{pmatrix}1\\1\\1\end{pmatrix}$, 用高斯-赛德尔迭代法和 $\omega=1.25$ 的逐次超松弛迭代法求解该方程组, 收敛控制条件 $\|\boldsymbol{x}^{(k+1)}-\boldsymbol{x}^{(k)}\|_\infty<10^{-4}$.

3. 给定线性方程组 $\boldsymbol{H}_n\boldsymbol{x}=\boldsymbol{b}$, 其中系数矩阵 $\boldsymbol{H}_n$ 为希尔伯特矩阵:

$$\boldsymbol{H}_n=(h_{ij})\in\mathbf{R}^{n\times n},\quad h_{ij}=\frac{1}{i+j-1},\quad i,j=1,2,\cdots,n.$$

假设 $\boldsymbol{x}^{(0)}=(1,1,\cdots,1)^{\mathrm{T}}$, $\boldsymbol{b}=\boldsymbol{H}_n\boldsymbol{x}^{(0)}$. 若取 $n=6,8,10$, 分别用雅可比迭代法和逐次超松弛迭代法 $(\omega=1,1.25,1.5)$ 求解, 比较计算结果.

第 7 章　非线性方程求根

7.1　方程求根问题

7.1.1　方程求根简介

在科学研究和工程计算中，非线性方程和非线性方程组是经常出现的. 例如，求解

$$x^3-10x^2+5x+3=0$$

或

$$3x+\sin(x)-e^x=0.$$

因此在科学和工程中一个至关重要的问题就是要求解方程 $f(x)=0$，其中 $x\in\mathbf{R}$，$f(x)$ 是关于 x 的函数. 满足方程 $f(x^*)=0$ 的数 x^*，称为方程 $f(x)=0$ 的根，或函数 $f(x)$ 的零点. 方程的根可以是实数也可以是复数，相应地称为实根或复根. 本章主要考虑单变量非线性方程

$$f(x)=0 \tag{7.1}$$

的数值求解方法，并假设 $x\in\mathbf{R}$，$f(x)\in C[a,b]$ (表示 $f(x)$ 在区间 $[a,b]$ 上连续). 非线性方程组的求解相对来说比较复杂，能避免则应该避免，实在有必要，再尝试求解. 本章的最后会简单介绍求解非线性方程组的数值解法.

若 $f(x)$ 可分解为 $f(x)=(x-x^*)^m g(x)$，其中 m 为正整数，且 $g(x^*)\neq 0$，则称 x^* 为 $f(x)=0$ 的 m 重根，或 $f(x)$ 的 m 重零点，$m=1$ 时为单根，若 x^* 为 $f(x)$ 的 m 重零点，且 $g(x)$ 充分光滑，则

$$f(x^*)=f'(x^*)=\cdots=f^{(m-1)}(x^*)=0,\quad f^{(m)}(x^*)\neq 0.$$

如果函数是多项式函数，即

$$f(x)=a_nx^n+a_{n-1}x^{n-1}+\cdots+a_1x+a_0, \tag{7.2}$$

其中 $a_n\neq 0$，$a_i(i=0,1,\cdots,n)$ 为实数，则称方程(7.2)为 n 次代数方程. 根据代数基本定理，n 次代数方程在复数域有 n 个根(实的或复的).

7.1.2　二分法

二分迭代方法求根是一个古老而有效的求根方法，其思想是基于连续函数在闭区间上的介值定理：若 $f(x)$ 在区间 $[a,b]$ 上连续，两端点的函数值刚好异号，则

(a,b) 内必定存在一点 x^* 使得 $f(x^*)=0$. 二分迭代方法先确定根所在的区间, 然后通过逐次二分有根区间, 得到新的有根区间的方式, 不断缩小有根区间的范围, 最终找到方程的根(或根的近似). 当 (a,b) 内有多个根时, 上述的二分迭代方法也能找到根, 但为了简单起见, 我们一般假设只有一个根. 如果有多个根, 那么可以通过设置步长的方式, 逐步移动, 先找到包含根的有根区间, 然后再用二分迭代方法找到每个有根区间内的根.

定理 1 (介值定理)　假设 $f(x)\in C[a,b]$ 而 K 是介于 $f(a)$ 和 $f(b)$ 之间的一个数, 那么存在 $c\in(a,b)$, 使得 $f(c)=K$. (证明略)

定理 1 的几何解释见图 7-1. 下面通过一个图示来说明二分迭代方法.

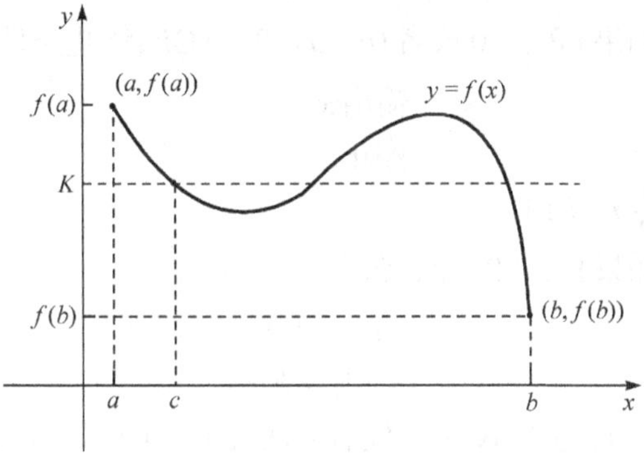

图 7-1

为简单计, 这里假设 $f(x)\in C[a,b]$ 满足 $f(a)\cdot f(b)<0$ 且 $f(x)$ 在 $[a,b]$ 上有唯一根 x^*. 令 $a_1=a,\ b_1=b$, 则 $[a_1,b_1]$ 为有根区间, 中点 $x_1=(a_1+b_1)/2$ 可作为根的近似. 若 $f(x_1)\neq 0$, 则 $f(x_1)$ 与 $f(a)$ 或 $f(b)$ 同号. 若 $f(x_1)$ 与 $f(a)$ 同号, 可得 $x^*\in[x_1,b_1]$, 则进入第二次迭代, 并设 $a_2=x_1$, $b_2=b_1$; 若 $f(x_1)$ 与 $f(b)$ 同号, 可得 $x^*\in[a_1,x_1]$, 则进入第二次迭代, 并设 $a_2=a_1$, $b_2=x_1$, 如此循环.

这个过程可用算法 7.1 描述(图 7-2).

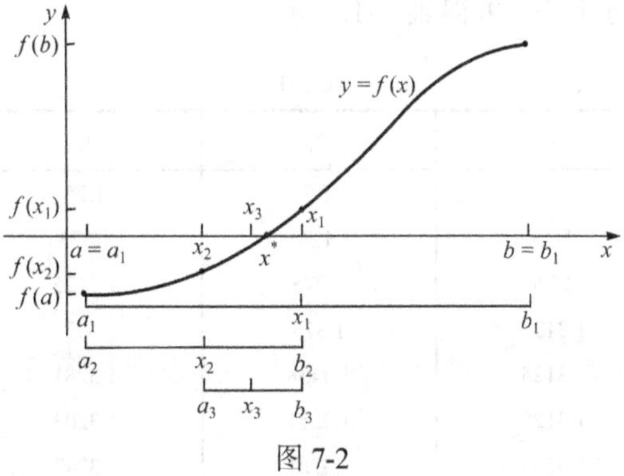

图 7-2

算法 7.1 (二分法)　若 $f(x)\in C[a,b]$ 满足 $f(a)\cdot f(b)<0$，则通过迭代方式找到 $f(x)=0$ 的根.

输入　端点值 a,b；误差限 TOL; 最大迭代次数 Max.

输出　近似解 x^* 或失败信息.

步骤 1 (初始化)　令 $i=1$;

$$\mathrm{FA}=f(a).$$

步骤 2 (迭代过程)　当 $i\leqslant \mathrm{Max}$ 时做步骤 3 到步骤 6.

步骤 3　令 $x^*=(a+b)/2$;

$$\mathrm{FP}=f(x^*).$$

步骤 4　如果 $\mathrm{FP}==0$ 或者 $(b-a)/2<\mathrm{TOL}$ (终止条件), 那么

输出 x^*;

停止.

步骤 5　令 $i=i+1$.

步骤 6　如果 $\mathrm{FA}\cdot\mathrm{FP}>0$，那么令 $a=x^*$;

$\mathrm{FA}=\mathrm{FP}$

否则令 $b=x^*$.

步骤 7　输出(“经过 Max 次迭代后方法失败, Max=”, Max),

停止.

例 7.1　求方程

$$f(x)=x^3-x-1=0$$

在区间[1.0,1.5]内的一个实根, 误差限为 TOL = 0.01.

解　令 $a=1,b=1.5$, 有 $f(x)$ 在区间 $[a,b]$ 上连续，而 $f(a)=-1<0$, $f(b)=0.875>0$, 所以 $[a,b]$ 为 $f(x)$ 的有根区间. 取 $[a,b]$ 的中点 $x=(a+b)/2=1.25$, 此时 $f(x)\neq 0$, 而 $f(x)$ 与 $f(a)$ 同号, 故所求的根在 x 的右侧. 得到 $f(x)$ 的新的有根区间 $[x,b]$. 如此反复二分下去, 可得表 7-1.

表 7-1

n	a_n	b_n	x_n	$f(x_n)$ 符号
1	1	1.5	1.25	−
2	1.25	1.5	1.375	+
3	1.25	1.375	1.3125	−
4	1.3125	1.375	1.3438	+
5	1.3125	1.3438	1.3281	+
6	1.3125	1.3281	1.3203	−
7	1.3203	1.3281	1.3242	−

例 7.2　求方程

$$f(x)=3x+\sin x-e^{x}=0$$

在区间 $[0,1]$ 内的一个实根，误差限为 $TOL=10^{-4}$.

解　先确定区间 $[0,1]$ 为 $f(x)$ 的有根区间，与例 7.1 类似，用算法 7.1 可得表 7-2.

表 7-2

n	a_n	b_n	x_n	$f(x_n)$
1	0	1.0000	0.5000	0.3307
2	0	0.5000	0.2500	−0.2866
3	0.2500	0.5000	0.3750	0.0363
4	0.2500	0.3750	0.3125	−0.1219
5	0.3125	0.3750	0.3438	−0.0420
6	0.3438	0.3750	0.3594	−0.0026
7	0.3594	0.3750	0.3672	0.0169
8	0.3594	0.3672	0.3633	0.0071
9	0.3594	0.3633	0.3613	0.0023
10	0.3594	0.3613	0.3604	−0.0002
11	0.3604	0.3613	0.3608	0.0010
12	0.3604	0.3608	0.3606	0.0004

二分法的主要优点是只要 $f(x)$ 在 $[a,b]$ 上连续，且 $[a,b]$ 是 $f(x)=0$ 的有根区间，则一定能够用二分法来逐步逼近方程的根，至少在理论上是保证这样的. 另一个优点是，可以事先估计二分法达到所需精度需要的迭代次数，而大部分求根的数值方法都不具备这个优点. 因为二分法每迭代一次后，有根区间缩减为之前的一半，最后得到的近似值 x_n 与真正的根 x^* 最多相差最后有根区间的一半，所以我们得到

$$\text{迭代 } n \text{ 次以后的误差} < \left|\frac{b-a}{2^n}\right|,$$

换句话说，只要二分足够多次，我们总有

$$\left|x^*-x_n\right|<\varepsilon,$$

这里 ε 为预先设定的精度. 比如，在例 7.1 中，要达到 0.01 的精度，只需迭代 6 次；例 7.2 中，要达到 10^{-4} 的精度，需要迭代 13 次.

二分法的缺点是收敛太慢，故一般不单独将其用于求根，往往用于求得一个较好的近似值，再用其他方法继续求根.

7.2 线性插值方法

二分法简单易行，但效率并非很高. 考虑到很多函数在一个小区间内可以被一条直线近似，本节将简单介绍两种“以直代曲”的方法来求解方程 $f(x)=0$ 的根.

7.2.1 割线法

在数值分析中，**割线法**是一个方程求根算法，该方法用一系列割线的根来近似代替方程 $f(x)=0$ 的根. 割线法(也称**弦截法**)选取两个初始近似值 x_0 和 x_1，生成近似值 x_2，使得 x_2 是连接曲线 $y=f(x)$ 上的两个点 $(x_0, f(x_0))$ 和 $(x_1, f(x_1))$ 的割线与 x 轴的交点. 一般地，近似值 x_{n+1} 由连接曲线上的两点 $(x_{n-1}, f(x_{n-1}))$ 和 $(x_n, f(x_n))$ 的割线与 x 轴的交点确定，如图 7-3 所示.

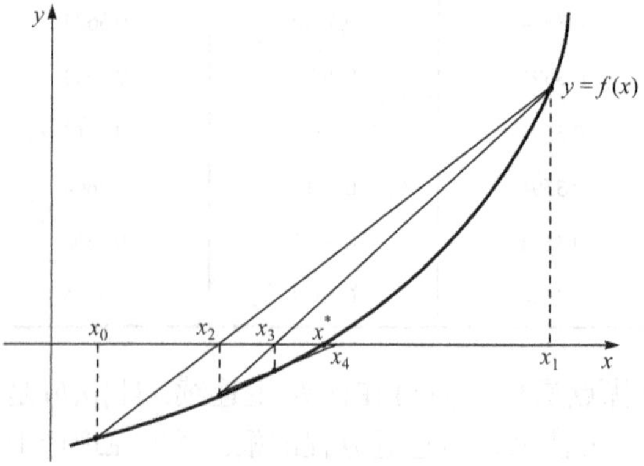

图 7-3

如果 $y=f(x)$ 是一条直线，那么割线与 x 轴的交点刚好就是方程 $f(x)=0$ 的根. 当然，这种平凡的情况一般不需要发展求根的算法了，我们可以直接求出. 所以，一般来说，我们得到的交点并非根，但应该很靠近根. 根据这个思想，我们可以解出 x_2，即

$$x_2 = x_1 - f(x_1)\frac{x_1 - x_0}{f(x_1) - f(x_0)}.$$

重复这个过程，则有

$$x_{n+1} = x_n - f(x_n)\frac{x_n - x_{n-1}}{f(x_n) - f(x_{n-1})}, \quad n=1,2,\cdots.$$

算法 7.2 (割线法, 又称弦截法)　给定两个近似值 x_0 和 x_1，通过不断生成割线的方式找到 $f(x)=0$ 的根.

输入　初始近似值 x_0 和 x_1；误差限 TOL；最大迭代次数 Max.

输出　近似解 x 或失败信息.

步骤 1 (初始化)　令 $i=1$;

$$q_0 = f(x_0);$$

$$q_1 = f(x_1).$$

步骤 2 (迭代过程)　当 $i \leqslant \text{Max}$ 时，做步骤 3 到步骤 6.

　步骤 3　令 $x = x_1 - q_1(x_1 - x_0)/(q_1 - q_0)$.（计算 x_i）

　步骤 4　如果 $|x - x_1| < \text{TOL}$ (终止条件), 那么

　　　输出 x;

　　　停止.

　步骤 5　令 $i = i+1$.

　步骤 6　令 $x_0 = x_1$ (更新 x_0, q_0, x_1, q_1 的值);

$$q_0 = q_1;$$

$$x_1 = x;$$

$$q_1 = f(x).$$

步骤 7　输出(“经过 Max 次迭代后方法失败, Max=”, Max),

　　停止.

7.2.2　牛顿法

牛顿法(也称牛顿-拉弗森方法(Newton-Raphson method)，或称切线法)是方程求根问题中一种非常强大, 同时广为人知的方法. 牛顿法可以通过多种方式引入, 比如在下一节中可以把牛顿法看成是由特殊函数引入的不动点迭代法, 也可以把牛顿法看成是泰勒多项式近似得到的结果, 还可以从几何直观上用线性化的思想直接求经过曲线上一点的切线与 x 轴的交点, 等等. 在这里, 我们先采取第三种方法, 即把牛顿法看成是“以直代曲”的线性化方法. 牛顿法选取一个初始近似值 x_0，生成近似值 x_1，使得 x_1 是经过曲线 $y=f(x)$ 上的点 $(x_0, f(x_0))$ 的切线与 x 轴的交点. 近似值 x_2 则继续由经过曲线上的点 $(x_1, f(x_1))$ 的切线与 x 轴的交点确定. 一般地, 近似值 x_{n+1} 由经过曲线上的点 $(x_n, f(x_n))$ 的切线与 x 轴的交点确定. 如图 7-4 所示.

牛顿法被广泛使用的, 其中一个重要的原因就在于, 至少在根的附近, 它能以很快的速度收敛到根. 根据这个思想, 可以解出 x_1，即

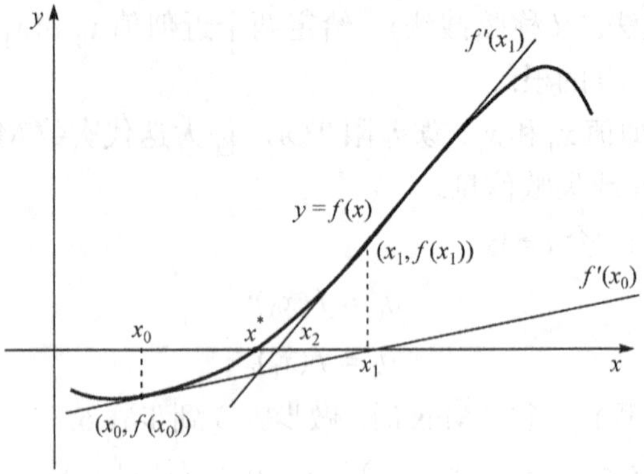

图 7-4

$$x_1 = x_0 - \frac{f(x_0)}{f'(x_0)}.$$

重复这个过程, 我们有

$$x_{n+1} = x_n - \frac{f(x_n)}{f'(x_n)}, \quad n = 0,1,\cdots.$$

算法 7.3 (牛顿法, 又称切线法)　给定近似值 x_0, 通过不断生成切线的方式找到 $f(x)=0$ 的根.

输入　初始近似值 x_0; 误差限 TOL; 最大迭代次数 Max.

输出　近似解 x 或失败信息.

步骤 1 (初始化)　令 $i=1$.

步骤 2 (迭代过程)　当 $i \leqslant \text{Max}$ 时, 做步骤 3 到步骤 6.

　　步骤 3　令 $x = x_0 - f(x_0)/f'(x_0)$. (计算 x_i)

　　步骤 4　如果 $|x - x_0| < \text{TOL}$ (终止条件), 那么

　　　　输出 x;

　　　　停止.

　　步骤 5　令 $i = i+1$.

　　步骤 6　令 $x_0 = x$ (更新 x_0 的值).

步骤 7　输出(“经过 Max 次迭代后方法失败, Max=” , Max),

　　停止.

为了加深对牛顿法的理解, 下面介绍由泰勒多项式推导牛顿迭代公式的思路.

假设函数 $f(x)$ 在闭区间 $[a,b]$ 上有二阶导函数存在并连续, 记为 $f(x) \in C^2[a,b]$. 令 $\overline{x} \in [a,b]$ 为 x^* 的近似, 使得 $|x^* - \overline{x}|$ 很小但 $f'(\overline{x}) \neq 0$. 考虑 $f(x)$ 在点 $\overline{x}$ 的一阶泰勒展开式,

$$f(x)=f(\overline{x})+(x-\overline{x})f'(\overline{x})+\frac{(x-\overline{x})^2}{2}f''(\xi(x)),$$

此处$\xi(x)$介于x和$\overline{x}$之间. 因为$f(x^*)=0$, 把$x=x^*$代入上式可得

$$0=f(\overline{x})+(x^*-\overline{x})f'(\overline{x})+\frac{(x^*-\overline{x})^2}{2}f''(\xi(x^*)).$$

牛顿法基于这样的想法: 既然$|x^*-\overline{x}|$已经很小了, 那么涉及$(x^*-\overline{x})^2$的项就会更小, 从而可以忽略, 则得到

$$0\approx f(\overline{x})+(x^*-\overline{x})f'(\overline{x}).$$

解出x^*, 有

$$x^*\approx\overline{x}-\frac{f(\overline{x})}{f'(\overline{x})}.$$

这样从近似值x_0开始, 逐步求出序列$\{x_n\}_{n=1}^{\infty}$, 这就给出了牛顿法的迭代公式

$$x_{n+1}=x_n-\frac{f(x_n)}{f'(x_n)},\quad n=0,1,\cdots.$$

由此可以看出, 如果在迭代的过程中, 对某些n出现了$f'(x_n)=0$的情况, 那么牛顿法就不能继续下去了. 事实上, 我们可以看到, 只要能保证$f'(x)$在根x^*的附近不等于 0, 牛顿法的收敛速度将是很快的. 从上述的泰勒展开式可以看出, 牛顿法之所以有效, 一个关键的假设是涉及$(x^*-\overline{x})^2$的项相对于$\left|x^*-\overline{x}\right|$来说非常小了, 小到可以忽略不计. 如果没有这一个假设, 那么牛顿法可能是不收敛的. 当然, 对某些情况来说, 选取了远离根的初值也能使牛顿法收敛, 该收敛性将在 7.4.2 小节中作详细阐述.

7.3　不动点迭代法

7.3.1　不动点与不动点迭代法

给定函数$g(x)$, 如果数p满足$g(p)=p$, 则称p为函数$g(x)$的不动点. 求函数不动点问题与方程求根问题在数学上是等价的.

事实上, 给定方程$f(x)=0$, 如果$x=x^*$是方程的根, 即$f(x^*)=0$, 那么我们可以定义一个函数$g(x)$使得x^*是函数$g(x)$的不动点, 比如, 可令$g(x)=f(x)+x$或$g(x)=2f(x)+x$等; 反过来, 如果函数$g(x)$有不动点x^*, 那么我们可以定义方程$f(x)=0$使得x^*是方程的根, 比如, 可令$f(x)=x-g(x)$等.

一般地，方程 $f(x)=0$ 可以被改写成与之等价的形式:

$$x=g(x), \tag{7.3}$$

然后求方程根的问题就可以转化为求函数 $g(x)$ 的不动点问题. 求函数不动点问题既可能使问题的分析简化，又可能会带来更高效率的求根技巧.

迭代算法指的是采用逐步逼近的计算方法来逼近问题的精确解的方法. 不动点迭代法先给定初值 x_0，将它代入式(7.3)右端，得到

$$x_1=g(x_0).$$

如果 $x_1\neq x_0$，那么重复上述过程，得到

$$x_{k+1}=g(x_k),\quad k=0,1,\cdots,$$

$g(x)$ 称为迭代函数，如果数列 $\{x_k\}$ 收敛到 x^*，且函数 $g(x)$ 连续，那么有

$$x^*=\lim_{k\to\infty}x_k=\lim_{k\to\infty}g(x_{k-1})=g\left(\lim_{k\to\infty}x_{k-1}\right)=g(x^*),$$

即 x^* 是函数 $g(x)$ 的不动点，从而通过迭代，我们获得了方程 $f(x)=0$ 的根.

上述过程可用算法 7.4 描述(图 7-5).

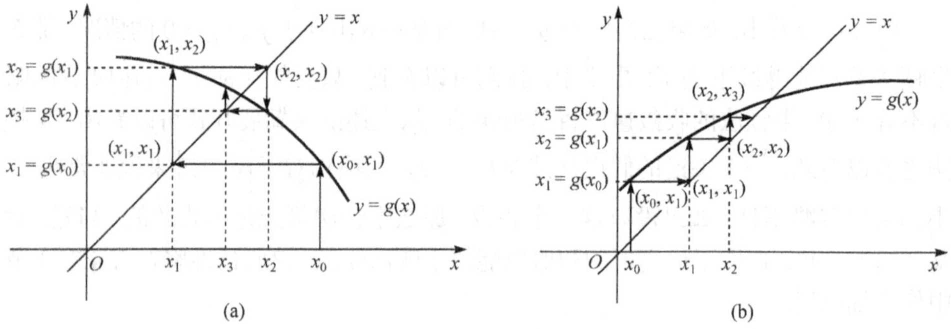

图 7-5

算法 7.4 (不动点迭代法)　给定初值 x_0，迭代得到函数 $g(x)$ 的不动点，即 $x^*=g(x^*)$.

输入　初值 x_0；误差限 TOL；最大迭代次数 Max.

输出　近似解 x 或失败信息.

步骤 1 (初始化)　令 $i=1$.

步骤 2 (迭代过程)　当 $i\leqslant \text{Max}$ 时，做步骤 3 到步骤 6.

　步骤 3　令 $x=g(x_0)$. (计算 x_k)

　步骤 4　如果 $|x-x_0|<\text{TOL}$，那么

　　　输出 x；(成功找到符合条件的近似解)

　　　停止.

步骤 5　令 $i=i+1$.

步骤 6　令 $x_0=x$.

步骤 7　输出(“经过 Max 次迭代后方法失败, Max=”, Max),
停止.

例 7.3　求方程

$$f(x)=x^2-2x-3=0$$

的一个实根.

解　对 $f(x)$ 作因式分解，得 $f(x)=(x-3)(x+1)$，容易知道，$x=3$ 和 $x=-1$ 是 $f(x)$ 的两个零点. 把方程化为等价的形式

$$x=g(x)=\sqrt{2x+3}\,.$$

取初值 $x_0=4$，运用算法 7.4，可得表 7-3.

表 7-3

n	x_n
0	4
1	$\sqrt{11}=3.316625$
2	$\sqrt{9.63325}=3.103748$
3	$\sqrt{9.20750}=3.034385$
4	$\sqrt{9.06877}=3.01144$
5	$\sqrt{9.02288}=3.003811$

可以看到，生成的数列逐渐收敛于 3.

但如果把方程化为另一个等价的形式:

$$x=g(x)=\frac{3}{x-2}.$$

同样取初值 $x_0=4$，运用算法 7.4，可得表 7-4.

表 7-4

n	x_n
0	4
1	1.5
2	−6
3	−0.375

续表

n	x_n
4	−1.26316
5	−0.91935
6	−1.02762
7	−0.990876
8	−1.00305

可以看到, 生成的数列逐渐收敛于另一个根 −1.

现在考虑第三种等价的形式:

$$x = g(x) = \frac{x^2 - 3}{2}.$$

同样取初值 $x_0 = 4$, 运用算法 7.4, 可得表 7-5.

表 7-5

n	x_n
0	4
1	6.5
2	19.625
3	191.070

可以看到, 生成的数列发散.

例 7.3 表明, 原方程化为的迭代函数形式不同, 所产生的迭代数列也不同, 有的收敛, 有的发散; 如果收敛, 初值的选取也很关键, 会影响到迭代法收敛到什么地方. 那么什么形式的函数是有不动点的, 以及什么时候运用算法 7.4 时才是收敛的?

7.3.2 不动点的存在性与迭代法的收敛性

以下给出函数 $g(x)$ 在 $[a,b]$ 上不动点存在且唯一的一个充分性条件.

定理 2 (不动点存在唯一性) 假设 $g(x) \in C[a,b]$ 满足以下两个条件:

(1) 对任意 $x \in [a,b]$, 有 $a \leqslant g(x) \leqslant b$;

(2) 存在正常数 $L < 1$, 使得对任意 $x, y \in [a,b]$, 都有

$$|g(x) - g(y)| \leqslant L|x - y|,$$

则 $g(x)$ 在 $[a,b]$ 上存在唯一的不动点.

证明　先证不动点存在性. 如果 $g(a)=a$ 或 $g(b)=b$，那么 $g(x)$ 在 $[a,b]$ 的端点有不动点. 否则，有 $g(a)>a$ 且 $g(b)<b$，令函数

$$h(x)=g(x)-x,$$

有 $h(x)$ 在 $[a,b]$ 上连续，且满足 $h(a)=g(a)-a>0$，$h(b)=g(b)-b<0$. 根据定理 1，则能找到值 $x^*\in[a,b]$ 使得 $h(x^*)=0$，即 $g(x^*)=x^*$.

再证唯一性. 假设 p,q 均为函数 $g(x)$ 在区间上的不动点. 如果 $p\neq q$，则有

$$|p-q|=|g(p)-g(q)|\leqslant L|p-q|<|p-q|,$$

矛盾. 所以不可能有 $p\neq q$，只能有 $p=q$，即 $g(x)$ 的不动点是唯一的.

对于迭代函数 $g(x)$ 和给定区间 $[a,b]$ 来说，要验证定理 2 的条件并非易事，因为必须是对整个区间内的任意两个点进行的. 从这个意义上说，我们可以把定理 2 称为**全局收敛性定理**. 在实际中往往是考察函数 $g(x)$ 的一阶导数值，在不动点的邻近考察其收敛性，即局部收敛性. 换句话说，就是要想办法找出满足定理 2 条件的特定区间，从而保证迭代法的收敛性.

定义 1　设 $g(x)$ 有不动点 x^*，如果存在 x^* 的某个邻域 $U(x^*,\delta)=\{x:|x-x^*|\leqslant\delta\}$，对任意的 $x_0\in U(x^*,\delta)$，迭代法 $x_{k+1}=g(x_k)$ 产生的序列 $\{x_k\}\in U(x^*,\delta)$，且收敛到 x^*，则称该迭代法局部收敛.

定理 3 (局部收敛定理)　假设 $g(x)\in C[a,b]$ 满足以下两个条件:

(1) 对任意 $x\in[a,b]$，有 $a\leqslant g(x)\leqslant b$；

(2) 对任意 $x\in[a,b]$，$g'(x)$ 均存在，且存在正常数 $0<L<1$，使得对任意 $x\in[a,b]$，都有

$$|g'(x)|\leqslant L,$$

则对任意 $x_0\in[a,b]$，按迭代格式

$$x_{k+1}=g(x_k),\quad k=0,1,\cdots$$

生成的序列 $\{x_k\}$ 收敛到 $[a,b]$ 上的唯一点 x^*.

证明　定理 2 的证明表明函数 $g(x)$ 在 $[a,b]$ 上存在唯一的不动点. 因为函数 $g(x)$ 把 $[a,b]$ 映射到自身，所以序列 $\{x_k\}$ 对一切 $k\geqslant 0$ 有意义，且对一切 $k\geqslant 0$，有 $x_k\in[a,b]$. 因为 $|g'(x)|\leqslant L$，根据微分中值定理，对任意的 k，有

$$|x_k-x^*|=|g(x_{k-1})-g(x^*)|=|g'(\xi_k)||x_{k-1}-x^*|\leqslant L|x_{k-1}-x^*|,$$

其中 $\xi_k\in(a,b)$. 对此不等式作归纳，可得

$$|x_k-x^*|\leqslant L|x_{k-1}-x^*|\leqslant L^2|x_{k-2}-x^*|\leqslant\cdots\leqslant L^k|x_0-x^*|.$$

因为 $0<L<1$，则有 $\lim\limits_{k\to\infty}L^k=0$，且

$$\lim_{k\to\infty}|x_k - x^*| \leqslant \lim_{k\to\infty} L^k |x_0 - x^*| = 0.$$

所以, 序列$\{x_k\}$收敛到x^*.

由于求根时, 根x^*并不是已知的, 定理 3 的实用意义在于, 适当地调整初值, 有可能使迭代法收敛.

下面我们把例 7.3 的计算数值做成一个表(表 7-6)来观察迭代法的收敛速度, 此处初值为 4.

表 7-6

迭代次数 k	如果 $g(x)=\sqrt{2x+3}$ 误差 即 $x_k - x^*$, 此处 $x^*=3$	如果 $g(x)=\sqrt{2x+3}$ 当前误差与前一误差之比	如果 $g(x)=\frac{3}{x-2}$ 误差 即 $x_k - x^*$, 此处 $x^*=-1$	如果 $g(x)=\frac{3}{x-2}$ 前一误差与当前误差之比
1	0.31662	0.31662	2.50000	0.50000
2	0.10375	0.32767	−5.00000	−2.00000
3	0.03439	0.33143	0.62500	−0.12500
4	0.01144	0.33270	−0.26316	−0.42105
5	0.00381	0.33312	0.08065	−0.30645
6			−0.02762	−0.34254
7			0.00912	−0.33029
8			−0.00305	−0.33435

可看到当前误差与前一误差之比的绝对值接近 0.33333, 事实上, 只要迭代次数足够多, 可以看到这个比值恰好是 1/3.

7.4　迭代法的误差分析及牛顿法收敛性再讨论

7.4.1　迭代法的误差分析

迭代算法是否收敛? 这是该收敛法是否有效的首要问题. 如果收敛, 收敛的速度快慢如何? 该如何衡量迭代法的收敛速度呢? 我们给出如下定义.

定义 2　假设序列$\{x_k\}$收敛到x^*, 如果存在常数λ和α使得当$k\to\infty$时迭代误差$e_k = x_k - x^*$满足

$$\lim_{k\to\infty}\frac{|e_{k+1}|}{|e_k|^{\alpha}} = \lambda,$$

那么就称这个序列是 α 阶收敛的. 特别地, 如果 $\alpha=1$ 且 $0<\lambda<1$, 则称序列 $\{x_k\}$ 是线性收敛的; 如果 $\alpha=2$, 则称是平方收敛的; 如果 $\alpha=1$ 且 $\lambda=0$, 则称是超线性收敛的. 如果迭代过程 $x_{k+1}=g(x_k)$ 生成的序列 $\{x_k\}$ 是 α 阶收敛到方程 $x=g(x)$ 的根 x^* 的, 则称该迭代过程是 α 阶收敛的.

例 7.4　假设 $\{x_n\}_{n=0}^{\infty}$ 和 $\{c_n\}_{n=0}^{\infty}$ 分别线性收敛到 0 和平方收敛到 0 且有

$$\lim_{n\to\infty}\frac{|x_{n+1}|}{|x_n|}=0.5,\quad \lim_{n\to\infty}\frac{|c_{n+1}|}{|c_n|^2}=0.5.$$

为简单计, 不妨设

$$\frac{|x_{n+1}|}{|x_n|}\approx 0.5\quad 且\quad \frac{|c_{n+1}|}{|c_n|^2}\approx 0.5.$$

对于线性收敛, 就意味着

$$|x_n-0|=|x_n|\approx 0.5|x_{n-1}|\approx(0.5)^2|x_{n-2}|\approx\cdots\approx(0.5)^n|x_0|.$$

而对于平方收敛, 则意味着

$$\begin{aligned}|c_n-0|=|c_n|&\approx 0.5|c_{n-1}|^2\approx(0.5)\left[0.5|c_{n-2}|^2\right]^2\approx(0.5)^3|c_{n-2}|^4\\&\approx(0.5)^3\left[0.5|c_{n-3}|^2\right]^4\approx(0.5)^7|c_{n-2}|^8\\&\approx\cdots\approx(0.5)^{2^n-1}|c_0|^{2^n}.\end{aligned}$$

表 7-7 是模拟 $|x_0|=|c_0|=1$ 时, 两个序列的收敛速度的情形.

表 7-7

迭代次数 n	$\{x_n\}_{n=0}^{\infty}$ 是线性收敛 $(0.5)^n$	$\{c_n\}_{n=0}^{\infty}$ 是平方收敛 $(0.5)^{2^n-1}$
1	5.0000×10^{-1}	5.0000×10^{-1}
2	2.5000×10^{-1}	1.2500×10^{-1}
3	1.2500×10^{-1}	7.8125×10^{-3}
4	6.2500×10^{-2}	3.0518×10^{-5}
5	3.1250×10^{-2}	4.6566×10^{-10}
6	1.5625×10^{-2}	1.0842×10^{-19}
7	7.8125×10^{-3}	5.8775×10^{-39}

可看出平方收敛序列只需 7 次迭代就可以保证误差在 10^{-38} 以内, 而达到同样的精度, 线性收敛至少要迭代126次.

平方收敛速度一般而言比线性收敛速度快很多, 但是很多迭代方法只能得到线性收敛速度. 我们有以下定理.

定理 4　对于迭代过程 $x_{k+1}=g(x_k)$, 假设函数 $g(x)\in C[a,b]$, 并且对所有的 $x\in[a,b]$, 有函数值 $g(x)\in[a,b]$. 此外, 假设 $g'(x)$ 在开区间 (a,b) 上连续, 并存在正数 $L<1$, 使得对所有 $x\in(a,b)$,

$$\left|g'(x)\right|\leqslant L.$$

如果 $g'(x^*)\neq 0$, 那么对闭区间 $[a,b]$ 中的任意选定的初值 x_0, 按照迭代格式

$$x_k=g(x_{k-1}),\quad k\geqslant 1$$

生成的迭代序列 $\{x_k\}$ 线性收敛到闭区间上的唯一不动点 x^*.

证明　由定理 3 知道, 序列 $\{x_k\}$ 收敛到 x^*. 根据微分中值定理, 得

$$x_{k+1}-x^*=g(x_k)-g(x^*)=g'(\xi_k)(x_k-x^*),$$

其中 ξ_k 介于 x_k 和 x^* 之间. 因为序列 $\{x_k\}$ 收敛到 x^*, 所以序列 $\{\xi_k\}$ 也收敛到 x^*, 且因为 $g'(x)$ 在开区间 (a,b) 上连续, 所以

$$\lim_{k\to\infty}g'(\xi_k)=g'(x^*).$$

因此,

$$\lim_{k\to\infty}\frac{x_{k+1}-x^*}{x_k-x^*}=\lim_{k\to\infty}g'(\xi_k)=g'(x^*),$$

故

$$\lim_{k\to\infty}\frac{|x_{k+1}-x^*|}{|x_k-x^*|}=|g'(x^*)|.$$

注意到 $g'(x^*)\neq 0$ 且 $\left|g'(x)\right|<1$, 由此可得到迭代序列 $\{x_k\}$ 线性收敛到闭区间上的唯一不动点 x^*.

如果迭代函数在不动点处的一阶导数值为 0, 且满足额外的一些条件, 那么能获得至少平方收敛速度.

定理 5　令方程 $x=g(x)$ 的不动点为 x^*, 假设 $g'(x^*)=0$, 且在包含 x^* 的一个小邻域 I 内, $g''(x)$ 被常数 M 严格限定住, 即对 $\forall x\in I$, 有 $|g''(x)|<M$, 那么存在 x^* 的 δ 邻域, 使得对任意给定的 $x_0\in[x^*-\delta,x^*+\delta]$, 按照迭代格式

$$x_k=g(x_{k-1}),\quad k\geqslant 1$$

生成的序列至少平方收敛到 x^*. 更进一步, 对充分大的 k, 有下面结论:

$$\left|x_{k+1}-x^*\right|<\frac{M}{2}\left|x_k-x^*\right|^2.$$

证明　首先根据题意，选择 $k\in(0,1)$ 和 $\delta>0$ 使得区间 $[x^*-\delta,x^*+\delta]$ 包含在 I 中，并且有 $|g'(x)|\leqslant L$. 其次证明对 $k\geqslant 1$，按照迭代格式 $x_k=g(x_{k-1})$ 得到的每一项在区间 $[x^*-\delta,x^*+\delta]$ 中，即 g 把区间 $[x^*-\delta,x^*+\delta]$ 映射到自身.

事实上，对 $x\in[x^*-\delta,x^*+\delta]$，根据微分中值定理，可得

$$\left|g(x)-g(x^*)\right|=\left|g'(\xi)\right|\left|x-x^*\right|,$$

其中 ξ 介于 x 和 x^* 之间. 所以

$$\left|g(x)-x^*\right|=\left|g(x)-g(x^*)\right|=\left|g'(\xi)\right|\left|x-x^*\right|\leqslant L\left|x-x^*\right|\leqslant\left|x-x^*\right|.$$

因为 $x\in[x^*-\delta,x^*+\delta]$，有 $\left|x-x^*\right|<\delta$，从而由上述不等式得 $\left|g(x)-x^*\right|<\delta$. 这就证明了 $g(x)$ 把 $[x^*-\delta,x^*+\delta]$ 映射到自身.

令 $x\in[x^*-\delta,x^*+\delta]$，将 $g(x)$ 在点 x^* 处作一阶泰勒展开，得

$$g(x)=g(x^*)+g'(x^*)(x-x^*)+\frac{g''(\xi)}{2}(x-x^*)^2, \tag{7.4}$$

其中 ξ 介于 x 与 x^* 之间. 根据题设 $g(x^*)=x^*$ 和 $g'(x^*)=0$，(7.4)式可化为

$$g(x)=x^*+\frac{g''(\xi)}{2}(x-x^*)^2.$$

把 $x=x_k$ 代入上式得

$$x_{k+1}=g(x_k)=x^*+\frac{g''(\xi_k)}{2}(x_k-x^*)^2,$$

此处 ξ_k 介于 x_k 和 x^* 之间，故

$$x_{k+1}-x^*=\frac{g''(\xi_k)}{2}(x_k-x^*)^2.$$

因为在区间 $[x^*-\delta,x^*+\delta]$ 上 $|g'(x)|\leqslant L<1$，且 $g(x)$ 把区间 $[x^*-\delta,x^*+\delta]$ 映射到自身，根据定理 3(不动点局部收敛定理)，知道序列 $\{x_k\}$ 收敛到 x^*. 因为 ξ_k 介于 x_k 和 x^* 之间，所以序列 $\{\xi_k\}$ 也收敛到 x^*，故

$$\lim_{k\to\infty}\frac{|x_{k+1}-x^*|}{|x_k-x^*|^2}=\frac{|g''(x^*)|}{2}.$$

这就表明序列 $\{x_k\}$ 是至少平方收敛到 x^* 的. 事实上，如果 $g''(x^*)\neq 0$，则 $\{x_k\}$ 是平方收敛；如果 $g''(x^*)=0$，则 $\{x_k\}$ 是更高阶的收敛. (对一般的情况，见定理 6)

又因为在区间 $[x^*-\delta,x^*+\delta]$ 上，$g''(x)$ 被常数 M 严格限定住，所以对充分大的 k，有

$$\left|x_{k+1}-x^*\right|<\frac{M}{2}\left|x_k-x^*\right|^2.$$

定理 4 和定理 5 表明，要得到平方收敛的不动点迭代法，应该构造迭代函数使得该函数在不动点的一阶导数值为 0. 如果迭代函数在不动点处有直到$\alpha-1$阶的导数值都为 0，则可得到α阶的收敛速度.

定理 6 对于迭代过程$x_{k+1}=g(x_k)$及正整数α，如果$g^{(\alpha)}(x)$在所求根x^*的邻近连续，并且

$$g'(x^*)=g''(x^*)=\cdots=g^{(\alpha-1)}(x^*)=0,\quad g^{(\alpha)}(x^*)\neq 0,$$

则该迭代过程在点x^*的邻近是α阶收敛的.

证明 由于$g'(x^*)=0$，根据定理 3(同时参考定理 4 和定理 5 的证明过程)可以立即断定迭代过程$x_{k+1}=g(x_k)$具有局部收敛性. 将$g(x_k)$在根x^*处作泰勒展开，利用定理的条件，有

$$g(x_k)=g(x^*)+\frac{g^{(\alpha)}(\xi)}{\alpha!}(x_k-x^*)^{\alpha},\quad 其中\ \xi\ 在\ x_k\ 与\ x^*\ 之间.$$

另外，有$x_{k+1}=g(x_k)$，$x^*=g(x^*)$，由上式得

$$x_{k+1}-x^*=\frac{g^{(\alpha)}(\xi)}{\alpha!}(x_k-x^*)^{\alpha},$$

因此

$$\lim_{k\to\infty}\frac{|e_{k+1}|}{|e_k|^{\alpha}}=\lim_{k\to\infty}\frac{g^{(\alpha)}(\xi)}{\alpha!}=\frac{g^{(\alpha)}(x^*)}{\alpha!}.$$

这表明迭代过程$x_{k+1}=g(x_k)$确实为α阶收敛的.

7.4.2 牛顿法收敛性再讨论

从泰勒展开式推导牛顿法的过程中可看出，牛顿法的收敛性与初值的选取具有相关性. 下面的收敛定理说明了牛顿法对初值选取的重要性.

定理 7 (牛顿法收敛定理) 假设$f(x)\in C^2[a,b]$. 如果$x^*\in[a,b]$使得$f(x^*)=0$，但$f'(x^*)\neq 0$，那么存在$\delta>0$，使得对任意的初值$x_0\in[x^*-\delta,x^*+\delta]$，牛顿法产生的序列$\{x_k\}_{k=1}^{\infty}$收敛到$x^*$.

证明 牛顿法可被看作一种特殊的不动点迭代方法，即对$k\geqslant 1$，有$x_k=g(x_{k-1})$，其中函数

$$g(x)=x-\frac{f(x)}{f'(x)}.$$

根据题意可知，x^*是$f(x)=0$的根当且仅当x^*是$g(x)$的不动点. 为了完成证明，

根据定理 3(不动点局部收敛定理), 只需证明对给定的 $L\in(0,1)$, 能找到一个区间 $[x^*-\delta,x^*+\delta]$ 使得对所有的 $x\in[x^*-\delta,x^*+\delta]$, 均有 $g(x)\in[x^*-\delta,x^*+\delta]$, 即 $g(x)$ 把该区间映射到自身. 并且对所有的 $x\in(x^*-\delta,x^*+\delta)$, 有 $|g'(x)|\leqslant L$.

事实上, 因为 $f'(x)$ 是连续的且 $f'(x^*)\neq 0$, 根据习题 7 的第 4 题的第一部分(请读者自行证明), 我们知道存在 $\delta_1>0$ 使得对所有的 $x\in[x^*-\delta_1,x^*+\delta_1]\subseteq[a,b]$, 有 $f'(x)\neq 0$. 因此 $g(x)$ 是有定义的且在区间上连续. 此外, 对 $x\in[x^*-\delta_1,x^*+\delta_1]$, 有

$$g'(x)=1-\frac{f'(x)f'(x)-f(x)f''(x)}{[f'(x)]^2}=\frac{f(x)f''(x)}{[f'(x)]^2},$$

故根据 $f(x)\in C^2[a,b]$, 有 $g(x)\in C[x^*-\delta_1,x^*+\delta_1]$. 根据假设 $f(x^*)=0$, 得如下结果

$$g'(x^*)=\frac{f(x^*)f''(x^*)}{[f'(x^*)]^2}=0.$$

因为 $g'(x)$ 是连续的且 $0<L<1$, 根据习题 7 的第 4 题的第二部分(请读者自行证明), 我们知道存在 δ 满足 $0<\delta<\delta_1$, 使得对所有的 $x\in[x^*-\delta,x^*+\delta]$, 有

$$|g'(x)|\leqslant L.$$

下面只需再证 $g(x)$ 把 $[x^*-\delta,x^*+\delta]$ 映射到自身即可.

事实上, 对 $x\in[x^*-\delta,x^*+\delta]$, 根据微分中值定理, 可得

$$|g(x)-g(x^*)|=|g'(\xi)||x-x^*|,$$

其中 ξ 介于 x 和 x^* 之间. 所以

$$|g(x)-x^*|=|g(x)-g(x^*)|=|g'(\xi)||x-x^*|\leqslant L|x-x^*|<|x-x^*|.$$

因为 $x\in[x^*-\delta,x^*+\delta]$, 有 $|x-x^*|\leqslant\delta$, 从而由上述不等式得 $|g(x)-x^*|<\delta$. 这就证明了 $g(x)$ 把 $[x^*-\delta,x^*+\delta]$ 映射到自身.

上述定理说明, 在很多情况下, 只要初值选得好, 牛顿法就会收敛. 而且从证明的过程中也可看出, 随着迭代的值 x_n 越来越靠近根 x^*, 能限定住函数的导数 $g'(\xi)$ 的 k 也会越来越小, 这对牛顿法的收敛速度有很关键的影响. 但一般情况下很难确定究竟应该选什么样的初值使之充分靠近方程的根. 只能靠数值实验, 随便选一个尽可能靠近根的初值, 然后用牛顿迭代公式生成序列 $\{x_n\}$, 该序列或者收敛到根, 或者发散.

牛顿法尽管很强大, 但也有一些弱点. 除了刚才提及的初值的选取之外, 在每一次迭代过程中, 都需要知道导函数的值, 这有时增加了很多的计算量, 有时

使得计算很困难. 从这一点来说, 也可以认为割线法是牛顿法的一种修正: 割线法迭代公式和牛顿法迭代公式的差别可以认为是牛顿法中求 $f'(x_n)$ 的工作被 $\dfrac{f(x_n)-f(x_{n-1})}{(x_n-x_{n-1})}$ 取代了.

对某些方程, 应用牛顿法时, 即使是远离根的非常不好的初值也会收敛. 比如对方程

$$x^2-C=0,$$

可导出求开方值 $\sqrt{C}$ 的计算程序

$$x_{n+1}=\frac{1}{2}\left(x_n+\frac{C}{x_n}\right). \tag{7.5}$$

我们现在证明, 这种迭代公式对于任意初值 $x_0>0$ 都是收敛的.

事实上, 对式(7.5)施行配方手续, 可得

$$x_{n+1}-\sqrt{C}=\frac{1}{2x_n}(x_n-\sqrt{C})^2;$$

$$x_{n+1}+\sqrt{C}=\frac{1}{2x_n}(x_n+\sqrt{C})^2.$$

以上两式相除得

$$\frac{x_{n+1}-\sqrt{C}}{x_{n+1}+\sqrt{C}}=\left(\frac{x_n-\sqrt{C}}{x_n+\sqrt{C}}\right)^2.$$

据此反复递推有

$$\frac{x_n-\sqrt{C}}{x_n+\sqrt{C}}=\left(\frac{x_0-\sqrt{C}}{x_0+\sqrt{C}}\right)^{2^n}.$$

记 $q=(x_0-\sqrt{C})/(x_0+\sqrt{C})$, 整理上式得

$$x_n-\sqrt{C}=2\sqrt{C}\frac{q^{2^n}}{1-q^{2^n}}.$$

对任意 $x_0>0$, 总有 $|q|<1$, 故由上式推出, 当 $n\to\infty$ 时, $x_n\to\sqrt{C}$, 即迭代过程恒收敛.

例 7.5　按(7.5)的 $\sqrt{C}$ 的计算程序求 $\sqrt{115}$ 的近似值.

解　取初值 $x_0=10$, 按(7.5)的计算程序, 对 $C=115$ 迭代 3 次便得到精度为 10^{-6} 的结果(表 7-8).

表 7-8

n	x_n
0	10
1	10.750000
2	10.723837
3	10.723805
4	10.723805

现在考察牛顿法的收敛阶.

视牛顿法为不动点迭代方法, 迭代函数为

$$g(x)=x-\frac{f(x)}{f'(x)}.$$

即对 $k\geqslant 1$, 有

$$x_k=g(x_{k-1})=x_{k-1}-\frac{f(x_{k-1})}{f'(x_{k-1})}.$$

令 x^* 为方程 $x=g(x)$ 的不动点. 如果 x^* 是 $f(x)=0$ 的单根, 我们有 $f(x^*)=0$ 但 $f'(x^*)\neq 0$, 此时

$$\left|g'(x^*)\right|=\left|\frac{f(x^*)f''(x^*)}{\left[f'(x^*)\right]^2}\right|=0.$$

根据定理 6, 牛顿法取得平方收敛速度. 事实上, 由泰勒展开式, 可以证明

$$x_{k+1}=g(x_k)=x^*+\frac{g''(\xi_k)}{2}(x_k-x^*)^2,$$

其中 ξ_k 介于 x_k 和 x^* 之间, 故

$$\lim_{k\to\infty}\frac{|x_{k+1}-x^*|}{|x_k-x^*|^2}=\frac{|g''(x^*)|}{2}.$$

如果 x^* 不是 $f(x)=0$ 的单根, 那么只要有 $f'(x_{k-1})\neq 0$, 我们依然可以用牛顿法迭代计算. 但此时, 迭代速度会受到影响. 为了考察牛顿法在重根附近的收敛速度, 给出以下定理.

定理 8　令函数 $f(x)\in C^1[a,b]$, 则 x^* 是方程 $f(x)=0$ 的单根, 当且仅当 $f(x^*)=0$ 但 $f'(x^*)\neq 0$. (此即习题 12, 请读者自行证明.)

一般地, 我们有如下定理.

定理 9 令函数 $f(x)\in C^m[a,b]$，则方程 $f(x)=0$ 在开区间 (a,b) 中有重数为 m 的根 x^*，当且仅当，

$$f(x^*)=f'(x^*)=f''(x^*)=\cdots=f^{(m-1)}(x^*)=0\text{，但 } f^m(x^*)\neq 0\,.$$

(此即习题 13, 请读者自行证明.)

假设 x^* 是 $f(x)=0$ 的 m 重根, 则 $f(x)=(x-x^*)^m N(x)$，其中 $N(x^*)\neq 0$．但此时迭代函数 $g(x)=x-\dfrac{f(x)}{f'(x)}=x-\dfrac{(x-x^*)N(x)}{mN(x)+(x-x^*)N'(x)}$. 微分可得 $g'(x^*)=1-\dfrac{1}{m}\neq 0$, 且 $\left|g'(x^*)\right|<1$, 根据定理 4, 牛顿法只能是线性收敛到重根 x^*.

为了加速重根的收敛速度, 定义 $\mu(x)=\dfrac{f(x)}{f'(x)}$, 则有 $\mu'(x)=\dfrac{\left[f'(x)\right]^2-f''(x)f(x)}{\left[f'(x)\right]^2}$.

此时 x^* 是 $\mu(x)$ 的单根. 事实上, 可得

$$\mu(x)=\frac{(x-x^*)N(x)}{mN(x)+(x-x^*)N'(x)}.$$

故可以对 $\mu(x)=0$ 用牛顿法求单根, 其迭代函数为

$$g(x)=x-\frac{\mu(x)}{\mu'(x)}=x-\frac{f(x)f'(x)}{\left[f'(x)\right]^2-f(x)f''(x)},$$

从而可以构造迭代法

$$x_{k+1}=x_k-\frac{f(x_k)f'(x_k)}{\left[f'(x_k)\right]^2-f(x_k)f''(x_k)},\quad k=0,1,\cdots.$$

它是平方收敛的. 但由于要计算 $f''(x)$，计算量可能会增大, 同时在迭代的过程中分母会涉及两个相近数相减, 可能会造成比较严重的舍入误差, 这是在求重根时需要注意的.

7.5 迭代法收敛的加速方法

对于收敛的迭代过程, 只要迭代足够多次, 就可以使结果达到任意的精度, 但有时迭代过程收敛缓慢, 从而使计算量变得很大, 因此迭代过程的加速是个重要的课题.

7.5.1 艾特肯加速收敛方法

具有平方收敛速度的迭代算法有时并不容易获得. 很多情况下, 只能得到具有线性收敛速度的迭代算法. 本节将介绍艾特肯(Aitken) Δ^2 加速收敛方法, 一种对

给定序列加快其收敛速度的加速算法，尤其常用于对具有线性收敛速度的序列进行收敛加速.

在继续之前，先引入一个概念.

定义 3　给定序列 $\{x_n\}_{n=0}^{\infty}$，对每一个 $n \geqslant 0$，称符号

$$\Delta x_n = x_{n+1} - x_n$$

为向前差分符号. 对高阶差分，可递归定义如下：对 $k \geqslant 2$，

$$\Delta^k x_n = \Delta(\Delta^{k-1} x_n).$$

假设 $\{x_n\}_{n=0}^{\infty}$ 线性收敛到 x^*. 现在我们考虑构造一个新的序列 $\{\hat{x}_n\}_{n=0}^{\infty}$，使其比 $\{x_n\}_{n=0}^{\infty}$ 更快收敛到 x^*. 为了方便计，假设当 n 充分大的时候，$x_n - x^*, x_{n+1} - x^*$ 和 $x_{n+2} - x^*$ 同号，且

$$\frac{x_{n+1} - x^*}{x_n - x^*} \approx \frac{x_{n+2} - x^*}{x_{n+1} - x^*},$$

也就是

$$(x_{n+1} - x^*)^2 \approx (x_{n+2} - x^*)(x_n - x^*).$$

故

$$x_{n+1}^2 - 2x_{n+1}x^* + x^{*2} \approx x_{n+2}x_n - (x_n + x_{n+2})x^* + x^{*2}.$$

解出 x^*，得

$$x^* \approx \frac{x_{n+2}x_n - x_{n+1}^2}{x_{n+2} + x_n - 2x_{n+1}},$$

可进一步化为

$$\begin{aligned} x^* &\approx \frac{x_n^2 + x_{n+2}x_n - 2x_{n+1}x_n + 2x_{n+1}x_n - x_n^2 - x_{n+1}^2}{x_{n+2} + x_n - 2x_{n+1}} \\ &= x_n - \frac{(x_{n+1} - x_n)^2}{x_{n+2} + x_n - 2x_{n+1}}. \end{aligned}$$

因此可构造新的迭代序列

$$\hat{x}_n = x_n - \frac{(x_{n+1} - x_n)^2}{x_{n+2} + x_n - 2x_{n+1}}, \quad n = 0, 1, \cdots.$$

根据定义 3，可以把上式改写为

$$\hat{x}_n = x_n - \frac{(x_{n+1} - x_n)^2}{(x_{n+2} - x_{n+1}) - (x_{n+1} - x_n)} = x_n - \frac{(\Delta x_n)^2}{\Delta^2 x_n}, \quad n = 0, 1, \cdots.$$

这也是把这个方法称为艾特肯 Δ^2 加速方法的原因. 之所以对原序列 $\{x_n\}_{n=0}^{\infty}$

按照艾特肯 Δ^2 加速收敛方法构造新序列 $\{\hat{x}_n\}_{n=0}^{\infty}$ 是因为我们相信新序列比原序列收敛得快. 究竟怎么个快法呢? 一般指的是在下面定理陈述的意义下, 该定理表明艾特肯 Δ^2 加速收敛方法构造出的序列比原序列收敛速度快.

定理 10 假设序列 $\{x_n\}_{n=0}^{\infty}$ 线性收敛到 x^*, 且对充分大的 n, 有 $(x_n - x^*) > 0$ 与 $(x_{n+1} - x^*) > 0$, 那么有

$$\lim_{n\to\infty} \frac{\hat{x}_n - x^*}{x_n - x^*} = 0.$$

证明略.

7.5.2 斯特芬森迭代法

艾特肯 Δ^2 加速收敛方法在原序列 $\{x_n\}_{n=0}^{\infty}$ 给定的情况下, 总是生成新的序列 $\{\hat{x}_n\}_{n=0}^{\infty}$, 如果我们把艾特肯 Δ^2 加速收敛方法和不动点迭代产生的线性收敛序列相结合, 则可以把线性收敛速度提高到平方收敛.

为了方便起见, 用记号 $\{\Delta^2\}(x_n)$ 表示艾特肯加速过程, 即

$$\{\Delta^2\}(x_n) = \hat{x}_n = x_n - \frac{(\Delta x_n)^2}{\Delta^2 x_n}.$$

那么可以看出, 艾特肯 Δ^2 加速收敛方法用原序列的信息(而不管原序列是怎么得到的)顺序构造新序列:

$$x_0, \quad x_1, \quad x_2, \quad \hat{x}_0 = \{\Delta^2\}(x_0),$$

$$x_1, \quad x_2, \quad x_3, \quad \hat{x}_1 = \{\Delta^2\}(x_1), \cdots.$$

但如果原序列 $\{x_n\}_{n=0}^{\infty}$ 由不动点迭代生成, 即 $x_{n+1} = g(x_n)$, 那么上述过程即为

$$x_0, \quad x_1 = g(x_0), \quad x_2 = g(x_1), \quad \hat{x}_0 = \{\Delta^2\}(x_0),$$

$$x_3 = g(x_2), \quad \hat{x}_1 = \{\Delta^2\}(x_1), \cdots.$$

斯特芬森(Steffensen)迭代法基于这样的想法, 在迭代过程中, $\hat{x}_0$ 应该是比 x_2 更好的对 x^* 的近似, 故可以直接用 $\hat{x}_0$ 代替 x_2. 所以给定初值 x_0, 斯特芬森迭代法这样生成序列:

$$x_0^{(0)}, \quad x_1^{(0)} = g(x_0^{(0)}), \quad x_2^{(0)} = g(x_1^{(0)}), \quad x_0^{(1)} = \{\Delta^2\}(x_2^{(0)}), \quad x_1^{(1)} = g(x_0^{(1)}), \cdots,$$

这就给出了以下的算法.

算法 7.5 (斯特芬森迭代法) 给定初值 x_0, 迭代得到方程 $x = g(x)$ 的根.

输入 初值 x_0; 误差限 TOL; 最大迭代次数 Max.

输出 近似解 x 或失败信息.

步骤 1 (初始化)　令 $i=1$.

步骤 2 (迭代过程)　当 $i\leqslant \text{Max}$，做步骤 3 到步骤 6.

　　步骤 3　令 $x_1=g(x_0)$；(计算 $x_0^{(i-1)}$)

　　$x_2=g(x_1)$；(计算 $x_1^{(i-1)}$)

　　$x=x_0-(x_1-x_0)^2/(x_2-2x_1+x_0)$.(计算 $x_0^{(i)}$)

　　步骤 4　如果 $|x-x_0|<\text{TOL}$，那么

　　　　输出 x；(成功找到符合条件的近似解)

　　　　停止.

　　步骤 5　令 $i=i+1$.

步骤 6　令 $x_0=x$.

步骤 7　输出(“经过 Max 次迭代后方法失败, Max=” , Max),

　　停止.

注　在进行斯特芬森迭代过程时, 可能会出现分母上 $\Delta^2 x_n$ 为 0 的情况. 如果这种情况发生了, 那么就停止迭代过程, 并返回 $x_2^{(n-1)}$ 作为根的近似.

例 7.6　用斯特芬森迭代法求方程 $x^3+4x^2-10=0$ 的根.

解　把方程化为 $x^3+4x^2=10$，两边除以 $x+4$，解出 x, 得不动点迭代形式:

$$x=g(x)=\sqrt{\frac{10}{x+4}}.$$

取初值为 $x_0=1.5$. 迭代过程见表 7-9.

表 7-9

k	$x_0^{(k)}$	$x_1^{(k)}$	$x_2^{(k)}$
0	1.5	1.348399725	1.367376372
1	1.365265224	1.365225534	1.365230583
2	1.365230013		

在这个例子里, 斯特芬森的迭代速度很快, $x_0^{(2)}=1.365230013$ 已经有 9 位有效数字了.

例 7.6 基本上和用牛顿法达到的精度一致. 事实上, 这不是偶然的. 我们可以证明如下定理.

定理 11　假设方程 $x=g(x)$ 的根 x^* 满足 $g'(x^*)\neq 0$. 如果存在 $\delta>0$ 使得 $g(x)\in C^3[x^*-\delta,x^*+\delta]$，那么斯特芬森迭代法对任意的初值 $x_0\in[x^*-\delta,x^*+\delta]$ 都能达到平方收敛速度.

7.6　多项式零点与抛物线法

多项式(polynomial)是数学中的基础概念，是由称为不定元的变量和称为系数的常数通过有限次加减法、乘法以及自然数幂次的乘方运算得到的代数表达式. 多项式在数学的很多分支中乃至许多自然科学以及工程学中都有重要作用. 多项式方程是指多项式函数构成的方程. 给定多项式 $P(x)=a_nx^n+a_{n-1}x^{n-1}+\cdots+a_1x+a_0$，则对应的多项式函数可以构造方程:

$$P(x)=a_nx^n+a_{n-1}x^{n-1}+\cdots+a_1x+a_0=0. \tag{7.6}$$

例如：$x^3+4x-3=0$ 就是一个多项式方程. 如果某个数 r 使得多项式方程 $P(r)=0$，那么就称 r 为多项式方程的解，或多项式函数 $P(x)$ 的一个根或零点. 多项式函数的根与多项式有如下关系：如果某个 $r\in\mathbf{R}$ 是多项式函数 $P(x)$ 的一个根，那么一次多项式 $x-r$ 整除多项式，也就是说，存在多项式 $Q(x)$，使得 $P(x)=(x-r)Q(x)$；反之亦然. 如果存在(一般来说大于的)正整数 k，使得 $P(x)=(x-r)^kQ(x)$，那么称 r 是多项式函数的一个 k 重根.

多项式的根是否存在及根的数目均取决于多项式的系数域及指定根所在的域. 代数基本定理说明，复系数多项式在复数域内必然有至少一个根. 这可以推出 n 次多项式函数必定有 n 个根. 这里说的 n 个根包括了重根的情况. 另外可以证明，奇数次实系数多项式在实数域内至少有一个根.

很多问题要求多项式的全部零点，即方程(7.6)的全部根. 如果我们要用牛顿法求方程的根，就需要知道特定点的函数值 $P(x)$ 和导数值 $P'(x)$. 秦九韶算法在求多项式的函数值和导数值方面，就非常高效. 具体来说，要求 n 阶多项式 $P(x)$ 在任意点的函数值只需要做 n 次乘法和 n 次加法.

7.6.1　秦九韶算法

秦九韶算法是我国南宋时期的数学家秦九韶表述求解一元高次多项式的值的算法——正负开方术. 它也可以配合牛顿法用来求解一元高次多项式的根. 19 世纪初，英国数学家威廉 · 乔治 · 霍纳重新发现并证明，后世称作**霍纳算法**(Horner's method).

定理 12 (秦九韶算法或霍纳算法)　假设给定多项式

$$P(x)=a_nx^n+a_{n-1}x^{n-1}+\cdots+a_1x+a_0.$$

如果 $b_n=a_n$ 且对 $k=n-1,n-2,\cdots,1,0$，有

$$b_k=a_k+b_{k+1}x_0,$$

那么 $b_0 = P(x_0)$，此外，如果

$$Q(x) = b_n x^{n-1} + b_{n-1} x^{n-2} + \cdots + b_2 x + b_1,$$

那么

$$P(x) = (x - x_0)Q(x) + b_0.$$

证明　根据定义，有

$$\begin{aligned}(x - x_0)Q(x) + b_0 &= (x - x_0)(b_n x^{n-1} + \cdots + b_2 x + b_1) + b_0 \\ &= (b_n x^n + b_{n-1} x^{n-1} + \cdots + b_2 x^2 + b_1 x) \\ &\quad - (b_n x_0 x^{n-1} + \cdots + b_2 x_0 x + b_1 x_0) + b_0 \\ &= b_n x^n + (b_{n-1} - b_n x_0) x^{n-1} + \cdots + (b_1 - b_2 x_0) x \\ &\quad + (b_0 - b_1 x_0).\end{aligned}$$

根据题设，$b_n = a_n$ 且 $b_k - b_{k+1} x_0 = a_k$，故

$$(x - x_0)Q(x) + b_0 = P(x) \quad \text{并且} \quad b_0 = P(x_0).$$

例 7.7　用秦九韶算法计算多项式 $P(x) = 2x^4 - 3x^2 + 3x - 4$ 在 $x_0 = -2$ 的值.

解　根据定理 12，可列综合除式如下：

	x^4 的系数	x^3 的系数	x^2 的系数	x 的系数	常数项
$x_0 = -2$	$a_4 = 2$	$a_3 = 0$	$a_2 = -3$	$a_1 = 3$	$a_0 = -4$
		$b_4 x_0 = -4$	$b_3 x_0 = 8$	$b_2 x_0 = -10$	$b_1 x_0 = 14$
	$b_4 = 2$	$b_3 = -4$	$b_2 = 5$	$b_1 = -7$	$b_0 = 10$

所以

$$P(x) = (x + 2)(2x^3 - 4x^2 + 5x - 7) + 10.$$

秦九韶算法还有另一个好处就是求在点 $x = x_0$ 的导数值. 根据定理 12，有

$$P(x) = (x - x_0)Q(x) + b_0,$$

其中

$$Q(x) = b_n x^{n-1} + b_{n-1} x^{n-2} + \cdots + b_2 x + b_1,$$

故对 $P(x) = (x - x_0)Q(x) + b_0$ 进行微分可得

$$P'(x) = Q(x) + (x - x_0)Q'(x) \quad \text{且} \quad P'(x_0) = Q(x_0).$$

所以当用牛顿法求多项式的根时，$P(x)$ 和 $P'(x)$ 可以用同样的方式计算出来. 求给定点 $P(x_0)$ 和 $P'(x_0)$ 的计算步骤可总结为以下算法.

算法 7.6 (秦九韶算法, 霍纳算法)　求多项式

$$P(x)=a_nx^n+a_{n-1}x^{n-1}+\cdots+a_1x+a_0$$

在给定点 x_0 的值及其导数值.

输入　多项式的阶数 n；多项式的系数 $a_0,a_1,\cdots,a_n$；给定点 x_0.

输出　$y=P(x_0)$；$z=P'(x_0)$.

步骤 1　令 $y=a_n$;(计算 $P(x)$中的b_n)

　　$z=b_n$.　(计算 $Q(x)$ 中的 b_{n-1})

步骤 2　对 $j=n-1,n-2,\cdots,1$,

　　令 $y=x_0y+a_j$；　(计算 $P(x)$中的b_j)

　　$z=x_0z+y$.　(计算 $Q(x)$ 中的 b_{j-1})

步骤 3　令 $y=x_0y+a_0$.　(计算 $P(x)$中的b_0)

步骤 4　输出 (y,z),

　　停止.

用综合除式, 我们还可以求出 $P''(x_0)$，$P'''(x_0)$ 直至 $P^{(k)}(x_0)$.

例 7.8　用牛顿法求出下列多项式 $P(x)=2x^4-3x^2+3x-4$ 的一个零点, 在每步迭代时用秦九韶算法求出 $P(x_n)$ 和 $P'(x_n)$.

解　令 $x_0=-2$ 为初值, 根据算法 7.6 列综合除式得

$x_0=-2$	2	0	−3	3	−4	
		−4	8	−10	14	
	2	−4	5	−7	10	$=P(-2)$

根据 $Q(x)=2x^3-4x^2+5x-7$ 和 $P'(-2)=Q(-2)$，可施行同样的步骤, 得综合除式:

$x_0=-2$	2	−4	5	−7	
		−4	16	−42	
	2	−8	21	−49	$=Q(-2)=P'(-2)$

故

$$x_1=x_0-\frac{P(x_0)}{P'(x_0)}=-2-\frac{10}{-49}\approx-1.796.$$

重复这个过程, 得

−1.796	2	0	−3	3	−4	
		−3.592	6.451	−6.197	5.742	
	2	−3.592	3.451	−3.197	1.742	$=P(x_1)$
		−3.592	12.902	−29.370		
	2	−7.184	16.353	−32.567	$=Q(x_1)$	$=P'(x_1)$

故 $P(-1.796)=1.742$，$P'(-1.796)=-32.567$，可得

$$x_2 = x_1 - \frac{P(x_1)}{P'(x_1)} = -1.796 - \frac{1.742}{-32.567} \approx -1.7425.$$

继续这个过程得 $x_3=-1.73897$. 注意到 -1.73896 是有 5 位有效数字的根，该迭代方法仅迭代 3 次即可得到较高精度的近似根，说明该方法是高效的.

7.6.2　多项式全部根求解问题

用牛顿法配合秦九韶算法，我们可以求得多项式的一个根(其实是根的近似). 假设 n 阶多项式 $P(x)$ 有 n 个实数根，且 $\hat{x}_1$ 是用牛顿法找到的一个近似根，那么有

$$P(x)=(x-\hat{x}_1)Q_1(x)+b_0=(x-\hat{x}_1)Q_1(x)+P(\hat{x}_1)\approx(x-\hat{x}_1)Q_1(x),$$

其中是 $Q_1(x)$ 是 $n-1$ 阶多项式.

我们可以再用牛顿法找到 $P(x)$ 的第二个近似根，并以此类推，可以最终找到 $P(x)$ 的 $n-2$ 个近似根和一个二次多项式因子 $Q_{n-2}(x)$. 对 $Q_{n-2}(x)$，我们可以用解一元二次方程的求根公式求解. 当然要注意，这种方法可能会导致结果不准确.

以上描述的方法就是所谓的“降阶法”(deflation). 降阶法的准确性会随着次数的增多而降低. 具体来说，当获得多项式的近似根的时候，我们是把牛顿法继续用在了降阶以后的 $(n-k)$ 阶多项式 $Q_k(x)$ 上，其中 $Q_k(x)$ 满足

$$P(x)\approx(x-\hat{x}_1)(x-\hat{x}_2)\cdots(x-\hat{x}_k)Q_k(x).$$

那么当我们获取 $\hat{x}_{k+1}$ 的时候，是对 $Q_k(x)=0$ 来说比较好的近似根，但对 $P(x)=0$ 来说却未必是同样好的近似根，而且 k 越大，$\hat{x}_{k+1}$ 是 $P(x)=0$ 的根的准确性越降低. 要解决这个问题，其实也不难，我们可以对获取的第一次近似根 $\hat{x}_2$，$\hat{x}_3,\cdots,\hat{x}_n$ 分别认为是初值而再次施行牛顿法求根.

用牛顿法对多项式求根时，有一个问题值得重视，就是多项式的系数都是实数，但有复数根的情况. 对这种情况，我们依然可以使用牛顿法，但每一步都需要实施复数运算法则，同时要把初值视为复数根. 但是这样做的代价可能会使得运算量增多.

定理 13　假设 $r=a+bi$ 是实系数多项式 $P(x)$ 的 m 重复数根，那么 $\overline{r}=a-bi$

也是的 m 重复数根, 此外, $(x^2-2ax+a^2+b^2)^m$ 是 $P(x)$ 的因子.

证明略.

7.6.3 抛物线法

抛物线法是求根的一种方法, 由美国数学家缪勒(David E. Müller)在 1956 年提出, 故也称缪勒法. 抛物线法可以对任意的非线性方程求根, 但对多项式求根特别有效.

抛物线法可认为是割线法的推广. 割线法从两个初值 x_0 和 x_1 开始, 然后作连接曲线 $y=f(x)$ 上的两个点 $(x_0,f(x_0))$ 和 $(x_1,f(x_1))$ 的割线, 最后得到该割线与 x 轴的交点, 把此交点作为更好的近似(图 7-6(a)). 而抛物线法, 顾名思义, 从三个初值 x_0,x_1 和 x_2 开始, 然后作连接曲线上的三个点 $(x_0,f(x_0)),(x_1,f(x_1))$ 和 $(x_2,f(x_2))$ 的抛物线, 最后得到该抛物线与 x 轴的交点, 把交点作为更好的近似(图 7-6(b)).

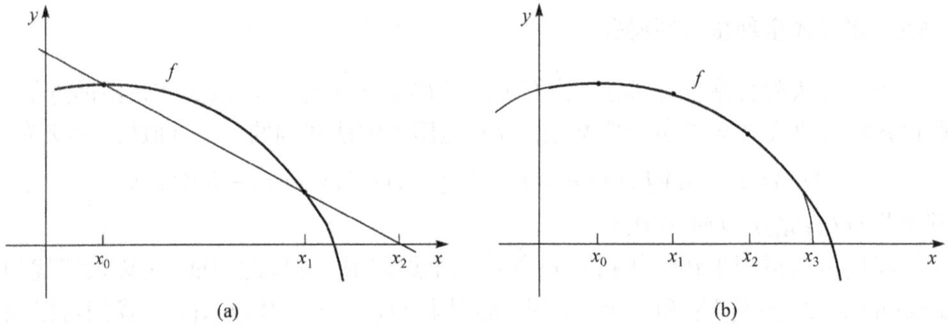

图 7-6

抛物线法考虑经过三个点 $(x_0,f(x_0)),(x_1,f(x_1))$ 和 $(x_2,f(x_2))$ 的二次多项式

$$P(x)=a(x-x_2)^2+b(x-x_2)+c.$$

然后通过条件(7.7)—(7.9)确定常数 a,b 和 c 的值

$$f(x_0)=a(x_0-x_2)^2+b(x_0-x_2)+c, \tag{7.7}$$

$$f(x_1)=a(x_1-x_2)^2+b(x_1-x_2)+c, \tag{7.8}$$

$$f(x_2)=a(x_2-x_2)^2+b(x_2-x_2)+c, \tag{7.9}$$

得

$$c=f(x_2), \tag{7.10}$$

$$b=\frac{(x_0-x_2)^2[f(x_1)-f(x_2)]-(x_1-x_2)^2[f(x_0)-f(x_2)]}{(x_0-x_2)(x_1-x_2)(x_0-x_1)}, \tag{7.11}$$

$$a=\frac{(x_1-x_2)[f(x_0)-f(x_2)]-(x_0-x_2)[f(x_1)-f(x_2)]}{(x_0-x_2)(x_1-x_2)(x_0-x_1)}. \tag{7.12}$$

求得二次多项式的系数后，可用一元二次方程求根公式来求出 $P(x)$ 的零点，记为 x_3．但因为有舍入误差的存在，我们为了避免两个相近数相减，可以用公式(对常见的一元二次方程求根公式分母有理化)

$$x_3 - x_2 = \frac{-2c}{b \pm \sqrt{b^2 - 4ac}}$$

来求 x_3．

根据公式，有可能得到两个不同的值．抛物线法选取符号与 b 相同的那个根，因为这样所得到的分母的模才是最大的，这也使得所求得的根 x_3 是最接近 x_2 的．故

$$x_3 = x_2 - \frac{2c}{b + \operatorname{sgn}(b)\sqrt{b^2 - 4ac}},$$

其中

$$\operatorname{sgn}(b) = \begin{cases} 1, & b > 0, \\ 0, & b = 0, \\ -1, & b < 0. \end{cases}$$

一旦求得 x_3，就用 x_1, x_2 和 x_3 去依次替代 x_0, x_1 和 x_2，然后重复上述求根的过程，又求出 x_4．在迭代的每一步，都涉及计算 $\sqrt{b^2 - 4ac}$，所以一旦有 $b^2 - 4ac < 0$，抛物线法就会返回一个复数根．抛物线法的具体求根过程，可见以下算法．

算法 7.7 (抛物线法，或缪勒法)　给定初值 x_0, x_1 和 x_2，迭代得到方程 $f(x) = 0$ 的根．

输入　初值 x_0, x_1 和 x_2；误差限 TOL；最大迭代次数 Max.

输出　近似解 x 或失败信息.

步骤 1 (初始化)　令 $h_1 = x_1 - x_0$，

$$h_2 = x_2 - x_1;$$

$$\delta_1 = (f(x_1) - f(x_0)) / h_1;$$

$$\delta_2 = (f(x_2) - f(x_1)) / h_2;$$

$$d = (\delta_2 - \delta_1) / (h_2 + h_1);$$

$$i = 3.$$

步骤 2 (迭代过程)　当 $i \leqslant \text{Max}$ 做步骤 3 到步骤 7.

步骤 3　令 $b = \delta_2 + h_2 d$；

$$D = (b^2 - 4f(x_2)d)^{1/2};$$

步骤 4　如果 $|b - D| < |b + D|$，那么令 $E = b + D$；

否则令 $E=b-D$.

步骤 5　令 $h=-2f(x_2)/E$;

$$x=x_2+h.$$

步骤 6　如果 $|h|<\mathrm{TOL}$,

输出 (p);

停止.

步骤 7　令 $x_0=x_1$;

$$x_1=x_2;$$

$$x_2=x;$$

$$h_1=x_1-x_0$$

$$h_2=x_2-x_1$$

$$\delta_1=(f(x_1)-f(x_0))/h_1;$$

$$\delta_2=(f(x_2)-f(x_1))/h_2;$$

$$d=(\delta_2-\delta_1)/(h_2+h_1);$$

$$i=i+1.$$

步骤 8　输出("经过 Max 次迭代后方法失败, Max=", Max),

停止.

例 7.9　用抛物线法求多项式 $P(x)=16x^4-40x^3+5x^2+20x+6$ 的根. 设定误差限为 $\mathrm{TOL}=10^{-5}$.

解　选取初值 $x_0=0.5, x_1=-0.5$ 和 $x_2=0$. 用算法 7.7 求解得表 7-10.

表 7-10

i	x_i	$f(x_i)$
3	$-0.555556+0.598352\mathrm{i}$	$-29.4007-3.89872\mathrm{i}$
4	$-0.435450+0.102101\mathrm{i}$	$1.33223-1.19309\mathrm{i}$
5	$-0.390631+0.141852\mathrm{i}$	$0.375057-0.670164\mathrm{i}$
6	$-0.357699+0.169926\mathrm{i}$	$-0.146746+0.00744629\mathrm{i}$
7	$-0.356051+0.162856\mathrm{i}$	$-0.183868\times10^{-2}+0.539780\times10^{-3}\mathrm{i}$
8	$-0.356062+0.162758\mathrm{i}$	$0.286102\times10^{-5}+0.953674\times10^{-6}\mathrm{i}$

如果选取初值 $x_0=0.5, x_1=1.0$ 和 $x_2=1.5$, 则用算法 7.7 求解得表 7-11.

表 7-11

i	x_i	$f(x_i)$
3	1.28785	−1.37624
4	1.23746	0.126941
5	1.24160	0.219440×10^{-2}
6	1.24168	0.257492×10^{-4}
7	1.24168	0.257492×10^{-4}

如果选取初值 $x_0=2.5$，$x_1=2.0$ 和 $x_2=2.25$，则用算法 7.7 求解得表 7-12.

表 7-12

i	x_i	$f(x_i)$
3	1.96059	−0.611255
4	1.97056	0.748825×10^{-2}
5	1.97044	-0.295639×10^{-4}
6	1.97044	-0.259639×10^{-4}

上面的例子表明, 抛物线法从不同的初值出发都能得到多项式的近似根. 虽然一般而言, 抛物线法对任意初值都收敛, 但也有不收敛的情况. 比如, 对某次迭代 i 以后有 $f(x_i)=f(x_{i+1})=f(x_{i+2})\neq0$，那么通过曲线上的三个点的抛物线就退化成一个非零的常值函数, 其图像为一条与 x 轴平行的直线, 这样的话与 x 轴就无交点, 自然谈不上收敛了. 如果收敛, 收敛阶是多少呢? 对一般的情况, 并无任何结论. 但若满足特定的条件(即迭代得到的序列非常接近真实的根), 那么在非常接近单根的情况下, 具体来说, 如果 r 是 $f(x)=0$ 的单根, 即 $f(r)=0$ 但 $f'(r)\neq0$，且 $f(x)$ 是 3 阶连续可微的, 并且初值 x_0,x_1 和 x_2 选取得已经充分靠近 r 了, 那么缪勒法可以推出该方法的收敛阶为 $\alpha\approx1.84$，其中 α 满足方程 $x^3=x^2+x+1$，并给出了迭代误差估计:

$$\lim_{k\to\infty}\frac{|x_k-r|}{|x_{k-1}-r|^{\alpha}}=\left|\frac{f'''(r)}{6f'(r)}\right|^{(\alpha-1)/2}.$$

另一方面, 如果 r 是 $f(x)=0$ 的 2 重根, 即 $f(r)=f'(r)=0$ 但 $f''(r)\neq0$，且同样的 $f(x)$ 是 3 阶连续可微的, 并且初值 x_0,x_1 和 x_2 选取得已经充分靠近 r 了, 那么缪勒法可以推出该方法的收敛阶为 $\alpha_1\approx1.23$，其中 α_1 满足方程 $2x^3=x^2+x+1$，并给出了迭代误差估计:

$$\lim_{k\to\infty}\frac{|x_k-r|}{|x_{k-1}-r|^{\alpha_1}}=\left|\frac{f'''(r)}{3f''(r)}\right|^{1/2}.$$

一个很自然的问题: 既然割线法是用一次多项式来对最近的两个近似值进行拟合, 而抛物线法是用二次多项式来对最近的三个近似值进行拟合, 那么能不能用m次多项式来对最近的$m+1$个近似值进行拟合呢? 如果能, 效果如何呢?

具体来说, 如果对方程$f(x)=0$, 事先给定$m+1$个近似值$x_0,\cdots,x_{m-1}$和x_m, 那么要找到次数为m的对$(m+1)$个值$f(x_0),\cdots,f(x_{m-1})$和$f(x_m)$的插值多项式$P(x)$, 求出$P(x)$的根x_{m+1}, 然后得到新的$m+1$个近似值$x_1,\cdots,x_m$和x_{m+1}, 进行下一轮迭代. 一般地, 在第k次迭代时, 我们找到对最近的$m+1$个函数值$f(x_0),\cdots,f(x_{m-1})$和$f(x_m)$的插值多项式$P_{k,m}(x)$, 然后求出$P_{k,m}(x)$的根, 选取最符合要求的下一个新值x_{m+1}. 继续对新的$m+1$个函数值$f(x_1),\cdots,f(x_m)$和$f(x_{m+1})$求插值多项式$P_{k+1,m}(x)$. 容易看出, 当$m=1$时, 就是割线法; 当$m=2$时, 就是抛物线法. 沿着缪勒的思路, 我们还可以得到, 如果r是$f(x)=0$的单根, 即$f(r)=0$但$f'(r)\neq 0$, 且同样的$f(x)$是$m+1$阶连续可微的, 并且初值$x_0,\cdots,x_{m-1}$和x_m选取得已经充分靠近r了, 那么这样推广得到的序列$\{x_n\}$收敛到根r, 并且其收敛阶为α, 其中α是方程$x^{m+1}=x^m+x^{m-1}+\cdots+x+1$大于1的正根.

但上述这种推广的形式, 在$m>2$时, 有两个困难. 第一, 要找到一元 3 次以上的方程的根不容易; 第二, 就算能找到$P_{k,m}(x)$的根, 在所有根中选一个最符合要求的根作为下一次迭代的新值也不容易.

Sidi 在 2007 年提出一种方法能克服以上所提到的困难, 感兴趣的读者可参考文献 Sidi(2008)的文献.

7.7 非线性方程组的解法

7.7.1 非线性方程组

当要求同时求解一组非线性方程的时候, 这就是非线性方程组求解. 这种情况可能会比较困难, 能避免要尽量避免, 因为解的情况会比较复杂, 甚至可能并不存在能同时满足方程组的解. 本节对非线性方程组求解, 进行简单介绍.

例 7.10 求xOy平面上两条抛物线$y=x^2+\alpha$和$x=y^2+\alpha$的交点.

解 当$\alpha=1$时, 无解.

当$\alpha=\dfrac{1}{4}$时, 有唯一解$x=y=\dfrac{1}{2}$.

当$\alpha=0$时, 有两个解: $x=y=0$和$x=y=1$.

当$\alpha=-1$时，有 4 个解：$x=-1, y=0; x=0, y=-1$；$x=y=\dfrac{1}{2}(1\pm\sqrt{5})$.

非线性方程组为以下形式

$$\begin{cases} f_1(x_1,\cdots,x_n)=0, \\ f_2(x_1,\cdots,x_n)=0, \\ \quad\cdots\cdots \\ f_n(x_1,\cdots,x_n)=0, \end{cases} \tag{7.13}$$

其中 $f_1, f_2, \cdots, f_n$ 均为 $(x_1,\cdots,x_n)$ 的多元函数，$n\geqslant 2$，且 $f_i(i=1,\cdots,n)$ 中至少有一个是自变量 $x_i(i=1,\cdots,n)$ 的非线性函数. 若用向量记号记 $\boldsymbol{x}=(x_1,\cdots,x_n)^{\mathrm{T}}\in\mathbf{R}^n$，$\boldsymbol{F}=(f_1,\cdots,f_n)^{\mathrm{T}}$，(7.13)就可写成

$$\boldsymbol{F}(\boldsymbol{x})=\boldsymbol{0}. \tag{7.14}$$

非线性方程组求根问题可以看成是前面介绍的非线性方程求根的直接推广，其求解方法也可以将单变量方程求根方法推广到方程组(7.14). 一种常见的方法就是直接推广牛顿法. 若已有方程(7.14)的 1 个近似根 $\boldsymbol{x}^{(k)}=(x_1^{(k)},\cdots,x_n^{(k)})^{\mathrm{T}}$，将函数 $\boldsymbol{F}(\boldsymbol{x})$ 的分量 $f_i(\boldsymbol{x})(i=1,\cdots,n)$ 在 $\boldsymbol{x}^{(k)}$ 用多元函数泰勒展开，并取其线性部分，则可表示为

$$\boldsymbol{F}(\boldsymbol{x})\approx\boldsymbol{F}(\boldsymbol{x}^{(k)})+\boldsymbol{F}'(\boldsymbol{x}^{(k)})(\boldsymbol{x}-\boldsymbol{x}^{(k)}).$$

令上式右端为零，得到线性方程组

$$\boldsymbol{F}'(\boldsymbol{x}^{(k)})(\boldsymbol{x}-\boldsymbol{x}^{(k)})=-\boldsymbol{F}(\boldsymbol{x}^{(k)}), \tag{7.15}$$

其中

$$\boldsymbol{F}'(\boldsymbol{x})=\begin{pmatrix} \dfrac{\partial f_1(\boldsymbol{x})}{\partial x_1} & \cdots & \dfrac{\partial f_1(\boldsymbol{x})}{\partial x_n} \\ \vdots & \ddots & \vdots \\ \dfrac{\partial f_n(\boldsymbol{x})}{\partial x_1} & \cdots & \dfrac{\partial f_n(\boldsymbol{x})}{\partial x_n} \end{pmatrix} \tag{7.16}$$

称为 $\boldsymbol{F}(\boldsymbol{x})$ 的雅可比矩阵. 求解线性方程组(7.15)，并记解为 $\boldsymbol{x}^{(k+1)}$，则得

$$\boldsymbol{x}^{(k+1)}=\boldsymbol{x}^{(k)}-\boldsymbol{F}'(\boldsymbol{x}^{(k)})^{-1}\boldsymbol{F}(\boldsymbol{x}^{(k)})\quad(k=0,1,\cdots). \tag{7.17}$$

这就是解非线性方程组的牛顿迭代法.

7.7.2　非线性方程组的牛顿迭代法

如上节所说，将单个方程的牛顿法直接用于方程组(7.14)，则可得到解非线性方程组的牛顿迭代法，

$$x^{(k+1)} = x^{(k)} - F'(x^{(k)})^{-1} F(x^{(k)}) \quad (k = 0,1,\cdots), \tag{7.17}$$

这里 $F'(x)^{-1}$ 是式(7.16)给出的雅可比矩阵 $F'(x)$ 的逆矩阵，具体计算时记 $\Delta x^{(k)} = x^{(k+1)} - x^{(k)}$，先解线性方程组

$$F'(x^{(k)})\Delta x^{(k)} = -F(x^{(k)}),$$

求出向量 $\Delta x^{(k)}$，再令 $x^{(k+1)} = x^{(k)} + \Delta x^{(k)}$，每步包括了计算向量函数 $F(x^{(k)})$ 及矩阵 $F'(x^{(k)})$.

牛顿法有下面的收敛性定理.

定理 14　设 $F(x)$ 的定义域为 $D \subset \mathbf{R}^n, x^* \in D$ 满足 $F(x^*) = \mathbf{0}$，在 x^* 的开邻域 $S_0 \subset D$ 上 $F'(x)$ 存在且连续，$F'(x^*)$ 非奇异，则牛顿法生成的序列 $\{x^{(k)}\}$ 在闭域 $S \subset S_0$ 上超线型收敛于 x^*，即

$$\lim_{k\to\infty} \frac{\| x^{(k+1)} - x^* \|_\infty}{\| x^{(k)} - x^* \|_\infty} = 0.$$

若还存在常数 $L > 0$，使

$$\| F'(x) - F'(x^*) \|_\infty \leqslant L \| x - x^* \|_\infty, \quad \forall x \in S,$$

则 $\{x^{(k)}\}$ 至少平方收敛.

证明略.

上述定理中，对向量和矩阵的度量，都用了 ∞- 范数，这个不是唯一的选择. 事实上，任何一种范数都可以，用 ∞- 范数是为了方便. 本节涉及的向量和矩阵范数，可以根据情况，灵活地使用任何一种适用的范数.

例 7.11　用牛顿法解方程组

$$\begin{cases} f_1(x_1, x_2) = x_1 + 2x_2 - 3 = 0, \\ f_2(x_1, x_2) = 2x_1^2 + x_2^2 - 5 = 0, \end{cases}$$

给定初值 $x^{(0)} = (1.5, 1.0)^{\mathrm{T}}$，用牛顿法求解.

解　先求雅可比矩阵

$$F'(x) = \begin{pmatrix} 1 & 2 \\ 4x_1 & 2x_2 \end{pmatrix}, \quad F'(x)^{-1} = \frac{1}{2x_2 - 8x_1}\begin{pmatrix} 2x_2 & -2 \\ -4x_1 & 1 \end{pmatrix}.$$

由(7.17)得

$$x^{(k+1)} = x^{(k)} - \frac{1}{2x_2^{(k)} - 8x_1^{(k)}} \begin{pmatrix} 2x_2^{(k)} & -2 \\ -4x_1^{(k)} & 1 \end{pmatrix} \begin{pmatrix} x_1^{(k)} + 2x_2^{(k)} - 3 \\ 2(x_1^{(k)})^2 + (x_2^{(k)})^2 - 5 \end{pmatrix},$$

即

$$\begin{cases} x_1^{(k+1)} = x_1^{(k)} - \dfrac{(x_2^{(k)})^2 - 2(x_1^{(k)})^2 + x_1^{(k)}x_2^{(k)} - 3x_2^{(k)} + 5}{x_2^{(k)} - 4x_1^{(k)}}, \\ x_2^{(k+1)} = x_2^{(k)} - \dfrac{(x_2^{(k)})^2 - 2(x_1^{(k)})^2 - 8x_1^{(k)}x_2^{(k)} + 12x_2^{(k)} - 5}{2x_2^{(k)} - 4x_1^{(k)}}, \\ k = 0,1,\cdots. \end{cases}$$

由 $\boldsymbol{x}^{(0)} = (1.5,1.0)^{\mathrm{T}}$，逐次迭代得到

$$\boldsymbol{x}^{(1)} = (1.5,0.75)^{\mathrm{T}},$$
$$\boldsymbol{x}^{(2)} = (1.488095,0.755952)^{\mathrm{T}},$$
$$\boldsymbol{x}^{(3)} = (1.488034,0.755983)^{\mathrm{T}},$$

$\boldsymbol{x}^{(3)}$ 的每一位都是有效数字(表 7-13).

表 7-13

	$\boldsymbol{x}^{(0)}$	$\boldsymbol{x}^{(1)}$	$\boldsymbol{x}^{(2)}$	$\boldsymbol{x}^{(3)}$
$x_1^{(k)}$	1.5	1.5	1.488095	1.488034
$x_2^{(k)}$	1.0	0.75	0.755952	0.755983

7.7.3　多变量方程的不动点迭代法

为了求解方程组, 可将它等价改写为方便迭代的形式

$$\boldsymbol{x} = \Phi(\boldsymbol{x}), \tag{7.18}$$

其中向量函数 $\Phi \in D \subset \mathbf{R}^n$，且在定义域 D 上连续, 如果 $\boldsymbol{x}^* \in D$，满足 $\boldsymbol{x}^* = \Phi(\boldsymbol{x}^*)$，称 $\boldsymbol{x}^*$ 为函数 Φ 的不动点, $\boldsymbol{x}^*$ 也就是方程组(7.14)的一个解.

根据(7.18)式构造的迭代法

$$\boldsymbol{x}^{(k+1)} = \Phi(\boldsymbol{x}^{(k)}), \quad k = 0,1,\cdots \tag{7.19}$$

称为**不动点迭代法**, $\Phi(\boldsymbol{x})$ 为迭代函数, 如果由它产生的向量序列 $\{\boldsymbol{x}^{(k)}\}$ 满足 $\lim\limits_{k\to\infty} \boldsymbol{x}^{(k)} = \boldsymbol{x}^*$，对式(7.19)取极限, 由 $\Phi(\boldsymbol{x})$ 的连续性可得 $\boldsymbol{x}^* = \Phi(\boldsymbol{x}^*)$，故 $\boldsymbol{x}^*$ 是 $\Phi(\boldsymbol{x})$ 的不动点, 也就是方程组(7.14)的一个解. 类似于单个方程, 对方程组我们有下面的定理.

定理 15　函数 $\Phi(\boldsymbol{x})$ 定义在区域 $D \subset \mathbf{R}^n$，假设

(1) 存在闭集 $D_0 \subset D$ 及实数 $L \in (0,1)$，使

$$\|\Phi(\boldsymbol{x}) - \Phi(\boldsymbol{y})\|_\infty \leqslant L\|\boldsymbol{x} - \boldsymbol{y}\|_\infty, \quad \forall \boldsymbol{x}, \boldsymbol{y} \in D_0;$$

(2) 对任意 $\boldsymbol{x}\in D_0$ 有 $\Phi(\boldsymbol{x})\in D_0$，

则 $\Phi(\boldsymbol{x})$ 在 D_0 有唯一不动点 $\boldsymbol{x}^*$，且对任意 $\boldsymbol{x}^{(0)}\in D_0$，由迭代法(7.19)生成的序列 $\{\boldsymbol{x}^{(k)}\}$ 收敛到 $\boldsymbol{x}^*$，并且有误差估计

$$\|\boldsymbol{x}^*-\boldsymbol{x}^{(k)}\|_\infty\leqslant\frac{L^k}{1-L}\|\boldsymbol{x}^*-\boldsymbol{x}^{(0)}\|_\infty .$$

此定理的条件(1)称为 $\Phi(\boldsymbol{x})$ 的压缩条件. 若 $\Phi(\boldsymbol{x})$ 是压缩的，则它也是连续的，条件(2)表明 $\Phi(\boldsymbol{x})$ 把区域映射入自身，此定理也称压缩映射定理. 它是迭代法在 D_0 的全局收敛性定理.

类似于单个方程，还有以下局部收敛定理.

定理 16 设函数 $\Phi(\boldsymbol{x})$ 在定义域内有不动点 $\boldsymbol{x}^*$，$\Phi(\boldsymbol{x})$ 的分量函数有连续偏导数且

$$\rho(\Phi'(\boldsymbol{x}^*))<1, \tag{7.20}$$

则存在 $\boldsymbol{x}^*$ 的一个邻域 S，对任意 $\boldsymbol{x}^{(0)}\in S$，迭代法产生的序列 $\{\boldsymbol{x}^{(k)}\}$ 收敛于 $\boldsymbol{x}^*$.

(7.20)式中的 $\rho(\Phi'(\boldsymbol{x}^*))$ 指函数 $\Phi(\boldsymbol{x})$ 在点 $\boldsymbol{x}^*$ 的雅可比矩阵的谱半径. 类似于一元方程迭代法，也有向量序列 $\{\boldsymbol{x}^{(k)}\}$ 收敛阶的定义，设 $\{\boldsymbol{x}^{(k)}\}$ 收敛于 $\boldsymbol{x}^*$，若存在常数 $\alpha\geqslant 1$ 及 $\lambda>0$，使

$$\lim_{k\to\infty}\frac{\|\boldsymbol{x}^{(k+1)}-\boldsymbol{x}^*\|_\infty}{\|\boldsymbol{x}^{(k)}-\boldsymbol{x}^*\|_\infty^\alpha}=\lambda,$$

则称 $\{\boldsymbol{x}^{(k)}\}$ 为 α 阶收敛.

例 7.12 用不动点迭代法求解方程组

$$\begin{cases}f_1(x_1,x_2)=x_1^2-10x_1+x_2^2+8=0,\\ f_2(x_1,x_2)=x_1x_2^2+x_1-10x_2-8=0,\end{cases}$$

给定初值 $\boldsymbol{x}^{(0)}=(0.0,0.0)^{\mathrm{T}}$.

解 将方程组化为(7.18)的形式，其中,

$$\boldsymbol{x}=\begin{pmatrix}x_1\\x_2\end{pmatrix},\quad \Phi(\boldsymbol{x})=\begin{pmatrix}\varphi_1(\boldsymbol{x})\\\varphi_2(\boldsymbol{x})\end{pmatrix}=\begin{pmatrix}\dfrac{1}{10}(x_1^2+x_2^2+8)\\\dfrac{1}{10}(x_1x_2^2+x_1-8)\end{pmatrix}.$$

设 $D=\{(x_1,x_2)|0\leqslant x_1,x_2\leqslant 1.5\}$，不难验证 $0.8\leqslant\varphi_1(\boldsymbol{x})\leqslant 1.25, 0.8\leqslant\varphi_2(\boldsymbol{x})\leqslant 1.2875$，故当 $\boldsymbol{x}\in D$ 时 $\Phi(\boldsymbol{x})\in D$，又对一切 $\boldsymbol{x},\boldsymbol{y}\in D$,

$$|\varphi_1(\boldsymbol{y})-\varphi_1(\boldsymbol{x})|=\frac{1}{10}|y_1^2-x_1^2+y_2^2-x_2^2|\leqslant\frac{3}{10}(|y_1-x_1|+|y_2-x_2|),$$

$$|\varphi_2(\boldsymbol{y})-\varphi_2(\boldsymbol{x})|=\frac{1}{10}|y_1y_2^2-x_1x_2^2+y_1-x_1|\leqslant\frac{4.5}{10}\left(|y_1-x_1|+|y_2-x_2|\right).$$

于是有$\|\boldsymbol{\Phi}(\boldsymbol{y})-\boldsymbol{\Phi}(\boldsymbol{x})\|_1\leqslant 0.75\|\boldsymbol{y}-\boldsymbol{x}\|_1$，即$\boldsymbol{\Phi}(\boldsymbol{x})$满足定理 15 的条件, 根据定理 15, $\boldsymbol{\Phi}(\boldsymbol{x})$在域中存在唯一不动点$\boldsymbol{x}^*$，$D$内任一点$\boldsymbol{x}^{(0)}$出发的迭代法收敛于$\boldsymbol{x}^*$，对初值$\boldsymbol{x}^{(0)}=(0.0,0.0)^{\mathrm{T}}$, 用迭代法可求得$\boldsymbol{x}^{(1)}=(0.8,0.8)^{\mathrm{T}}, \boldsymbol{x}^{(2)}=(0.928,0.9312)^{\mathrm{T}},\cdots,\boldsymbol{x}^{(6)}=(0.999328,0.999329)^{\mathrm{T}},\cdots,\boldsymbol{x}^*=(1,1)^{\mathrm{T}}$.

由于

$$\boldsymbol{\Phi}'(\boldsymbol{x})=\begin{vmatrix}\dfrac{1}{5}x_1 & \dfrac{1}{5}x_2\\ \dfrac{1}{10}(x_2^2+1) & \dfrac{1}{5}x_1x_2\end{vmatrix}$$

对一切$\boldsymbol{x}\in D$都有$\left|\dfrac{\partial\varphi_i(\boldsymbol{x})}{\partial x_j}\right|\leqslant\dfrac{0.9}{2}$，故$\|\boldsymbol{\Phi}'(\boldsymbol{x})\|_1\leqslant 0.9$, 从而有$\rho(\boldsymbol{\Phi}'(\boldsymbol{x}^*))<1$，满足定理 16 的条件, 此外还可看到$\boldsymbol{\Phi}'(\boldsymbol{x}^*)=\begin{pmatrix}0.2 & 0.2\\0.2 & 0.2\end{pmatrix}$, $\|\boldsymbol{\Phi}'(\boldsymbol{x}^*)\|_1=0.4<1$, 故$\rho(\boldsymbol{\Phi}'(\boldsymbol{x}^*))=0.4$，即满足定理 16 的条件.

习　题　7

1. 用二分法求方程$x^2-x-1=0$的正根, 要求误差小于 0.005.

2. 为求方程$x^3-x^2-1=0$在$x_0=1.5$附近的一个根, 设将方程改写成下列等价形式, 并建立相应的迭代公式. 试分析每种迭代公式的收敛性, 并选取一种公式求出具有四位有效数字的近似值.

(1) $x=1+1/x^2$，迭代公式$x_{k+1}=1+1/x_k^2$；

(2) $x^3=1+x^2$，迭代公式$x_{k+1}=\sqrt[3]{1+x_k^2}$；

(3) $x^2=1/(x-1)$，迭代公式$x_{k+1}=1/\sqrt{x_k-1}$.

3. 用斯特芬森迭代法计算第 2 题中(2), (3)的近似根, 精确到10^{-6}.

4. 令$f(x)$在闭区间$[a,b]$上连续, 并令p为开区间(a,b)中一点, 证明:

(a) 如果$f(p)\neq 0$，那么存在$\delta>0$，使得对一切$x\in[p-\delta,p+\delta]$，其中$[p-\delta,p+\delta]\subseteq[a,b]$，均有$f(x)\neq 0$.

(b) 如果$f(p)=0$，那么对任意给定的$k>0$，存在$\delta>0$，使得对一切$x\in[p-\delta,p+\delta]$，其中$[p-\delta,p+\delta]\subseteq[a,b]$，均有$|f(x)|\leqslant k$.

5. 分别用二分法和牛顿法求$x-\tan x=0$的最小正根.

6. 研究求$\sqrt{a}$的牛顿公式

$$x_{k+1}=\frac{1}{2}\left(x_k+\frac{a}{x_k}\right),\quad x_0>0.$$

证明对一切 $k=1,2,\cdots,x_k\geqslant\sqrt{a}$ 且序列 $x_1,x_2,\cdots$ 是递减的.

7. 对方程 $x^3-a=0$ 应用牛顿法，导出求立方根 $\sqrt[3]{a}$ 的迭代公式，并讨论其收敛性.

8. 对方程 $f(x)=1-\dfrac{a}{x^2}=0$ 应用牛顿法，导出求 $\sqrt{a}$ 的迭代公式，并用此公式求 $\sqrt{115}$ 的值.

9. 对方程 $f(x)=x^n-a=0$ 和 $f(x)=1-\dfrac{a}{x^n}=0$ 应用牛顿法，分别导出求 $\sqrt[n]{a}$ 的迭代公式，并求

$$\lim_{k\to\infty}\frac{\sqrt[n]{a}-x_{k+1}}{(\sqrt{a}-x_k)^2}.$$

10. 如果序列 $\{p_n\}$ 满足

$$\lim_{n\to\infty}\frac{|p_{n+1}-p|}{|p_n-p|}=0,$$

则称序列为超线性收敛到 p. 证明:

(a) 如果 $p_n\to p$ 是 $\alpha(\alpha>1)$ 阶收敛的，那么序列 $\{p_n\}$ 超线性收敛到 p.

(b) 序列 $\left\{p_n=\dfrac{1}{n^n}\right\}$ 是超线性收敛到 0 的，但对任何的 $\alpha>1$，序列 $\{p_n\}$ 都不是 α 阶收敛到 0 的.

11. 证明迭代公式

$$x_{k+1}=\frac{x_k(x_k^2+3a)}{3x_k^2+a}$$

是计算 $\sqrt{a}$ 的三阶方法. 假定初值充分靠近根，求

$$\lim_{k\to\infty}\frac{\sqrt{a}-x_{k+1}}{(\sqrt{a}-x_k)^3}.$$

12. 令函数 $f(x)\in C^1[a,b]$，则 p 是方程 $f(x)=0$ 的单根，当且仅当，$f(p)=0$ 但 $f'(p)\neq 0$.

13. 令函数 $f(x)\in C^m[a,b]$，则方程 $f(x)=0$ 在开区间 (a,b) 中有重数为 m 的根 p，当且仅当 $f(p)=f'(p)=f''(p)=\cdots=f^{(m-1)}(p)=0$，但 $f^m(p)\neq 0$.

14. 用综合除式求多项式 $P(x)=a_nx^n+a_{n-1}x^{n-1}+\cdots+a_1x+a_0$ 在给定点 x_0 的值及其各阶导数值.(提示: $P^{(k)}(x_0)$ 为计算到相应的最后一列得到的结果乘以 $k!$.)

15. 用抛物线法求多项式 $P(x)=4x^4-10x^3+1.25x^2+5x+1.5$ 的两个零点，再利用降阶求出全部零点.

数值实验题

1. 求下列方程的实根:

(1) $x^2-3x+2-e^x=0$;

(2) $x^3+2x^2+10x-20=0$.

要求: (1) 设计一种不动点迭代法, 要使迭代序列收敛, 然后再用斯特芬森加速迭代, 计算到$|x_k-x_{k-1}|<10^{-8}$为止.

(2) 用牛顿法迭代, 同样计算到$|x_k-x_{k-1}|<10^{-8}$为止, 输出迭代初值及各次迭代次数k, 比较方法的优劣.

2. 以下序列都收敛到 0. 要求用艾特肯Δ^2加速收敛方法生成新序列$\{\hat{p}_n\}$直到$|\hat{p}_n|\leqslant 5\times10^{-2}$.

(a) $p_n=\dfrac{1}{n}, n\geqslant 1$;　　(b) $p_n=\dfrac{1}{n^2}, n\geqslant 1$.

第 8 章　矩阵特征值与特征向量

在自然科学和工程设计中的许多问题, 如电磁振荡、桥梁振动、机械振动等, 常归结为求矩阵特征值和特征向量的计算问题. 随着计算机技术的快速发展, 矩阵的特征值和特征向量的计算方法也在不断地改进或更新. 本章既介绍古典的乘幂法、反幂法及其位移技巧, 也介绍一些较新的方法如豪斯霍尔德(Householder)变换、吉文斯(Givens)旋转变换技术.

我们知道, n 阶方阵 $\boldsymbol{A}\in\mathbf{R}^{n\times n}$ 的特征值和特征向量, 是满足如下两个方程的数 $\lambda\in\mathbf{C}$ 和非零向量 $\boldsymbol{x}\in\mathbf{C}^n$,

$$p(\lambda)=\det(\boldsymbol{A}-\lambda\boldsymbol{I})=0, \tag{8.1}$$

$$\boldsymbol{A}\boldsymbol{x}=\lambda\boldsymbol{x}\quad 或\quad (\boldsymbol{A}-\lambda\boldsymbol{I})\boldsymbol{x}=\boldsymbol{0}. \tag{8.2}$$

式(8.1)称为矩阵 $\boldsymbol{A}$ 的特征方程, $\boldsymbol{I}$ 是 n 阶单位阵, $\det(\boldsymbol{A}-\lambda\boldsymbol{I})$ 表示方阵 $\boldsymbol{A}-\lambda\boldsymbol{I}$ 的行列式, 它是 λ 的 n 次代数多项式, 当 n 较大时其零点难以准确求解. 因此, 从数值计算的观点来看, 用特征多项式来求矩阵特征值的方法并不可取, 必须建立有效的数值方法.

目前使用求矩阵的特征值的方法分为两类: 变换法和迭代法. 变换法是从原始矩阵出发, 用有限个正交相似变换将其化为便于求出特征值的形式, 这类方法有工作量小和应用范围广的优点, 但由于舍入误差的影响, 其精度往往不高. 迭代法是将特征值和特征向量作为一个无限序列的极限来求的. 这类方法对舍入误差的影响有较强的稳定性, 但其工作量较大. 由于计算机的速度较快, 这一缺点能得到一定程度的弥补, 所以, 计算机上通常使用迭代法. 实践中所提出的特征值问题其类型是多种多样的, 要求也各不相同, 必须针对问题特点进行具体分析, 选择适当的方法.

8.1　基本概念与特征值分布

本节先介绍矩阵特征值、特征向量的基本概念和性质, 然后讨论对特征值分布范围的简单估计方法.

定义1　矩阵 $\boldsymbol{A}=(a_{ij})\in\mathbf{R}^{n\times n}$,

(1) 称

$$\varphi(\lambda)=\det(\lambda \boldsymbol{I}-\boldsymbol{A})=\lambda^n+c_1\lambda^{n-1}+\cdots+c_{n-1}\lambda+c_n$$

为 $\boldsymbol{A}$ 的**特征多项式**. 称 n 次代数方程

$$\varphi(\lambda)=0$$

为 $\boldsymbol{A}$ 的**特征方程**, 它的 n 个根 $\lambda_1,\lambda_2,\cdots,\lambda_n$ 被称为 $\boldsymbol{A}$ 的**特征值**.

(2) 对于矩阵 $\boldsymbol{A}$ 的一个给定特征值 λ，相应的齐次线性方程

$$(\boldsymbol{A}-\lambda \boldsymbol{I})\boldsymbol{x}=\boldsymbol{0}$$

有非零解(因为系数矩阵奇异), 其解向量 $\boldsymbol{x}$ 称为矩阵 $\boldsymbol{A}$ 对应于 λ 的**特征向量**. 矩阵特征值与特征向量的关系, 即 $\boldsymbol{Ax}=\lambda\boldsymbol{x}$.

我们一般讨论实矩阵的特征值问题. 应注意, 实矩阵的特征值和特征向量不一定是实数和实向量, 但实特征值一定对应实特征向量, 而一般的复特征值对应的特征向量一定不是实向量. 此外, 若特征值不是实数, 则其复共轭也一定是特征值(由于特征方程为实系数方程). 线性代数中已经知道, 实对称矩阵 $\boldsymbol{A}\in\mathbf{R}^{n\times n}$ 的特征值均为实数, 存在 n 个线性无关且正交的实特征向量, 即存在由特征值组成的对角阵 $\boldsymbol{\Lambda}$ 和特征向量组成的正交阵 $\boldsymbol{Q}$，使得

$$\boldsymbol{A}=\boldsymbol{Q\Lambda Q}^{\mathrm{T}}.$$

例8.1 (弹簧-质点系统)　考虑图8-1的弹簧-质点系统, 其中包括三个质量分别为 m_1,m_2,m_3 的物体, 由三个弹性系数分别为 k_1,k_2,k_3 的弹簧相连, 三个物体的位置均为时间的函数, 这里考察三个物体偏离平衡位置的位移, 分别记为 $y_1(t),y_2(t),y_3(t)$. 因为物体在平衡状态所受重力已经和弹簧伸长的弹力平衡, 所以物体的加速度只和偏离平衡位置引起的弹簧伸长相关. 根据牛顿第二定律以及胡克定律(即弹簧的弹力与拉伸长度成正比)可列出如下微分方程组:

$$\boldsymbol{My}''(t)+\boldsymbol{Ky}(t)=\boldsymbol{0},$$

其中, $\boldsymbol{y}(t)=(y_1(t),y_2(t),y_3(t))^{\mathrm{T}}$,

$$\boldsymbol{M}=\begin{pmatrix} m_1 & 0 & 0 \\ 0 & m_2 & 0 \\ 0 & 0 & m_3 \end{pmatrix},\quad \boldsymbol{K}=\begin{pmatrix} k_1+k_2 & -k_2 & 0 \\ -k_2 & k_2+k_3 & -k_3 \\ 0 & -k_3 & k_3 \end{pmatrix}.$$

在一般情况下, 这个系统会以自然频率 ω 作谐波振动, 而 $\boldsymbol{y}$ 的通解包含如下的分量:

$$y_j(t)=x_j\mathrm{e}^{\mathrm{i}\omega t},\quad j=1,2,3,$$

其中, $\mathrm{i}=\sqrt{-1}$，根据它可求解出振动的频率 ω 及振幅 x_j. 由这个式子可得出

$$y_j''(t) = -\omega^2 x_j e^{i\omega t}, \quad j = 1,2,3,$$

代入微分方程, 可得代数方程

$$-\omega^2 \boldsymbol{M}\boldsymbol{x} + \boldsymbol{K}\boldsymbol{x} = \boldsymbol{0}$$

或

$$\boldsymbol{A}\boldsymbol{x} = \lambda \boldsymbol{x},$$

其中, $\boldsymbol{A} = \boldsymbol{M}^{-1}\boldsymbol{K}, \lambda = \omega^2$. 通过求解矩阵 $\boldsymbol{A}$ 的特征值便可求出这个弹簧-质点系统的自然频率(有多个). 再结合初始条件可确定这三个位移函数, 它们可能按某个自然频率振动(简正振动), 也可能是若干个简谐振动的线性叠加.

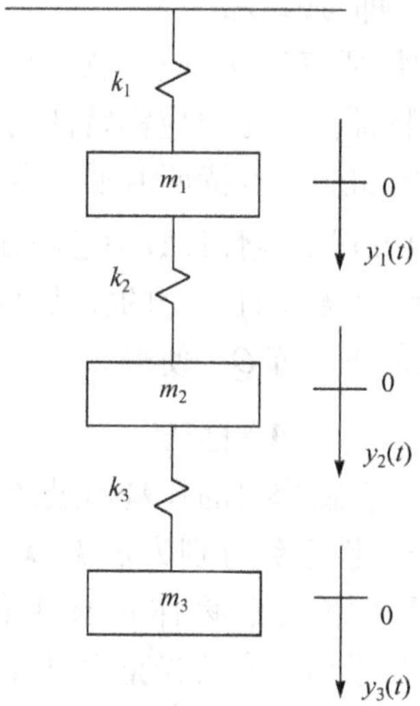

图 8-1　弹簧-质点系统

引理1　设 $\lambda_1, \lambda_2, \cdots, \lambda_n$ 是矩阵 $\boldsymbol{A} \in \mathbf{R}^{n\times n}$ 的特征值, 则有

$$\sum_{i=1}^{n} \lambda_i = \mathrm{tr}(\boldsymbol{A}), \quad \prod_{i=1}^{n} \lambda_i = \det(\boldsymbol{A}),$$

式中: $\mathrm{tr}(\boldsymbol{A})$ 为矩阵 $\boldsymbol{A}$ 的**迹**, 定义为 $\mathrm{tr}(\boldsymbol{A}) = a_{11} + a_{22} + \cdots + a_{nn}$.

引理2　设矩阵 $\boldsymbol{A} \in \mathbf{R}^{n\times n}$ 与矩阵 $\boldsymbol{B} \in \mathbf{R}^{n\times n}$ 相似, 则 $\boldsymbol{A}$ 与 $\boldsymbol{B}$ 有相同的特征值. 矩阵 $\boldsymbol{A}$ 与 $\boldsymbol{B}$ 相似, 是指存在可逆矩阵 $\boldsymbol{P}$, 使得 $\boldsymbol{A} = \boldsymbol{P}\boldsymbol{B}\boldsymbol{P}^{-1}$.

估计特征值的分布范围或它们的界, 无论在理论上或实际应用上, 都有重要意义. 比如, 本书前面的内容曾涉及两个问题:

(1) 计算矩阵的2-条件数: $\mathrm{cond}(\boldsymbol{A})_2 = \sqrt{\dfrac{\lambda_{\max}(\boldsymbol{A}^{\mathrm{T}}\boldsymbol{A})}{\lambda_{\min}(\boldsymbol{A}\boldsymbol{A}^{\mathrm{T}})}}$.

(2) 考察迭代法 $\boldsymbol{x}^{(k+1)}=\boldsymbol{B}\boldsymbol{x}^{(k)}+\boldsymbol{f}$ 的收敛性、收敛速度, 收敛的判据是谱半径 $\rho(\boldsymbol{B})=\max\limits_{1\leqslant j\leqslant n}\left|\lambda_j(\boldsymbol{B})\right|<1$, 收敛速度为 $R=-\ln\rho(\boldsymbol{B})$.

以上两个问题都需要对矩阵特征值分布的了解. 下面介绍著名的盖氏圆盘定理.

定义2　设矩阵 $\boldsymbol{A}=(a_{ij})_{n\times n}$. 令:

(1) $r_i=\sum\limits_{j=1,\ j\neq i}^{n}\left|a_{ij}\right|(i=1,2,\cdots,n)$;

(2) 集合 $G_i=\left\{z\left\|z-a_{ii}\right|\leqslant r_i,z\in\mathbf{C}\right\}$, 称复平面上以 a_{ii} 为圆心, 以 r_i 为半径的所有圆盘为 $\boldsymbol{A}$ 的**格什戈林**(Gershgorin)**圆盘**(盖尔圆).

定理1 (格什戈林圆盘定理)　(1) 设矩阵 $\boldsymbol{A}=(a_{ij})_{n\times n}$, 则 $\boldsymbol{A}$ 的每一个特征值必属于下述某个圆盘之中

$$\left|\lambda-a_{ii}\right|\leqslant r_i=\sum_{j=1,\ j\neq i}^{n}\left|a_{ij}\right|,\quad i=1,2,\cdots,n,\tag{8.3}$$

或者说, $\boldsymbol{A}$ 的特征值都在复平面上 n 个圆盘的并集中.

(2) 如果 $\boldsymbol{A}$ 有 m 个圆盘组成一个连通的并集 S, 且 S 与余下 $n-m$ 个圆盘是分离的, 则 S 内恰包含 $\boldsymbol{A}$ 的 m 个特征值.

特别地, 如果 $\boldsymbol{A}$ 的一个圆盘 G_i 是与其他圆盘分离的(即孤立圆盘), 则 G_i 中精确地包含 $\boldsymbol{A}$ 的一个特征值.

证明　只就(1)给出证明. 设 λ 为 $\boldsymbol{A}$ 的特征值, 即

$$\boldsymbol{A}\boldsymbol{x}=\lambda\boldsymbol{x},\quad 其中\ \boldsymbol{x}=(x_1,x_2,\cdots,x_n)^{\mathrm{T}}\neq\mathbf{0}.$$

记 $\left|x_k\right|=\max\limits_{1\leqslant i\leqslant n}\left|x_i\right|=\|\boldsymbol{x}\|_\infty\neq 0$, 考虑 $\boldsymbol{A}\boldsymbol{x}=\lambda\boldsymbol{x}$ 的第 k 个方程, 即

$$\sum_{j=1}^{n}a_{kj}x_j=\lambda x_k\quad 或\quad (\lambda-a_{kk})x_k=\sum_{j\neq k}a_{kj}x_j,$$

于是

$$\left|\lambda-a_{kk}\right|\left|x_k\right|\leqslant\sum_{j\neq k}\left|a_{kj}\right|\left|x_j\right|\leqslant\left|x_k\right|\sum_{j\neq k}\left|a_{kj}\right|,$$

即

$$\left|\lambda-a_{kk}\right|\leqslant\sum_{j\neq k}\left|a_{kj}\right|=r_k.$$

这说明, $\boldsymbol{A}$ 的每一个特征值必位于 $\boldsymbol{A}$ 的一个圆盘中, 并且相应的特征值 λ 一定位于第 k 个圆盘中(其中 k 是对应特征向量 $\boldsymbol{x}$ 绝对值最大的分量的下标).

值得指出, 由两个或两个以上的盖尔圆构成的连通部分, 可能在其中的一

个盖尔圆中有两个或两个以上的特征值，而在另外的一个或几个盖尔圆中没有特征值.

例8.2　讨论矩阵 $\boldsymbol{A}=\begin{pmatrix}1 & -0.8\\ 0.5 & 0\end{pmatrix}$ 的特征值分布状况.

解　$\boldsymbol{A}$ 的两个特征值为 $\lambda_{1,2}=\dfrac{1}{2}(1\pm\sqrt{0.6}\mathrm{i})$. $\boldsymbol{A}$ 的两个盖尔圆为 $|\lambda-1|\leqslant 0.8$ 和 $|\lambda|\leqslant 0.5$. 它们构成一个连通部分. 由于 $|\lambda_{1,2}|=\sqrt{0.4}>0.5$，所以 $\boldsymbol{A}$ 的两个特征值都不在盖尔圆 G_2 之中(图8-2).

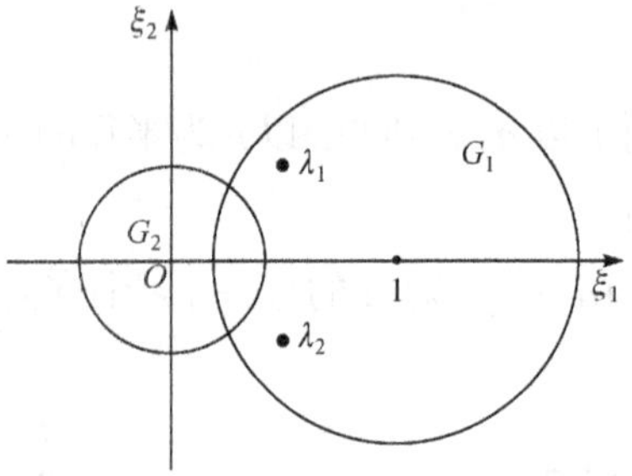

图 8-2　特征值分布

下面应用盖尔圆定理研究矩阵特征值的隔离问题. 设 $\boldsymbol{A}=(a_{ij})_{n\times n}$，构造对角矩阵

$$\boldsymbol{D}=\mathrm{diag}(\alpha_1,\alpha_2,\cdots,\alpha_n),$$

其中 $\alpha_1,\alpha_2,\cdots,\alpha_n$ 都是正数. 由于

$$\boldsymbol{B}=\boldsymbol{D}^{-1}\boldsymbol{A}\boldsymbol{D}=\left(\frac{\alpha_j}{\alpha_i}a_{ij}\right)_{n\times n}$$

相似于 $\boldsymbol{A}$，所以 $\boldsymbol{B}$ 与 $\boldsymbol{A}$ 的特征值集合相同. 注意到 $\boldsymbol{B}$ 与 $\boldsymbol{A}$ 的主对角线元素应相等，于是有下面的推论.

推论1　若将式(8.3)中的 r_i 改作

$$r_i=\sum_{\substack{j=1\\ j\neq i}}^{n}|a_{ij}|\frac{\alpha_j}{\alpha_i},$$

则定理1的结论仍然成立.

利用推论1有时能够得到更精确的特征值的包含区域.

例8.3　估计矩阵 $\boldsymbol{A}=\begin{pmatrix}4 & 1 & 0\\ 1 & 0 & -1\\ 1 & 1 & -4\end{pmatrix}$ 的特征值范围.

解　$\boldsymbol{A}$ 的3个圆盘为

$$G_1:|\lambda-4|\leqslant 1,\quad G_2:|\lambda|\leqslant 2,\quad G_3:|\lambda+4|\leqslant 2.$$

由定理1可知，$\boldsymbol{A}$ 的3个特征值位于3个圆盘的并集中. 由于 G_1 是孤立圆盘，所以 G_1 内恰好包含 $\boldsymbol{A}$ 的一个特征值 λ_1 (为实特征值)，即

$$3\leqslant\lambda_1\leqslant 5.$$

$\boldsymbol{A}$ 的其他两个特征值 λ_2,λ_3 包含在 G_2,G_3 的并集中.

现选取对角矩阵

$$D^{-1}=\begin{pmatrix}1 & & \\ & 1 & \\ & & 0.9\end{pmatrix},$$

作相似变换

$$A\to B=D^{-1}AD=\begin{pmatrix}4 & 1 & 0\\ 1 & 0 & -\dfrac{10}{9}\\ 0.9 & 0.9 & -4\end{pmatrix},$$

$\boldsymbol{B}$ 的3个圆盘为

$$G_1':|\lambda-4|\leqslant 1,\quad G_2':|\lambda|\leqslant\frac{19}{9},\quad G_3':|\lambda+4|\leqslant 1.8.$$

显然, 3个圆盘都是孤立圆盘, 所以, 每一个圆盘都包含 $\boldsymbol{A}$ 的一个特征值(为实特征值)且有估计

$$\begin{cases}3\leqslant\lambda_1\leqslant 5,\\ -\dfrac{19}{9}\leqslant\lambda_2\leqslant\dfrac{19}{9},\\ -5.8\leqslant\lambda_3\leqslant -2.2.\end{cases}$$

对于矩阵 $\boldsymbol{A}$, 适当选取正数 $\alpha_1,\alpha_2,\cdots,\alpha_n$, 可以获得只含 $\boldsymbol{A}$ 的一个特征值的孤立盖尔圆. 选取 $\alpha_1,\alpha_2,\cdots,\alpha_n$ 的一般方法是: 观察 $\boldsymbol{A}$ 的 n 个盖尔圆, 欲使第 i 个盖尔圆 G_i 的半径大(或小)一些, 就取 $\alpha_i>1$ (或 $\alpha_i<1$), 而取 $\alpha_1=\cdots=\alpha_{i-1}=\alpha_{i+1}=\cdots=\alpha_n=1$. 此时, $\boldsymbol{B}=\boldsymbol{D}^{-1}\boldsymbol{AD}$ 的第 i 个盖尔圆 G_i' 的半径比 G_i 的半径大(或小), 而 $\boldsymbol{B}$ 的其余盖尔圆的半径相对变小(或变大). 但是, 这种隔离矩阵特征值的方法还不能用于任意的具有互异特征值的矩阵, 比如主对角线上有相同元素的矩阵.

上述例子表明, 综合运用圆盘定理和矩阵特征值的性质, 可对特征值的范围进行一定的估计. 对具体例子, 可适当设置相似变换矩阵, 尽可能让圆盘互相分离从而提高估计的有效性.

定理2　设 $\boldsymbol{A}$ 为 n 阶实对称矩阵, $\lambda_1\leqslant\lambda_2\leqslant\cdots\leqslant\lambda_n$ 为其全部特征值, 则

$$\lambda_1\leqslant\frac{(\boldsymbol{Ax},\boldsymbol{x})}{(\boldsymbol{x},\boldsymbol{x})}\leqslant\lambda_n,\quad\forall\boldsymbol{x}\in\mathbf{R}^n,\quad\boldsymbol{x}\neq\mathbf{0}.$$

特别地, 有

$$\lambda_1=\min_{x\neq 0}\frac{(\boldsymbol{Ax},\boldsymbol{x})}{(\boldsymbol{x},\boldsymbol{x})},\quad\lambda_n=\max_{x\neq 0}\frac{(\boldsymbol{Ax},\boldsymbol{x})}{(\boldsymbol{x},\boldsymbol{x})}.\tag{8.4}$$

记 $R(\boldsymbol{x})=\dfrac{(\boldsymbol{Ax},\boldsymbol{x})}{(\boldsymbol{x},\boldsymbol{x})}, \boldsymbol{x}\neq\boldsymbol{0}$，称之为矩阵的**瑞利**(Rayleigh)**商**.

证明 因为 $\boldsymbol{A}$ 是实对称矩阵, 故其有完全的特征向量系. 设 $\boldsymbol{\eta}_1,\boldsymbol{\eta}_2,\cdots,\boldsymbol{\eta}_n$ 是 $\boldsymbol{A}$ 的标准正交特征向量组, 即 $\boldsymbol{A\eta}_i=\lambda_i\boldsymbol{\eta}_i\ (i=1,2,\cdots,n)$ 且 $(\boldsymbol{\eta}_i,\boldsymbol{\eta}_j)=\delta_{ij}$. 于是, 任一非零向量 $\boldsymbol{x}$ 均可表示为 $\boldsymbol{x}=\sum\limits_{i=1}^{n}\beta_i\boldsymbol{\eta}_i$，则有

$$(\boldsymbol{x},\boldsymbol{x})=\left(\sum_{i=1}^{n}\beta_i\boldsymbol{\eta}_i,\sum_{j=1}^{n}\beta_j\boldsymbol{\eta}_j\right)=\sum_{i=1}^{n}\beta_i^2,$$

$$(\boldsymbol{Ax},\boldsymbol{x})=\left(\sum_{i=1}^{n}\beta_i\boldsymbol{A\eta}_i,\sum_{j=1}^{n}\beta_j\boldsymbol{\eta}_j\right)=\sum_{i=1}^{n}\lambda_i\beta_i^2 .$$

由上面两式不难得到定理的第一个结论, 此外, 在瑞利商中分别取 $\boldsymbol{x}=\boldsymbol{\eta}_1$ 和 $\boldsymbol{x}=\boldsymbol{\eta}_n$，可得到瑞利商的最小值和最大值, 即定理的第二部分结论成立.

8.2 乘幂法与反幂法

乘幂法是计算任意矩阵主特征值(按模最大)及相应特征向量的一种迭代法, 若辅以相应的收缩技巧, 则可以逐次计算出该矩阵的按模由大到小的全部特征值及相应的特征向量.

乘幂法的优点是算法简单, 容易计算机实现, 特别适合大型稀疏矩阵主特征值及相应特征向量的计算, 缺点是收敛速度慢, 其有效性依赖于矩阵特征值的分布情况.

反幂法又称反迭代法, 是乘幂法的变形, 是用来计算非奇异矩阵按模最小的特征值及特征向量的迭代方法, 是求三对角矩阵一个给定近似特征值的特征向量的有效方法之一.

8.2.1 乘幂法

乘幂法的基本思想是从任取的初始向量 $\boldsymbol{x}^{(0)}$ 出发, 用矩阵 $\boldsymbol{A}$ 逐次地乘这个向量, 构成如下序列:

$$\boldsymbol{x}^{(0)}\neq\boldsymbol{0},\quad \boldsymbol{x}^{(1)}=\boldsymbol{Ax}^{(0)},\cdots,\quad \boldsymbol{x}^{(k+1)}=\boldsymbol{Ax}^{(k)},\cdots, \tag{8.5}$$

此序列的收敛情况将与按模最大的几个特征值有密切的关系.

定理3 (乘幂法) 若 $\boldsymbol{A}$ 有完备的特征向量系 $\xi_1,\xi_2,\cdots,\xi_n$(即 $\boldsymbol{A}$ 有 n 个线性无关的特征向量), 设 $\boldsymbol{A}$ 的特征值为 $\lambda_1,\lambda_2,\cdots,\lambda_n$，满足

$$|\lambda_1|>|\lambda_2|\geqslant\cdots\geqslant|\lambda_n|, \tag{8.6}$$

其对应的特征向量为$\boldsymbol{\xi}_1,\boldsymbol{\xi}_2,\cdots,\boldsymbol{\xi}_n$. 选择合适的初始向量$\boldsymbol{x}^{(0)}$, 通过递推公式(8.5)生成序列$\left\{\boldsymbol{x}^{(k)}\right\}$, 则有

$$\lim_{k\to\infty}\frac{x_i^{(k)}}{x_i^{(k-1)}}=\lambda_1, \tag{8.7}$$

即k充分大时, $\boldsymbol{x}^{(k)}$和$\boldsymbol{x}^{(k-1)}$几乎仅差一个常数λ_1.

证明　将$\boldsymbol{x}^{(0)}$表示为矩阵特征向量$\boldsymbol{\xi}_1,\boldsymbol{\xi}_2,\cdots,\boldsymbol{\xi}_n$的线性组合

$$\boldsymbol{x}^{(0)}=\beta_1\boldsymbol{\xi}_1+\beta_2\boldsymbol{\xi}_2+\cdots+\beta_n\boldsymbol{\xi}_n, \tag{8.8}$$

且$\beta_1,\beta_2,\cdots,\beta_n$不全为零. 作向量序列$\boldsymbol{x}^{(k)}=\boldsymbol{A}^k\boldsymbol{x}^{(0)}$, 则

$$\begin{aligned}\boldsymbol{x}^{(k)}&=\boldsymbol{A}^k\boldsymbol{x}^{(0)}\\&=\beta_1\boldsymbol{A}^k\boldsymbol{\xi}_1+\beta_2\boldsymbol{A}^k\boldsymbol{\xi}_2+\cdots+\beta_n\boldsymbol{A}^k\boldsymbol{\xi}_n\\&=\beta_1\lambda_1^k\boldsymbol{\xi}_1+\beta_2\lambda_2^k\boldsymbol{\xi}_2+\cdots+\beta_n\lambda_n^k\boldsymbol{\xi}_n\\&=\lambda_1^k\left[\beta_1\boldsymbol{\xi}_1+\beta_2\left(\frac{\lambda_2}{\lambda_1}\right)^k\boldsymbol{\xi}_2+\cdots+\beta_n\left(\frac{\lambda_n}{\lambda_1}\right)^k\boldsymbol{\xi}_n\right].\end{aligned}$$

由此可见, 若$\beta_1\neq 0$, 则因$k\to\infty$时, 有

$$\left(\frac{\lambda_i}{\lambda_1}\right)^k\to 0\quad(i=2,\cdots,n),$$

故当k充分大时, 必有

$$\boldsymbol{x}^{(k)}\approx\lambda_1^k\beta_1\boldsymbol{\xi}_1, \tag{8.9}$$

即$\boldsymbol{x}^{(k)}$可以近似看成λ_1对应的特征向量; 而$\boldsymbol{x}^{(k)}$与$\boldsymbol{x}^{(k-1)}$分量之比为

$$\frac{x_i^{(k)}}{x_i^{(k-1)}}\approx\frac{\lambda_1^k\beta_1(\boldsymbol{\xi}_1)_i}{\lambda_1^{k-1}\beta_1(\boldsymbol{\xi}_1)_i}=\lambda_1. \tag{8.10}$$

于是利用向量序列$\left\{\boldsymbol{x}^{(k)}\right\}$既可以求出按模最大的特征值$\lambda_1$, 又可求出对应的特征向量$\boldsymbol{\xi}_1$.

从证明过程知k充分大时, $\boldsymbol{x}^{(k)}\approx\lambda_1^k\beta_1\boldsymbol{\xi}_1$和$\boldsymbol{x}^{(k-1)}\approx\lambda_1^{k-1}\beta_1\boldsymbol{\xi}_1$几乎仅差一个常数$\lambda_1$, 即$\boldsymbol{x}^{(k)}$为特征向量$\boldsymbol{\xi}_1$的一个近似向量(相差一个常数倍).

在实际计算中, 考虑到当$|\lambda_1|>1$时, $\lambda_1^k\to\infty$; 当$|\lambda_1|<1$时, $\lambda_1^k\to 0$, 因而计算$\boldsymbol{x}^{(k)}$时可能会导致计算机“上溢”或“下溢”现象发生, 故采取每步将$\boldsymbol{x}^{(k)}$规范化处理的办法, 即将$\boldsymbol{x}^{(k)}$的各分量都除以绝对值最大的分量, 使$\|\boldsymbol{x}^{(k)}\|_\infty=1$. 于是, 求$\boldsymbol{A}$按模最大的特征值$\lambda_1$和对应的特征向量$\boldsymbol{\xi}_1$的算法, 可归纳为如下定理.

定理4 (规范化乘幂法)　若 $\boldsymbol{A}$ 有完备的特征向量系 $\boldsymbol{\xi}_1,\boldsymbol{\xi}_2,\cdots,\boldsymbol{\xi}_n$，设 $\boldsymbol{A}$ 的特征值为 $\lambda_1,\lambda_2,\cdots,\lambda_n$，满足

$$|\lambda_1|>|\lambda_2|\geqslant\cdots\geqslant|\lambda_n|,$$

其对应的特征向量为 $\boldsymbol{\xi}_1,\boldsymbol{\xi}_2,\cdots,\boldsymbol{\xi}_n$. 选择合适的初始向量 $\boldsymbol{x}^{(0)}$，令

$$m_k=\max\{\boldsymbol{x}^{(k)}\},\quad \boldsymbol{v}^{(k)}=\frac{\boldsymbol{x}^{(k)}}{m_k},\quad \boldsymbol{x}^{(k+1)}=\boldsymbol{A}\boldsymbol{v}^{(k)},\quad k\geqslant 1,\tag{8.11}$$

其中 $m_k=\max\{\boldsymbol{x}^{(k)}\}$ 表示向量 $\boldsymbol{x}^{(k)}$ 的绝对值最大的分量，则有

$$\lim_{k\to\infty}\boldsymbol{v}^{(k)}=\frac{\boldsymbol{\xi}_1}{\max\{\boldsymbol{\xi}_1\}},\quad \lim_{k\to\infty}m_k=\lambda_1.\tag{8.12}$$

证明略.

由前述分析得知，当 k 充分大时 $\boldsymbol{v}^{(k)}\approx\dfrac{\boldsymbol{\xi}_1}{\max\{\boldsymbol{\xi}_1\}}$，而 $\max\{\boldsymbol{x}^{(k)}\}\approx\lambda_1$. 此定理当 λ_1 为重根时也同样成立.

乘幂法的算法结构简单，容易编程实现.

例8.4　利用乘幂法求 $\boldsymbol{A}$ 按模最大的特征值 λ_1 和对应的特征向量 $\boldsymbol{\xi}_1$，其中

$$\boldsymbol{A}=\begin{pmatrix}4.5&2&1\\2&1.5&1\\1&5&-0.5\end{pmatrix},$$

当特征值有三位小数稳定时迭代终止.

解　取初始向量 $\boldsymbol{v}^{(0)}=(1,-0.5,0.5)^{\mathrm{T}}$. 由于 $m_0=1$，故 $\boldsymbol{x}^{(0)}=\boldsymbol{v}^{(0)}$. 由公式(8.11)计算得

$$\boldsymbol{x}^{(1)}=\begin{pmatrix}4.5&2&1\\2&1.5&1\\1&5&-0.5\end{pmatrix}\begin{pmatrix}1\\-0.5\\0.5\end{pmatrix}=\begin{pmatrix}4.0\\1.75\\0.25\end{pmatrix}.$$

于是 $m_1=4.0$，$\boldsymbol{v}^{(1)}=(1.0000,0.4375,0.0625)^{\mathrm{T}}$. 计算

$$\boldsymbol{x}^{(2)}=\begin{pmatrix}4.5&2&1\\2&1.5&1\\1&5&-0.5\end{pmatrix}\begin{pmatrix}1.0000\\0.4375\\0.0625\end{pmatrix}=\begin{pmatrix}5.4375\\2.7188\\1.4063\end{pmatrix},$$

再计算 $m_2=5.4375$，$\boldsymbol{v}^{(2)}=(1.0000,0.5000,0.2586)^{\mathrm{T}}$，有

$$\boldsymbol{x}^{(3)}=\begin{pmatrix}4.5&2&1\\2&1.5&1\\1&5&-0.5\end{pmatrix}\begin{pmatrix}1.0000\\0.5000\\0.2586\end{pmatrix}=\begin{pmatrix}5.7586\\3.0086\\1.3707\end{pmatrix}.$$

进一步计算 $m_3=5.7586$，$\boldsymbol{v}^{(3)}=(1.0000,0.5225,0.2380)^{\mathrm{T}}$，有

$$x^{(4)}=\begin{pmatrix}4.5 & 2 & 1\\ 2 & 1.5 & 1\\ 1 & 5 & -0.5\end{pmatrix}\begin{pmatrix}1.0000\\ 0.5225\\ 0.2380\end{pmatrix}=\begin{pmatrix}5.7829\\ 3.0217\\ 1.4034\end{pmatrix}.$$

计算 $m_4=5.7829$，$v^{(4)}=(1.0000, 0.5225, 0.2427)^{\mathrm{T}}$，有

$$x^{(5)}=\begin{pmatrix}4.5 & 2 & 1\\ 2 & 1.5 & 1\\ 1 & 5 & -0.5\end{pmatrix}\begin{pmatrix}1.0000\\ 0.5225\\ 0.2427\end{pmatrix}=\begin{pmatrix}5.7877\\ 3.0265\\ 1.4012\end{pmatrix}.$$

计算 $m_5=5.7877$，$v^{(5)}=(1.0000, 0.5229, 0.2421)^{\mathrm{T}}$，有

$$x^{(6)}=\begin{pmatrix}4.5 & 2 & 1\\ 2 & 1.5 & 1\\ 1 & 5 & -0.5\end{pmatrix}\begin{pmatrix}1.0000\\ 0.5229\\ 0.2421\end{pmatrix}=\begin{pmatrix}5.7879\\ 3.0265\\ 1.4019\end{pmatrix}.$$

至此可知，矩阵 A 按模最大的特征值约为 $\lambda_1\approx 5.7879$，相应的特征向量为

$$\xi_1=(1.0000,\ 0.5229, 0.2421)^{\mathrm{T}}.$$

例8.5　用乘幂法计算

$$A=\begin{pmatrix}1.0 & 1.0 & 0.5\\ 1.0 & 1.0 & 0.25\\ 0.5 & 0.25 & 2.0\end{pmatrix}$$

的主特征值和相应的特征向量.

解　计算结果如表8-1所示.

表 8-1　计算结果

k	$v^{(k)}$（规范化向量）	$\max\{x^{(k)}\}$
0	(1, 1, 1)	
1	(0.9091, 0.8182, 1)	2.7500000
5	(0.7651, 0.6674, 1)	2.5587918
10	(0.7494, 0.6508, 1)	2.5380029
15	(0.7483, 0.6497, 1)	2.5366256
16	(0.7483, 0.6497, 1)	2.5365840
17	(0.7482, 0.6497, 1)	2.5365598
18	(0.7482, 0.6497, 1)	2.5365456
19	(0.7482, 0.6497, 1)	2.5365374
20	(0.7482, 0.6497, 1)	2.5365323

上述结果是用8位浮点数字进行运算得到的，$v^{(k)}$ 的分量值是舍入值. 于是得

到 $\lambda_1 \approx 2.5365323$，以及相应的特征向量 $(0.7482, 0.6497, 1)^{\mathrm{T}}$．可以和下面精确的特征值与特征向量(7位有效数字)作比较

$$\lambda_1 = 2.5365258, \quad \xi_1 = (0.7482116, 0.64966116, 1)^{\mathrm{T}},$$

其精度和收敛性是非常好的.

8.2.2　乘幂法的加速技术

可以看出，初始向量 $\boldsymbol{x}^{(0)}$ 在特征向量 $\boldsymbol{x}_i$ 上的分量按 $\left(\dfrac{\lambda_i}{\lambda_1}\right)^k$ 的速度收敛于零. 因而乘幂法是所谓“线性收敛”的方法，这类方法的收敛速度一般说来是不够理想的. 特别是当 $\dfrac{\lambda_2}{\lambda_1}$ 的绝对值接近于1时，收敛将很慢，必须采取适当的加速措施.

1. 原点位移法

考察矩阵

$$\boldsymbol{B} = \boldsymbol{A} - p\boldsymbol{I},$$

其中，p 为待选参数.

设矩阵 $\boldsymbol{A}$ 的特征值为 $\lambda_1, \lambda_2, \cdots, \lambda_n$，则 $\boldsymbol{B}$ 的相应特征值为 $\lambda_1 - p, \lambda_2 - p, \cdots, \lambda_n - p$，且矩阵 $\boldsymbol{A}, \boldsymbol{B}$ 有相同的特征向量. 如果需要计算 $\boldsymbol{A}$ 的按模最大特征值 λ_1，就可选择适当的 p，使得 $\lambda_1 - p$ 仍是 $\boldsymbol{B}$ 的按模最大特征值 $\lambda_1(\boldsymbol{B})$，且使

$$\left|\frac{\lambda_2 - p}{\lambda_1 - p}\right| < \left|\frac{\lambda_2}{\lambda_1}\right|.$$

这样对矩阵 $\boldsymbol{B}$ 应用乘幂法，就能较快地求得 $\boldsymbol{B}$ 的按模最大特征值 $\lambda_1(\boldsymbol{B})$，从而得

$$\lambda_1 = \lambda_1(\boldsymbol{B}) + p. \tag{8.13}$$

这种加速收敛的方法称为**原点位移法**.

原点位移法是一种矩阵变换方法，这种变换容易计算，不破坏矩阵 $\boldsymbol{A}$ 的稀疏性，但 p 选择的好坏决定了加速的效果，因此需要对矩阵 $\boldsymbol{A}$ 的特征值分布有大致的了解. 一般可用格什戈林圆盘定理确定 p 的大致范围，否则要设计一个自动选择参数 p 的算法过程并不容易.

在实际计算中，由于事先矩阵的特征值分布情况一般是不知道的，参数 p 的选取存在困难，故原点位移法是很难实现的. 但是在反幂法中，原点位移参数 p 是很容易选取的，因此，带原点位移的反幂法已成为改进特征值和特征向量精度的标准算法.

例8.6　设 $\boldsymbol{A} \in \mathbf{R}^{4\times4}$ 有特征值

$$\lambda_j = 15 - j, \quad j = 1, 2, 3, 4,$$

比值 $r = \frac{\lambda_2}{\lambda_1} \approx 0.9$. 作变换

$$\boldsymbol{B} = \boldsymbol{A} - p\boldsymbol{I}, \quad p = 12,$$

则 $\boldsymbol{B}$ 的特征值为

$$\mu_1 = 2, \quad \mu_2 = 1, \quad \mu_3 = 0, \quad \mu_4 = -1.$$

应用乘幂法计算 $\boldsymbol{B}$ 的主特征值 μ_1 的收敛速度的比值为

$$\left|\frac{\mu_2}{\mu_1}\right| = \left|\frac{\lambda_2 - p}{\lambda_1 - p}\right| = \frac{1}{2} < \left|\frac{\lambda_2}{\lambda_1}\right| \approx 0.9.$$

虽然常常能够选择有利的 p 值, 使乘幂法得到加速, 但设计一个自动选择适当参数 p 的过程是困难的.

例8.7　计算矩阵 $\boldsymbol{A}$ 的主特征值

$$\boldsymbol{A} = \begin{pmatrix} 1.0 & 1.0 & 0.5 \\ 1.0 & 1.0 & 0.25 \\ 0.5 & 0.25 & 2.0 \end{pmatrix}.$$

解　作变换 $\boldsymbol{B} = \boldsymbol{A} - p\boldsymbol{I}$, 取 $p = 0.75$, 则

$$\boldsymbol{B} = \begin{pmatrix} 0.25 & 1 & 0.5 \\ 1 & 0.25 & 0.25 \\ 0.5 & 0.25 & 1.25 \end{pmatrix}.$$

对 $\boldsymbol{B}$ 应用乘幂法, 计算结果如表8-2所示.

表 8-2　计算结果

k	$\boldsymbol{v}^{(k)}$ (规范化向量)	$\max\{\boldsymbol{x}^{(k)}\}$
0	(1, 1, 1)	
5	(0.7516, 0.6522, 1)	1.7914011
6	(0.7491, 0.6511, 1)	1.7888443
7	(0.7488, 0.6501, 1)	1.7873300
8	(0.7484, 0.6499, 1)	1.7869152
9	(0.7483, 0.6497, 1)	1.7866587
10	(0.7482, 0.6497, 1)	1.7865914

由此得 $\boldsymbol{B}$ 的主特征值为 $\mu_1 \approx 1.7865914$, A 的主特征值 λ_1 为

$$\lambda_1 \approx \mu_1 + 0.75 = 2.5365914,$$

与例8.5结果相比, 上述结果比例8.5迭代15次的精度还高. 若迭代15次, $\mu_1 \approx$

1.7865258 (相应地 $\lambda_1 \approx 2.5365258$).

原点位移的加速方法是一种矩阵变换方法. 这种变换容易计算, 不破坏矩阵 $\boldsymbol{A}$ 的稀疏性, 但 p 的选择依赖于对 $\boldsymbol{A}$ 的特征值分布的大致了解.

例8.8 求矩阵

$$\boldsymbol{A}=\begin{pmatrix}17 & 9 & 5\\ 0 & 8 & 10\\ -5 & -5 & -3\end{pmatrix}$$

按模最大的特征值, 精确到相邻两次 λ_1 估计的绝对误差小于 5×10^{-4}.

解 取 $\boldsymbol{v}^{(0)}=\boldsymbol{x}^{(0)}=(1,1,1)^{\mathrm{T}}$, 对 $\boldsymbol{A}$ 按乘幂法公式构造向量序列, 则迭代25次可得满足精度要求的估计值 $\lambda_1\approx 12.0003$.

若取 $p=4$, 即对 $\boldsymbol{B}=\boldsymbol{A}-4\boldsymbol{I}$ 应用乘幂法迭代15次就可得满足精度要求的结果. 可以看出, 选取适当的 p 的确能使乘幂法有效地加速.

事实上, 对本例中的矩阵 $\boldsymbol{A}$, 其特征值分别为 $\lambda_1=12,\ \lambda_2=8,\ \lambda_3=2$.

当 $p=4$ 时, 显然有

$$\left|\frac{\lambda_2-p}{\lambda_1-p}\right|=\frac{1}{2}<\left|\frac{\lambda_2}{\lambda_1}\right|=\frac{2}{3}.$$

而且可以看出当 $p=5$ 时, 即对 $\boldsymbol{C}=\boldsymbol{A}-5\boldsymbol{I}$ 应用乘幂法效果会更佳, 因为

$$\lambda_1(\boldsymbol{C})=7,\quad \lambda_2(\boldsymbol{C})=3,\quad \lambda_3(\boldsymbol{C})=-3,$$

$$\left|\frac{\lambda_2(\boldsymbol{C})}{\lambda_1(\boldsymbol{C})}\right|=\frac{3}{7}<\frac{1}{2}<\left|\frac{\lambda_2}{\lambda_1}\right|=\frac{2}{3}.$$

2. 瑞利商加速

设对称矩阵 $\boldsymbol{A}$ 的特征值满足 $|\lambda_1|>|\lambda_2|\geqslant\cdots\geqslant|\lambda_n|$, 且含有相互正交的特征向量 $\boldsymbol{\xi}_1,\boldsymbol{\xi}_2,\cdots,\boldsymbol{\xi}_n$, 设 $\boldsymbol{x}^{(0)}$ 为任取向量, 则 $\boldsymbol{x}^{(0)}$ 可由 $\boldsymbol{\xi}_1,\boldsymbol{\xi}_2,\cdots,\boldsymbol{\xi}_n$ 唯一线性表示, 即 $\boldsymbol{x}^{(0)}=a_1\boldsymbol{\xi}_1+a_2\boldsymbol{\xi}_2+\cdots+a_n\boldsymbol{\xi}_n$, 则在乘幂法迭代的每一步可进一步计算 $\boldsymbol{x}^{(k)}$ 的瑞利商

$$R(\boldsymbol{x}^{(k)})=\frac{(\boldsymbol{A}\boldsymbol{x}^{(k)},\boldsymbol{x}^{(k)})}{(\boldsymbol{x}^{(k)},\boldsymbol{x}^{(k)})},$$

因为

$$R(\boldsymbol{x}^{(k)})=\frac{(\boldsymbol{A}\boldsymbol{x}^{(k)},\boldsymbol{x}^{(k)})}{(\boldsymbol{x}^{(k)},\boldsymbol{x}^{(k)})}=\frac{(\boldsymbol{A}^{k+1}\boldsymbol{x}^{(0)},\boldsymbol{A}^{k}\boldsymbol{x}^{(0)})}{(\boldsymbol{A}^{k}\boldsymbol{x}^{(0)},\boldsymbol{A}^{k}\boldsymbol{x}^{(0)})}=\frac{\sum\limits_{i=1}^{n}\beta_i^2\lambda_i^{2k+1}}{\sum\limits_{i=1}^{n}\beta_i^2\lambda_i^{2k}},$$

所以 $R(\boldsymbol{x}^{(k)})=\lambda_1\left[1+O\left(\left(\dfrac{\lambda_2}{\lambda_1}\right)^{2k}\right)\right]$ 能给出 λ_1 的较好近似.

8.2.3　反幂法

反幂法是用于计算矩阵按模最小特征值及特征向量的办法, 也可以用来计算对应于一个给定近似特征值的特征向量. 设 $\boldsymbol{A}\in\mathbf{R}^{n\times n}$ 为非奇异阵, 若 $\boldsymbol{A}$ 的特征值 $\lambda_i\ (i=1,2,\cdots,n)$ 满足

$$|\lambda_1|\geqslant|\lambda_2|\geqslant\cdots\geqslant|\lambda_{n-1}|>|\lambda_n|>0,$$

相应的特征向量为 $\boldsymbol{\xi}_1,\boldsymbol{\xi}_2,\cdots,\boldsymbol{\xi}_n$, 则 $\boldsymbol{A}^{-1}$ 的特征值为 λ_i^{-1}, 并且 $\left|\dfrac{1}{\lambda_n}\right|>\left|\dfrac{1}{\lambda_{n-1}}\right|\geqslant\cdots\geqslant\left|\dfrac{1}{\lambda_1}\right|$, 相应地, 特征向量为 $\boldsymbol{\xi}_n,\boldsymbol{\xi}_{n-1},\cdots,\boldsymbol{\xi}_1$.

因此计算 $\boldsymbol{A}$ 的按模最小特征值 λ_n 的问题就是计算 $\boldsymbol{A}^{-1}$ 的按模最大的特征值问题. 对 $\boldsymbol{A}^{-1}$ 应用乘幂法迭代, 就可求出矩阵 $\boldsymbol{A}^{-1}$ 的按模最大特征值 $\dfrac{1}{\lambda_n}$, 从而求得 $\boldsymbol{A}$ 的按模最小特征值 λ_n, 这种方法称为**反幂法**.

反幂法迭代公式为

$$\begin{cases}\boldsymbol{v}^{(0)}=\boldsymbol{u}^{(0)}\neq\boldsymbol{0}, & \beta_n\neq 0,\\ \boldsymbol{v}^{(k)}=\boldsymbol{A}^{-1}\boldsymbol{u}^{(k-1)}, & k=1,2,3,\cdots,\\ \boldsymbol{u}^{(k)}=\dfrac{\boldsymbol{v}^{(k)}}{\max\{\boldsymbol{v}^{(k)}\}}. \end{cases}\tag{8.14}$$

为避免矩阵求逆, 迭代向量可通过解线性方程组 $\boldsymbol{A}\boldsymbol{v}^{(k)}=\boldsymbol{u}^{(k-1)}$ 求得. 类似乘幂法的证明思想则有以下定理.

定理5　设

(1) $\boldsymbol{A}\in\mathbf{R}^{n\times n}$ 为非奇异矩阵且特征值 $\lambda_i\ (i=1,2,\cdots,n)$ 满足

$$|\lambda_1|\geqslant|\lambda_2|\geqslant\cdots\geqslant|\lambda_{n-1}|>|\lambda_n|>0.$$

(2) 相应地, $\boldsymbol{A}$ 有 n 个线性无关的特征向量 $\boldsymbol{\xi}_1,\boldsymbol{\xi}_2,\cdots,\boldsymbol{\xi}_n$, 则由反幂法构造的向量序列(8.14)满足

① $\lim\limits_{k\to\infty}\boldsymbol{u}^{(k)}=\dfrac{\boldsymbol{\xi}_n}{\max(\boldsymbol{\xi}_n)}$;

② $\lim\limits_{k\to\infty}\max(\boldsymbol{v}^{(k)})=\dfrac{1}{\lambda_n}$, 且收敛速度依赖于比值 $\left|\dfrac{\lambda_n}{\lambda_{n-1}}\right|$.

反幂法不仅可用于求按模最小特征值, 还可以结合原点平移思想用于求任意

指定值附近的特征值及其相应的特征向量.

如果矩阵$(\boldsymbol{A}-p\boldsymbol{I})^{-1}$存在, 则其特征值为

$$\frac{1}{\lambda_1-p},\frac{1}{\lambda_2-p},\cdots,\frac{1}{\lambda_n-p},$$

而相应的特征向量仍为$\boldsymbol{\xi}_1,\boldsymbol{\xi}_2,\cdots,\boldsymbol{\xi}_n$. 如果想要求得最靠近$p$的特征值, 设其为$\lambda_j$, 则有

$$|\lambda_j-p|<|\lambda_i-p|,\quad i\neq j,$$

即$(\lambda_j-p)^{-1}$是矩阵$(\boldsymbol{A}-p\boldsymbol{I})^{-1}$按模最大的特征值. 用矩阵$(\boldsymbol{A}-p\boldsymbol{I})^{-1}$构造向量序列

$$\begin{cases}\boldsymbol{v}^{(0)}=\boldsymbol{u}^{(0)}\neq\boldsymbol{0}, & \beta_n\neq 0\\ \boldsymbol{v}^{(k)}=(\boldsymbol{A}-p\boldsymbol{I})^{-1}\boldsymbol{u}^{(k-1)}, & k=1,2,3,\cdots,\\ \boldsymbol{u}^{(k)}=\dfrac{\boldsymbol{v}^{(k)}}{\max\{\boldsymbol{v}^{(k)}\}}, & \end{cases}\tag{8.15}$$

且有如下定理.

定理6 设

(1) $\boldsymbol{A}\in\mathbf{R}^{n\times n}$为非奇异矩阵且有特征值$\lambda_i\ (i=1,2,\cdots,n)$, 相应地, $\boldsymbol{A}$有n个线性无关的特征向量$\boldsymbol{\xi}_1,\boldsymbol{\xi}_2,\cdots,\boldsymbol{\xi}_n$;

(2) λ_j是最接近于p的特征值, 且$(\boldsymbol{A}-p\boldsymbol{I})^{-1}$存在;

(3) $\boldsymbol{u}^{(0)}=\sum\limits_{i=1}^{n}\beta_i\boldsymbol{\xi}_i,\ \beta_i\neq 0$,

则由式(8.15)构造的向量序列满足

① $\lim\limits_{k\to\infty}\boldsymbol{u}^{(k)}=\dfrac{\boldsymbol{\xi}_j}{\max(\boldsymbol{\xi}_j)}$;

② $\lim\limits_{k\to\infty}\max(\boldsymbol{v}^{(k)})=\dfrac{1}{\lambda_j-p}$ 或 $\lim\limits_{k\to\infty}\dfrac{1}{\max(\boldsymbol{v}^{(k)})}+p=\lambda_j$, 且收敛速度依赖于比值 $\max\limits_{i\neq j}\left|\dfrac{\lambda_j-p}{\lambda_i-p}\right|$.

例8.9 用反幂法求

$$\boldsymbol{A}=\begin{pmatrix}2&1&0\\1&3&1\\0&1&4\end{pmatrix}$$

的对应于特征值$\lambda=1.2679$(精确特征值为$\lambda_3=3-\sqrt{3}$)的特征向量(用5位浮点数进行运算).

解　用部分选主元的三角分解将 $\boldsymbol{A}-p\boldsymbol{I}$ (其中 $p=1.2679$)分解为

$$\boldsymbol{P}(\boldsymbol{A}-p\boldsymbol{I})=\boldsymbol{L}\boldsymbol{U},$$

其中

$$\boldsymbol{L}=\begin{pmatrix}1 & 0 & 0\\ 0 & 1 & 0\\ 0.7321 & -0.26807 & 1\end{pmatrix},\quad \boldsymbol{U}=\begin{pmatrix}1 & 1.7321 & 1\\ 0 & 1 & 2.7321\\ 0 & 0 & 0.29517\times10^{-3}\end{pmatrix},$$

$$\boldsymbol{P}=\begin{pmatrix}0 & 1 & 0\\ 0 & 0 & 1\\ 1 & 0 & 0\end{pmatrix}.$$

由 $\boldsymbol{U}\boldsymbol{v}_1=(1,1,1)^{\mathrm{T}}$，得

$$\boldsymbol{v}_1=(12692,-9290.3,3400.8)^{\mathrm{T}},$$

$$\boldsymbol{u}_1=(1,-0.73198,0.26795)^{\mathrm{T}},$$

由 $\boldsymbol{L}\boldsymbol{U}\boldsymbol{v}_2=\boldsymbol{P}\boldsymbol{u}_1$，得

$$\boldsymbol{v}_2=(20404,-14937,5467.4)^{\mathrm{T}},$$

$$\boldsymbol{u}_2=(1,-0.73206,0.26796)^{\mathrm{T}},$$

对应的特征向量是

$$\boldsymbol{\xi}_3=(1,1-\sqrt{3},2-\sqrt{3})^{\mathrm{T}}\approx(1,-0.73205,0.26795)^{\mathrm{T}},$$

由此看出对应 $\lambda=1.2679$ 的近似特征向量 $\boldsymbol{u}_2$ 与精确特征向量 $\boldsymbol{\xi}_3$ 有相当好的近似.

特征值为 $\lambda_3\approx1.2679+\dfrac{1}{\max\{\boldsymbol{v}_2\}}=1.26794901$, λ_3 的真值为

$$\lambda_3=3-\sqrt{3}=1.26794912\cdots.$$

乘幂法、反幂法都只能求出矩阵的某一个特征值, 是否能将它们推广到计算矩阵的多个特征值或者所有特征值呢? 答案是肯定的.

8.3　矩阵的正交三角化

为了介绍计算矩阵所有特征值的方法, 本节先介绍矩阵的正交三角化技术与矩阵的QR分解. 回顾前面的高斯消去过程, 它相当于用消去矩阵逐次左乘矩阵 $\boldsymbol{A}$，最终将它化成上三角矩阵. 所谓正交三角化技术, 就是用正交矩阵左乘 $\boldsymbol{A}$ 来实现消元, 从而将它化为上三角阵.

实现矩阵的正交三角化的主要手段有豪斯霍尔德变换、吉文斯旋转变换、格拉姆-施密特(Gram-Schmidt)正交化过程三种. 这里介绍豪斯霍尔德变换和吉文斯

旋转变换技术.

8.3.1 豪斯霍尔德变换

豪斯霍尔德变换也称为初等反射变换, 下面先定义豪斯霍尔德矩阵. 用豪斯霍尔德矩阵左乘一个向量(或矩阵), 即实现豪斯霍尔德变换.

定义3 设 $\boldsymbol{u}\in\mathbf{R}^n$, 且 $\|\boldsymbol{u}\|_2=1$, 则矩阵

$$\boldsymbol{H}=\boldsymbol{I}-2\boldsymbol{u}\boldsymbol{u}^{\mathrm{T}}$$

称为**豪斯霍尔德矩阵**或**豪斯霍尔德变换**. 有时也简称为 $\boldsymbol{H}$ 矩阵或 $\boldsymbol{H}$ 变换.

定理7 豪斯霍尔德矩阵 $\boldsymbol{H}=\boldsymbol{I}-2\boldsymbol{u}\boldsymbol{u}^{\mathrm{T}}$ 具有以下基本性质:

(1) $\boldsymbol{H}$ 是对称矩阵: $\boldsymbol{H}=\boldsymbol{H}^{\mathrm{T}}$;

(2) $\boldsymbol{H}$ 是正交矩阵: $\boldsymbol{H}^{\mathrm{T}}\boldsymbol{H}=\boldsymbol{I}$, 或 $\boldsymbol{H}^{\mathrm{T}}=\boldsymbol{H}^{-1}$;

(3) $\boldsymbol{H}$ 变换保持向量长度不变: $\forall\boldsymbol{v}\in\mathbf{R}^n$, $\|\boldsymbol{H}\boldsymbol{v}\|_2=\|\boldsymbol{v}\|_2$;

(4) 设 S 为以 $\boldsymbol{u}$ 为法向量过原点的超平面, 对任何非零向量 $\boldsymbol{v}\in\mathbf{R}^n$, 有 $\boldsymbol{H}\boldsymbol{v}$ 与 $\boldsymbol{v}$ 关于超平面对称.

证明 (1) $\boldsymbol{H}^{\mathrm{T}}=(\boldsymbol{I}-2\boldsymbol{u}\boldsymbol{u}^{\mathrm{T}})^{\mathrm{T}}=\boldsymbol{I}^{\mathrm{T}}-2(\boldsymbol{u}^{\mathrm{T}})^{\mathrm{T}}\boldsymbol{u}^{\mathrm{T}}=\boldsymbol{I}-2\boldsymbol{u}\boldsymbol{u}^{\mathrm{T}}=\boldsymbol{H}$;

(2)
$$\begin{aligned}\boldsymbol{H}^{\mathrm{T}}\boldsymbol{H}&=(\boldsymbol{I}-2\boldsymbol{u}\boldsymbol{u}^{\mathrm{T}})(\boldsymbol{I}-2\boldsymbol{u}\boldsymbol{u}^{\mathrm{T}})=\boldsymbol{I}-4\boldsymbol{u}\boldsymbol{u}^{\mathrm{T}}+4\boldsymbol{u}\boldsymbol{u}^{\mathrm{T}}\boldsymbol{u}\boldsymbol{u}^{\mathrm{T}}\\&=\boldsymbol{I}-4\boldsymbol{u}(1-\boldsymbol{u}^{\mathrm{T}}\boldsymbol{u})\boldsymbol{u}^{\mathrm{T}}=\boldsymbol{I}-4\boldsymbol{u}(1-\|\boldsymbol{u}\|_2^2)\boldsymbol{u}^{\mathrm{T}}=\boldsymbol{I};\end{aligned}$$

(3) $\forall\boldsymbol{v}\in\mathbf{R}^n$, $\|\boldsymbol{H}\boldsymbol{v}\|_2^2=(\boldsymbol{H}\boldsymbol{v})^{\mathrm{T}}\boldsymbol{H}\boldsymbol{v}=\boldsymbol{v}^{\mathrm{T}}\boldsymbol{H}^{\mathrm{T}}\boldsymbol{H}\boldsymbol{v}=\boldsymbol{v}^{\mathrm{T}}\boldsymbol{v}=\|\boldsymbol{v}\|_2^2$, 即 $\|\boldsymbol{H}\boldsymbol{v}\|_2=\|\boldsymbol{v}\|_2$.

(4) 为方便起见, 设 $n=3$. 将 $\boldsymbol{v}$ 分解为 $\boldsymbol{v}_1+\boldsymbol{v}_2$, 其中 $\boldsymbol{v}_1\in S$, $\boldsymbol{v}_2\perp S$, 则 $\boldsymbol{H}\boldsymbol{v}_1=\boldsymbol{v}_1$, $\boldsymbol{H}\boldsymbol{v}_2=-\boldsymbol{v}_2$, 故有 $\boldsymbol{H}\boldsymbol{v}=\boldsymbol{v}_1-\boldsymbol{v}_2$. 即对任何非零向量 $\boldsymbol{v}$ 经过变换后所得向量与原向量关于超平面 S 对称, 如图8-3所示.

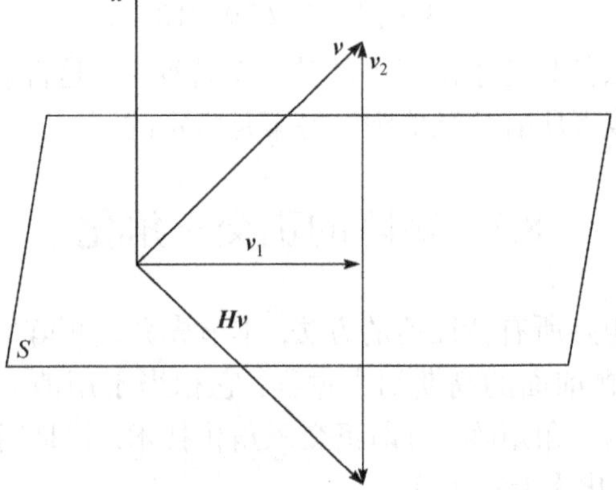

图 8-3　豪斯霍尔德变换实现向量的镜面反射

几何学中称 $\boldsymbol{H}$ 为镜面反射变换. 矩阵 $\boldsymbol{H}$ 称为**镜面反射阵**. n 为其他维数时

请读者自己证明.

定理8　对任何非零向量 $\boldsymbol{v}\in\mathbf{R}^n$,可以选择一个合适的 $\boldsymbol{u}\in\mathbf{R}^n$，满足 $\|\boldsymbol{u}\|_2=1$，用其构造的 $\boldsymbol{H}$ 矩阵可将 $\boldsymbol{v}$ 变换为单位向量 $\boldsymbol{e}_1=(1,0,\cdots,0)^{\mathrm{T}}$ 的常数倍，即

$$\boldsymbol{Hv}=c\boldsymbol{e}_1 .$$

证明　设 $\boldsymbol{v}=(v_1,v_2,\cdots,v_n)^{\mathrm{T}}$，取

$$c=-\operatorname{sgn}(v_1)\|\boldsymbol{v}\|_2=-\operatorname{sgn}(v_1)\sqrt{v_1^2+v_2^2+\cdots+v_n^2} .$$

令 $\boldsymbol{w}=\boldsymbol{v}-c\boldsymbol{e}_1$，则

$$\|\boldsymbol{w}\|_2^2=(v_1-c)^2+v_2^2+\cdots+v_n^2=2\|\boldsymbol{v}\|_2^2-2cv_1=2\|\boldsymbol{v}\|_2(\|\boldsymbol{v}\|_2+|v_1|).$$

令 $\boldsymbol{u}=\dfrac{\boldsymbol{w}}{\|\boldsymbol{w}\|_2}$，记 $\boldsymbol{H}=\boldsymbol{I}-2\boldsymbol{uu}^{\mathrm{T}}$，有

$$\boldsymbol{Hv}=(\boldsymbol{I}-2\boldsymbol{uu}^{\mathrm{T}})\boldsymbol{v}=\boldsymbol{v}-2\frac{\boldsymbol{ww}^{\mathrm{T}}}{\|\boldsymbol{w}\|_2^2}\boldsymbol{v}=\boldsymbol{v}-\frac{(\boldsymbol{v}-c\boldsymbol{e}_1)(\boldsymbol{v}-c\boldsymbol{e}_1)^{\mathrm{T}}}{\|\boldsymbol{v}\|_2(\|\boldsymbol{v}\|_2+|v_1|)}\boldsymbol{v}.$$

注意到 $\boldsymbol{v}^{\mathrm{T}}\boldsymbol{v}=\|\boldsymbol{v}\|_2^2$，$-c\boldsymbol{e}_1^{\mathrm{T}}\boldsymbol{v}=-cv_1=\|\boldsymbol{v}\|_2|v_1|$，有

$$\boldsymbol{Hv}=\boldsymbol{v}-(\boldsymbol{v}-c\boldsymbol{e}_1)=c\boldsymbol{e}_1 .$$

推论2　对任何非零向量 $\boldsymbol{v}\in\mathbf{R}^n$，存在 $\boldsymbol{H}$ 矩阵，使得 $\boldsymbol{Hv}$ 的连续若干个分量为零.

证明　设 $\boldsymbol{v}=(v_1,v_2,\cdots,v_n)^{\mathrm{T}}$，取

$$c=-\operatorname{sgn}(v_i)\sqrt{v_i^2+v_{i+1}^2+\cdots+v_j^2},\quad 2\leqslant i\leqslant j\leqslant n,$$

令 $\boldsymbol{w}=(0,\cdots,0,v_i-c,v_{i+1},\cdots,v_j,0,\cdots,0)^{\mathrm{T}}$，则

$$\|\boldsymbol{w}\|_2^2=(v_i-c)^2+v_{i+1}^2+\cdots+v_j^2=2c^2-2cv_i=2c(c-v_i).$$

令 $\boldsymbol{u}=\dfrac{\boldsymbol{w}}{\|\boldsymbol{w}\|_2}$，记 $\boldsymbol{H}=\boldsymbol{I}-2\boldsymbol{uu}^{\mathrm{T}}$，有

$$\boldsymbol{Hv}=(\boldsymbol{I}-2\boldsymbol{uu}^{\mathrm{T}})\boldsymbol{v}=\boldsymbol{v}-2\frac{\boldsymbol{ww}^{\mathrm{T}}}{\|\boldsymbol{w}\|_2^2}\boldsymbol{v}=\boldsymbol{v}-\frac{\boldsymbol{ww}^{\mathrm{T}}}{c(c-v_i)}\boldsymbol{v} .$$

注意到 $\boldsymbol{w}^{\mathrm{T}}\boldsymbol{v}=(v_i-c)v_i+v_{i+1}^2+\cdots+v_j^2=c^2-cv_i$，有

$$\boldsymbol{Hv}=\boldsymbol{v}-\boldsymbol{w}=(v_1,\cdots,v_{i-1},c,0,\cdots,0,v_{j+1},\cdots,v_n)^{\mathrm{T}},$$

即通过 $\boldsymbol{H}$ 变换将向量 $\boldsymbol{v}$ 的第 $i+1$ 至第 j 个分量变化为零.

例8.10　设向量 $\boldsymbol{v}=(2,2,1)^{\mathrm{T}}$，试构造 $\boldsymbol{H}$ 矩阵，使 $\boldsymbol{Hv}=c\boldsymbol{e}_1$，其中 $\boldsymbol{e}_1=(1,0,0)^{\mathrm{T}}$，$c$ 为某常数.

解　$\|\boldsymbol{v}\|_2=\sqrt{2^2+2^2+1^2}=3$，取 $c=-3$，令 $\boldsymbol{w}=\boldsymbol{v}-c\boldsymbol{e}_1=(5,2,1)^{\mathrm{T}}$，$\|\boldsymbol{w}\|_2=\sqrt{30}$，

则

$$u=\frac{w}{\|w\|_2}=\left(\frac{5}{\sqrt{30}},\frac{2}{\sqrt{30}},\frac{1}{\sqrt{30}}\right)^{\mathrm{T}},$$

$$H=I-2uu^{\mathrm{T}}=\frac{1}{15}\begin{pmatrix}-10 & -10 & -5\\ -10 & 11 & -2\\ -5 & -2 & 14\end{pmatrix},\quad Hv=-3e_1.$$

类似于求 $\boldsymbol{H}$ 矩阵使 $\boldsymbol{Hv}=c\boldsymbol{e}_1$ 的方法，可以构造 $\boldsymbol{H}$ 矩阵变换向量 $\boldsymbol{v}$ 连接的若干个分量为零.

8.3.2　吉文斯变换

$\boldsymbol{H}$ 变换可使一个向量连接的若干个分量化为零，有时希望把指定的一个分量化为零，此时可以使用吉文斯变换. 这不同于豪斯霍尔德变换消去向量中的多个分量. 在处理已经有很多零元素的稀疏向量、稀疏矩阵时，吉文斯变换非常有效.

定义4　将 n 阶单位矩阵 $\boldsymbol{I}_n$ 改变第 i,j 行和第 i,j 列的四个元素得到的矩阵

$$J(i,j,\theta)=\begin{pmatrix}1 & & & & & & \\ & \ddots & & & & & \\ & & \cos\theta & & \sin\theta & & \\ & & & \ddots & & & \\ & & -\sin\theta & & \cos\theta & & \\ & & & & & \ddots & \\ & & & & & & 1\end{pmatrix}\tag{8.16}$$

称为**吉文斯矩阵**或**吉文斯变换**.

当 $n=2$ 时，$\boldsymbol{J}(1,2,\theta)=\begin{pmatrix}\cos\theta & \sin\theta\\ -\sin\theta & \cos\theta\end{pmatrix}$ 是一个正交矩阵，$\boldsymbol{x}\in\mathbf{R}^n$，$\boldsymbol{J}(i,j,\theta)\boldsymbol{x}$ 表示将向量 $\boldsymbol{x}$ 旋转 θ 角后所得的向量. 一般矩阵 $\boldsymbol{J}(i,j,\theta)$ 也是正交矩阵，表示在 n 维空间中将互相正交的两个坐标轴在其所决定的平面上旋转一个角度 θ，并保持正交坐标系的其他轴不动，所以 $\boldsymbol{J}(i,j,\theta)$ 也称为平面旋转矩阵.

若将矩阵 $\boldsymbol{A}$ 左乘以矩阵 $\boldsymbol{J}(i,j,\theta)$，则矩阵 $\boldsymbol{A}$ 仅有 i,j 两行元素有所变化，其余元素不变. 事实上，设 $\boldsymbol{A}=(a_{pq})$，$\boldsymbol{B}=\boldsymbol{J}(i,j,\theta)\boldsymbol{A}=(b_{pq})$，便有

$$\begin{cases}b_{pq}=a_{pq},\\ b_{iq}=a_{iq}\cos\theta+a_{jq}\sin\theta, & p\neq i,j,\quad 1\leqslant q\leqslant n.\\ b_{jq}=-a_{iq}\sin\theta+a_{jq}\cos\theta,\end{cases}$$

从上式看出，适当的选择角度 θ，便可以使矩阵 $\boldsymbol{B}$ 第 j 行的某一个元素 $b_{jk}=0$. 为此，只需令

$$\cos\theta = \frac{a_{ik}}{\sqrt{a_{ik}^2 + a_{jk}^2}},\quad \sin\theta = \frac{a_{jk}}{\sqrt{a_{ik}^2 + a_{jk}^2}},\quad \text{若 } a_{ik}^2 + a_{jk}^2 \neq 0. \tag{8.17}$$

注　若 $a_{ik}^2 + a_{jk}^2 = 0$，a_{jk}^2 已为零，不需要再作变换.

若将矩阵 $\boldsymbol{A}$ 右乘以矩阵 $\boldsymbol{J}(i,j,\theta)^{\mathrm{T}}$，易知矩阵 $\boldsymbol{A}$ 仅有 i,j 两列元素有所变化，其余元素不变. 设 $\boldsymbol{A}$ 是对称矩阵，令 $\boldsymbol{C} = \boldsymbol{J}(i,j,\theta)\boldsymbol{A}\boldsymbol{J}(i,j,\theta)^{\mathrm{T}} = (c_{pq})$，可得

$$\begin{cases} c_{pq} = a_{pq}, \quad p \neq i,j, \quad q \neq i,j, \\ c_{iq} = c_{qi} = a_{iq}\cos\theta + a_{jq}\sin\theta, \quad q \neq i,j, \\ c_{jq} = c_{qj} = -a_{iq}\sin\theta + a_{jq}\cos\theta, \quad q \neq i,j, \\ c_{ii} = a_{ii}\cos^2\theta + a_{ij}\sin 2\theta + a_{jj}\sin^2\theta, \\ c_{ij} = c_{ji} = \dfrac{1}{2}(a_{jj} - a_{ii})\sin 2\theta + a_{ij}\cos 2\theta, \\ c_{jj} = a_{ii}\sin^2\theta - a_{ij}\sin 2\theta + a_{jj}\cos^2\theta. \end{cases}$$

计算矩阵非对角线元素的平方和，可以得出

$$\sum_{p\neq q} c_{pq}^2 = \left(\sum_{p\neq q} a_{pq}^2\right) - 2a_{ij}^2 + c_{ij}^2,$$

若要 $c_{ij} = c_{ji} = 0$，根据式(8.17)，只要选择合适的 θ 满足

$$\cot 2\theta = \frac{a_{ii} - a_{jj}}{2a_{ij}},\quad |\theta| \leqslant \frac{\pi}{4}.$$

定义5　设 $\boldsymbol{A} = (a_{ij})_n \in \mathbf{R}^{n\times n}$，若当 $i > j+1$ 时 $a_{ij} = 0$，则称矩阵 $\boldsymbol{A}$ 为**上海森伯(Hessenberg)型或拟上三角矩形**. 若当 $j > i+1$ 时 $a_{ij} = 0$，则称矩阵 $\boldsymbol{A}$ 为**下海森伯型或拟下三角矩形**.

定理9　对任意 n 阶矩阵 $\boldsymbol{A}$，总存在正交矩阵 $\boldsymbol{Q}$，使得 $\boldsymbol{QAQ}^{-1}$ 为上海森伯矩阵.

证明　第一步，我们取矩阵 $\boldsymbol{A}$ 的第一列：$\boldsymbol{a}_1 = (a_{11}, a_{21}, a_{31}, \cdots, a_{n1})^{\mathrm{T}}$，由定理8的推论，存在豪斯霍尔德矩阵 $\boldsymbol{H}_1$，使得 $\boldsymbol{H}_1\boldsymbol{a}_1 = (a_{11}, c_1, 0, \cdots, 0)^{\mathrm{T}}$，则对 $\boldsymbol{A}$ 作如下正交相似变换：

$$\boldsymbol{A}^{(1)} = \boldsymbol{H}_1\boldsymbol{A}\boldsymbol{H}_1^{\mathrm{T}} = \boldsymbol{H}_1\boldsymbol{A}\boldsymbol{H}_1.$$

由于右乘 $\boldsymbol{H}_1$ 时不影响 $\boldsymbol{H}_1\boldsymbol{A}$ 的第一列，所以可导出

$$
\boldsymbol{A}^{(1)} = \begin{pmatrix} a_{11} & a_{12}^{(1)} & \cdots & a_{1n}^{(1)} \\ c_1 & a_{22}^{(1)} & \cdots & a_{2n}^{(1)} \\ 0 & a_{32}^{(1)} & \cdots & a_{3n}^{(1)} \\ \vdots & \vdots & & \vdots \\ 0 & a_{n2}^{(1)} & \cdots & a_{nn}^{(1)} \end{pmatrix}.
$$

第二步，类似构造 $\boldsymbol{H}$ 矩阵 $\boldsymbol{H}_2$，将矩阵 $\boldsymbol{A}^{(1)}$ 的第二列的后 $n-3$ 个元素化为零. 依次类推，作 $n-2$ 次变换后，矩阵 $\boldsymbol{A}$ 被化为下列上海森伯矩阵:

$$
\boldsymbol{H}_{n-2}\cdots\boldsymbol{H}_2\boldsymbol{H}_1\boldsymbol{A}\boldsymbol{H}_1\boldsymbol{H}_2\cdots\boldsymbol{H}_{n-2} = \begin{pmatrix} * & * & * & \cdots & \cdots & * \\ c_1 & * & * & \cdots & \cdots & \vdots \\ 0 & c_2 & * & \cdots & \cdots & \vdots \\ 0 & 0 & c_3 & * & \cdots & * \\ \vdots & \ddots & \ddots & \ddots & & \vdots \\ & \ddots & \ddots & c_{n-2} & * & * \\ 0 & 0 & 0 & 0 & * & * \end{pmatrix}.
$$

这里 $\boldsymbol{H}_i$ $(i=1,\cdots,n-2)$ 是豪斯霍尔德矩阵. 令 $\boldsymbol{Q}=\boldsymbol{H}_{n-2}\cdots\boldsymbol{H}_2\boldsymbol{H}_1$，则 $\boldsymbol{Q}$ 是正交矩阵，满足 $\boldsymbol{Q}\boldsymbol{A}\boldsymbol{Q}^{-1}=\boldsymbol{A}^{(n-2)}$.

显然，$\boldsymbol{A}^{(n-2)}$ 和 $\boldsymbol{A}$ 相似，从而有相同的特征值. 若 $\boldsymbol{A}$ 为对称矩阵，则 $\boldsymbol{A}^{(n-2)}$ 亦为对称矩阵，因而，其上三角部分对角线元素非零，所以此时 $\boldsymbol{A}$ 将被化为对称的三对角线型矩阵. 上海森伯矩阵和三对角矩阵对求矩阵的全部特征值很有帮助，在QR算法中有重要应用.

8.4 QR 分解与 QR 算法

Rutishsuser 在1958年利用矩阵的三角分解提出了计算矩阵特征值的LR算法，Francis 在1961～1962年利用矩阵的QR分解建立了计算矩阵特征值的QR方法.

QR方法是一种变换方法，是计算一般矩阵(中小型矩阵)全部特征值问题的最有效方法之一.

目前QR方法主要用来计算：①上海森伯矩阵的全部特征值问题；②计算对称三对角矩阵的全部特征值问题，且QR方法具有收敛快、算法稳定等特点. 对于一般矩阵 $\boldsymbol{A}\in\mathbf{R}^{n\times n}$ (或对称矩阵)，首先用豪斯霍尔德方法将 $\boldsymbol{A}$ 化为海森伯矩阵 $\boldsymbol{B}$ (对称三对角矩阵)，然后再用QR方法计算 $\boldsymbol{B}$ 的全部特征值.

8.4.1 QR 分解

由前面章节的讨论知，把一般实矩阵分解成正交阵和上三角阵的乘积，即进行QR分解通常是用豪斯霍尔德变换来实现.

下面就用一系列豪斯霍尔德阵，将实矩阵 $\boldsymbol{A}$ 分解成正交阵 $\boldsymbol{Q}$ 和上三角阵 $\boldsymbol{R}$ 的乘积，具体实施步骤如下:

记 $\boldsymbol{A}$ 的第 j 个列向量为 $\boldsymbol{a}_j$，即

$$\boldsymbol{a}_j=(a_{1j},a_{2j},\cdots,a_{nj})^{\mathrm{T}},$$

则矩阵 $\boldsymbol{A}$ 可写为 $\boldsymbol{A}=(\boldsymbol{a}_1,\boldsymbol{a}_2,\cdots,\boldsymbol{a}_n)$.

第1步，取 $\boldsymbol{x}=\boldsymbol{a}_1$，$\boldsymbol{y}=-\mathrm{sign}(a_{11})\boldsymbol{e}_1$，令

$$\boldsymbol{u}_1=\frac{\boldsymbol{a}_1-\sigma_1\boldsymbol{e}_1}{\|\boldsymbol{a}_1-\sigma_1\boldsymbol{e}_1\|_2},\tag{8.18}$$

其中，

$$\sigma_1=-\mathrm{sign}(a_{11})\|\boldsymbol{a}_1\|_2.$$

这里，在 $\boldsymbol{e}_1$ 前带上负的 a_{11} 的符号是为了避免式(8.18)中 $\boldsymbol{a}_1$ 与 $\|\boldsymbol{a}_1\|_2\,\boldsymbol{e}_1$ 相减可能造成第1分量的有效数字的损失，以利于算法稳定. 记 $\rho_1=\|\boldsymbol{a}_1-\sigma_1\boldsymbol{e}_1\|_2$，则

$$\rho_1=\sqrt{(\boldsymbol{a}_1-\sigma_1\boldsymbol{e}_1)^{\mathrm{T}}(\boldsymbol{a}_1-\sigma_1\boldsymbol{e}_1)}=\sqrt{2(\sigma_1^2-\sigma_1a_{11})}.$$

令

$$\boldsymbol{Q}_1=\boldsymbol{I}-2\boldsymbol{u}_1\boldsymbol{u}_1^{\mathrm{T}},$$

则 $\boldsymbol{Q}_1\boldsymbol{a}_1=\sigma_1\boldsymbol{e}_1$. 于是有

$$\begin{aligned}\boldsymbol{Q}_1\boldsymbol{A}&=\boldsymbol{Q}_1(\boldsymbol{a}_1,\boldsymbol{a}_2,\cdots,\boldsymbol{a}_n)=(\sigma_1\boldsymbol{e}_1,\boldsymbol{a}_2^{(1)},\cdots,\boldsymbol{a}_n^{(1)})\\&=\begin{pmatrix}\sigma_1 & a_{12}^{(1)} & \cdots & a_{1n}^{(1)}\\ 0 & a_{22}^{(1)} & \cdots & a_{2n}^{(1)}\\ \vdots & \vdots & & \vdots\\ 0 & a_{n2}^{(1)} & \cdots & a_{nn}^{(1)}\end{pmatrix}.\end{aligned}$$

第2步，记 $\overline{\boldsymbol{a}}_2^{(1)}=(a_{22}^{(1)},a_{32}^{(1)},\cdots,a_{n2}^{(1)})^{\mathrm{T}}\in\mathbf{R}^{n-1}$，在 $n-1$ 维空间里，令

$$\boldsymbol{e}_1^{(1)}=(1,0,\cdots,0)^{\mathrm{T}}\in\mathbf{R}^{n-1},$$

取

$$\boldsymbol{u}_2=\frac{1}{\rho_2}(\overline{\boldsymbol{a}}_2^{(1)}-\sigma_2\boldsymbol{e}_1^{(1)})\in\mathbf{R}^{n-1},$$

其中，

$$\sigma_2=-\mathrm{sign}(a_{22}^{(1)})\|\overline{\boldsymbol{a}}_2^{(1)}\|_2,\qquad \rho_2=\sqrt{2(\sigma_2^2-\sigma_2a_{22}^{(1)})}.$$

作

$$H_2 = I_{n-1} - 2u_2u_2^{\mathrm{T}},$$

则有

$$H_2\overline{a}_2^{(1)} = \sigma_2 e_1^{(1)}.$$

构造矩阵

$$Q_2 = \begin{pmatrix} I_{k-1} & 0^{\mathrm{T}} \\ 0 & H_k \end{pmatrix},$$

则

$$Q_2Q_1A = (\sigma_1 e_1, a_{12}^{(1)}e_1 + \sigma_2 e_2, a_3^{(2)}, \cdots, a_n^{(2)}),$$

即将第二列对角元下的元素全化为零.

若上述过程已经完成了 $k-1$ 步, 则有

$$Q_{k-1}Q_{k-2}\cdots Q_1A = \left(\sigma_1 e_1, \cdots, \sum_{i=1}^{k-2} a_{i,k-1}^{(i)} e_i + \sigma_{k-1} e_{k-1}, a_k^{(k-1)}, \cdots, a_n^{(k-1)}\right)$$

$$= \begin{pmatrix} \sigma_1 & a_{12}^{(1)} & \cdots & a_{1,k-1}^{(1)} & a_{1k}^{(1)} & \cdots & a_{1n}^{(1)} \\ & \sigma_1 & \cdots & a_{2k}^{(2)} & a_{2k}^{(2)} & \cdots & a_{2n}^{(2)} \\ & & \ddots & \vdots & \vdots & & \vdots \\ & & & \sigma_{k-1} & a_{k-1,k}^{(k-1)} & \cdots & a_{k-1,n}^{(k-1)} \\ & & & & a_{kk}^{(k-1)} & \cdots & a_{kn}^{(k-1)} \\ & & & & a_{nk}^{(k-1)} & \cdots & a_{nn}^{(k-1)} \end{pmatrix}.$$

进行第 k 步, 记 $\overline{a}_k^{(k-1)} = (a_{kk}^{(k-1)}, a_{k+1,k}^{(k-1)}, \cdots, a_{nk}^{(k-1)})^{\mathrm{T}}$,

$$e_1^{(k-1)} = (1, 0, \cdots, 0)^{\mathrm{T}} \in \mathbf{R}^{n-k+1}.$$

令

$$u_k = \frac{1}{\rho_k}(\overline{a}_k^{(k-1)} - \sigma_k e_1^{(k-1)}),$$

其中,

$$\sigma_k = -\mathrm{sign}(a_{kk}^{(k-1)}) \| \overline{a}_k^{(k-1)} \|_2, \quad \rho_k = \sqrt{2(\sigma_k^2 - \sigma_k a_{kk}^{(k-1)})}.$$

作

$$H_k = I_{n-k+1} - 2u_k u_k^{\mathrm{T}},$$

则有

$$H_k \overline{a}_k^{(k-1)} = \sigma_k e_1^{(k-1)}.$$

构造

$$\boldsymbol{Q}_k = \begin{pmatrix} \boldsymbol{I}_{k-1} & \boldsymbol{0}^{\mathrm{T}} \\ \boldsymbol{0} & \boldsymbol{H}_k \end{pmatrix},$$

则

$$\boldsymbol{Q}_k\boldsymbol{Q}_{k-1}\boldsymbol{Q}_{k-2}\cdots\boldsymbol{Q}_1\boldsymbol{A} = \left(\sigma_1\boldsymbol{e}_1,\cdots,\sum_{i=1}^{k-1}a_{i,k}^{(i)}\boldsymbol{e}_i + \sigma_k\boldsymbol{e}_k,\boldsymbol{a}_{k+1}^{(k)},\cdots,\boldsymbol{a}_n^{(k)}\right).$$

于是又可将第 k 列对角元下面的元素全化为零. 不断重复上述过程, 作完 $n-1$ 步, 则令

$$\boldsymbol{Q}_{n-1}\boldsymbol{Q}_{n-2}\cdots\boldsymbol{Q}_1 = \boldsymbol{R}. \tag{8.19}$$

$\boldsymbol{R}$ 为上三角阵, 令 $\bar{\boldsymbol{Q}} = \boldsymbol{Q}_{n-1}\boldsymbol{Q}_{n-2}\cdots\boldsymbol{Q}_1$, 则 $\bar{\boldsymbol{Q}}$ 也是正交阵, 记 $\bar{\boldsymbol{Q}}^{\mathrm{T}} = \boldsymbol{Q}$, 于是有

$$\boldsymbol{A} = \boldsymbol{Q}\boldsymbol{R}. \tag{8.20}$$

这就是矩阵 $\boldsymbol{A}$ 的QR分解.

由上述分解过程可以得到QR分解定理.

定理10 (QR分解定理)　对任意 n 阶矩阵 $\boldsymbol{A}$, 总存在正交矩阵 $\boldsymbol{Q}$ 与上三角阵 $\boldsymbol{R}$, 使得 $\boldsymbol{A}=\boldsymbol{Q}\boldsymbol{R}$.

注　任意 n 阶矩阵 $\boldsymbol{A}$, 总可以进行QR分解, 一般其分解是不唯一的. 但是如果 $\boldsymbol{A}$ 是可逆矩阵, 且上三角矩阵 $\boldsymbol{R}$ 的对角元均取正值, 则 $\boldsymbol{A}$ 的QR分解是唯一的.

8.4.2　QR 算法

利用矩阵 $\boldsymbol{A}$ 的QR分解, 可以得 $\boldsymbol{A}$ 的一系列相似矩阵. 设 $\boldsymbol{A}=\boldsymbol{A}_1 \in \mathbf{R}^{n\times n}$ 对 $\boldsymbol{A}_1$ 进行QR分解, 则有 $\boldsymbol{A}_1 = \boldsymbol{Q}_1\boldsymbol{R}_1$. 作矩阵

$$\boldsymbol{A}_2 = \boldsymbol{R}_1\boldsymbol{Q}_1,$$

对新作的矩阵 $\boldsymbol{A}_2$ 进行QR分解, 得 $\boldsymbol{A}_2 = \boldsymbol{Q}_2\boldsymbol{R}_2$. 再作矩阵

$$\boldsymbol{A}_3 = \boldsymbol{R}_2\boldsymbol{Q}_2, \boldsymbol{A}_4 = \boldsymbol{R}_3\boldsymbol{Q}_3, \cdots,$$

求得 $\boldsymbol{A}_k$ 后将 $\boldsymbol{A}_k$ 进行QR分解, 有 $\boldsymbol{A}_k = \boldsymbol{Q}_k\boldsymbol{R}_k$. 这样作矩阵

$$\boldsymbol{A}_{k+1} = \boldsymbol{R}_k\boldsymbol{Q}_k, \cdots,$$

则序列 $\{\boldsymbol{A}_k\}$ 称为QR序列. 由于 $\boldsymbol{A}_k = \boldsymbol{Q}_k\boldsymbol{R}_k$, 所以 $\boldsymbol{R}_k = \boldsymbol{Q}_k^{\mathrm{T}}\boldsymbol{A}_k$, 于是有

$$\begin{aligned} \boldsymbol{A}_{k+1} &= \boldsymbol{R}_k\boldsymbol{Q}_k = \boldsymbol{Q}_k^{\mathrm{T}}\boldsymbol{A}_k\boldsymbol{Q}_k = \boldsymbol{Q}_k^{\mathrm{T}}\boldsymbol{Q}_{k-1}^{\mathrm{T}}\boldsymbol{A}_{k-2}\boldsymbol{Q}_{k-1}\boldsymbol{Q}_k = \cdots \\ &= \boldsymbol{Q}_k^{\mathrm{T}}\cdots\boldsymbol{Q}_1^{\mathrm{T}}\boldsymbol{A}_1\boldsymbol{Q}_1\cdots\boldsymbol{Q}_k. \end{aligned} \tag{8.21}$$

故 $\{\boldsymbol{A}_k\}$ 是一系列相似矩阵. 对 $\boldsymbol{A}_k$ 矩阵, 当满足一定要求时, 可以证明以下定理.

定理11 (QR算法的收敛性)　设 $\boldsymbol{A} \in \mathbf{R}^{n\times n}$, 若

(1) $\boldsymbol{A}$ 的特征值满足 $|\lambda_1| > |\lambda_2| > \cdots > |\lambda_n| > 0$;

(2) A 有标准形 $A=XDX^{-1}$，其中 $D=\mathrm{diag}(\lambda_1,\cdots,\lambda_n)$，并且设矩阵 X^{-1} 有三角分解 $X^{-1}=LU$（L 为单位下三角阵，U 为上三角阵），则由QR算法产生的 $\{A_k\}$ 本质上收敛于上三角矩阵，即

$$A_k \xrightarrow{\text{本质上}} R=\begin{pmatrix}\lambda_1 & * & \cdots & * \\ & \lambda_2 & \cdots & * \\ & & \ddots & \vdots \\ & & & \lambda_n\end{pmatrix} \quad (k\to\infty)$$

或

$$\lim_{k\to\infty} a_{ij}^{(k)}=0\ (i>j), \qquad \lim_{k\to\infty} a_{ii}^{(k)}=\lambda_i, \qquad \lim_{k\to\infty} a_{ij}^{(k)}\ (i<j)\text{不确定}.$$

证明略.

若 $A\in\mathbf{R}^{n\times n}$ 的等模特征值中只有实重特征值或多重的复共轭特征值，则由QR算法产生的 $\{A_k\}$ 本质上收敛于分块上三角矩阵(对角块为一阶或二阶子块)，且每个 2×2 子块给出 A 的一对共轭复特征值.

QR方法实际上是乘幂法的推广，其收敛速度是线性的. 实际计算中，线性收敛速度很不理想，除非比值很小. 除此而外，每计算一步，QR方法的计算量也很大，如果用镜像映射矩阵来实现分解，则有 $H_{n-1}\cdots H_1A_k=R_k$，因而，$A_{k+1}=R_kH_1H_2\cdots H_{n-1}$，其所需乘法运算量大约为 $\frac{4}{3}n^3$. 如果需要计算 n 步，则需完成 n^4 数量级的乘法运算，这是一个比较大的数字，所以前述的QR方法不仅收敛较慢，运算量也很大. 不过，上述的两个缺点目前都有了较好的克服措施，采取这些措施后，QR方法即成为实际计算中很有效的一种方法. 通常把前面讨论的QR方法称为基本QR方法，而采取下面各种措施后的QR方法称为扩展的QR方法. 下面分别叙述这些措施.

1. 将矩阵正交变换为上海森伯矩阵

QR方法有一个重要特性，即若 A_k 为上海森伯矩阵，则 A_{k+1} 亦必为上海森伯矩阵，基本QR算法用于上海森伯矩阵时，每步计算量将仅为 n^2 的数量级. 与对于一般矩阵的 n^3 级的乘法运算量相比，这是一个很大的节省. 在前一节已经看到，用镜像映射矩阵作相似变换很容易将一个矩阵化为上海森伯矩阵；同时，理论分析与计算实践均证明这一变换是数值稳定的，其精确度很高. 所以，在实际计算中，通常都先将矩阵化为上海森伯型，然后再使用QR方法求其特征值. 为此，下面假定矩阵 A 为上海森伯矩阵.

2. 移位加速问题

为了提高基本QR方法的收敛速度，通常采用移位的办法. 如果我们对于 $\boldsymbol{A}-p\boldsymbol{I}$ 运用基本QR方法，那么，其第 n 行与 $n-1$ 列交叉的元素将按 $\left(\dfrac{\lambda_n-p}{\lambda_{n-1}-p}\right)^k$ 的形式收敛于零. 当 p 很接近 λ_n 时，这一元素自然会很快趋向于零，当然其中每次的移位量 p 是无法预先确定的，但可以从计算过程中逐步估计出来. 即不把移位量 p 取为常数，而是根据计算过程的进展，每迭代一步换一个数值，使其逐步逼近 λ_n. 当然，还应保证每一步变换后的矩阵 $\boldsymbol{A}_{k+1}$ 与原来矩阵 $\boldsymbol{A}_0(=\boldsymbol{A})$ 相似. 基于上述分析，给出如下带恢复的移位加速格式:

$$\begin{cases}\boldsymbol{A}_k-p_k\boldsymbol{I}=\boldsymbol{Q}_k\boldsymbol{R}_k,\\ \boldsymbol{A}_{k+1}=\boldsymbol{R}_k\boldsymbol{Q}_k+p_k\boldsymbol{I}.\end{cases}$$

移位量 p_k 通常有以下两种取法:

(1) $p_k=a_{nn}^{(k)}$;

(2) 计算 $\boldsymbol{A}_k$ 右下角 2×2 矩阵

$$\begin{pmatrix} a_{n-1,n-1}^{(k)} & a_{n-1,n}^{(k)} \\ a_{n,n-1}^{(k)} & a_{nn}^{(k)} \end{pmatrix} \tag{8.22}$$

的特征值 $\lambda_{n-1}^{(k)}$, $\lambda_n^{(k)}$，当 $\lambda_{n-1}^{(k)}$, $\lambda_n^{(k)}$ 为实数时，选取 p_k 为 $\lambda_{n-1}^{(k)}$, $\lambda_n^{(k)}$ 中最接近 $a_{nn}^{(k)}$ 者.

可以证明，这样选取 p_k，移位加速格式(8.22)产生的 $\boldsymbol{A}_k$ 基本收敛于上三角阵，其收敛速度至少是二次的，而且下三角部分收敛于零，并以最后一行消失得最快，所以收敛判别的标准可取为

$$\left|a_{n,n-1}^{(k)}\right|<\varepsilon\left(\left|a_{n-1,n-1}^{(k)}\right|+\left|a_{nn}^{(k)}\right|\right),$$

这里 ε 为一个很小的正数，当满足此条件时，认为 $a_{n,n-1}^{(k)}$ 为零，那么 $a_{nn}^{(k)}$ 就是一个特征值，剩下的特征值也可以降阶处理了.

当 $\lambda_{n-1}^{(k)}$, $\lambda_n^{(k)}$ 为复数时，可采用双步QR方法——避免复运算，关于这方面的内容可参考相关的文献.

习　题　8

1. 估计矩阵 $\boldsymbol{A}=\begin{pmatrix} 1 & 0.1 & 0.2 & 0.3 \\ 0.5 & 3 & 0.1 & 0.2 \\ 1 & 0.3 & -1 & 0.5 \\ 0.2 & -0.3 & -0.1 & -4 \end{pmatrix}$ 的特征值范围，并画出其盖尔圆.

2. 求隔离矩阵 $\boldsymbol{A}=\begin{pmatrix}20 & 5 & 0.8\\ 4 & 10 & 1\\ 1 & 2 & 10\mathrm{i}\end{pmatrix}$ 的特征值.

3. 求下列矩阵的特征值和特征向量, 并判断它们的特征向量是否两两正交?

(1) $\boldsymbol{A}=\begin{pmatrix}1 & -1\\ 2 & 4\end{pmatrix}$;　　(2) $\boldsymbol{B}=\begin{pmatrix}1 & 2 & 3\\ 2 & 1 & 3\\ 3 & 3 & 6\end{pmatrix}$.

4. 用乘幂法计算 $\boldsymbol{A}=\begin{pmatrix}0 & 11 & -5\\ -2 & 17 & -7\\ -4 & 26 & -10\end{pmatrix}$ 的主特征值及对应的近似特征向量, 迭代4次.

5. 用乘幂法计算下列矩阵的主特征值及对应的特征向量:

(1) $\boldsymbol{A}_1=\begin{pmatrix}7 & 3 & -2\\ 3 & 4 & -1\\ -2 & -1 & 3\end{pmatrix}$;　　(2) $\boldsymbol{A}_2=\begin{pmatrix}3 & -4 & 3\\ -4 & 6 & 3\\ 3 & 3 & 1\end{pmatrix}$.

当特征值有3位小数稳定时迭代终止.

6. 用反幂法计算下列矩阵的按模最小特征值及对应的近似特征向量, 精度为0.00001.

(1) $\boldsymbol{A}=\begin{pmatrix}-5 & 2 & 17\\ 2 & -8 & 3\\ 3 & 3 & -3\end{pmatrix}$;　　(2) $\boldsymbol{B}=\begin{pmatrix}-11 & 2 & 15\\ 2 & 58 & 3\\ 15 & 3 & -3\end{pmatrix}$.

7. 利用反幂法求矩阵 $\begin{pmatrix}6 & 2 & 1\\ 2 & 3 & 1\\ 1 & 1 & 1\end{pmatrix}$ 的最接近于6的特征值及对应的特征向量.

8. 用原点位移反幂法的迭代公式, 计算

$$\boldsymbol{A}=\begin{pmatrix}0 & 11 & -5\\ -2 & 17 & -7\\ -4 & 26 & -10\end{pmatrix}$$

的分别对应于特征值 $\lambda_1\approx\tilde{\lambda}_1=1.001, \lambda_2\approx\tilde{\lambda}_2=2.001, \lambda_3\approx\tilde{\lambda}_3=4.001$ 的特征向量 ξ_1,ξ_2,ξ_3 的近似向量, 相邻迭代误差为0.001. 将计算结果与精确特征向量比较.

数值实验题

1. 已知矩阵

$$\boldsymbol{B}=\begin{pmatrix}2 & 3 & 4 & 5 & 6\\ 4 & 4 & 5 & 6 & 7\\ 0 & 3 & 6 & 7 & 8\\ 0 & 0 & 2 & 8 & 9\\ 0 & 0 & 0 & 1 & 0\end{pmatrix}.$$

(1) 用MATLAB 函数“eig”求矩阵全部特征值;

(2) 用基本QR算法求矩阵全部特征值(可用MATLAB函数“qr”实现矩阵的QR 分解).

2. 用[Q, R] = qr(A)和[Q, R, E] = qr(A)将矩阵 $\boldsymbol{A}$ 进行正交三角分解, 并且比较差异.

(1) $\boldsymbol{A}=\begin{pmatrix} 12 & -52 & 34 & -12 & 17 & -51 \\ -56 & 7 & 2 & 0 & 32 & -17 \\ 3 & 2 & 5 & 1 & 72 & -63 \\ -1 & 0 & 1 & 12 & 21 & -94 \\ -32 & -78 & -51/5 & 98 & -72 & 11 \\ 31 & -41 & -78 & 37 & -19 & 34 \end{pmatrix}$;　　(2) $\boldsymbol{A}=\begin{pmatrix} 1 & 2 & 3 \\ 1 & 2 & 3 \\ 3 & 4 & 4 \end{pmatrix}$.

3. 给定矩阵

$$\boldsymbol{A}=\begin{pmatrix} 5 & 4 & 1 & 1 \\ 4 & 5 & 1 & 1 \\ 1 & 1 & 4 & 2 \\ 1 & 1 & 2 & 4 \end{pmatrix}.$$

(1) 用乘幂法求 $\boldsymbol{A}$ 的主特征值及对应的特征向量, 并用瑞利商加速方法观察加速效果;

(2) 利用反幂法迭代公式, 试用不同 p 值, 求 $\boldsymbol{A}$ 的不同特征值及特征向量. 比较结果.

第 9 章 常微分方程初值问题的数值解法

9.1 引 言

本章介绍常微分方程初值问题的数值方法. 常微分方程作为微分方程的基本类型, 是生产和科学发展的得力助手和工具. 自然界与工程技术中的很多现象和问题, 其数学表述均归结为常微分方程定解问题. 很多偏微分方程问题也可以化为常微分问题近似求解. 因此, 常微分方程的数值解法是微分方程数值分析的基础内容. 在生产和技术需要的推动下, 经过长时间的发展, 特别是计算机的极大发展, 常微分方程定解问题的数值计算方法已经比较成熟, 理论也比较完善, 在此基础上数值计算工作者构造了许多有实用价值的方法, 并且形成了数学软件.

本章讨论常微分方程初值问题的数值解法.

9.1.1 常微分方程初值问题

本章讨论一阶常微分方程的**初值问题**(柯西问题)

$$\begin{cases} \dfrac{\mathrm{d}y}{\mathrm{d}x} = f(x,y), \quad x_0 \leqslant x \leqslant b, \\ y(x_0) = y_0, \end{cases} \tag{9.1}$$

其中 $f(x,y)$ 为变量 x 和 y 的已知函数, y_0 为给定的初值条件.

生物的逻辑斯谛数量增长模型满足一阶微分方程

$$\begin{cases} \dfrac{\mathrm{d}y}{\mathrm{d}t} = \alpha y - \beta y^2, \quad t_0 \leqslant t \leqslant b, \\ y(t_0) = y_0, \end{cases}$$

其中 $y(t)$ 表示时间 t 时某一种生物的数量, α, β 均表示正常数, α 表示这种生物的出生率与死亡率之差, β 表示该生物的食物供给和它所占空间的限制.

定理1 设函数 $f(x,y)$ 在区间 $x_0 \leqslant x \leqslant b, |y| < \infty$ 内连续, 并且关于 y 满足利普希茨(Lipschitz)条件, 即存在常数 $L > 0$, 对所有 $x_0 \leqslant x \leqslant b$ 和 y_1, y_2, 有

$$|f(x,y_1) - f(x,y_2)| \leqslant L|y_1 - y_2|. \tag{9.2}$$

L 称为 $f(x)$ 的利普希茨常数, 称为在上述假设下, 初值问题(9.1)在区间 $[x_0,b]$ 上有唯一解 $y(x)$, 并且 $y(x)$ 为连续可微的.

实际上，在求解微分方程初值问题的数值解的过程中，初值问题(9.1)的右端项 $f(x,y)$ 与初始值 y_0 常常通过观测得到. 由于初始值 y_0 与 $f(x,y)$ 会产生微小摄动，并且在数值求解过程中会产生舍入误差，所以要求一方面要保证初值问题的解的存在，另一方面要保证这种误差的扰动是否会增长过快，以至于影响到数值计算的结果，这就是初值问题的适定性问题.

初始值 y_0 与 $f(x,y)$ 会产生微小摄动，分别记为 ε_0 和 $\delta(x)$，产生的摄动初值问题为

$$\begin{cases}\dfrac{\mathrm{d}z}{\mathrm{d}x}=f(x,z)+\delta(x), & x_0\leqslant x\leqslant b,\\ z(x_0)=z_0+\varepsilon_0.\end{cases}\tag{9.3}$$

定义1　设常微分方程初值问题(9.1)存在唯一连续可微分的解 $y(x)$，若存在常数 ε_0 和 K，对任意的 $\varepsilon\leqslant\varepsilon_0$，当 $|y(x_0)-z(x_0)|<\varepsilon, |\delta(x)|<\varepsilon$ 和 $x_0\leqslant x\leqslant b$ 时，则初值问题(9.3)存在唯一解 $z(x)$，并且满足

$$|y(x)-z(x)|\leqslant K\varepsilon_0,$$

那么称初值问题(9.1)是**适定**的(well-posed).

定理2　设函数 $f(x,y)$ 在区间 $x_0\leqslant x\leqslant b, |y|<\infty$ 内连续，并且关于 y 满足利普希茨条件，那么初值问题(9.1)是适定的.

初值问题只有适定的才有意义，本章考察的所有初值问题都是适定的.

9.1.2　什么是常微分方程数值解法

将区间 $[x_0,b]$ 分成 N 个小区间，对应节点记为 $x_0<x_1<\cdots<x_N=b$，通常对区间 $[x_0,b]$ 取等距节点，$x_n=x_0+nh, h=\dfrac{b-x_0}{N}$ 为步长，构造数值方法求解未知函数 $y(x)$ 对应的节点的函数值 $y(x_1),y(x_2),\cdots,y(x_n)$ 的近似值 $y_1,y_2,\cdots,y_n$，而 y_1，y_2，$\cdots$，y_n 通常称为初值问题的一个数值解.

设 $y(x),x\in[x_0,b]$ 是一阶常微分方程的初值问题(9.1)的解，对一阶常微分方程在任意区间 $[x_n,x_{n+1}], n=0,1,2,3,\cdots,N-1$ 上积分，并利用初始条件可得

$$\begin{cases}y(x_{n+1})=y(x_n)+\displaystyle\int_{x_n}^{x_{n+1}}f(t,y(t))\mathrm{d}t, & n=0,1,2,3,\cdots,N-1,\\ y(x_0)=y_0,\end{cases}\tag{9.4}$$

容易验证，式(9.4)是与式(9.1)等价的积分方程，则可以从式(9.4)进行构造初值问题(9.1)的有限差分数值求解公式.

$$y_{n+1}=y_n+f(x_n,y_n)(x_{n+1}-x_n),\quad n=0,1,2,3,\cdots,N-1.\tag{9.5}$$

将初始值 y_0 代入差分数值求解公式(9.5)，反复迭代可以得到初值问题的解析解

$y(x_1), y(x_2), \cdots, y(x_n)$ 对应的数值解 $y_1, y_2, \cdots, y_n$，将一个连续型问题(9.1)化为离散问题(9.5)的过程也称为初值问题的离散化过程. 利用数值求解公式求解常微分方程初值问题(9.1)的数值解的方法称为**常微分方程数值解法**.

通常离散常微分方程初值问题的离散方法有三种，分别为差商代替导数的方法、泰勒级数法和数值积分方法.

9.2 欧拉法与梯形方法

本节讨论欧拉(Euler)法及梯形法，介绍常微分方程数值解法中的一些基本概念与主要研究的问题.

9.2.1 欧拉法

欧拉法是最简单的初值问题的数值方法. 考虑初值问题(9.1). 将区间 $[x_0, b]$ 分成N等份，节点 $x_n = x_0 + nh, h = \dfrac{b - x_0}{N}, n = 0, 1, \cdots, N$. 由于 $y(x_0) = y_0$ 是已知的，可以算出 $y'(x_0) = f(x_0, y_0)$. 设 $y_1 = y_0 + h$，当 h 充分小时，则近似地表示

$$\frac{y(x_1) - y(x_0)}{h} \approx y'(x_0) = f(x_0, y_0),$$

取

$$y_1 = y_0 + hf(x_0, y_0)$$

作为准确值 $y(x_1)$ 的近似值. 以此类推，

$$\frac{y(x_2) - y(x_1)}{h} \approx y'(x_1) = f(x_1, y_1),$$

从而取

$$y_2 = y_1 + hf(x_1, y_1)$$

作为准确值 $y(x_2)$ 的近似值. 重复以上步骤，对任意节点 x_n，

$$\frac{y(x_{n+1}) - y(x_n)}{h} \approx y'(x_n) = f(x_n, y_n). \tag{9.6}$$

可取

$$y_{n+1} = y_n + hf(x_n, y_n), \quad n = 0, 1, 2, \cdots, N-1 \tag{9.7}$$

作为准确值 $y(x_{n+1})$ 的近似值. 称式(9.7)为**欧拉法计算公式**.

考虑欧拉法的几何意义，对一般的节点 $x_0, x_1, \cdots, x_n$，实际上是用一条过点 (x_n, y_n) 的折线来近似代替过 (x_n, y_n) 的积分曲线，节点上的解析解在曲线上，节点上的近似解在折线段上，见图9-1.

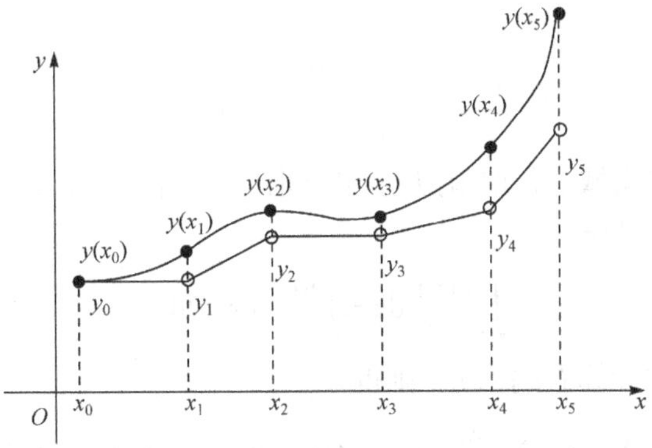

图 9-1

若在区间$[x_n, x_{n+1}]$上取差商$\dfrac{y(x_{n+1})-y(x_n)}{h}$近似右端点的导数值$y'(x_{n+1})$，即

$$\frac{y(x_{n+1})-y(x_n)}{h} \approx y'(x_{n+1}) = f(x_{n+1}, y_{n+1}),$$

则可取

$$y_{n+1} = y_n + hf(x_{n+1}, y_{n+1}), \quad n = 0,1,2,\cdots,N-1 \tag{9.8}$$

作为准确值$y(x_{n+1})$的近似值. 称式(9.8)为**后退的欧拉法计算公式**.

后退的欧拉法计算公式和欧拉法计算公式两者计算过程不同. 欧拉法称为**显式计算公式**, 后退的欧拉法计算公式称为**隐式计算公式**. 由于数值计算中要考虑数值稳定性特点, 隐格式往往具有较好的稳定性, 而显格式具有简便的计算过程, 所以使用起来比较方便.

假设前n步迭代没有产生误差, 即有$y_n = y(x_n)$，利用数值方法计算下一个步长得到的近似解y_{n+1}，称$y(x_{n+1})-y_{n+1}$为初值问题(9.1)**局部截断误差**. 实际计算过程当中, 难免产生舍入误差, 于是前n步迭代有$y_n \approx y(x_n)$，称$y(x_{n+1})-y_{n+1}$为初值问题(9.1)的**整体截断误差**.

下面讨论欧拉方法的局部截断误差. 由欧拉法公式得

$$y_{n+1} = y_n + hf(x_n, y_n) = y(x_n) + hy'(x_n).$$

另一方面, 准确解$y(x_{n+1})$在点x_n处作泰勒展开式, 得到

$$y(x_{n+1}) = y(x_n) + y'(x_n)h + \frac{h^2}{2}y''(x_n) + O(h^3).$$

所以

$$y(x_{n+1}) - y_{n+1} = \frac{h^2}{2}y''(x_n) + O(h^3).$$

称$\dfrac{h^2}{2}y''(x_n)+O(h^3)$为欧拉法的局部截断误差, 其中$\dfrac{h^2}{2}y''(x_n)$称为**欧拉法局部截**

断误差的首项.

9.2.2 梯形方法

在式(9.1)的定义域上任取节点间的区间$[x_n, x_{n+1}], n=0,1,2,\cdots,N-1$，公式(9.1)在区间$[x_n, x_{n+1}]$上积分,

$$\int_{x_n}^{x_{n+1}} \frac{\mathrm{d}y}{\mathrm{d}x}\mathrm{d}x = \int_{x_n}^{x_{n+1}} f(x,y)\mathrm{d}x,$$

并用梯形求积公式计算右端积分, 则得

$$y(x_{n+1}) - y(x_n) \approx \frac{x_{n+1}-x_n}{2}[f(x_n, y(x_n)) + f(x_{n+1}, y(x_{n+1}))],$$

用近似值y_{n+1}代替准确值$y(x_{n+1})$，近似值y_n代替准确值$y(x_n)$，则可构造下列迭代格式

$$y_{n+1} = y_n + \frac{h}{2}[f(x_n, y_n) + f(x_{n+1}, y_{n+1})], \tag{9.9}$$

称公式(9.9)为**梯形公式**. 梯形公式是隐式计算公式. 梯形公式的局部截断误差为

$$y(x_{n+1}) - y_{n+1} = -\frac{h^3}{12}y'''(x_n) + O(h^4).$$

下面证明梯形公式的局部截断误差.

假设梯形公式的前 n 步没有误差, 即$y(x_n)=y_n$，将下一个步长的解析解$y(x_{n+1})$作泰勒展开, 得到

$$y(x_{n+1}) = y(x_n) + y'(x_n)h + \frac{y''(x_n)}{2!}h^2 + \frac{y'''(x_n)}{3\,!}h^3 + O(h^4),$$

代入局部截断误差, 得

$$\begin{aligned}
y(x_{n+1}) - y_{n+1} &= y(x_n) + y'(x_n)h + \frac{y''(x_n)}{2!}h^2 + \frac{y'''(x_n)}{3\,!}h^3 + O(h^4) \\
&\quad - y_n - \frac{h}{2}[f(x_n, y_n) + f(x_{n+1}, y_{n+1})] \\
&= y(x_n) + y'(x_n)h + \frac{y''(x_n)}{2}h^2 + \frac{y'''(x_n)}{6}h^3 + O(h^4) \\
&\quad - y_n - \frac{h}{2}[y'(x_n) + y'(x_{n+1})] \\
&= y(x_n) + y'(x_n)h + \frac{y''(x_n)}{2}h^2 + \frac{y'''(x_n)}{6}h^3 + O(h^4) \\
&\quad - y_n - \frac{h}{2}\left[y'(x_n) + y'(x_n) + y''(x_n)h + \frac{y'''(x_n)}{2}h^2 + O(h^3)\right] \\
&= \frac{y'''(x_n)}{6}h^3 - \frac{y'''(x_n)}{4}h^3 + O(h^4)
\end{aligned}$$

$$=-\frac{h^3}{12}y'''(x_n)+O(h^4).$$

9.2.3　梯形公式的预估-校正方法

梯形公式的局部截断误差具有二阶精度. 由于梯形公式是隐格式, 利用梯形公式计算初值问题的数值解, 不能直接将前一个节点的近似值代入梯形公式计算出后一个节点的近似值. 若 $f(x,y)$ 是线性函数, 则可以将数值格式转化成线性方程求解. 若 $f(x,y)$ 是非线性函数, 则可以采用迭代法进行数值求解. 通常选择预估-校正方法对隐格式进行数值求解.

首先利用欧拉法公式计算出一个初步的预估值 $\overline{y}_{n+1}$, 预估值的精度可能不够好, 其次将预估值代入梯形公式, 将数值解校正一次得到校正值 y_{n+1}. 下面给出预估-校正方法求解初值问题的数值解的公式:

预估过程: $$\overline{y}_{n+1}=y_n+hf(x_n,y_n);$$

校正过程: $$y_{n+1}=y_n+\frac{h}{2}\left[f(x_n,y_n)+f(x_{n+1},\overline{y}_{n+1})\right].$$

上述预估-校正过程称为**梯形公式的预估-校正公式**, 也称为**改进的欧拉公式**. 或者简写为

$$y_{n+1}=y_n+\frac{h}{2}[f(x_n,y_n)+f(x_{n+1},y_n+hf(x_n,y_n))]. \tag{9.10}$$

例9.1　用欧拉法、改进的欧拉法计算初值问题

$$\begin{cases}y'=-y+x^2+1, & 0\leqslant x\leqslant 1,\\ y(0)=1\end{cases}$$

的数值解, 并将数值解与准确解 $y=-2\mathrm{e}^{-x}+x^2-2x+3$ 作比较计算出误差限, 取步长 $h=0.1$.

解　将 $f(x,y)=-y+x^2+1$ 代入显式欧拉法(9.7)和改进的欧拉法(9.10), 得欧拉法

$$\begin{cases}y_{n+1}=y_n+h(-y_n+x_n^2+1), & n=0,1,2,\cdots,9,\\ y_0=1,\end{cases}$$

改进的欧拉法

$$\begin{cases}y_{n+1}=y_n+\dfrac{h}{2}[(-y_n+x_n^2+1)+(y_n+h(-y_n+x_n^2+1))+x_{n+1}^2+1], & n=0,1,2,\cdots,9,\\ y_0=1.\end{cases}$$

递推计算结果见表9-1.

表 9-1　计算结果对比

x_n	准确解 $y(x_n)$	欧拉法 y_n	欧拉法 y_n 误差限	改进的欧拉法 y_n	改进的欧拉法 y_n 误差限
0.0	1.0000000	1.0000000	0.0000000	1.0000000	0.0000000
0.1	1.0003252	1.0000000	3.252×10^{-4}	1.0005000	1.748×10^{-4}
0.2	1.0025385	1.0010000	1.538×10^{-3}	1.0029025	4.615×10^{-4}
0.3	1.0083636	1.0049000	1.538×10^{-3}	1.0089268	5.364×10^{-4}
0.4	1.0193599	1.0134100	3.463×10^{-3}	1.0201288	7.689×10^{-4}
0.5	1.0369387	1.0280690	8.869×10^{-3}	1.0379166	9.779×10^{-4}
0.6	1.0623767	1.0502621	1.211×10^{-2}	1.0635645	1.187×10^{-3}
0.7	1.0968294	1.0812359	1.559×10^{-2}	1.0982259	1.396×10^{-3}
0.8	1.1413421	1.1221123	1.922×10^{-2}	1.1429444	1.602×10^{-3}
0.9	1.1968607	1.1739011	2.295×10^{-2}	1.1986647	1.804×10^{-3}
1.0	1.2642411	1.2375110	2.673×10^{-2}	1.2662416	2.000×10^{-3}

9.2.4　单步法的局部截断误差及其阶

解初值问题(9.1)的一个离散变量方法称为**单步法**，其思想是在其计算公式从初始值 $y(x_0)$ 开始，依次计算 $y_1, y_2, y_3, \cdots$ 的过程中，计算 y_{n+1} 时，仅仅需要用到 y_n. 欧拉法和梯形方法都是单步法. 若计算 y_{n+1} 时需要用到 $y_n, y_{n-1}, \cdots, y_{n-k+1}$ 的值，则称此方法为 k **步法**，也称为**多步法**.

求解初值问题(9.1)的单步法一般形式可以表示成

$$\begin{cases} y_{n+1} = y_n + h\Phi(x_n, y_n, h), \quad n = 0,1,2,\cdots,N-1, \\ y_0 = y(x_0), \end{cases} \tag{9.11}$$

或者用隐式格式表示

$$\begin{cases} y_{n+1} = y_n + h\Phi(x_n, y_n, y_{n+1}, h), \quad n = 0,1,2,\cdots,N-1, \\ y_0 = y(x_0), \end{cases} \tag{9.12}$$

其中 Φ 是某一函数，称为**增量函数**，我们称(9.11)为**显式方法**，例如欧拉法. 式(9.12)右端不仅出现了 y_n，而且在增量函数中出现了 y_{n+1}，这样的方法称为**隐式方法**.

衡量初值问题的数值方法精确度的标准之一是截断误差的阶数.

定义 2　对于初值问题(9.1)的精确解 $y(x)$，若存在最大整数 p 使显式单步法式(9.11)的局部截断误差满足

$$T = y(x+h) - y(x) - h\Phi(x,y,h) = O(h^{p+1}), \tag{9.13}$$

则称该数值公式(9.11)的局部截断误差具有 p 阶精度. 显然欧拉法是一阶方法, 梯形公式是二阶方法.

若式(9.13)的截断误差展开成

$$T = y(x+h) - y(x) - h\Phi(x,y,h) = Ch^{p+1} + O(h^{p+2}),$$

其中C是与h无关的常数, 则Ch^{p+1}称为**局部截断误差的首项**.

例9.2　求解下列二步亚当斯(Adams)公式

$$y_{n+1} = y_n + \frac{h}{12}(5f_{n+1} + 8f_n - f_{n-1})$$

的局部截断误差.

解　设二步法亚当斯公式的前n步没有误差, 即$y(x_n) = y_n$, 将下一个步长的解析解$y(x_{n+1})$作泰勒展开, 得到

$$y(x_{n+1}) = y(x_n) + y'(x_n)h + \frac{y''(x_n)}{2!}h^2 + \frac{y'''(x_n)}{3!}h^3 + \frac{y^{(4)}(x_n)}{4!}h^4 + O(h^5),$$

代入局部截断误差公式, 得

$$\begin{aligned}
y(x_{n+1}) - y_{n+1} &= y(x_n) + y'(x_n)h + \frac{y''(x_n)}{2!}h^2 + \frac{y'''(x_n)}{3!}h^3 + \frac{y^{(4)}(x_n)}{4!}h^4 + O(h^5) \\
&\quad - y_n - \frac{h}{12}[5f(x_{n+1},y_{n+1}) + 8f(x_n,y_n) - f(x_{n-1},y_{n-1})] \\
&= y(x_n) + y'(x_n)h + \frac{y''(x_n)}{2!}h^2 + \frac{y^{(3)}(x_n)}{3!}h^3 + \frac{y^{(4)}(x_n)}{4!}h^4 + O(h^5) \\
&\quad - y_n - \frac{h}{12}[5y'(x_{n+1}) + 8y'(x_n) - y'(x_{n-1})] \\
&= y(x_n) + y'(x_n)h + \frac{y''(x_n)}{2!}h^2 + \frac{y^{(3)}(x_n)}{3!}h^3 + \frac{y^{(4)}(x_n)}{4!}h^4 + O(h^5) \\
&\quad - y_n - \frac{h}{12}\left[5\left(y'(x_n) + y''(x_n)h + \frac{y^{(3)}(x_n)}{2!}h^2 + \frac{y^{(4)}(x_n)}{3!}h^3\right.\right. \\
&\quad \left. + \frac{y^{(5)}(x_n)}{4!}h^4 + O(h^5)\right) + 8y'(x_n) - \left(y'(x_n) - y''(x_n)h + \frac{y^{(3)}(x_n)}{2!}h^2\right. \\
&\quad \left.\left. - \frac{y^{(4)}(x_n)}{3!}h^3 + \frac{y^{(5)}(x_n)}{4!}h^4 + O(h^5)\right)\right] \\
&= -\frac{h^4}{24}y^{(4)}(x_n) + O(h^5),
\end{aligned}$$

所以二步亚当斯公式局部截断误差的首项为 $-\dfrac{h^4}{24}y^{(4)}(x_n)$，局部截断误差具有3阶精度.

9.3 龙格-库塔方法

龙格-库塔(Runge-Kutta)方法最早由19世纪末德国科学家C. Runge和M. W. Kutta提出, 后来作了不同程度的改进和发展. 龙格-库塔方法至今仍然得到广泛的应用.

9.3.1 显式龙格-库塔方法的一般形式

考虑显式单步法的一般形式

$$\begin{cases} y_{n+1} = y_n + h\Phi(x_n, y_n, h), \quad n = 0,1,2,\cdots,N-1, \\ y_0 = y(x_0), \end{cases} \tag{9.14}$$

其中

$$h\Phi(x_n, y_n, h) = \int_{x_n}^{x_{n+1}} f(x, y(x))\mathrm{d}x. \tag{9.15}$$

若要使式(9.14)的局部截断误差的阶提高, 则必须提高式(9.15)数值积分的精度.

不妨将式(9.15)的积分用求积公式近似表示成

$$\int_{x_n}^{x_{n+1}} f(x, y(x))\mathrm{d}x \approx h\sum_{i=1}^{r} A_i f(x_n + \alpha_i h, y(x_n + \alpha_i h)), \tag{9.16}$$

其中 A_i, α_i 均为常数. 一般的数值求积公式, 节点个数越多, 数值求积公式的精度越高.

将式(9.16)代入(9.14)后, 得到

$$y_{n+1} = y_n + h\sum_{i=1}^{r} A_i f(x_n + \alpha_i h, y(x_n + \alpha_i h)),$$

改写为

$$y_{n+1} = y_n + h\sum_{i=1}^{r} c_i K_i, \tag{9.17}$$

其中

$$K_1 = f(x_n, y_n), \quad K_i = f\left(x_n + \alpha_i h, y_n + h\sum_{j=1}^{i-1} \beta_{ij} K_j\right), \quad i = 2,3,\cdots,r,$$

其中 $c_i, \alpha_i, \beta_{ij}$ 均为常数. 式(9.17)称为 r 级显式龙格-库塔方法, 简称为龙格-库塔(R-K)方法.

当 $r=1$时, 式(9.17)就是欧拉法, 欧拉法是一阶方法;

当$r=2$时，式(9.17)就是改进的欧拉法，改进的欧拉法是二阶方法.

9.3.2　二级二阶显式龙格-库塔方法

下面考虑二级$r=2$的R-K方法. 由公式(9.17)可得到如下的计算公式

$$\begin{cases} y_{n+1}=y_n+h(c_1K_1+c_2K_2), \\ K_1=f(x_n,y_n), \\ K_2=f(x_n+\alpha_2 h, y_n+\beta_{21}hK_1), \end{cases} \tag{9.18}$$

其中$c_1,c_2,\alpha_2,\beta_{21}$均为常数，接下来给出式(9.18)的截断误差，通过选取$c_1,c_2,\alpha_2,\beta_{21}$的取值，使得公式(9.18)具有尽可能高的局部截断误差精度.

假设前n步没有误差，$y(x_n)=y_n$，二级二阶龙格-库塔的局部截断误差表示为

$$T_{n+1}=y(x_{n+1})-y_{n+1}=y(x_{n+1})-y_n-h(c_1K_1+c_2K_2),$$

其中准确解$y(x_{n+1})$在点(x_n,y_n)作一元泰勒展开，得到

$$y(x_{n+1})=y(x_n)+hy'(x_n)+\frac{h^2}{2}y''(x_n)+\frac{h^3}{3!}y'''(x_n)+O(h^4),$$

同时，$f(x_n+\alpha_2 h, y_n+\beta_{21}hK_1)$也在点$(x_n,y_n)$作二元泰勒展开后代入$T_{n+1}$得

$$\begin{aligned} T_{n+1}&=y(x_{n+1})-y_{n+1} \\ &=y(x_n)+hy'(x_n)+\frac{h^2}{2!}y''(x_n)+\frac{h^3}{3!}y'''(x_n)+O(h^4) \\ &\quad -y_n-h(c_1K_1+c_2K_2) \\ &=hy'(x_n)+\frac{h^2}{2!}y''(x_n)+\frac{h^3}{3!}y'''(x_n)+O(h^4) \\ &\quad -h[c_1f(x_n,y_n)+c_2f(x_n+\alpha_2h,y_n+\beta_{21}hf(x_n,y_n))] \\ &=hf(x_n,y_n)+\frac{h^2}{2}[f_x'(x_n,y_n)+f_y'(x_n,y_n)f(x_n,y_n)] \\ &\quad -h[c_1f(x_n,y_n)+c_2(f(x_n,y_n)+\alpha_2hf_x'(x_n,y_n)+h\beta_{21}f_y'(x_n,y_n)f(x_n,y_n))]+O(h^3) \\ &=(1-c_1-c_2)hf(x_n,y_n)+\left(\frac{1}{2}-c_2\alpha_2\right)h^2f_x'(x_n,y_n) \\ &\quad +\left(\frac{1}{2}-c_2\beta_{21}\right)h^2f_y'(x_n,y_n)f(x_n,y_n)+O(h^3). \end{aligned}$$

若要使公式(9.18)成为二阶方法，即$p=2$，应该取上式前三项系数为零，即

$$c_1+c_2=1,\quad c_2\alpha_2=\frac{1}{2},\quad c_2\beta_{21}=\frac{1}{2}, \tag{9.19}$$

由于方程(9.19)有四个参数，因而解不唯一. 当取 $c_1=c_2=\dfrac{1}{2},\alpha_2=\beta_{21}=1$ 为(9.19)的另一组解，得到**改进的欧拉方法**

$$y_{n+1}=y_n+\frac{h}{2}[f(x_n,y_n)+f(x_n+h,y_n+hf(x_n,y_n))],$$

当取 $c_1=0,c_2=1,\alpha_2=\beta_{21}=\dfrac{1}{2}$ 为(9.19)的另一组解时，得到**中点方法**(变形的欧拉方法)

$$y_{n+1}=y_n+h\left[f\left(x_n+\frac{h}{2},y_n+\frac{h}{2}f(x_n,y_n)\right)\right].$$

9.3.3　三级三阶与四级四阶显式龙格-库塔方法

下面考虑三级 $r=3$ 的R-K方法. 由公式(9.17)得到三级显式R-K方法，表示为

$$\begin{cases}y_{n+1}=y_n+h(c_1K_1+c_2K_2+c_3K_3),\\K_1=f(x_n,y_n),\\K_2=f(x_n+\alpha_2h,y_n+\beta_{21}hK_1),\\K_3=f(x_n+\alpha_3h,y_n+\beta_{31}hK_1+\beta_{32}hK_2).\end{cases}\tag{9.20}$$

其中 $c_1,c_2,c_3,\alpha_2,\beta_{21},\alpha_3,\beta_{31},\beta_{32}$ 均为待定常数，公式(9.20)的局部截断误差为

$$T_{n+1}=y(x_{n+1})-y_{n+1}=y(x_{n+1})-y_n-h(c_1K_1+c_2K_2+c_3K_3),$$

类似公式(9.18)作泰勒展开，要使得上述局部截断误差满足

$$T_{n+1}=y(x_{n+1})-y_{n+1}=y(x_{n+1})-y_n-h(c_1K_1+c_2K_2+c_3K_3)=O(h^4).$$

可获得关于待定常数 $c_1,c_2,c_3,\alpha_2,\alpha_3,\beta_{21},\beta_{31},\beta_{32}$ 的方程组

$$\begin{cases}c_1+c_2+c_3=1,\\\alpha_2-\beta_{21}=0,\\\alpha_3-\beta_{31}-\beta_{32}=0,\\c_2\alpha_2+c_3\alpha_3=\dfrac{1}{2},\\c_2\alpha_2^2+c_3\alpha_3^2=\dfrac{1}{3},\\c_3\alpha_2\beta_{32}=\dfrac{1}{6}.\end{cases}\tag{9.21}$$

方程(9.21)待定常数的解不唯一，通过待定常数取不同的值，可以得到不同的R-K公式. 下面给出其中一个常见的三阶R-K公式，

$$\begin{cases} y_{n+1} = y_n + \dfrac{h}{6}(K_1 + 4K_2 + K_3), \\ K_1 = f(x_n, y_n), \\ K_2 = f\left(x_n + \dfrac{h}{2}, y_n + \dfrac{h}{2}K_1\right), \\ K_3 = f(x_n + h, y_n - hK_1 + 2hK_2). \end{cases} \tag{9.22}$$

公式(9.22)称为**三级三阶龙格-库塔方法**，其局部截断误差的阶 $T_{n+1} = y(x_{n+1}) - y_{n+1} = O(h^4)$.

类似三阶R-K方法的数学推理，下面直接给出一个 $r = 4$ 常见的四级四阶R-K方法.

$$\begin{cases} y_{n+1} = y_n + \dfrac{h}{6}(K_1 + 2K_2 + 2K_3 + K_4), \\ K_1 = f(x_n, y_n), \\ K_2 = f\left(x_n + \dfrac{h}{2}, y_n + \dfrac{h}{2}K_1\right), \\ K_3 = f\left(x_n + \dfrac{h}{2}, y_n + \dfrac{h}{2}K_2\right), \\ K_4 = f(x_n + h, y_n + hK_3). \end{cases} \tag{9.23}$$

公式(9.23)称为**四级四阶龙格-库塔方法**，其局部截断误差的阶 $T_{n+1} = y(x_{n+1}) - y_{n+1} = O(h^5)$.

例9.3　用四级四阶R-K方法计算初值问题

$$\begin{cases} y' = y - \dfrac{2x}{y}, \quad 0 \leqslant x \leqslant 1, \\ y(0) = 1 \end{cases}$$

的数值解，并将数值解与准确解 $y = \sqrt{1+2x}$ 比较计算出误差限，取步长 $h = 0.2$.

解　由四阶R-K公式(9.23)得

$$\begin{cases} y_{n+1} = y_n + \dfrac{0.2}{6}(K_1 + 2K_2 + 2K_3 + K_4), \\ K_1 = y_n - \dfrac{2x_n}{y_n}, \\ K_2 = y_n + 0.1K_1 - 2\dfrac{x_n + 0.1}{y_n + 0.1K_1}, \\ K_3 = y_n + 0.1K_2 - 2\dfrac{x_n + 0.1}{y_n + 0.1K_2}, \\ K_4 = y_n + 0.2K_3 - 2\dfrac{x_n + 0.2}{y_n + 0.2K_3}. \end{cases}$$

递推计算结果见表9-2.

表 9-2　计算结果对比

x_n	准确解 $y(x_n)$	四阶 R-K 方法 y_n	四阶 R-K 方法 y_n 误差限
0.0	1.000000	1.000000	0
0.2	1.183216	1.183229	1.3×10^{-5}
0.4	1.341641	1.341669	2.8×10^{-5}
0.6	1.483240	1.483281	4.1×10^{-5}
0.8	1.612452	1.612514	6.2×10^{-5}
1.0	1.732051	1.732142	9.1×10^{-5}

9.4　初值问题单步法的相容性、收敛性与稳定性

9.4.1　相容性

设常微分方程的初值问题(9.1)满足定理1的条件. 求解初值问题(9.1)的显式单步法的一般形式是(9.11). 我们用单步法公式(9.11)的数值解 y_n 作为初值问题(9.1)的解 $y(x_n)$ 在 $x=x_n$ 处的近似值, 即 $y_n\approx y(x_n)$. 要使得初值问题(9.11)的解 y_n 逼近初值问题(9.1)的解 $y(x_n)$, 只有

$$\frac{y(x+h)-y(x)}{h}-\varPhi(x,y(x),h)$$

逼近

$$y'(x_n)-f(x,y(x)).$$

从而, 对任一固定的 $x\in[x_0,b]$, 都有

$$\lim_{h\to0}\left[\frac{y(x+h)-y(x)}{h}-\varPhi(x,y(x),h)\right]=0,$$

其中, 假设 $\varPhi(x,y(x),h)$ 关于变量 x,y,h 是连续的, 则有

$$y'(x)=\varPhi(x,y(x),0),\tag{9.24}$$

即

$$\varPhi(x,y(x),0)=f(x,y).$$

定义3　若关系式

$$\varPhi(x,y(x),0)=f(x,y)\tag{9.25}$$

成立, 则称单步法(9.11)与常微分初值问题(9.1)**相容**, 或者称单步法是**相容**的, 并

称(9.25)为**相容条件**.

定理3　设 $\Phi(x, y(x), h)$ 关于 h 是连续的. 若单步法(9.11)是相容的, 则它至少是一阶方法.

证明略.

9.4.2　收敛性

相容性刻画了常微分方程初值问题的数值方法逼近常微分方程的问题. 为了考虑单步法的收敛性, 也就是考虑初值问题的数值方法的近似解如何逼近常微分方程初值问题的精确解. 为了确保 y_n 收敛于 $y(x_n)$, 当 $h \to 0$ 时, $x = x_n = x_0 + nh$ 保持固定.

定义4　设常微分方程(9.1)右端项 $f(x,y)$ 在区域 $D = \{(x,y) \mid x_0 \leqslant x \leqslant b, -\infty < y < +\infty\}$ 上连续, 且关于 y 满足利普希茨条件, 若对所有的 $x \in [x_0, b]$,

$$\lim_{h \to 0} y_n = y(x_n),$$

则称单步法(9.11)是收敛的.

定理4　设 $\Phi(x, y(x), h)(x_0 \leqslant x \leqslant b, 0 < h \leqslant h_0)$ 关于 x, y, h 满足利普希茨条件, 则单步法(9.11)收敛的充分必要条件是相容性条件成立.

证明略.

定理5　设单步法(9.11)具有 p 阶精度, 即局部截断误差 $T(x_n, h) = O(h^{p+1})$ 满足

$$|T(x_n, h)| \leqslant Ch^{p+1},$$

且增量函数 $\Phi(x, y(x), h)$ 关于 y 满足利普希茨条件

$$|\Phi(x, y_1(x), h) - \Phi(x, y_2(x), h)| \leqslant L |y_1(x) - y_2(x)|,$$

初始值 $y_0 = y(x_0)$, 则单步法(9.11)的**整体离散误差为** $y(x_n) - y_n = O(h^p)$, 即

$$|y(x_n) - y_n| \leqslant \mathrm{e}^{L(b-x_0)} |y(x_0) - y_0| + h^p \frac{C}{L}(\mathrm{e}^{L(b-x_0)} - 1). \tag{9.26}$$

证明　由式(9.13)有

$$y(x_{n+1}) - y(x_n) = h\Phi(x_n, y(x_n), h) + T(x_n, h), \tag{9.27}$$

其中 $T(x_n, h)$ 是单步法的局部截断误差. 另外, 单步法公式为

$$y_{n+1} - y_n = h\Phi(x_n, y_n, h). \tag{9.28}$$

由(9.27)减去(9.28)得

$$y(x_{n+1}) - y_{n+1} = y(x_n) - y_n + h[\Phi(x_n, y(x_n), h) - \Phi(x_n, y_n, h)] + T(x_n, h),$$

即

$$\varepsilon_{n+1}=\varepsilon_n+h[\Phi(x_n,y(x_n),h)-\Phi(x_n,y_n,h)]+T(x_n,h),$$

其中 $\varepsilon_{n+1}=y(x_{n+1})-y_{n+1}, \varepsilon_n=y(x_n)-y_n$. 由定理条件, 可得

$$|\varepsilon_{n+1}|\leqslant(1+Lh)|\varepsilon_n|+Ch^{p+1},$$

反复递推, 得

$$|\varepsilon_{n+1}|\leqslant(1+Lh)^{n+1}|\varepsilon_0|+\frac{Ch^p}{L}[(1+Lh)^{n+1}-1],$$

然后放大, 设 $x_n-x_0=nh\leqslant T$, 将

$$(1+Lh)^{n+1}\leqslant(\mathrm{e}^{hL})^{n+1}\leqslant\mathrm{e}^{TL}$$

代入上述不等式, 结论得证.

9.4.3 稳定性

在常微分方程的初值问题数值解中, 需要求解离散的初值问题的数值公式. 在实际计算时, 初始值会有误差, 在计算过程中会产生舍入误差, 微分方程作差分离散会有截断误差. 这些误差在计算过程中有可能不断地积累、扩大和传播, 会对后续计算结果产生影响, 以至于计算出的数值解远远偏离初值问题的准确解. 若误差的影响不大, 不会对后续数值解产生一定的影响, 或者误差的传播与积累可以被控制, 甚至误差在后续计算会逐步减小, 则称相应的初值问题的数值方法是稳定的; 否则该数值方法是不稳定的.

定义5 设常微分方程初值问题的单步法(9.11)的初始值为 y_0 与第 n 步的数值解为 y_n, 当初始值 y_0 出现微小扰动变为 $y_0\pm\delta$ 时, 相应的数值解也会产生扰动得到 $\overline{y}_n$, 若存在正常数K和 h_0, 对所有的步长 $0<h\leqslant h_0$, 都有

$$|y_n-\overline{y}_n|\leqslant K\delta, \tag{9.29}$$

其中 $nh\leqslant b-x_0$, 则称单步法(9.11)是**稳定**的.

定理6 若 $\Phi(x,y,h)$ 对于变量 $x_0\leqslant x\leqslant b,\ 0<h\leqslant h_0$, 关于 y 满足利普希茨条件, 则初值问题的单步法(9.11)是稳定的.

定义5可以理解为, 当初始值产生微小的扰动时, 对应的常微分方程初值问题的单步法(9.11)的数值解也作微小扰动. 定义5描述了当步长 $h\to 0$ 时, 初始值的误差对后续计算结果产生的影响, 则称这种稳定性为渐进稳定性或古典稳定性. 可是在实际的初值问题的数值计算中往往采用固定的步长 h, 在同一问题中一般不会变化步长求解数值解. 因此讨论步长 h 固定时, 更具有实际的意义.

定义6 设常微分方程初值问题的单步法(9.11)和给定的步长 h, 计算节点 y_n 时误差为 $\pm\delta$, 而以后各节点的值 y_m $(m>n)$ 的误差不超过 δ, 则称该单步法是**绝对稳定**的.

一般只考虑典型微分方程

$$y' = \lambda y, \tag{9.30}$$

其中 λ 为常复数或常实数.

现在考虑典型微分方程(9.30)的数值方法满足的**绝对稳定域**和**绝对稳定区间**. 典型微分方程(9.30)的单步法公式化为

$$y_{n+1} = E(\lambda h)y_n, \tag{9.31}$$

根据绝对稳定性的定义6, 要使单步法公式(9.28)满足绝对稳定的条件, 需满足

$$|E(\lambda h)| < 1. \tag{9.32}$$

在复数范围下, 满足的复区域称为**绝对稳定域**.

考虑方程(9.30)的数值方法的绝对稳定性, 通常只考虑 λ 为实数. 若对所有 $\lambda h \in (\alpha, \beta)$, 则称 (α, β) 为典型微分方程(9.30)的**绝对稳定区间**.

例9.4　求微方程初值问题

$$\begin{cases} y' = \lambda y, \\ y(x_0) = y_0 \end{cases}$$

的欧拉法的绝对稳定区域与绝对稳定区间.

解　由欧拉法, 得

$$\begin{cases} y_{n+1} = y_n + h\lambda y_n, \\ y_0 = y(x_0), \end{cases}$$

所以

$$|E(\lambda h)| = |1 + \lambda h| < 1.$$

在复平面下, 稳定区域表示以 $(-1,0)$ 为圆心、半径为1的圆域.

考虑绝对稳定区间, 通常 λ 为实数,

$$|E(\lambda h)| = |1 + \lambda h| < 1,$$

所以绝对稳定区间

$$-2 < \lambda h < 0.$$

9.5* 线性多步法

本节介绍常微分方程初值问题的线性多步法. 计算 y_{n+1} 的值必须用到之前已经计算出的前 k 个 $y_n, y_{n-1}, y_{n-2}, \cdots, y_{n-(k-1)}$. 求解常微分方程初值问题(9.1)的线性 k 步法的一般公式表示为

$$y_{n+1} = \sum_{i=0}^{k-1} a_i y_{n-i} + h\sum_{i=0}^{k} c_{ki} f(x_{n+1-i}, y_{n+1-i}), \tag{9.33}$$

其中 $x_{n-i}=x_n-ih=x_n+ih, a_i, c_{ki}$ 为常数，a_0, c_{k0} 不同时为零，则称式(9.33)为线性 k 步法. 计算 y_{n+1} 需要用到之前的 $y_n, y_{n-1}, \cdots, y_{n-(k-1)}$. 第一次计算多步法时，首先要给出 k 个出发值 $y_0, y_1, y_2, \cdots, y_{k-1}$，但是微分方程初值问题只有一个初始值 y_0，其他的 $y_1, y_2, \cdots, y_{k-1}$ 要通过其他方法如欧拉法来计算. 当 $c_{kk}=0$时，可直接计算出 y_{n+1}，则称式(9.33)为显式 k 步法；当 $c_{kk}\neq 0$ 时，若 $f(x,y)$ 不是 y 的线性函数，不能直接计算出 y_{n+1}，则称式(9.33)为隐式 k 步法.

9.5.1 亚当斯方法

1. 显式亚当斯方法

考虑如下 k 步显式方法

$$y_{n+1}=y_n+h\sum_{i=0}^{k-1}c_{ki}f(x_{n-i}, y_{n-i}), \tag{9.34}$$

称之为显式亚当斯公式，其中系数 c_{ki} 依赖参数 k,i. 下面给出系数 k,i 的取值表(表9-3).

表 9-3

i	0	1	2	3
c_{0i}	$\frac{1}{2}$			
c_{1i}	$\frac{1}{2}$	$-\frac{1}{2}$		
c_{2i}	$\frac{23}{12}$	$-\frac{16}{12}$	$\frac{5}{12}$	
c_{3i}	$\frac{55}{24}$	$-\frac{59}{24}$	$\frac{37}{24}$	$-\frac{9}{24}$

当 $k=1$ 时，得到单步法公式:

$$y_{n+1}=y_n+hc_{10}f(x_n, y_n);$$

当 $k=2$ 时，得到二步法公式:

$$y_{n+1}=y_n+\frac{h}{2}[3f(x_n, y_n)-f(x_{n-1}, y_{n-1})];$$

当 $k=3$ 时，得到三步法公式:

$$y_{n+1}=y_n+\frac{h}{12}[23f(x_n, y_n)-16f(x_{n-1}, y_{n-1})+5f(x_{n-2}, y_{n-2})];$$

当 $k=4$ 时，得到四步法公式:

$$y_{n+1}=y_n+\frac{h}{24}[55f(x_n,y_n)-59f(x_{n-1},y_{n-1})+37f(x_{n-2},y_{n-2})-9f(x_{n-3},y_{n-3})].$$

考察初值问题(9.1)的二步法的局部截断误差，其他多步法的局部截断误差可以类似分析. 假设前n步没有误差，即有$y(x_n)=y_n$，

$$\begin{aligned}
T_{n+1}&=y(x_{n+1})-y_{n+1}\\
&=y_n+hy_n'+\frac{h^2}{2!}y_n''+\frac{h^3}{3!}y_n^{(3)}+\frac{h^4}{4!}y_n^{(4)}+O(h^5)\\
&\quad-\left[y_n+\frac{h}{2}(3f(x_n,y_n)-f(x_{n-1},y_{n-1}))\right]\\
&=y_n+hy_n'+\frac{h^2}{2!}y_n''+\frac{h^3}{3!}y_n^{(3)}+\frac{h^4}{4!}y_n^{(4)}+O(h^5)-\left[y_n+\frac{h}{2}(3y_n'-y_{n-1}'')\right]\\
&=y_n+hy_n'+\frac{h^2}{2!}y_n''+\frac{h^3}{3!}y_n^{(3)}+\frac{h^4}{4!}y_n^{(4)}+O(h^5)\\
&\quad-\left[y_n+\frac{3h}{2}\left(y_n'+hy_n''+\frac{h^2}{2!}y_n^{(3)}+\frac{h^3}{3!}y_n^{(4)}+\mathrm{O}(h^5)\right)\right.\\
&\quad\left.-\frac{h}{2}\left(y_n'-hy_n''+\frac{h^2}{2!}y_n^{(3)}-\frac{h^3}{3!}y_n^{(4)}+O(h^5)\right)\right]\\
&=-\frac{h^3}{3}y_n^{(3)}+O(h^4).
\end{aligned}$$

局部截断误差的首项为$-\dfrac{h^3}{3}y_n^{(3)}$，显式二步亚当斯方法是二阶方法.

例9.5　用二步显式亚当斯方法求微分方程初值问题

$$\begin{cases}y'=1-y,\\ y(0)=1\end{cases}$$

的数值解，取等距步长$h=0.2$.

解　由二步显式亚当斯方法的计算公式

$$y_{n+1}=y_n+\frac{h}{2}[3f(x_n,y_n)-f(x_{n-1},y_{n-1})],$$

代入$f(x,y)=1-y$，得到

$$y_{n+1}=y_n+0.1(3-3y_n-1+y_{n-1}),$$

取 $y_0=y(x_0)=0,\ y_1=y(x_1)=y(0.2)=0.18127,\ x_n=0.2n,\ n=0,1,2,\cdots,5$, 得到 $y_2=0.32689,\ y_3=0.44695,\ y_4=0.54555,\ y_5=0.62656$.

2. 隐式亚当斯方法

考虑如下 k 步隐式亚当斯方法

$$y_{n+1}=y_n+h\sum_{i=0}^{k}c_{ki}f(x_{n-i+1},y_{n-i+1}), \tag{9.35}$$

称之为隐式亚当斯公式, 其中系数 c_{ki} 依赖参数 k,i . 下面给出系数 k,i 的取值表(表9-4).

表 9-4

i	0	1	2	3	4
c_{0i}	1				
c_{1i}	$\frac{1}{2}$	$\frac{1}{2}$			
c_{2i}	$\frac{5}{12}$	$\frac{8}{12}$	$-\frac{1}{12}$		
c_{3i}	$\frac{9}{24}$	$\frac{19}{24}$	$-\frac{5}{24}$	$\frac{1}{24}$	
c_{4i}	$\frac{251}{720}$	$\frac{646}{720}$	$-\frac{264}{720}$	$\frac{106}{720}$	$-\frac{19}{720}$

当 $k=0$ 时, 得到单步法:

$$y_{n+1}=y_n+hf(x_{n+1},y_{n+1});$$

当 $k=1$ 时, 得到梯形公式:

$$y_{n+1}=y_n+\frac{h}{2}[f(x_{n+1},y_{n+1})+f(x_n,y_n)];$$

当 $k=2$ 时, 得到二步法公式:

$$y_{n+1}=y_n+\frac{h}{12}[5f(x_{n+1},y_{n+1})+8f(x_n,y_n)-f(x_{n-1},y_{n-1})];$$

当 $k=3$ 时, 得到三步法公式:

$$y_{n+1}=y_n+\frac{h}{24}[9f(x_{n+1},y_{n+1})+19f(x_n,y_n)-5f(x_{n-1},y_{n-1})+f(x_{n-2},y_{n-2})];$$

当 $k=4$ 时, 得到四步法公式:

$$\begin{aligned}y_{n+1}=y_n+\frac{h}{720}[&251f(x_{n+1},y_{n+1})+646f(x_n,y_n)\\&-264f(x_{n-1},y_{n-1})+106f(x_{n-2},y_{n-2})-19f(x_{n-3},y_{n-3})].\end{aligned}$$

下面给出隐式亚当斯公式的局部截断误差, 考察初值问题(9.1)的二步隐式亚

当斯法的局部截断误差. 与显式亚当斯方法一样, 假设前 n 步没有误差, 即有 $y(x_n)=y_n$,

$$
\begin{aligned}
T_{n+1} &= y(x_{n+1})-y_{n+1}\\
&= y_n+hy_n'+\frac{h^2}{2!}y_n''+\frac{h^3}{3!}y_n'''+\frac{h^4}{4!}y_n^{(4)}+O(h^5)\\
&\quad -\left(y_n+\frac{h}{12}(5f(x_{n+1},y_{n+1})+8f(x_n,y_n)-f(x_{n-1},y_{n-1}))\right)\\
&= y_n+hy_n'+\frac{h^2}{2!}y_n''+\frac{h^3}{3!}y_n'''+\frac{h^4}{4!}y_n^{(4)}+O(h^5)-\left(y_n+\frac{h}{12}(5y_{n+1}'+8y_n'-y_{n-1}')\right)\\
&= y_n+hy_n'+\frac{h^2}{2!}y_n''+\frac{h^3}{3!}y_n'''+\frac{h^4}{4!}y_n^{(4)}+O(h^5)\\
&\quad -\left[y_n+\left(\frac{5h}{12}\left(y_n'+hy_n''+\frac{h^2}{2!}y_n'''+\frac{h^3}{3!}y_n^{(4)}+O(h^5)\right)+\frac{8h}{12}(y_n')\right.\right.\\
&\quad \left.\left.-\frac{h}{12}\left(y_n'-hy_n''+\frac{h^2}{2!}y_n'''-\frac{h^3}{3!}y_n^{(4)}+O(h^5)\right)\right)\right]\\
&= -\frac{h^4}{24}y_n^{(4)}+O(h^5).
\end{aligned}
$$

二步隐式亚当斯法的局部截断误差的首项为 $-\frac{h^4}{24}y_n^{(4)}$, 二步隐式亚当斯法是三阶方法. 隐式亚当斯方法公式的求解, 往往采用类似梯形公式的预测-校正方法进行数值求解.

9.5.2　汉明方法

1. 米尔恩方法

考虑初值问题(9.1), 在区间 $[x_{n-p},x_{n+1}]$ 两边同时积分

$$
y_{n+1}-y_{n-p}=\int_{x_{n-p}}^{x_{n+1}}f(x,y(x))\mathrm{d}x=\int_{x_{n-p}}^{x_{n+1}}y'(x)\mathrm{d}x,
$$

将 $y'(x)$ 作向后牛顿插值, 代入

$$
y_{n+1}-y_{n-p}=\int_{x_{n-p}}^{x_{n+1}}y'(x)\mathrm{d}x,
$$

令 $p=3$, 将 $y'(x)$ 在节点 $x_n,x_{n-1},x_{n-2},x_{n-3}$ 作牛顿后插值公式, 得到

$$
y'(x)=\sum_{m=0}^{3}(-1)^m\begin{pmatrix}-s\\ m\end{pmatrix}\nabla^m y'(x_n)+(-1)^4\begin{pmatrix}-s\\ m\end{pmatrix}h^4y^{(5)}(\eta),
$$

其中 $s=\dfrac{x-x_n}{h}$, $x_{n-3}<\eta<x_{n+1}$ ，因此

$$y_{n+1}-y_{n-3}=h\left[y'(x_n)\int_{-3}^{1}\mathrm{d}s+\nabla y'(x_n)\int_{-3}^{1}s\mathrm{d}s+\nabla^2 y'(x_n)\int_{-3}^{1}\frac{s(s+1)}{2}\mathrm{d}s\right.$$

$$\left.+\nabla^3 y'(x_n)\int_{-3}^{1}\frac{s(s+1)(s+2)}{3!}\mathrm{d}s\right]+h^5\int_{-3}^{1}\frac{s(s+1)(s+2)(s+3)}{4!}y^{(5)}(\eta)\mathrm{d}s$$

$$=\frac{4h}{3}[2y'(x_n)-y'(x_{n-1})+2y'(x_{n-2})]+\frac{14}{45}h^5y^{(5)}(\xi),$$

$$y_{n+1}=y_{n-3}+\frac{4h}{3}[2f(x_n,y_n)-f(x_{n-1},y_{n-1})+2f(x_{n-2},y_{n-2})]+\frac{14}{45}h^5y^{(5)}(\xi).$$

称四步的显式格式

$$y_{n+1}=y_{n-3}+\frac{4h}{3}[2f(x_n,y_n)-f(x_{n-1},y_{n-1})+2f(x_{n-2},y_{n-2})] \tag{9.36}$$

为**米尔恩(Milne)方法**，其局部截断误差为 $\dfrac{14}{45}h^5y^{(5)}(\xi)$.

令 $k=2,p=1$,

$$y_{n+1}-y_{n-p}=\int_{n-1}^{n+1}y'(x)\mathrm{d}x,$$

右端项积分采用辛普森求积公式展开

$$y_{n+1}-y_{n-1}=\frac{h}{3}[y'(x_{n+1})+4y'(x_n)+y'(x_{n-1})]-\frac{1}{90}h^5y^{(5)}(\xi),$$

称二步的隐式格式

$$y_{n+1}=y_{n-1}+\frac{h}{3}[f(x_{n+1},y_{n+1})+4f(x_n,y_n)+f(x_{n-1},y_{n-1})] \tag{9.37}$$

为**辛普森方法**，其局部截断误差为 $-\dfrac{1}{90}h^5y^{(5)}(\xi)$.

通常公式(9.36)作为预测公式，(9.37)作为校正公式，建立如下的预测校正过程称为**米尔恩方法**.

预估阶段：

$$y_{n+1}=y_{n-3}+\frac{4h}{3}[2f(x_n,y_n)-f(x_{n-1},y_{n-1})+2f(x_{n-2},y_{n-2})];$$

校正阶段：

$$y_{n+1}=y_{n-1}+\frac{h}{3}(f(x_{n+1},y_{n+1})+4f(x_n,y_n)+f(x_{n-1},y_{n-1})).$$

由于米尔恩方法的数值稳定性较差，汉明(Hamming)对米尔恩预估-校正公式加以改进.

2. 汉明方法

将三步隐式亚当斯法公式表示成一般形式

$$y_{n+1}=ay_n+by_{n-1}+cy_{n-2}+h[df(x_{n+1},y_{n+1})+ef(x_n,y_n)+gf(x_{n-1},y_{n-1})], \quad (9.38)$$

$$y_{n+1}=ay_n+by_{n-1}+cy_{n-2}+h(dy'_{n+1}+ey'_n+gy'_{n-1}). \quad (9.39)$$

将(9.39)右端项的函数 $y'_{n+1},y'_{n-1},y'_{n-2}$ 在点 x_n 作泰勒展开，要使(9.39)成为四阶方法，其局部截断误差满足

$$y(x_{n+1})-y_{n+1}=O(h^5),$$

应该取系数

$$\begin{cases}24a+27b=27,\\3b+24c=-3,\\b+24d=9,\\14b-24e=18,\\17b-24g=9.\end{cases}$$

此时系数有6个，可以有多种取法. 若固定 $b=0$，则可以得到下列一组系数的**汉明方法**.

$$\begin{cases}a=\dfrac{9}{8}, & b=0,\\[2mm] c=-\dfrac{1}{8}, & d=\dfrac{3}{8},\\[2mm] e=\dfrac{3}{4}, & g=-\dfrac{3}{8},\end{cases}$$

称

$$y_{n+1}=\frac{9}{8}y_n-\frac{1}{8}y_{n-2}+\frac{3h}{8}(f(x_{n+1},y_{n+1})+2f(x_n,y_n)-f(x_{n-1},y_{n-1})) \quad (9.40)$$

为**汉明方法**，其局部截断误差为 $-\dfrac{1}{40}h^5y^{(5)}(x_n)+O(h^6)$. 汉明方法是隐格式，通常采用预估-校正方法进行数值计算.

9.5.3　预估-校正方法

隐式亚当斯方法是一种隐格式，必须采用预测-校正方法来求解. 类似梯形公式的预估-校正方法，将梯形公式的预估-校正方法分以下四步进行计算：

(1) 预估P(predictor): $\overline{y}_{n+1}=y_n+hf(x_n,y_n)$；

(2) 计算E(evaluation): $\overline{f}_{n+1}=f(x_{n+1},\overline{y}_{n+1})$；

(3) 校正C(corrector): $y_{n+1}=y_n+\frac{h}{2}(f(x_n,y_n)+\overline{f}_{n+1}(x_{n+1},y_{n+1}))$；

(4) 计算E(evaluation): $f_{n+1}=f(x_{n+1},y_{n+1})$.

上述计算过程称为**梯形公式的预估-校正方法**，也称为**PECE模式**，或者不执行第四步得到**PEC模式**. 对于隐式亚当斯线性多步法，通常采用显式亚当斯方法计算作为预估值，然后利用隐式亚当斯方法计算作为校正值.

下面给出亚当斯三步隐式方法的预估-校正方法.

$$y_{n+1}=y_n+\frac{h}{24}[9f(x_{n+1},y_{n+1})+19f(x_n,y_n)-5f(x_{n-1},y_{n-1})+f(x_{n-2},y_{n-2})].$$

预估-校正方法(PECE)步骤：

(1) 预估P: $\overline{y}_{n+1}=y_n+\frac{h}{12}[23f(x_n,y_n)-16f(x_{n-1},y_{n-1})+5f(x_{n-2},y_{n-2})]$；

(2) 计算E: $\overline{f}_{n+1}(x_{n+1},y_{n+1})=f(x_{n+1},\overline{y}_{n+1})$；

(3) 校正C:

$$y_{n+1}=y_n+\frac{h}{24}[9\overline{f}(x_{n+1},y_{n+1})+19f(x_n,y_n)-5f(x_{n-1},y_{n-1})+f(x_{n-2},y_{n-2})];$$

(4) 计算E: $f_{n+1}=f(x_{n+1},y_{n+1})$.

9.6 线性多步法的相容性、收敛性与稳定性

9.6.1 相容性

线性多步法一般公式

$$\sum_{i=0}^{k}a_i y_{n+i}+h\sum_{j=0}^{k}\beta_j f(x_{n+j},y_{n+j})=0, \tag{9.41}$$

其中 a_i,β_j 为待定系数，$k\leqslant n+1$，式(9.41)称为线性 k 步法，其局部截断误差 $T_{n+1}=O(h^{p+1})$，当 $p\geqslant 1$ 时，我们称线性 k 步法(9.41)与微分方程初值问题(9.1)相容.

定义7 若常微分方程的初值问题(9.1)的线性 k 步法(9.41)至少是一阶方法，则称它是**相容**的. 记

$$\rho(\lambda)=\alpha_k\lambda^k+\alpha_{k-1}\lambda^{k-1}+\cdots+\alpha_1\lambda+\alpha_0, \tag{9.42}$$

$$\sigma(\lambda)=\beta_k\lambda^k+\beta_{k-1}\lambda^{k-1}+\cdots+\beta_1\lambda+\beta_0, \tag{9.43}$$

式(9.42)与式(9.43)由线性 k 步法式(9.41)完全确定. 反之，若给定了 $\rho(\lambda)$ 与 $\sigma(\lambda)$，则唯一确定一个线性 k 步法式(9.41). 我们称 $\rho(\lambda)$ 为 k 步法式(9.41)的**特征多项式**.

定理7　线性 k 步法式(9.41)相容的充分必要条件是

$$\rho(1)=0,\quad \rho'(1)=\sigma(1).$$

证明略.

9.6.2　收敛性

线性 k 步法式(9.41)求解常微分初值问题式(9.1)的数值解，除了给定的初值 y_0 外，需要事先计算出 $k-1$ 个初始值 $y_{k-1}, y_{k-2}\cdots, y_1$. 考虑收敛性问题，前提假设以下条件成立:

$$y_{k-1}=\eta_{k-1}(h), y_{k-2}=\eta_{k-2}(h), \cdots, y_1=\eta_1(h),$$

并且

$$\lim_{h\to 0} y_i=\lim_{h\to 0}\eta_i(h)=y_0.$$

定义8　设 $f(x,y)$ 在 $D=\{(x,y)\mid a\leqslant x\leqslant b, y\in \mathbf{R}\}$ 中连续，且关于 y 满足利普希茨条件. 如果对任意的 $x\in[a,b]$，当 $h\to 0$，固定 $x=x_n=a+nh$ 时，式(9.38)的解 y_n 收敛于问题(9.1)的解 $y(x)$，则称线性 k 步法(9.41)式为**收敛**的.

定理8　线性 k 步法(9.41)是收敛的，则它是相容的.

定理9　线性 k 步法(9.41)的特征多项式(9.42)，即 $\rho(\xi)=0$ 的根都在单位圆内或单位圆上，且在单位圆上的根为单根，则称线性多步法(9.41)满足**特征根条件**.

9.6.3　稳定性

定义9　设 $f(x,y)$ 在 $D=\{(x,y)\mid a\leqslant x\leqslant b, y\in \mathbf{R}\}$ 中连续，且关于 y 满足利普希茨条件. 如果存在正常数 C 和 h_0，使得当 $0<h\leqslant h_0$ 时，线性 k 步法(9.41)的任何两个解 y_n 和 $\overline{y}_n$ 满足不等式

$$\max_{nh\leqslant b-a}|y_n-\overline{y}_n|\leqslant C\max_{0\leqslant i\leqslant k-1}|y_i-\overline{y}_i|,$$

那么称线性 k 步法(9.41)是**稳定**的.

定理10　线性 k 步法(9.41)稳定的充分必要条件是 $\rho(\xi)=0$ 满足特征根条件.

定理11　若线性 k 步法(9.41)收敛，则该 k 步法一定稳定.

定理12　若线性 k 步法(9.41)相容且稳定，则该 k 步法一定收敛.

习　题　9

1. 用欧拉法、改进欧拉法解初值问题的近似解

$$\begin{cases} y'=x^2+y^2, \\ y(0)=1, \quad 0\leqslant x\leqslant 1, \end{cases}$$

取步长 $h=0.2$，计算到 $x=0.8$ (保留到小数点后4位).

2. 取步长 $h=0.1$，用梯形公式解初值问题

$$\begin{cases} y'=-2y-2x, \\ y(0)=2, \quad 0\leqslant x\leqslant 1, \end{cases}$$

计算到 $x\in[0,0.5]$ (保留到小数点后4位).

3. 初值问题 $y'=ax+b$，$y(0)=0$ 的解为

$$y=\frac{a}{2}x^2+bx.$$

证明：欧拉法的局部截断误差

$$y(x_n)-y_n=\frac{1}{2}ahx_n.$$

4. 考虑初值问题

$$\begin{cases} y'=-y, \\ y(0)=1, \quad 0\leqslant x\leqslant 1. \end{cases}$$

(1) 写出梯形公式计算格式;

(2) 取步长 $h=0.1$，计算 $y(0.3)$ 的值，保留5位小数;

(3) 证明梯形公式求得的近似解为

$$y_n=\left(\frac{2-h}{2+h}\right)^n,$$

当 $h\to 0$ 时，$y_n\to \mathrm{e}^{-x}$.

5. 证明中点公式

$$y_{n+1}=y_n+hf\left(x_n+\frac{h}{2},y_n+\frac{h}{2}f(x_n,y_n)\right)$$

是二阶的，并求其局部截断误差的首项.

6. 利用欧拉法、改进的欧拉法和梯形公式解初值问题

$$\begin{cases} y'=2xy+2x, \quad x>0, \\ y(0)=0 \end{cases}$$

的近似解，取步长 $h=0.1$，并与准确解 $y=\mathrm{e}^{x^2}-1$ 比较算出误差(保留4位小数).

7. 确定下列柯西问题

$$\begin{cases} y'=-10y, \quad x>0, \\ y(0)=1 \end{cases}$$

的欧拉法的绝对稳定域和绝对稳定区间.

8. 取步长 $h=0.1$，用四级四阶龙格-库塔方法求解下列初值问题

$$\begin{cases} y'=x+y, \quad 0<x\leqslant 1, \\ y(0)=1. \end{cases}$$

9. 证明下列二步法

$$y_{n+1}=\frac{1}{2}(y_{n-1}+y_n)+\frac{h}{4}(3y'_{n-1}-y'_n+4y'_{n+1})$$

是二阶的，并确定其局部截断误差的首项.

10. 考虑多步法

$$y_{n+1}=\alpha y_n+\frac{h}{2}(2(1-\alpha)f_{n+1}+3\alpha f_n-\alpha f_{n-1}),$$

当 α 取何值时，该多步法的局部截断误差具有最大阶.

11. 用二步亚当斯方法解初值问题

$$\begin{cases}y'=1-y, & 0<x\leqslant 1,\\ y(0)=1,\end{cases}$$

取 $h=0.1$，保留4位小数.

12. 考虑初值问题

$$y'=\frac{1}{1+y^2},\quad 0\leqslant x\leqslant 1,$$

证明欧拉方法收敛而且稳定.

13. 试用待定系数法导出米尔恩方法的校正公式

$$y_{n+1}=y_{n-1}+\frac{h}{3}(f(x_{n+1},y_{n+1})+4f(x_n,y_n)+f(x_{n-1},y_{n-1})).$$

数值实验题

1. 利用欧拉法、后退的欧拉法和梯形公式解初值问题

$$\begin{cases}y'=x^2+1, & x>0,\\ y(0)=1\end{cases}$$

的近似解，取步长 $h=0.1$，并与准确解 $y=\dfrac{x^3}{3}+x+1$ 比较算出误差(保留4位小数).

2. 取 $h=0.1$，利用四阶龙格-库塔公式求下列常微分方程初值问题的数值解

$$\begin{cases}y'=-\dfrac{2}{y-x}, & 0<x\leqslant 1,\\ y(0)=1.\end{cases}$$

3. 用二步亚当斯方法解初值问题

$$\begin{cases}y'=x-y, & 0<x\leqslant 1,\\ y(0)=1,\end{cases}$$

取 $h=0.1$，保留4位小数.

第 10 章 傅里叶变换与小波变换

10.1 傅里叶级数

本节介绍函数展开为三角函数形式的级数，具体地说，要将一个周期函数 $f(x)$ 用一组函数基(**三角函数系**) $1,\cos x,\sin x,\cos 2x,\sin 2x,\cdots,\cos nx,\sin nx,\cdots$ 线性表示，记为

$$f(x)=\frac{a_0}{2}+\sum_{n=1}^{\infty}(a_n\cos nx+b_n\sin nx). \tag{10.1}$$

形如式(10.1)的级数称为**三角级数**，其中 $a_0,a_n,b_n(n=1,2,3,\cdots)$ 都是常数. 三角函数系在一个周期长的区间 $[-\pi,\pi]$ 上是正交的，即有

$$\int_{-\pi}^{\pi}1^2\,\mathrm{d}x=2\pi,$$

$$\int_{-\pi}^{\pi}\sin nx\,\mathrm{d}x=\int_{-\pi}^{\pi}\cos nx\,\mathrm{d}x=0,$$

$$\int_{-\pi}^{\pi}\cos nx\sin mx\,\mathrm{d}x=0,$$

$$\int_{-\pi}^{\pi}\sin nx\sin mx\,\mathrm{d}x=\begin{cases}0, & m\neq n,\\ \pi, & m=n,\end{cases}$$

$$\int_{-\pi}^{\pi}\cos nx\cos mx\,\mathrm{d}x=\begin{cases}0, & m\neq n,\\ \pi, & m=n,\end{cases}$$

其中 $m,n=1,2,\cdots$.

设 $f(x)$ 是一个以 2π 为周期的函数，且能展开成三角级数(10.1)，首先对式(10.1)两边在 $[-\pi,\pi]$ 上积分，并根据三角函数系的正交性求得

$$a_0=\frac{1}{\pi}\int_{-\pi}^{\pi}f(x)\,\mathrm{d}x.$$

其次求 a_n,b_n，分别用 $\cos nx,\sin nx$ 乘式(10.1)两边，再在 $[-\pi,\pi]$ 上积分后整理得

$$a_n=\frac{1}{\pi}\int_{-\pi}^{\pi}f(x)\cos nx\,\mathrm{d}x,\quad b_n=\frac{1}{\pi}\int_{-\pi}^{\pi}f(x)\sin nx\,\mathrm{d}x,\quad n=1,2,3,\cdots.$$

由上式确定的系数 $a_0,a_n,b_n(n=1,2,3,\cdots)$ 称为函数 $f(x)$ 的**傅里叶**(Fourier)**系数**，

系数为傅里叶系数的三角级数称为函数 $f(x)$ 的**傅里叶级数**，记为

$$f(x) \sim \frac{a_0}{2} + \sum_{n=1}^{\infty}(a_n \cos nx + b_n \sin nx).$$

定理1 (收敛定理，狄利克雷 (Dirichlet) 充分条件)　设 $f(x)$ 是以 2π 为周期的周期函数，如果它满足：

(1) 在一个周期内连续或只有有限个第一类间断点；

(2) 在一个周期内至多只有有限个极值点，

则 $f(x)$ 的傅里叶级数收敛，并且当 x 是 $f(x)$ 的连续点时，级数收敛于 $f(x)$；当 x 是 $f(x)$ 的间断点时，级数收敛于 $\frac{1}{2}[f(x-0)+f(x+0)]$.

证明略.

由奇函数与偶函数的积分性质，可得下面的结论：当 $f(x)$ 是以 2π 为周期的奇函数时，它的傅里叶系数 $a_n = 0, n = 0,1,2,\cdots$，此时，$f(x)$ 的傅里叶级数中只含有正弦项，即 $f(x) \sim \sum\limits_{n=1}^{\infty} b_n \sin nx, x \in (-\infty,+\infty)$，称之为**正弦级数**. 同理当 $f(x)$ 是以 2π 为周期的偶函数时，它的傅里叶系数 $b_n = 0, n = 1,2,\cdots$，即 $f(x) \sim \frac{a_0}{2} + \sum\limits_{n=1}^{\infty} a_n \cos nx, x \in (-\infty,+\infty)$，称之为**余弦级数**.

10.2　傅里叶变换

函数变换是建立两个函数空间的映射关系，根据构造函数正交基可以作出不同的空间变换形式. 在连续信号的处理中，傅里叶变换为人们深入理解和分析信号的特性提供了一种强有力的理论工具. 离散傅里叶变换建立了离散时域(或空域)与离散频域之间的联系，通过在空间域中的数据抽样，原来连续分布的信号变成离散信号，离散信号经过傅里叶变换得到在频率域中的离散数据，离散数据在频率域中处理后再作傅里叶逆变换后恢复出原连续信号的近似信号. 这一处理过程大大简化了运算量，特别是在空域中的卷积运算.

10.2.1　连续函数的傅里叶变换

定义1　若 $f(x)$ 在 $\mathbf{R}$ 上连续，表达式

$$F(u) = \int_{-\infty}^{+\infty} f(x) \mathrm{e}^{-\mathrm{i}2\pi ux} \mathrm{d}x \tag{10.2}$$

称为 $f(x)$ 的**傅里叶变换**，记为 $F(u) = \mathscr{F}(f(x))$，简称**傅氏变换**，式中 $\mathrm{i} = \sqrt{-1}$.

对于复数的指数形式，有欧拉公式 $e^{ix}=\cos x+i\sin x$，因此也有相应的结果

$$\cos 2\pi ux=\frac{e^{i2\pi ux}+e^{-i2\pi ux}}{2},\quad \sin 2\pi ux=\frac{e^{i2\pi ux}-e^{-i2\pi ux}}{2i}.$$

定义2 若 $F(u)$ 在 $\mathbf{R}$ 上连续，表达式

$$f(x)=\int_{-\infty}^{+\infty}F(u)e^{i2\pi ux}du, \tag{10.3}$$

则式(10.3)称为 $f(x)$ 的**傅里叶逆变换**，记为 $f(x)=\mathscr{F}^{-1}[F(u)]$，简称**傅氏逆变换**.

由定义1和定义2知，傅里叶变换和傅里叶逆变换是互逆变换，即

$$\mathscr{F}^{-1}[F(u)]=\mathscr{F}^{-1}[\mathscr{F}(f(x))]=\mathscr{F}^{-1}\mathscr{F}(f(x))=f(x).$$

该定义可以推广到二维情况，**二维傅里叶变换**

$$F(u,v)=\int_{-\infty}^{+\infty}\int_{-\infty}^{+\infty}f(x,y)e^{-i2\pi(ux+vy)}dxdy, \tag{10.4}$$

记作 $F(u,v)=\mathscr{F}(f(x,y))$.

二维傅里叶逆变换

$$f(x,y)=\int_{-\infty}^{+\infty}\int_{-\infty}^{+\infty}F(u,v)e^{i2\pi(ux+vy)}dudv, \tag{10.5}$$

式(10.4), (10.5)分别记作 $F(u,v)=\mathscr{F}(f(x,y))$ 和 $f(x,y)=\mathscr{F}^{-1}(F(u,v))$.

10.2.2 δ-函数的定义及其性质

定义3 如果一个函数满足下列两个条件:

(1) $\delta(x)=\begin{cases}0, & x\neq 0,\\ \infty, & x=0;\end{cases}$

(2) $\int_{-\infty}^{+\infty}\delta(x)dx=1$,

则称为 δ-函数，记作 $\delta(x)$.

我们不加以证明，δ-函数的另一种等价定义如下.

定义4 如果对于任意一个在区间 $(-\infty,+\infty)$ 上连续的函数 $f(x)$ 恒有

$$\int_{-\infty}^{+\infty}\delta(x-a)f(x)dx=f(a),$$

则称满足上式的函数 $\delta(x-a)$ 为 δ-函数.

由 δ-函数的定义得

$$\mathscr{F}(\delta(x))=\int_{-\infty}^{+\infty}\delta(x)e^{-i2\pi ux}dx=e^{-i2\pi ux}\Big|_{x=0}=1,$$

也就是说，δ-函数的傅里叶变换是常数1，而

$$\begin{aligned}&\int_{-\infty}^{+\infty}\mathscr{F}^{-1}(1)f(x)\mathrm{d}x\\&=\int_{-\infty}^{+\infty}\int_{-\infty}^{+\infty}\mathrm{e}^{\mathrm{i}2\pi ux}\mathrm{d}uf(x)\mathrm{d}x=\int_{-\infty}^{+\infty}\int_{-\infty}^{+\infty}f(x)\mathrm{e}^{\mathrm{i}2\pi ux}\mathrm{d}x\mathrm{d}u\\&=\int_{-\infty}^{+\infty}F(-u)\mathrm{d}u=\int_{-\infty}^{+\infty}F(t)\mathrm{d}t=\int_{-\infty}^{+\infty}F(t)\mathrm{e}^{\mathrm{i}2\pi t\cdot 0}\mathrm{d}t=f(0).\end{aligned}$$

这表明$\mathscr{F}^{-1}(1)$在积分中的作用相当于$\delta(x)$. 对δ- 函数可得如下性质.

性质1 (δ- 函数性质)

(1) 对于任意一个在$(-\infty,+\infty)$上连续的函数$f(x)$及实数a恒有

$$f(x)\delta(x-a)=f(a)\delta(x-a);$$

(2) $\delta(ax)=\dfrac{1}{|a|}\delta(x)$, 这里$a$为不等于零的实常数;

(3) $\delta^{(n)}(-x)=(-1)^n\delta^{(n)}(x)$, $n=0,1,2,\cdots$;

(4) $\mathscr{F}(\delta(x))=1$, 即$\mathscr{F}^{-1}(1)=\delta(x)$;

(5) $\mathscr{F}(1)=\delta(u), \mathscr{F}(\mathrm{e}^{\mathrm{i}2\pi u_0x})=\delta(u-u_0)$.

例10.1　证明下列结论:

(1) 符号函数$\mathrm{sgn}(x)=\begin{cases}-1, & x<0,\\ 1, & x>0\end{cases}$ 的傅里叶变换为$\dfrac{1}{\mathrm{i}\pi u}$;

(2) 单位阶跃函数$f(x)=\begin{cases}0, & x<0,\\ 1, & x>0\end{cases}$的傅里叶变换为$\dfrac{\delta(u)}{2}+\dfrac{1}{\mathrm{i}2\pi u}$.

解　(1) 函数$F(u)=\dfrac{1}{\mathrm{i}\pi u}$的傅里叶逆变换是

$$\begin{aligned}f(x)=\mathscr{F}^{-1}(F(u))&=\int_{-\infty}^{+\infty}\frac{1}{\mathrm{i}\pi u}\mathrm{e}^{\mathrm{i}2\pi ux}\mathrm{d}u\\&=\int_{-\infty}^{+\infty}\frac{\cos(2\pi ux)+\mathrm{i}\sin(2\pi ux)}{\mathrm{i}\pi u}\mathrm{d}u\\&=-\frac{\mathrm{i}}{\pi}\int_{-\infty}^{+\infty}\frac{\cos(2\pi ux)}{u}\mathrm{d}u+\frac{1}{\pi}\int_{-\infty}^{+\infty}\frac{\sin(2\pi ux)}{u}\mathrm{d}u,\end{aligned}$$

上式由于第一项是奇函数, 所以积分为零, 而第二项积分为狄利克雷积分, 有

$$\int_{-\infty}^{+\infty}\frac{\sin(ux)}{u}\mathrm{d}u=\begin{cases}-\pi, & x<0,\\ \pi, & x>0,\end{cases}$$

则$\mathscr{F}[\mathrm{sgn}(x)]=\dfrac{1}{\mathrm{i}\pi u}, \mathscr{F}^{-1}\left(\dfrac{1}{\mathrm{i}\pi u}\right)=\mathrm{sgn}(x)$.

(2) 因为$f(x)=\dfrac{1}{2}[1+\mathrm{sgn}(x)]$, 故

$$F(u)=\int_{-\infty}^{+\infty} f(x)\mathrm{e}^{-\mathrm{i}2\pi ux}\mathrm{d}x=\int_{-\infty}^{+\infty}\frac{1}{2}[1+\operatorname{sgn}(x)]\mathrm{e}^{-\mathrm{i}2\pi ux}\mathrm{d}x$$
$$=\frac{1}{2}\mathscr{F}(1)+\frac{1}{2}\mathscr{F}(\operatorname{sgn}(x))=\frac{\delta(u)}{2}+\frac{1}{\mathrm{i}2\pi u}.$$

10.2.3 离散函数的傅里叶变换

定义5 若 $f(x)$ 在 $\mathbf{R}$ 上连续，x 取样为 $x=0,1,2,\cdots,N-1$，并且 $f(x)$ 取这些点的函数值，即系列 $\{f(0),f(1),f(2),\cdots,f(N-1)\}$ 表示取自该连续函数的 N 个等距的抽样值，则该抽样函数的**离散傅里叶变换**为

$$F(u)=\frac{1}{N}\sum_{x=0}^{N-1} f(x)\mathrm{e}^{-\mathrm{i}2\pi ux/N} \tag{10.6}$$

式中 $u=0,1,2,\cdots,N-1$. **离散傅里叶逆变换**为

$$f(x)=\sum_{u=0}^{N-1} F(u)\mathrm{e}^{\mathrm{i}2\pi ux/N} \tag{10.7}$$

式中 $x=0,1,2,\cdots,N-1$.

定义6 若 $f(x,y)$ 在 $\mathbf{R}\times\mathbf{R}$ 上连续，x,y 的取样为 $x=0,1,2,\cdots,M-1$, $y=0,1,2,\cdots,N-1$，并且 $f(x,y)$ 取这些点的函数值，即数阵 $\left[f(x,y)\right]_{M\times N}$ 表示取自该连续函数 $M\times N$ 个等距的抽样值，则该抽样函数的**二维离散傅里叶变换**为

$$F(u,v)=\frac{1}{MN}\sum_{x=0}^{M-1}\sum_{y=0}^{N-1} f(x,y)\mathrm{e}^{-\mathrm{i}2\pi(ux/M+vy/N)}, \tag{10.8}$$

式中 $u=0,1,2,\cdots,M-1, v=0,1,2,\cdots,N-1$. **二维离散傅里叶逆变换**定义为

$$f(x,y)=\sum_{u=0}^{M-1}\sum_{v=0}^{N-1} F(u,v)\mathrm{e}^{\mathrm{i}2\pi(ux/M+vy/N)}, \tag{10.9}$$

式中 $x=0,1,2,\cdots,M-1$, $y=0,1,2,\cdots,N-1$.

定义7 取 $F(u,v)=\mathscr{F}(f(x,y))$，记 $F(u,v)=R(u,v)+\mathrm{i}I(u,v)$，这里 $R(u,v)$, $I(u,v)$ 分别为 $F(u,v)$ 的实部和虚部，则分别称

$$\| F(u,v)\|_2=\sqrt{R^2(u,v)+I^2(u,v)},$$
$$\varphi(u,v)=\arctan\frac{I(u,v)}{R(u,v)},$$
$$P(u,v)=\| F(u,v)\|_2^2=R^2(u,v)+I^2(u,v)$$

为 $f(x,y)$ 的傅里叶谱、相角和频率谱.

通常在进行傅里叶变换之前用 $(-1)^{x+y}$ 乘以输入函数 $f(x,y)$，易得到

$$\mathscr{F}((-1)^{x+y}f(x,y))=F\left(u-\frac{M}{2},v-\frac{N}{2}\right),$$

这个等式说明，新的傅里叶变换的原点即 $F(0,0)$ 被设置在了 $\left(\frac{M}{2},\frac{N}{2}\right)$ 上，为了确保移动后的坐标为整数，在取值时要求 M,N 均为偶数，当编程实现傅里叶变换时，u 从1到 M，v 从1到 N，实际的变换中心将为 $\left(\frac{M}{2}+1,\frac{N}{2}+1\right)$．这里

$$F(0,0)=\frac{1}{MN}\sum_{x=0}^{M-1}\sum_{y=0}^{N-1}f(x,y),$$

即 $F(0,0)$ 为 $f(x,y)$ 在 $M\times N$ 矩阵上的所有数值之和，特别地，称 $F(0,0)$ 为频率谱的直流成分.

由于傅里叶变换中必须涉及复数计算，因此在信号处理中引入一个只有余弦项的变换，即DCT变换，它是实数空间到实数空间的变换，其基本原理和傅里叶变换相近，但用计算机编程处理数据就简单得多.

定义8　设 $f(x,y)$ 为离散的 $M\times N$ 矩阵，其离散的余弦变换为

$$F(u,v)=a(u)b(v)\sum_{x=0}^{M-1}\sum_{y=0}^{N-1}f(x,y)\cos\frac{\pi(2x+1)u}{2M}\cos\frac{\pi(2y+1)v}{2N},\tag{10.10}$$

$0\leqslant u\leqslant M-1, 0\leqslant v\leqslant N-1$，式中

$$a(u)=\begin{cases}\frac{1}{\sqrt{M}}, & u=0,\\ \sqrt{\frac{2}{M}}, & u=1,2,\cdots,M-1,\end{cases}\qquad b(v)=\begin{cases}\frac{1}{\sqrt{N}}, & v=0,\\ \sqrt{\frac{2}{N}}, & v=1,2,\cdots,N-1.\end{cases}$$

离散的余弦变换也称DCT变换(discrete cosine transformation)，它的特点是把空间域的数据映射到频率域，而且在频率域中出现能量集中的现象，主要用于信号、图像压缩，可以将最多的信息包含在最少的系数之中．图10-1为一个 8×8 的数据块作DCT变换，图10-1(a)为原始数据，图10-1(b)是原始数据经过DCT变换得到的数据结果，矩阵的左上角数据称为低频数据，右下角数据称为高频数据．从图中可以看出，经过变换的非零数据主要集中在数据矩阵的左上角，这印证了DCT变换在频率域中出现能量集中现象，其特点为数据压缩提供理论基础．图10-2(a)是图10-1(b)数据在高频部分对部分数据作归零处理所得结果，图10-2(b)为图10-2(a)的简化数据矩阵作DCT逆变换所得数据结果．从图10-2可以看出，尽管图10-2(b)与原始数据图10-1(a)有一定区别，但波动很小，而存储图10-2(a)的非零数据仅为9个，即仅为原始数据64个的八分之一多一些，这说明用DCT正变换和逆变换在数据压缩上是可行的.

98	92	95	80	75	82	68	50
97	91	94	79	74	81	67	49
95	89	92	77	72	79	65	47
93	87	90	75	70	77	63	45
91	85	88	73	68	75	61	43
89	83	86	71	66	73	59	41
87	88	84	69	64	71	57	39
85	79	82	67	62	69	55	37

(a) 原始数据

592	107	−18	28	−35	13	17	2
34	−1	0	0	1	1	1	0
0	0	0	0	0	0	0	0
3	0	0	0	0	0	0	0
−2	−1	0	0	0	1	1	0
1	1	0	0	−1	−1	−1	0
−1	−1	0	0	1	2	1	0
0	0	0	0	0	0	0	0

(b) DCT 变换结果

图 10-1 DCT 变换

592	107	−18	28	−35	13	17	0
34	0	0	0	0	0	0	0
0	0	0	0	0	0	0	0
3	0	0	0	0	0	0	0
0	0	0	0	0	0	0	0
0	0	0	0	0	0	0	0
0	0	0	0	0	0	0	0
0	0	0	0	0	0	0	0

(a) 经过删除高频数据后的频域数据

98	93	94	80	74	82	67	50
97	92	93	79	74	81	67	49
95	90	92	78	72	80	65	47
93	88	90	75	70	77	63	45
91	86	87	73	67	75	61	43
88	84	85	71	65	73	59	41
87	82	84	69	64	71	57	39
86	81	83	68	63	70	56	38

(b) DCT 逆变换结果

图 10-2 DCT 逆变换

10.3 傅里叶变换的性质

10.3.1 傅里叶变换的基本性质

傅里叶变换有许多重要的性质，特别是空间域与频率域间的相互变换、卷积运算与普通乘运算的变换、能量集中现象等，这些性质在自动控制、电力、微电子、通信、图像处理、地质测量等领域有重要应用. 下面的函数当涉及傅里叶变换时，均假定该函数满足傅里叶变换的条件，λ,μ 为实常数. 本章只对部分难一些的性质作证明.

性质1 (线性性质)

(1) **正变换** $\mathscr{F}(\lambda f(x)+\mu g(x))=\lambda\mathscr{F}(f(x))+\mu\mathscr{F}(g(x))$; (10.11)

(2) **逆变换** $\mathscr{F}^{-1}(\lambda F(u)+\mu G(u))=\lambda\mathscr{F}^{-1}(F(u))+\mu\mathscr{F}^{-1}(G(u))$. (10.12)

性质2 (对称性质) 已知 $F(u)=\mathscr{F}(f(x))$，则有 $\mathscr{F}(F(x))=f(-u)$.

性质3 (延迟性质) 已知 $F(u)=\mathscr{F}(f(x))$，则有

(1) $\mathscr{F}(f(x\pm x_0))=\mathrm{e}^{\pm \mathrm{i}2\pi u x_0}\mathscr{F}(f(x))$; (10.13)

(2) $\mathscr{F}^{-1}(F(u \pm u_0)) = \mathrm{e}^{\mp \mathrm{i}2\pi x u_0} f(x).$ (10.14)

证明 (1) $$\begin{aligned}\mathscr{F}(f(x \pm x_0)) &= \int_{-\infty}^{+\infty} f(x \pm x_0)\mathrm{e}^{-\mathrm{i}2\pi u x}\mathrm{d}x \\ &= \mathrm{e}^{\pm \mathrm{i}2\pi u x_0}\int_{-\infty}^{+\infty} f(x \pm x_0)\mathrm{e}^{-\mathrm{i}2\pi u(x \pm x_0)}\mathrm{d}(x \pm x_0) \\ &= \mathrm{e}^{\pm \mathrm{i}2\pi u x_0}\int_{-\infty}^{+\infty} f(t)\mathrm{e}^{-\mathrm{i}2\pi u t}\mathrm{d}t = \mathrm{e}^{\pm \mathrm{i}2\pi u x_0}\mathscr{F}(f(x)).\end{aligned}$$

(2) 同理可证

$$\mathscr{F}^{-1}(F(u \pm u_0)) = \mathrm{e}^{\mp \mathrm{i}2\pi x u_0} f(x).$$

性质4 (相似性质)　已知 $F(u) = \mathscr{F}(f(x))$，λ 为不等于零的实常数, 则有

$$\mathscr{F}(f(\lambda x)) = \frac{1}{|\lambda|}F\left(\frac{u}{\lambda}\right). \tag{10.15}$$

性质5 (卷积性质)　已知 $F(u) = \mathscr{F}(f(x))$，$G(u) = \mathscr{F}(g(x))$，则有

(1) $\mathscr{F}(f(x) * g(x)) = F(u) \cdot G(u)$； (10.16)

(2) $\mathscr{F}^{-1}(F(u) \cdot G(u)) = f(x) * g(x)$， (10.17)

这里 $*$ 为卷积运算符, 即 $f(x) * g(x) = \int_{-\infty}^{+\infty} f(t)g(x-t)\mathrm{d}t$.

证明 (1) 对函数 $f(x) * g(x)$ 作傅里叶变换

$$\begin{aligned}\mathscr{F}(f(x) * g(x)) &= \int_{-\infty}^{+\infty}\left[\int_{-\infty}^{+\infty} f(t)g(x-t)\mathrm{d}t\right]\mathrm{e}^{-\mathrm{i}2\pi u x}\mathrm{d}x \\ &= \int_{-\infty}^{+\infty}\int_{-\infty}^{+\infty} f(t)g(x-t)\mathrm{e}^{-\mathrm{i}2\pi u x}\mathrm{d}t\mathrm{d}x \\ &= \int_{-\infty}^{+\infty}\int_{-\infty}^{+\infty} f(t)g(x-t)\mathrm{e}^{-\mathrm{i}2\pi u x}\mathrm{d}x\mathrm{d}t \\ &= \int_{-\infty}^{+\infty} f(t)\left[\int_{-\infty}^{+\infty} g(x-t)\mathrm{e}^{-\mathrm{i}2\pi u x}\mathrm{d}x\right]\mathrm{d}t \\ &= \int_{-\infty}^{+\infty} f(t)\mathrm{e}^{-\mathrm{i}2\pi u t}\left[\int_{-\infty}^{+\infty} g(x-t)\mathrm{e}^{-\mathrm{i}2\pi u(x-t)}\mathrm{d}(x-t)\right]\mathrm{d}t \\ &= \int_{-\infty}^{+\infty} f(t)\mathrm{e}^{-\mathrm{i}2\pi u t}[G(u)]\mathrm{d}t \\ &= G(u)\int_{-\infty}^{+\infty} f(t)\mathrm{e}^{-\mathrm{i}2\pi u t}\mathrm{d}t = G(u) \cdot F(u).\end{aligned}$$

(2) 由(1)的结果和傅里叶变换具有可逆性, 则对函数 $F(u) \cdot G(u)$ 作傅里叶逆变换后得

$$\mathscr{F}^{-1}(F(u) \cdot G(u)) = f(x) * g(x).$$

性质6 (乘积性质)　已知 $F(u)=\mathscr{F}(f(x))$，$G(u)=\mathscr{F}(g(x))$，则有

$$\int_{-\infty}^{+\infty} f(x)g(x)\mathrm{d}x=\int_{-\infty}^{+\infty}\overline{F(u)}G(u)\mathrm{d}u=\int_{-\infty}^{+\infty}F(u)\overline{G(u)}\,\mathrm{d}u, \tag{10.18}$$

这里 $f(x)$ 和 $g(x)$ 为 x 的实函数，$\overline{F(u)}$ 和 $\overline{G(u)}$ 为 $F(u)$ 和 $G(u)$ 的共轭函数.

推论1 (能量积分性质)　已知 $F(u)=\mathscr{F}(f(x))$，则有

$$\int_{-\infty}^{+\infty}[f(x)]^2\,\mathrm{d}x=\int_{-\infty}^{+\infty}\|F(u)\|_2^2\,\mathrm{d}u .$$

性质7 (微分性质或导数性质)　已知 $F(u)=\mathscr{F}(f(x))$，并且当 $x\to\pm\infty$ 时，$f(x)\to 0$，则有

$$\mathscr{F}(f'(x))=\mathrm{i}2\pi uF(u) . \tag{10.19}$$

证明

$$\mathscr{F}(f'(x))=\int_{-\infty}^{+\infty}f'(x)\mathrm{e}^{-\mathrm{i}2\pi ux}\mathrm{d}x=\int_{-\infty}^{+\infty}\mathrm{e}^{-\mathrm{i}2\pi ux}\mathrm{d}f(x)$$

$$=\mathrm{e}^{-\mathrm{i}2\pi ux}f(x)\Big|_{-\infty}^{+\infty}+\mathrm{i}2\pi u\int_{-\infty}^{+\infty}f(x)\mathrm{e}^{-\mathrm{i}2\pi ux}\mathrm{d}x.$$

由条件 $x\to\pm\infty$ 时，$f(x)\to 0$，得

$$\mathscr{F}(f'(x))=\mathrm{i}2\pi uF(u) .$$

性质8 (积分性质)　已知 $F(u)=\mathscr{F}(f(x))$，则有

$$\mathscr{F}\left(\int_{x_0}^{x}f(t)\mathrm{d}t\right)=\frac{1}{\mathrm{i}2\pi u}F(u) . \tag{10.20}$$

性质9 (二维傅里叶变换可分离性质)

(1) $F(u,v)=\mathscr{F}(f(x,y))=\mathscr{F}_x\{\mathscr{F}_y[f(x,y)]\}$；　(10.21)

(2) $\mathscr{F}^{-1}(F(u,v))=\mathscr{F}_u^{-1}(\mathscr{F}_v^{-1}(F(u,v)))$.　(10.22)

例10.2　证明下列等式

(1) $\mathscr{F}\left[\dfrac{\partial^n f(x,y)}{\partial x^n}\right]=(\mathrm{i}2\pi u)^n F(u,v)$;

(2) $\mathscr{F}[\nabla^2 f(x,y)]=-(2\pi)^2\cdot(u^2+v^2)F(u,v)$.

证明　(1) 由性质7，有 $\mathscr{F}\left[\dfrac{\partial f(x,y)}{\partial x}\right]=(\mathrm{i}2\pi u)F(u,v)$，反复应用性质7，则得

$$\mathscr{F}\left[\frac{\partial^n f(x,y)}{\partial x^n}\right]=(\mathrm{i}2\pi u)^n F(u,v) ;$$

(2) 由(1)的结果得

$$\mathscr{F}\left[\frac{\partial^2 f(x,y)}{\partial x^2}\right]=-(2\pi)^2\cdot u^2F(u,v) ,\quad \mathscr{F}\left[\frac{\partial^2 f(x,y)}{\partial y^2}\right]=-(2\pi)^2\cdot v^2F(u,v) ,$$

所以

$$\mathscr{F}[\nabla^2 f(x,y)] = \mathscr{F}\left[\frac{\partial^2 f(x,y)}{\partial x^2} + \frac{\partial^2 f(x,y)}{\partial y^2}\right] = -(2\pi)^2 \cdot (u^2 + v^2) F(u,v).$$

10.3.2 离散快速傅里叶变换

为使计算更有规律性，这里取 $N = 2^n$，在 n 取正整数的情况下 N 可以表示为偶数，即 $N = 2K$ (K 为正整数)，并取数 $W_N = \mathrm{e}^{-\mathrm{i}2\pi/N}$，则(10.6)可定义为

$$F(u) = \frac{1}{N}\sum_{x=0}^{N-1} f(x)[W_N]^{ux}. \tag{10.23}$$

下面将对 $F(u)$ 作奇偶数项的分解，即

$$\begin{aligned} F(u) &= \frac{1}{2K}\sum_{x=0}^{2K-1} f(x)[W_{2K}]^{ux} \\ &= \frac{1}{2}\left[\frac{1}{K}\sum_{x=0}^{K-1} f(2x)(W_{2K}^u)^{2x} + \frac{1}{K}\sum_{x=0}^{K-1} f(2x+1)(W_{2K}^u)^{2x+1}\right]. \end{aligned} \tag{10.24}$$

由 $W_N = \mathrm{e}^{-\mathrm{i}2\pi/N}$ 可得 $(W_{2K})^{2ux} = (W_K)^{ux}$，因此(10.24)可表示为

$$F(u) = \frac{1}{2}\left[\frac{1}{K}\sum_{x=0}^{K-1} f(2x)(W_K^u)^x + \frac{1}{K}\sum_{x=0}^{K-1} f(2x+1)(W_K^u)^x \cdot W_{2K}^u\right]. \tag{10.25}$$

取其偶数项的和与奇数项的和，并分别记作

$$F_{\text{even}}(u) = \frac{1}{K}\sum_{x=0}^{K-1} f(2x)(W_K^u)^x, \quad u = 0,1,2,\cdots,K-1, \tag{10.26}$$

$$F_{\text{odd}}(u) = \frac{1}{K}\sum_{x=0}^{K-1} f(2x+1)(W_K^u)^x, \quad u = 0,1,2,\cdots,K-1, \tag{10.27}$$

则式(10.25)就可以表示为

$$F(u) = \frac{1}{2}[F_{\text{even}}(u) + F_{\text{odd}}(u) \cdot W_{2K}^u]. \tag{10.28}$$

根据 $W_N = \mathrm{e}^{-\mathrm{i}2\pi/N}$ 的周期性有 $(W_N)^{u+N} = (W_N)^u$ 和 $(W_{2N})^{u+N} = -(W_{2N})^u$，则式(10.28)可以变为

$$F(u+K) = \frac{1}{2}[F_{\text{even}}(u) - F_{\text{odd}}(u) \cdot W_{2K}^u]. \tag{10.29}$$

由此可以得到快速计算的格式:

(1) 在 $u = 0,1,2,\cdots,K-1$ 时，计算 $F_{\text{even}}(u)$ 和 $F_{\text{odd}}(u)$；

(2) 计算 $F(u) = \frac{1}{2}[F_{\text{even}}(u) + F_{\text{odd}}(u) \cdot W_{2K}^u]$，$u = 0,1,2,\cdots,K-1$；

(3) 根据(1)中结果由公式$F(u+K)=\frac{1}{2}[F_{\text{even}}(u)-F_{\text{odd}}(u)\cdot W_{2K}^{u}], u+K=K,K+1,$ $K+2,\cdots,N-1$, 即获得$F(u), u=K,K+1,K+2,\cdots,N-1$;

(4) 结合(2)和(3), 则可求出离散傅里叶变换$F(u), u=0,1,2,\cdots,N-1$.

以上算法可以这样描述, 一个$N=2K$ (偶数)点变换可以通过将原始表达式分成两部分来计算, 如式(10.28)和式(10.29)所示, 在计算$F(u)$的前半部分时要对偶数项和奇数项, 即式(10.26)和式(10.27)给出的两个$N/2=K$点变换进行计算. $F_{\text{even}}(u)$和$F_{\text{odd}}(u)$的计算结果被代入式(10.28)得到$F(u)$的前半部分, 即$F(u)$, $u=0,1,2,\cdots,K-1$. 后半部分可直接从式(10.29)得到$F(u)$, 即$F(u)$, $u=K,K+1,$ $K+2,\cdots,N-1$, 而无须另外的变换计算.

10.4　尺度空间与小波空间

10.4.1　$L^2(\mathbf{R})$空间及其特性

小波(wavelet)变换是20世纪80年代发展起来的一种局部化频域分析方法, 具有傅里叶变换所不具备的特性, 如多尺度分解、时频联合分析、方向选择的自适应性等. 因此, 在信号处理中对频域成分采用了逐步精细的时域或频域采样步长, 从而可以适应信号的任意细节, 获得高效的表示. 第3章已经介绍了范数、内积、赋范空间、正交基函数等概念, 下面仅仅介绍巴拿赫(Banach)空间、希尔伯特空间等.

若空间V中任一柯西序列$\{x_i\}_{i\in\mathbf{Z}}$都有极限, 并且极限在空间V中, 则该空间是完备的(completed). 其中柯西序列$\{x_i\}_{i\in\mathbf{Z}}$是指当$k,l\to\infty$时, $\|x_k-x_l\|\to 0$. 例如, 有理数空间是不完备的, 实数空间是完备的. 完备的内积空间称为希尔伯特空间, 若内积空间V按范数$\|x\|=\sqrt{(x,x)}$是完备的, 则称V为巴拿赫空间, 即完备的线性赋范空间称为巴拿赫空间.

定义9　设p是一正的实数, $\varphi(x)$是在$\mathbf{R}$上的可测函数, 则定义$L^p(\mathbf{R})$函数空间为

$$L^p(\mathbf{R})=\left\{\varphi(x)\middle|\int_{\mathbf{R}}|\varphi(x)|^p\,\mathrm{d}x<+\infty\right\}. \tag{10.30}$$

本书仅讨论连续函数. 在$L^p(\mathbf{R})$空间上的范数定义为

$$\|\varphi(x)\|_p=\left\{\int_{-\infty}^{\infty}|\varphi(x)|^p\,\mathrm{d}x\right\}^{\frac{1}{p}}. \tag{10.31}$$

在$L^2(\mathbf{R})$空间上的范数和内积分别为

$$\|\varphi(x)\|_2=\left\{\int_{-\infty}^{\infty}|\varphi(x)|^2\,\mathrm{d}x\right\}^{\frac{1}{2}} \quad 和 \quad (\varphi(x),\psi(x))=\int_{-\infty}^{\infty}\varphi(x)\cdot\psi(x)\mathrm{d}x,$$

上述范数与内积的关系是

$$\|\varphi(x)\|_2=\sqrt{(\varphi(x),\varphi(x))}\,.$$

10.4.2　尺度函数与小波函数、尺度空间与小波空间

傅里叶变换具有周期性，但在处理局部信息时该方法缺乏时间和频率的局部特性，小波变换可以使非平稳信号的处理变得更准确. 尺度函数、小波函数具有快速衰减、充分光滑、能量主要集中在一个局部区域的特征，因此，从信号处理的角度分析，小波变换克服了傅里叶变换表示信息时能够清晰地揭示出信号的频率域上的特征但不能反映时间域上的局部信息的缺陷. 本书从最简单的尺度函数、小波函数来建立相应的小波变换理论. 如果要进一步学习小波分析理论和方法，请读者阅读该方面的专著.

在小波分析中，尺度函数 $\varphi(x)$ 与小波函数 $\psi(x)$ 是非常重要的两个函数，其尺度空间、小波空间由它们生成，同时具有较好的正交性，而且不同尺度空间、小波空间的构造具有一定的规律性，易于理论的完整性和推导. 下面介绍简单的尺度函数和小波函数.

定义10　形如

$$\varphi(x)=\begin{cases}1, & x\in[0,1),\\ 0, & 其他\end{cases} \tag{10.32}$$

的函数，称为哈尔尺度函数. 而形如 $\varphi_{j,k}(x)=2^{\frac{j}{2}}\varphi(2^j x-k), j,k\in\mathbf{Z}$ 的函数称为尺度基函数.

定义11　与定义10相对应的函数

$$\psi(x)=\begin{cases}1, & x\in\left[0,\dfrac{1}{2}\right),\\ -1, & x\in\left[\dfrac{1}{2},1\right),\\ 0, & 其他\end{cases} \tag{10.33}$$

称为哈尔小波函数. 而形如 $\psi_{j,k}(x)=2^{\frac{j}{2}}\psi(2^j x-k), j,k\in\mathbf{Z}$ 的函数称为小波基函数.

容易验证，

$$\varphi(x)=\varphi(2x)+\varphi(2x-1)\,,\quad \psi(x)=\varphi(2x)-\varphi(2x-1)\,. \tag{10.34}$$

定义12 构造函数空间

$$V_j = \mathrm{span}\{\varphi_{j,k}(x), k = 0, \pm 1, \pm 2, \cdots\}, \tag{10.35}$$

则该函数空间称为第 j 级尺度函数空间. 同样地, 构造第 j 级小波函数空间为

$$W_j = \mathrm{span}\{\psi_{j,k}(x), k = 0, \pm 1, \pm 2, \cdots\}. \tag{10.36}$$

定理2 (1) 尺度函数空间 V_j 的基函数 $\varphi_{j,k}(x), k = 0, \pm 1, \pm 2, \cdots$ 在 $(-\infty, +\infty)$ 上彼此正交, 即 $\int_{-\infty}^{+\infty} \varphi_{j,k_1}(x)\varphi_{j,k_2}(x)\mathrm{d}x = 0, k_1, k_2 = 0, \pm 1, \pm 2, \cdots, k_1 \neq k_2$;

(2) 小波函数空间 W_j 的基函数 $\psi_{j,k}(x), k = 0, \pm 1, \pm 2, \cdots$ 在 $(-\infty, +\infty)$ 上彼此正交, 即 $\int_{-\infty}^{+\infty} \psi_{j,k_1}(x)\psi_{j,k_2}(x)\mathrm{d}x = 0, k_1, k_2 = 0, \pm 1, \pm 2, \cdots, k_1 \neq k_2$.

证明 (1) 因为 $k_1, k_2 = 0, \pm 1, \pm 2, \cdots, k_1 \neq k_2$, 不妨设 $k_1 < k_2$, 则

$$\varphi_{j,k_1}(x) = \begin{cases} 2^{j/2}, & x \in [2^{-j}k_1, 2^{-j}(k_1+1)), \\ 0, & \text{其他}, \end{cases}$$

$$\varphi_{j,k_2}(x) = \begin{cases} 2^{j/2}, & x \in [2^{-j}k_2, 2^{-j}(k_2+1)), \\ 0, & \text{其他}, \end{cases}$$

而 $[2^{-j}k_1, 2^{-j}(k_1+1)) \cap [2^{-j}k_2, 2^{-j}(k_2+1)) = \varnothing$, 所以

$$\int_{-\infty}^{+\infty} \varphi_{j,k_1}(x)\varphi_{j,k_2}(x)\mathrm{d}x = 0.$$

(2) 同样地, 设 $k_1 < k_2$, 并且为整数, 则

$$\psi_{j,k_1}(x) = \begin{cases} 2^{j/2}, & x \in \left[2^{-j}k_1, 2^{-j}\left(k_1 + \dfrac{1}{2}\right)\right), \\ -2^{j/2}, & x \in \left[2^{-j}k_1 + \dfrac{1}{2}, 2^{-j}(k_1+1)\right), \\ 0, & \text{其他}, \end{cases}$$

$$\psi_{j,k_2}(x) = \begin{cases} 2^{j/2}, & x \in \left[2^{-j}k_2, 2^{-j}\left(k_2 + \dfrac{1}{2}\right)\right), \\ -2^{j/2}, & x \in \left[2^{-j}k_2 + \dfrac{1}{2}, 2^{-j}(k_2+1)\right), \\ 0, & \text{其他}. \end{cases}$$

同样地, 有 $[2^{-j}k_1, 2^{-j}(k_1+1)) \cap [2^{-j}k_2, 2^{-j}(k_2+1)) = \varnothing$, 即得

$$\int_{-\infty}^{+\infty} \psi_{j,k_1}(x)\psi_{j,k_2}(x)\mathrm{d}x = 0.$$

定理3　尺度函数空间 V_j 与小波函数空间 W_j 正交，并且具有如下特征：

(1) $V_1 = V_0 \oplus W_0$；　(10.37)

(2) $V_{j+1} = V_j \oplus W_j$；　(10.38)

(3) $\cdots \subset V_{-1} \subset V_0 \subset V_1 \subset \cdots \subset V_{j-1} \subset V_j \subset \cdots$.　(10.39)

证明　(1) 设 $f_0(x) \in V_0$，则

$$f_0(x) = \sum_{k\in\mathbf{Z}} a_k \varphi_{0,k}(x) = \sum_{k\in\mathbf{Z}} a_k \varphi(x-k),$$

由 $\psi_{0,l}(x) = \psi(x-l), l \in \mathbf{Z}$ 是 W_0 的基函数，有

$$\int_{-\infty}^{+\infty} \psi(x-l) f_0(x)\mathrm{d}x = \sum_{k\in\mathbf{Z}} a_k \int_{-\infty}^{+\infty} \psi(x-l)\varphi(x-k)\mathrm{d}x = \frac{a_l}{2} + \left(-\frac{a_l}{2}\right) = 0, \quad l \in \mathbf{Z},$$

这说明 V_0 与 W_0 是正交的. 取 $f_1(x) \in V_1$，则 $f_1(x) = \sum_{k\in\mathbf{Z}} a_k \varphi_{1,k}(x) = \sum_{k\in\mathbf{Z}} a_k \sqrt{2}\varphi(2x-k)$.

取 $\varphi_{0,l}(x) = \varphi(x-l) \in V_0$，要使 $f_1(x)$ 与 V_0 正交，得

$$\begin{aligned}\int_{-\infty}^{+\infty} \varphi(x-l) f_1(x)\mathrm{d}x &= \sum_{k\in\mathbf{Z}} a_k \sqrt{2}\int_{-\infty}^{+\infty} \varphi(x-l)\varphi(2x-k)\mathrm{d}x \\ &= \sum_{k\in\mathbf{Z}} a_k \sqrt{2}\int_{-\infty}^{+\infty} \varphi(t)\varphi(2t+2l-k)\mathrm{d}t \quad (\text{此处} t = x-l) \\ &= \sum_{k\in\mathbf{Z}} a_k \sqrt{2}\int_0^1 \varphi(2t+2l-k)\mathrm{d}t = \sqrt{2}\left(\frac{a_{2l}}{2} + \frac{a_{2l+1}}{2}\right) = 0, \quad l \in \mathbf{Z},\end{aligned}$$

由上式可得 $a_{2l+1} = -a_{2l}, l = 0, \pm 1, \pm 2, \cdots$，在此情形下有

$$f_1(x) = \sum_{k\in\mathbf{Z}} a_{2k}[\varphi(2x-2k) - \varphi(2x-2k-1)] = \sum_{k\in\mathbf{Z}} a_{2k}\psi(x-k),$$

上式表明所有与 V_0 正交的函数均属于 W_0，由此得 $V_1 = V_0 \oplus W_0$.

(2) 设 $f(x) = \sum_{k\in\mathbf{Z}} a_k \varphi_{j,k}(x) \in V_j$, $g(x) = \sum_{k\in\mathbf{Z}} b_k \psi_{j,k}(x) \in W_j$，因此

$$f(2^{-j}x) = \sum_{k\in\mathbf{Z}} 2^{\frac{j}{2}} a_k \varphi_{0,k}(x-k) \in V_0.$$

而 $\psi(x-k) \in W_0$，因此有

$$\int_{-\infty}^{+\infty} \psi(x-k) f(2^{-j}x)\mathrm{d}x = 0, \quad k \in \mathbf{Z}.$$

而

$$\begin{aligned}\int_{-\infty}^{+\infty} f(x)\cdot g(x)\mathrm{d}x &= \int_{-\infty}^{+\infty} f(x)\sum_{k\in\mathbf{Z}} b_k \cdot 2^{\frac{j}{2}}\psi(2^j x-k)\mathrm{d}x \\ &= 2^{-\frac{j}{2}}\int_{-\infty}^{+\infty} f(2^{-j}t)\sum_{k\in\mathbf{Z}} b_k\psi(t-k)\mathrm{d}t \quad (\text{此处} x = 2^{-j}t)\end{aligned}$$

$$=2^{-\frac{j}{2}}\cdot\sum_{k\in\mathbf{Z}}b_k\int_{-\infty}^{+\infty}f(2^{-j}x)\cdot\psi(x-k)\mathrm{d}x=0.$$

与(1)类似, 能证明 V_{j+1} 中每一个与空间 V_j 正交的函数均属于 W_j，由此得

$$V_{j+1}=V_j\oplus W_j .$$

(3) 由(2)的结果得 V_j 是 V_{j+1} 的子空间, 即 $V_j\subset V_{j+1}$，以此类推得

$$\cdots\subset V_{-1}\subset V_0\subset V_1\subset\cdots\subset V_{j-1}\subset V_j\subset\cdots.$$

定理4 能量有限空间 $L^2(\mathbf{R})$ 可以分解为如下直和

$$L^2(\mathbf{R})=V_0\oplus W_0\oplus W_1\oplus\cdots;\tag{10.40}$$

也即, 如果 $f(x)\in L^2(\mathbf{R})$，则 $f(x)$ 可以唯一地表示为

$$f(x)=f_0(x)+\sum_{k=0}^{+\infty}g_k(x),$$

其中 $f_0(x)\in V_0,g_k(x)\in W_k,k=0,1,2,\cdots$.

证明略.

10.5 小波变换及其应用

10.5.1 小波变换

定义13 设 $f(x)$ 为平方可积函数，$\psi(x)$ 为实值小波函数, 则连续小波变换(CWT)定义为

$$W_\psi(s,t)=\int_{-\infty}^{\infty}f(x)\psi_{s,t}(x)\mathrm{d}x ,\tag{10.41}$$

连续小波逆变换(ICWT)为

$$f(x)=\frac{1}{C_\psi}\int_0^{\infty}\int_{-\infty}^{\infty}W_\psi(s,t)\frac{\psi_{s,t}(x)}{s^2}\mathrm{d}t\mathrm{d}s ,\tag{10.42}$$

其中 $\psi_{s,t}(x)=\frac{1}{\sqrt{s}}\psi\left(\frac{x-t}{s}\right)$，$s,t$ 分别为尺度参数和小波参数；$C_\psi=\int_{-\infty}^{\infty}\frac{|\Psi(u)|}{|u|}\mathrm{d}u$，$\Psi(u)$ 是函数 $\psi(x)$ 的傅里叶变换.

下面根据哈尔尺度函数 $\varphi(x)$ 和小波函数 $\psi(x)$ 定义离散的小波变换.

定义14 设 $f(x)$ 为连续函数，$\varphi(x),\psi(x)$ 分别为哈尔尺度函数和哈尔小波函数，$\varphi_{j,k}(x),\psi_{j,k}(x),k=0,\pm1,\pm2,\cdots$ 为对应的哈尔尺度和小波基函数, 则离散小波变换(DWT)定义为

$$W_\varphi(j_0,k)=\frac{1}{\sqrt{M}}\sum_{x=0}^{M-1}f(x)\varphi_{j_0,k}(x),\quad W_\psi(j,k)=\frac{1}{\sqrt{M}}\sum_{x=0}^{M-1}f(x)\psi_{j,k}(x). \tag{10.43}$$

离散小波逆变换(IDWT)定义为

$$f(x)=\frac{1}{\sqrt{M}}\sum_{k=0}^{M-1}W_\varphi(j_0,k)\varphi_{j_0,k}(x)+\frac{1}{\sqrt{M}}\sum_{j=j_0}^{\infty}\sum_{k=0}^{M-1}W_\psi(j,k)\psi_{j,k}(x). \tag{10.44}$$

实际变换应用中一般取 $M=2^J, j_0=0$，J 称为空间尺度的级数. 在后面的图像处理中其空间分辨率一般取 $M\times M=2^J\times 2^J$.

例10.3　设离散函数 $f(x)=[1,-2,2,3]$，即 $f(0)=1, f(1)=-2, f(2)=2, f(3)=3$，取 $M=4, J=2$.

(1) 求其哈尔尺度函数、哈尔小波函数下的DWT变换;

(2) 写出 $f(x)$ 的离散基函数的线性表达形式并验证 $f(2)$ 的计算是否正确.

解　(1) 对于 $j_0=0$，取 $x=0,1,2,3, j=0,1$，则其四个采样点的离散形式为

$$W_\varphi(0,0)=\frac{1}{2}\sum_{x=0}^{3}f(x)\varphi_{0,0}(x)=\frac{1}{2}[1\cdot 1+(-2)\cdot 1+2\cdot 1+3\cdot 1]=2,$$

$$W_\psi(0,0)=\frac{1}{2}\sum_{x=0}^{3}f(x)\psi_{0,0}(x)=\frac{1}{2}[1\cdot 1+(-2)\cdot 1+2\cdot(-1)+3\cdot(-1)]=-3,$$

$$W_\psi(1,0)=\frac{1}{2}\sum_{x=0}^{3}f(x)\psi_{1,0}(x)=\frac{1}{2}[1\cdot\sqrt{2}+(-2)\cdot(-\sqrt{2})+2\cdot 0+3\cdot 0]=\frac{3}{2}\sqrt{2},$$

$$W_\psi(1,1)=\frac{1}{2}\sum_{x=0}^{3}f(x)\psi_{1,1}(x)=\frac{1}{2}[1\cdot 0+(-2)\cdot 0+2\cdot\sqrt{2}+3\cdot(-\sqrt{2})]=-\frac{1}{2}\sqrt{2}.$$

(2) $f(x)$ 用哈尔尺度基函数和哈尔小波基函数表示的离散线性表达形式为

$$f(x)=\frac{1}{2}[W_\varphi(0,0)\cdot\varphi_{0,0}(x)+W_\psi(0,0)\cdot\psi_{0,0}(x)+W_\psi(1,0)\cdot\psi_{1,0}(x)+W_\psi(1,1)\cdot\psi_{1,1}(x)],$$

按照上式计算,

$$f(2)=\frac{1}{2}\left[2\cdot 1+(-3)\cdot(-1)+\frac{3}{2}\sqrt{2}\cdot 0+\left(-\frac{1}{2}\sqrt{2}\right)\cdot\sqrt{2}\right]=2,$$

经验证, 其计算结果与实际的离散函数值是吻合的.

10.5.2　快速小波变换

快速小波变换(FWT)是一种实现离散小波变换的高效算法, 该变换找到一种相邻尺度DWT系数间的非常好的相互关系. 已知

$$\varphi(x)=\sum_{n=-\infty}^{+\infty}h_{\varphi}(n)\sqrt{2}\varphi(2x-n),$$

其中每个系数$h_{\varphi}(n)$称为尺度函数系数，也记$h_{\varphi}(n)$为尺度向量，上式用$2^{j}x-k$代入后得

$$\varphi(2^{j}x-k)=\sum_{n=-\infty}^{+\infty}h_{\varphi}(n)\sqrt{2}\varphi(2(2^{j}x-k)-n)=\sum_{n=-\infty}^{+\infty}h_{\varphi}(n)\sqrt{2}\varphi(2^{j+1}x-(2k+n)). \tag{10.45}$$

记$m=2k+n$，则(10.45)变形为

$$\varphi(2^{j}x-k)=\sum_{m=-\infty}^{\infty}h_{\varphi}(m-2k)\sqrt{2}\varphi(2^{j+1}x-m). \tag{10.46}$$

同理，对小波函数$\psi(2^{j}x-k)$也有类似结论，即

$$\psi(2^{j}x-k)=\sum_{m=-\infty}^{+\infty}h_{\psi}(m-2k)\sqrt{2}\varphi(2^{j+1}x-m). \tag{10.47}$$

其中每个系数$h_{\psi}(n)$称为小波函数系数，也记$h_{\psi}(n)$为小波向量，把上式代入尺度系数、小波系数公式得

$$\begin{aligned}W_{\psi}(j,k)&=\frac{1}{\sqrt{M}}\sum_{x=0}^{M-1}f(x)\psi_{j,k}(x)=\frac{1}{\sqrt{M}}\sum_{x=0}^{M-1}f(x)\cdot2^{\frac{j}{2}}\psi(2^{j}x-k)\\&=\frac{1}{\sqrt{M}}\sum_{x=0}^{M-1}f(x)\cdot2^{\frac{j}{2}}\left[\sum_{m=-\infty}^{\infty}h_{\psi}(m-2k)\sqrt{2}\varphi(2^{j+1}x-m)\right]\\&=\sum_{m=-\infty}^{+\infty}h_{\psi}(m-2k)\left[\frac{1}{\sqrt{M}}\sum_{x=0}^{M-1}f(x)\cdot2^{\frac{j+1}{2}}\varphi(2^{j+1}x-m)\right]\\&=\sum_{m=-\infty}^{+\infty}h_{\psi}(m-2k)W_{\varphi}(j+1,m),\end{aligned}$$

整理得

$$W_{\psi}(j,k)=\sum_{m=-\infty}^{+\infty}h_{\psi}(m-2k)W_{\varphi}(j+1,m). \tag{10.48}$$

类似地，有

$$W_{\varphi}(j,k)=\sum_{m=-\infty}^{+\infty}h_{\varphi}(m-2k)W_{\varphi}(j+1,m). \tag{10.49}$$

以上结果可以看作一种卷积运算，即在尺度为j的近似值系数$W_{\psi}(j,k)$和细节系数$W_{\varphi}(j,k)$能够通过在尺度为$j+1$的近似值系数$W_{\varphi}(j+1,k)$和时域反转的尺度向量$h_{\psi}(-n)$与小波向量$h_{\varphi}(-n)$的卷积获得，而后对其计算结果做亚取样，即

$$W_{\psi}(j,k)=h_{\psi}(-n)*W_{\varphi}(j+1,n)|_{n=2k,k\geqslant0} \tag{10.50}$$

和

$$W_{\varphi}(j,k)=h_{\varphi}(-n)*W_{\varphi}(j+1,n)|_{n=2k,k\geqslant 0} \tag{10.51}$$

其中, 卷积在 $n=2k$ 时进行计算($k\geqslant 0$), 在非负偶数时计算卷积, 即以2为步长进行过滤和抽样. 其操作过程以图10-3中的框图表示.

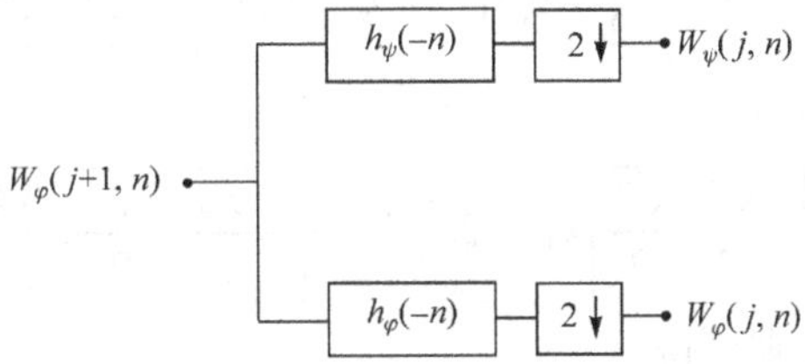

图 10-3

图10-4显示了一个用于计算的两个最高程度系数的二阶滤波器族, 设 $W_{\varphi}(J,n)=f(n)$, 这里 J 表示最高尺度, 其第一个滤波器族将原始函数 $f(n)$ 分解成一个低通近似值分量 $W_{\varphi}(J-1,n)$ 和一个高通细节分量 $W_{\psi}(J-1,n)$, 第二个滤波器族将 $J-1$ 层的低通分量 $W_{\varphi}(J-1,n)$ 继续分解成第 $J-2$ 层的低通分量 $W_{\varphi}(J-2,n)$ 和一个高通细节分量 $W_{\psi}(J-2,n)$.

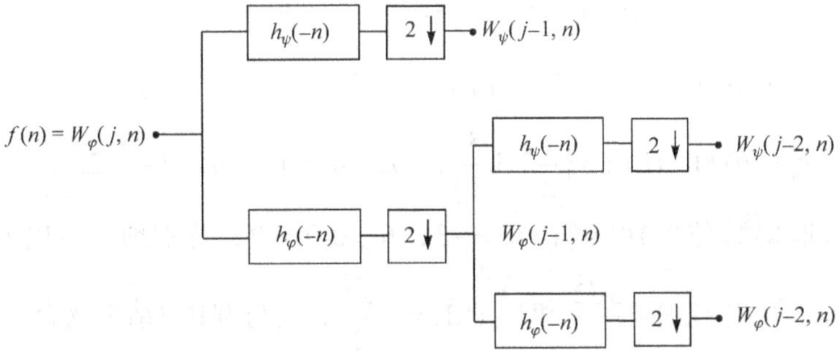

图 10-4

例10.4 设离散函数 $f(x)=[1,-2,2,3]$, $h_{\varphi}(n)$ 与 $h_{\psi}(n)$ 是对应的尺度向量和小波向量, 即

$$h_{\varphi}(n)=\begin{cases}\dfrac{\sqrt{2}}{2}, & n=0,\\ \dfrac{\sqrt{2}}{2}, & n=1,\\ 0, & \text{其他}\end{cases} \quad \text{和} \quad h_{\psi}(n)=\begin{cases}\dfrac{\sqrt{2}}{2}, & n=0,\\ -\dfrac{\sqrt{2}}{2}, & n=1,\\ 0, & \text{其他},\end{cases}$$

求出其抽样系数, 并画出该二尺度快速小波变换的框图.

解 设 $W_{\varphi}(2,n)=f(n)=[1,-2,2,3]$, 取尺度 $j=\{0,1\}$, 计算相应的二尺度FWT,

即 $J=2$，有 $2^J=2^2=4$ 个采样值. 因为 $h_\varphi(n)=\left\{\frac{\sqrt{2}}{2},\frac{\sqrt{2}}{2}\right\}, h_\psi(n)=\left\{\frac{\sqrt{2}}{2},-\frac{\sqrt{2}}{2}\right\}$，则

$$h_\varphi(-n)=\left\{\frac{\sqrt{2}}{2},\frac{\sqrt{2}}{2}\right\},\quad h_\psi(-n)=\left\{-\frac{\sqrt{2}}{2},\frac{\sqrt{2}}{2}\right\},$$

所以

$$h_\psi(-n)*W_\varphi(2,n)=\left\{-\frac{\sqrt{2}}{2},\frac{\sqrt{2}}{2}\right\}*\{1,-2,2,3\}=\left\{-\frac{\sqrt{2}}{2},\frac{3\sqrt{2}}{2},-\frac{4\sqrt{2}}{2},-\frac{\sqrt{2}}{2},\frac{3\sqrt{2}}{2}\right\},$$

亚取样(取偶数位置)，则可得

$$W_\psi(1,n)=\left\{\frac{3\sqrt{2}}{2},-\frac{\sqrt{2}}{2}\right\},\quad n=0,1.$$

而

$$h_\varphi(-n)*W_\varphi(2,n)=\left\{\frac{\sqrt{2}}{2},\frac{\sqrt{2}}{2}\right\}*\{1,-2,2,3\}=\left\{\frac{\sqrt{2}}{2},-\frac{\sqrt{2}}{2},0,\frac{5\sqrt{2}}{2},\frac{3\sqrt{2}}{2}\right\},$$

同理，作亚取样(取偶数位置)，则可得

$$W_\varphi(1,n)=\left\{-\frac{\sqrt{2}}{2},\frac{5\sqrt{2}}{2}\right\},\quad n=0,1.$$

继续用向量 $h_\varphi(-n)$ 和 $h_\psi(-n)$ 对 $W_\varphi(1,n)$ 作卷积运算，得

$$h_\psi(-n)*W_\varphi(1,n)=\left\{\frac{1}{2},-3,\frac{5}{2}\right\},\quad h_\varphi(-n)*W_\varphi(1,n)=\left\{-\frac{1}{2},2,\frac{5}{2}\right\},$$

则亚取样(取偶数位置)得 $W_\psi(0,0)=-3$，$W_\varphi(0,0)=2$. 特别地，在 $W_\psi(1,n)$ 中取 $n=0$ 和 $n=1$ 得 $W_\psi(1,0)=\frac{3\sqrt{2}}{2}$ 和 $W_\psi(1,1)=-\frac{\sqrt{2}}{2}$. 这与例10.3结果吻合，说明该快速算法是有效的. 以上计算可以用图10-5的框图表示.

由DWT/FWT的近似值和细节系数 $W_\varphi(j,k)$ 和 $W_\psi(j,k)$ 重建原函数 $f(n)$ 也存在一种高效的反变换，称为快速小波反变换(FWT^{-1})，它使用正变换中所使用的尺度和小波向量以及第 j 级近似值和细节系数来生成第 $j+1$ 级近似值系数. 图10-6中的 FWT^{-1} 的滤波器执行下述计算

$$W_\varphi(j+1,k)=h_\varphi(k)*W_\varphi^{up}(j,k)+h_\psi(k)*W_\psi^{up}(j,k)|_{k\geqslant 0},\tag{10.52}$$

其中 W^{up} 代表以2为步长进行的内插，即在 W 的各元素间插入0，使其长度变为原来的两倍. 内插后的系数通过与 $h_\varphi(n)$ 和 $h_\psi(n)$ 进行卷积完成滤波，并相加得到较高尺度的近似值. 最终将建立原离散函数 $f(n)$ 的较好的近似，该近似含较多的细节和较高的分辨率.

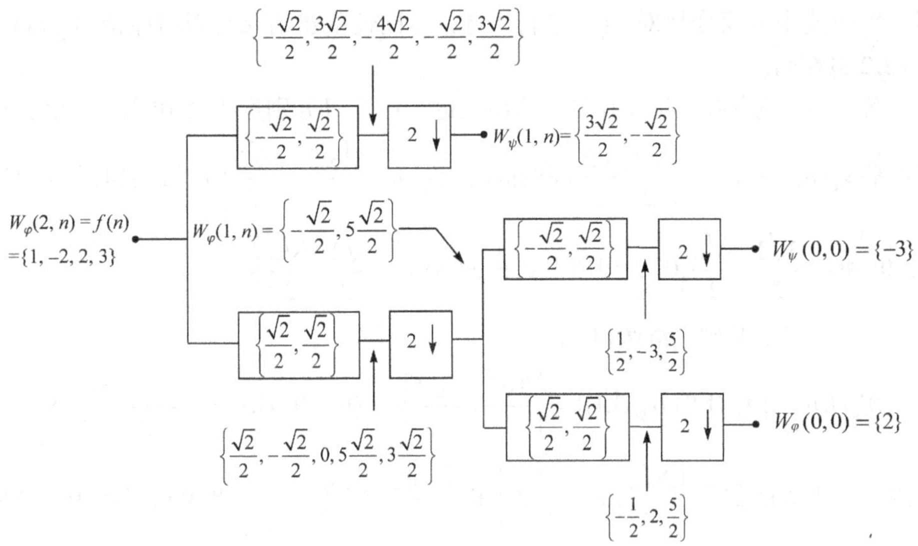

图 10-5　两层小波分解

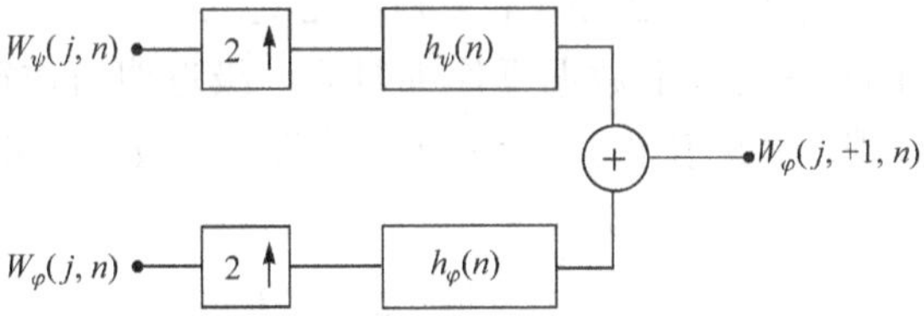

图 10-6　FWT^{-1} 的综合滤波器族

与图10-4的FWT正变换相对应, 图10-7建立了反变换滤波器族所示的迭代, 由 $W_\psi(J-2,n)$ 和 $W_\varphi(J-2,n)$ 利用图10-6的重构方式获得 $W_\varphi(J-1,n)$, 再重复以上过程, 根据 $W_\psi(J-1,n)$ 和 $W_\varphi(J-1,n)$ 重构出 $W_\varphi(J,n)$, 该重构结果为 $f(n)$ 的近似.

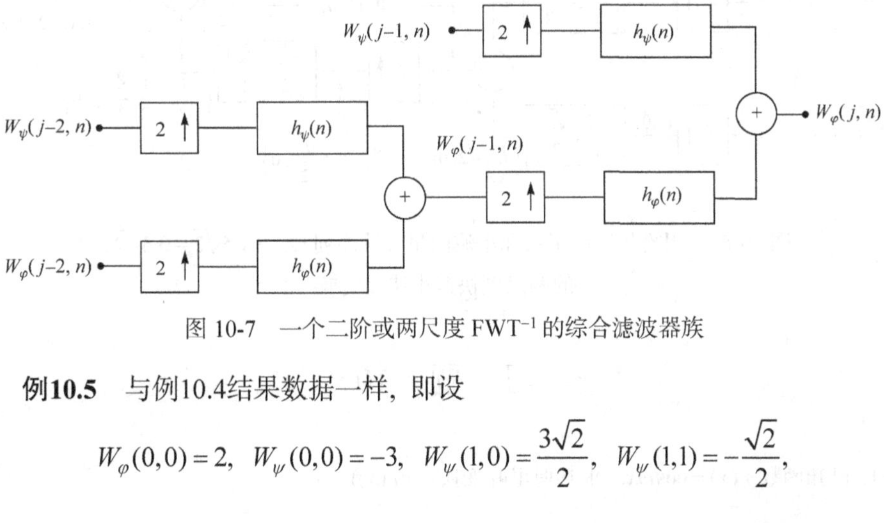

图 10-7　一个二阶或两尺度 FWT^{-1} 的综合滤波器族

例10.5　与例10.4结果数据一样, 即设

$$W_\varphi(0,0)=2,\quad W_\psi(0,0)=-3,\quad W_\psi(1,0)=\frac{3\sqrt{2}}{2},\quad W_\psi(1,1)=-\frac{\sqrt{2}}{2},$$

用一维快速小波反变换对 $f(x)$ 进行重建，并比较重建结果是否与原信号 $f(x)=[1,-2,2,3]$ 相同.

解　首先对第0级近似值和细节系数进行内插以分别产生 $\{2,0\}$ 和 $\{-3,0\}$，与滤波器 $g_0(n)=h_\varphi(n)=\left\{\frac{\sqrt{2}}{2},\frac{\sqrt{2}}{2}\right\}$ 和 $g_1(n)=h_\psi(n)=\left\{\frac{\sqrt{2}}{2},-\frac{\sqrt{2}}{2}\right\}$ 进行卷积得到 $\{\sqrt{2},\sqrt{2},0\}$ 和 $\left\{-\frac{3\sqrt{2}}{2},\frac{3\sqrt{2}}{2},0\right\}$，相加得到 $W_\varphi(1,n)=\left\{-\frac{\sqrt{2}}{2},\frac{5\sqrt{2}}{2}\right\}$.

在第一级的基础上继续对

$$W_\psi(1,n)=\{W_\psi(1,0),W_\psi(1,1)\}=\left\{\frac{3\sqrt{2}}{2},-\frac{\sqrt{2}}{2}\right\}\quad 和\quad W_\varphi(1,n)=\left\{-\frac{\sqrt{2}}{2},\frac{5\sqrt{2}}{2}\right\}$$

作内插产生离散数据 $\left\{\frac{3\sqrt{2}}{2},0,-\frac{\sqrt{2}}{2},0\right\}$ 和 $\left\{-\frac{\sqrt{2}}{2},0,\frac{5\sqrt{2}}{2},0\right\}$，再次利用式(10.52)对离散数据作卷积，得 $\left\{\frac{3}{2},\frac{-3}{2},\frac{-1}{2},\frac{1}{2},0\right\}$，$\left\{\frac{-1}{2},\frac{-1}{2},\frac{5}{2},\frac{5}{2},0\right\}$，两个数据相加后得 $f(n)=[1,-2,2,3]$. 图10-8是以上数据操作中对第一级近似值作重建，在第一级的基础上继续重建过程，最终获得第二级重建结果，其数据与例10.5的初始结果 $f(n)$ 一致.

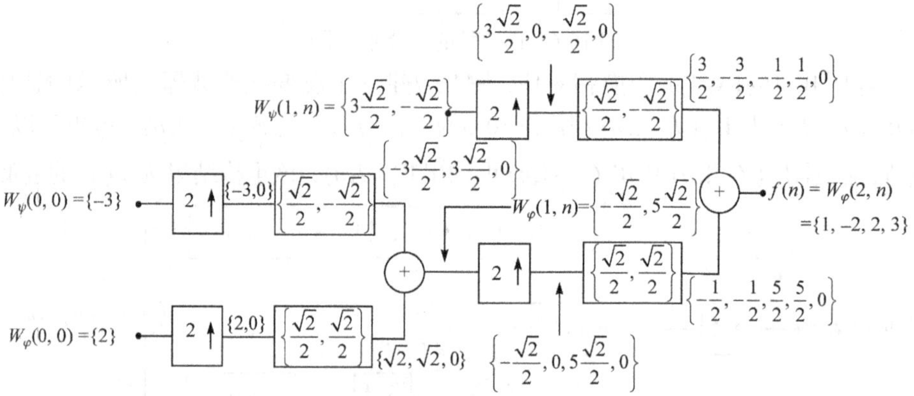

图 10-8　用哈尔尺度函数和小波向量计算序列 $\{2,-3,1.5\sqrt{2},-0.5\sqrt{2}\}$ 的两尺度快速小波反变换

习　题　10

1. 已知函数 $f(x)=\cos\omega x$，求其傅里叶变换 $\mathscr{F}(f(x))$.

2. 设 $f(x)=\begin{cases}0, & x<0,\\ \mathrm{e}^{-2x}, & x\geqslant 0,\end{cases}$ 求 $\mathscr{F}(f(x))$.

3. 已知函数 $F(u)=\dfrac{1}{a+\mathrm{i}u}$，求其傅里叶逆变换 $\mathscr{F}^{-1}(F(u))$.

4. 利用能量积分性质计算下列广义积分值:

(1) $\displaystyle\int_{-\infty}^{+\infty}\frac{1}{(1+t^2)^2}\mathrm{d}t$；　(2) $\displaystyle\int_{-\infty}^{+\infty}\frac{\sin^4 t}{t^2}\mathrm{d}t$.

5. 求分段函数 $f(x)=\begin{cases}\sin x, & 0<x<a,\\ 0, & x\leqslant 0或x\geqslant a\end{cases}$ 的傅里叶变换.

6. 设离散矩阵 $f(x,y),x=0,1,\cdots,M-1,y=0,1,\cdots,N-1$, 其傅里叶变换为 $F(u,v)=\mathscr{F}(f(x,y))$, $u=0,1,\cdots,M-1,v=0,1,\cdots,N-1$, 证明

$$\mathscr{F}((-1)^{x+y}f(x,y))=F\left(u-\frac{M}{2},v-\frac{N}{2}\right).$$

7. 设高斯函数为 $f(x,y)=A\sqrt{2\pi}\sigma\cdot\mathrm{e}^{-2\pi^2\sigma^2(x^2+y^2)}$，证明它的傅里叶变换为 $F(u,v)=A\mathrm{e}^{-(u^2+v^2)/2\sigma^2}$.

8. 二维DCT是一种正交、可分离变换，一个 $N\times N$ 的矩阵$\boldsymbol{A}$的二维DCT变换可以表示为 $\boldsymbol{A}_{\mathrm{DCT}}=\mathbf{PAP}^{\mathrm{T}}$，其中矩阵 $\boldsymbol{P}$ 的元素为 $p(i,j)=u_i\cos\dfrac{\pi(2j+1)}{2N}$，常数 $u_i=\begin{cases}\sqrt{1/N}, & i=0,\\ \sqrt{2/N}, & i\neq 0,\end{cases}$ 计算下列 4×4 矩阵

$$\boldsymbol{A}=\begin{pmatrix}80 & 100 & 101 & 86\\ 86 & 98 & 102 & 100\\ 100 & 89 & 90 & 96\\ 89 & 96 & 95 & 68\end{pmatrix}$$

的二维DCT变换.

9. 对于哈尔小波函数，画出小波函数 $\psi_{3,3}(x)$ 的图形，写出关于哈尔尺度函数 $\varphi_{3,3}(x)$ 的表达式.

10. 证明在多分辨率分析中，如果函数 $f(2^j x)\in V_0$ 空间，$j\in\mathbf{Z}$，则函数 $f(x)\in V_j$ 空间.

11. 已知离散一维数值 $f(x)=[1,4,-3,0]$.

(1) 求其在哈尔尺度函数、哈尔小波函数下的DWT变换;

(2) 写出 $f(x)$ 的离散基函数的线性表达形式并验证 $f(2)$ 的计算是否正确.

数值实验题

1. 设函数 $f(x)=\dfrac{\mathrm{e}^{-a|x|}}{\sqrt{|x|}}$，$a$ 是常数，试用MATLAB提供的库函数和积分的方法分别求解该函数的傅里叶变换.

2. 已知离散二维数值

$$
f(x,y)=\begin{pmatrix}
100 & 100 & 102 & 120 & 120 & 110 & 109 & 120 \\
110 & 110 & 109 & 120 & 110 & 108 & 105 & 110 \\
100 & 102 & 102 & 104 & 120 & 110 & 109 & 120 \\
100 & 110 & 110 & 104 & 114 & 112 & 110 & 110 \\
99 & 180 & 120 & 107 & 112 & 30 & 108 & 110 \\
98 & 200 & 110 & 106 & 115 & 20 & 105 & 120 \\
101 & 102 & 104 & 102 & 120 & 104 & 102 & 100 \\
104 & 104 & 105 & 101 & 120 & 108 & 110 & 99
\end{pmatrix}.
$$

编程实现: (1)用快速离散的傅里叶变换求其变换后的二维数值矩阵;

(2) 在(1)中求出的离散二维数值矩阵中保留矩阵中间的$4\times4=16$个数值, 矩阵的其余元素均取为0, 即四周的48个数值取为零, 对该新的数值矩阵作傅里叶逆变换, 并比较与原矩阵的差异, 说明其变化的本质.

3. 使用第2题的数据 $f(x,y)$, 对 $f(x,y)$ 作DCT变换, 说明其变换后矩阵的特性.

4. 已知离散一维数值 $f(x)=[-1,0,3,1,-2,-1,1,4]$.

编程实现: (1) 求其哈尔尺度函数、哈尔小波函数下的DWT变换;

(2) 写出 $f(x)$ 的离散基函数的线性表达形式并验证 $f(4)$ 的计算是否正确.

第 11 章　偏微分方程数值解初步

11.1　偏微分方程的基本概念与分类

11.1.1　偏微分方程的基本概念

定义1　方程中含有未知函数偏导数的方程称为偏微分方程.

例如下列方程，u,v,p 为函数，t,x,y,z 为自变量，a,b,c 为不为零的常数.

$$\frac{\partial u}{\partial t}-a\frac{\partial u}{\partial x}=0,$$

$$\frac{\partial u}{\partial t}-a\frac{\partial^2 u}{\partial x^2}=0,$$

$$a\frac{\partial u}{\partial x}+b\frac{\partial u}{\partial y}+cu(x,y)+f(x,y)=0,$$

$$\frac{\partial u}{\partial x}+u\frac{\partial u}{\partial y}=0,$$

$$\frac{\partial^2 u}{\partial x^2}+\frac{\partial^2 u}{\partial y^2}=0,$$

$$\frac{\partial u}{\partial t}+u\frac{\partial u}{\partial x}+v\frac{\partial u}{y}+\frac{\partial p}{\partial x}-\frac{\partial^2 u}{\partial x^2}-\frac{\partial^2 u}{\partial y^2}=f(x,y),$$

$$\frac{\partial^2 u}{\partial x^2}+\frac{\partial^2 u}{\partial y^2}+\frac{\partial^2 u}{\partial z^2}=0.$$

定义2　方程中出现的未知函数偏导数的最高阶数称为偏微分方程的阶.

一阶偏微分方程

$$\frac{\partial u}{\partial t}-a\frac{\partial u}{\partial x}=0,$$

$$a\frac{\partial u}{\partial x}+b\frac{\partial u}{\partial y}+cu(x,y)+f(x,y)=0.$$

二阶偏微分方程

$$\frac{\partial u}{\partial t}=a\frac{\partial^2 u}{\partial x^2},$$

$$\frac{\partial^2 u}{\partial x^2}+\frac{\partial^2 u}{\partial y^2}=0,$$

$$\frac{\partial u}{\partial t}+u\frac{\partial u}{\partial x}+v\frac{\partial u}{\partial y}+\frac{\partial p}{\partial x}-\frac{\partial^2 u}{\partial x^2}-\frac{\partial^2 u}{\partial y^2}=f(x,y).$$

n阶偏微分方程

$$\frac{\partial^n u}{\partial t^n}=a\frac{\partial^2 u}{\partial x^2},\qquad \frac{\partial^n u}{\partial x^n}+u\frac{\partial^n u}{\partial y^n}=0.$$

定义3 如果方程中未知函数和它的所有偏导数都是线性的，且它们的系数都是仅依赖于自变量的已知函数，则这样的方程称为线性偏微分方程. 否则称它为非线性偏微分方程，如果关于未知函数的最高阶偏导数是线性的，则称它是拟线性偏微分方程.

线性偏微分方程

$$\frac{\partial u}{\partial t}-a\frac{\partial u}{\partial x}=0,$$

$$a\frac{\partial u}{\partial x}+b\frac{\partial u}{\partial y}+c\frac{\partial u}{\partial z}+f(x,y,z)=0,$$

$$\frac{\partial^2 u}{\partial x^2}+\frac{\partial^2 u}{\partial y^2}+\frac{\partial^2 u}{\partial z^2}=0,$$

$$u_{tt}=a^2u_{xx}+f(x,t),$$

$$u_t=a^2u_{xx}+f(x,t).$$

非线性偏微分方程

$$\frac{\partial u}{\partial t}+u\frac{\partial u}{\partial x}=0,\qquad (u_x)^2+(u_y)^2=0.$$

拟线性偏微分方程

$$\frac{\partial u}{\partial t}+u\frac{\partial u}{\partial x}+\frac{\partial^3 u}{\partial x^3}=0,\qquad \frac{\partial u}{\partial t}+u\frac{\partial u}{\partial x}+v\frac{\partial u}{\partial y}-\frac{\partial^2 u}{\partial x^2}-\frac{\partial^2 u}{\partial y^2}=f(x,y).$$

定义4 对于线性偏微分方程，方程中不含未知函数及其偏导数的项称为自由项.

定义5 对于线性偏微分方程，当自由项为零时，该方程称为齐次线性偏微分方程，否则称为非齐次线性偏微分方程.

非齐次线性偏微分方程

$$\frac{\partial u}{\partial t}+\frac{\partial u}{\partial x}+\frac{\partial u}{\partial y}+\frac{\partial p}{\partial x}-\frac{\partial^2 u}{\partial x^2}-\frac{\partial^2 u}{\partial y^2}=f(x,y).$$

齐次线性偏微分方程

$$\frac{\partial u}{\partial t}+\frac{\partial u}{\partial x}+\frac{\partial^3 u}{\partial x^3}=0.$$

定义6　设 m 阶偏微分方程

$$F(x,y,\cdots,u,u_x,u_y,\cdots)=0, \tag{11.1}$$

函数 $u=u(x,y,\cdots)$ 在区域 Ω 中具有 m 阶的连续导数，且在 Ω 中满足(11.1)，则称 u 为区域 Ω 内方程(11.1)的解，这个解又称为古典解. 若方程(11.1)的解 u 的表达式中含有 m 个任意常数，则称 u 是方程(11.1)的通解或者一般解.

11.1.2　线性偏微分方程的分类

考虑两个自变量的二阶线性偏微分方程，设 x,y 为函数 $u=u(x,y)$ 的自变量，两个自变量 x,y 的二阶线性偏微分方程的一般表达式

$$a_{11}u_{xx}+2a_{12}u_{xy}+a_{22}u_{yy}+a_1u_x+b_1u_y+cu+f(x,y)=0, \tag{11.2}$$

其中系数 $a_{11},a_{12},a_{22},a_1,b_1$ 和 c 都是关于变量 x,y 在区域 Ω 上的连续可微函数，Ω 是二维平面 xOy 上的区域，a_{ij} 不全为零，$a_{12}=a_{21}$，$f(x,y)$ 为自由项.

记

$$J=-\begin{vmatrix} a_{11} & a_{12} \\ a_{21} & a_{22} \end{vmatrix}=a_{12}^2-a_{11}a_{22}.$$

定义7　在区域 Ω 中的某个点 (x_0,y_0) 处，若 $J>0$，则称偏微分方程(11.2)在点 (x_0,y_0) 为双曲型；若 $J=0$，则称偏微分方程(11.2)在点 (x_0,y_0) 为抛物型；若 $J<0$，则称偏微分方程(11.2)在点 (x_0,y_0) 为椭圆型.

11.1.3　一些典型的偏微分方程

1. 一阶非线性波动方程

$$\frac{\partial u}{\partial t}+c(u)\frac{\partial u}{\partial x}=0,$$

其中 $c(u)$ 为 u 的已知函数. 该方程可用来描述高速公路的车流量、空气中的激波、河道浅滩的潮涌波等物理现象与规律.

2. 线性波动方程

一维波动方程

$$\frac{\partial^2 u}{\partial t^2}=a^2\frac{\partial^2 u}{\partial x^2},$$

该方程描述弦的振动或者声波在管中传播.

二维波动方程

$$\frac{\partial^2 u}{\partial t^2}=a^2\left(\frac{\partial^2 u}{\partial x^2}+\frac{\partial^2 u}{\partial y^2}\right),$$

该方程描述浅水面上的水波或薄膜的振动.

三维波动方程

$$\frac{\partial^2 u}{\partial t^2}=a^2\left(\frac{\partial^2 u}{\partial x^2}+\frac{\partial^2 u}{\partial y^2}+\frac{\partial^2 u}{\partial z^2}\right),$$

该方程描述声波或光波在空间中的传播.

3. 热传导方程

$$\frac{\partial u}{\partial t}=a^2\left(\frac{\partial^2 u}{\partial x^2}+\frac{\partial^2 u}{\partial y^2}+\frac{\partial^2 u}{\partial z^2}\right),\quad a>0,$$

该三维热传导方程描述粒子扩散、气体扩散、液体渗透以及半导体材料中杂质的扩散, 该方程为抛物型方程.

4. 拉普拉斯方程(调和方程)

二维拉普拉斯(Laplace)方程

$$\frac{\partial^2 u}{\partial x^2}+\frac{\partial^2 u}{\partial y^2}=0,\quad \text{二维拉普拉斯算子 } \Delta=\frac{\partial^2}{\partial x^2}+\frac{\partial^2}{\partial y^2}.$$

三维拉普拉斯方程

$$\frac{\partial^2 u}{\partial x^2}+\frac{\partial^2 u}{\partial y^2}+\frac{\partial^2 u}{\partial z^2}=0,\quad \text{三维拉普拉斯算子 } \Delta=\frac{\partial^2}{\partial x^2}+\frac{\partial^2}{\partial y^2}+\frac{\partial^2}{\partial z^2}.$$

拉普拉斯方程在理论上十分重要, 在应用中也非常广泛. 该方程可以用来描述无源静电场的电位、引力场、弹性薄膜的平衡位移、不可压缩流体的势流、速度场、压力场、稳态传导问题的温度分布等物理现象. 这两个方程均为椭圆型方程.

5. 三维泊松方程

$$\frac{\partial^2 u}{\partial x^2}+\frac{\partial^2 u}{\partial y^2}+\frac{\partial^2 u}{\partial z^2}=f(x,y,z),$$

其中 $f(x, y, z)$ 是一个描述场源或汇的函数，泊松(Poisson)方程描述有源或汇的情况下拉普拉斯方程所描述的物理现象.

11.2　偏微分方程的定解问题

初始条件和边界条件统称为定解条件，未附加定解条件的偏微分方程称为泛定方程. 对于一个具体的问题，定解条件与泛定方程总是同时提出. 定解条件与泛定方程作为一个整体，称为定解问题.

11.2.1　椭圆型偏微分方程的定解问题

各种物理性质的定常(即不依赖于时间变化)过程，都可用椭圆型方程来描述. 其最典型、最简单的形式是泊松方程

$$\Delta u = \frac{\partial^2 u}{\partial x^2} + \frac{\partial^2 u}{\partial y^2} = f(x, y),$$

带有稳定热源或内部无热源的稳定温度场的温度分布，不可压缩流体的稳定无旋流动及静电场的电势等均满足这类方程.

泊松方程的**第一边值问题**为

$$\begin{cases} \dfrac{\partial^2 u}{\partial x^2} + \dfrac{\partial^2 u}{\partial y^2} = f(x, y), \quad (x, y) \in \Omega, \\ u(x, y)\big|_{(x,y)\in\Gamma} = \varphi(x, y), \end{cases}$$

其中 Ω 为以 Γ 为边界的有界区域，Γ 为分段光滑曲线，$\Omega \cup \Gamma$ 称为定解域，$f(x, y)$, $\varphi(x, y)$ 分别为 Ω, Γ 上的已知连续函数，其中 $u(x, y)\big|_{(x,y)\in\Gamma} = \varphi(x, y)$ 为第一类边界条件，又称为狄利克雷边界条件.

泊松方程的**第二边值问题**为

$$\begin{cases} \dfrac{\partial^2 u}{\partial x^2} + \dfrac{\partial^2 u}{\partial y^2} = f(x, y), \quad (x, y) \in \Omega, \\ \dfrac{\partial u(x, y)}{\partial \boldsymbol{n}}\bigg|_{(x,y)\in\Gamma} = \varphi(x, y). \end{cases}$$

泊松方程的**第三边值问题**为

$$\begin{cases} \dfrac{\partial^2 u}{\partial x^2} + \dfrac{\partial^2 u}{\partial y^2} = f(x, y), \quad (x, y) \in \Omega, \\ \left(\dfrac{\partial u(x, y)}{\partial \boldsymbol{n}} + \alpha u\right)\bigg|_{(x,y)\in\Gamma} = \varphi(x, y), \end{cases}$$

其中当$\alpha \neq 0$时，$\boldsymbol{n}$为边界曲线的外法向量，$\left.\left(\dfrac{\partial u(x,y)}{\partial \boldsymbol{n}}+\alpha u\right)\right|_{(x,y)\in\Gamma}=\varphi(x,y)$为第三类边界条件，又称为罗宾(Robin)边界条件. 当$\alpha=0$时，$\left.\dfrac{\partial u(x,y)}{\partial \boldsymbol{n}}\right|_{(x,y)\in\Gamma}=\varphi(x,y)$为第二类边界条件，又称为冯 · 诺依曼(von Neumann)边界条件.

11.2.2 抛物型偏微分方程的定解问题

在研究热传导过程、气体扩散现象及电磁场的传播等随时间变化的非定常物理问题时，往往会涉及抛物型方程. 抛物型偏微分方程的定解问题分为初值问题和初边值问题.

最简单的一维抛物型偏微分方程为一维热传导方程

$$\frac{\partial u}{\partial t}-a\frac{\partial^2 u}{\partial x^2}=0 \quad (a>0).$$

抛物型偏微分方程初值问题(也称为柯西问题)

$$\begin{cases}\dfrac{\partial u}{\partial t}-a\dfrac{\partial^2 u}{\partial x^2}=0, \quad t>0, \quad -\infty<x<+\infty,\\ u(x,0)=\varphi(x), \quad -\infty<x<+\infty.\end{cases}$$

抛物型偏微分方程初边值问题

$$\begin{cases}\dfrac{\partial u}{\partial t}-a\dfrac{\partial^2 u}{\partial x^2}=0, \quad 0<t<T, \quad 0<x<l,\\ u(x,0)=\varphi(x), \quad 0<x<l,\\ u(0,t)=g_1(t), \quad u(l,t)=g_2(t), \quad 0\leqslant t\leqslant T,\end{cases}$$

其中$u(x,0)=\varphi(x), -\infty<x<+\infty$为初始条件，后两者为$u(0,t)=g_1(t), u(l,t)=g_2(t)$, $0\leqslant t\leqslant T$为边界条件，抛物型偏微分方程也有类似椭圆型偏微分方程中的三类边界条件.

11.2.3 双曲型偏微分方程的定解问题

最简单的一维双曲型偏微分方程为

$$\frac{\partial u}{\partial t}+a\frac{\partial u}{\partial x}=0.$$

用来刻画振动和波动问题的一维二阶波动方程为

$$\frac{\partial^2 u}{\partial t^2}=a^2\frac{\partial^2 u}{\partial x^2}.$$

双曲型偏微分方程的初值问题为

$$\begin{cases}\dfrac{\partial^2 u}{\partial t^2}=a^2\dfrac{\partial^2 u}{\partial x^2}, & t>0,\quad -\infty<x<+\infty,\\ u(x,0)=\varphi(x), & -\infty<x<+\infty,\\ \left.\dfrac{\partial u}{\partial t}\right|_{t=0}=\psi(x), & -\infty<x<+\infty.\end{cases}$$

双曲型偏微分方程的初边值问题

$$\begin{cases}\dfrac{\partial^2 u}{\partial t^2}=a^2\dfrac{\partial^2 u}{\partial x^2}, \quad t>0,\quad 0<x<l,\\ u(x,0)=\varphi(x),\quad \left.\dfrac{\partial u}{\partial t}\right|_{t=0}=\psi(x),\quad 0<x<l,\\ u(0,t)=g_1(t),\quad u(l,t)=g_2(t),\quad 0\leqslant t\leqslant T.\end{cases}$$

类似椭圆型偏微分方程，双曲型方程也有三类边界条件.

定义 8　若一个偏微分方程定解问题在某个函数集合中存在唯一的解，而且在定解条件下的自由项有微小的变化，在某种意义下解仅有微小变化，则称解关于定解条件是稳定的.

定义 9　若一个定解问题解的存在性、唯一性和稳定性都成立，就称定解问题是适定的.

本书所讨论的定解问题都是适定的，若考虑的定解问题与时间无关，则称为定常态问题，否则与时间有关的定解问题，我们称为非定常态问题.

11.3　偏微分方程有限差分方法

在大规模科学计算和工程研究中，大量的物理问题往往由偏微分方程来描述. 而大量的偏微分方程没有解析解，只有少数几类线性偏微分方程有解析解，因此偏微分方程的数值解法成为偏微分方程的定解问题求解的主要方法. 有限差分方法是数值求解线性偏微分方程的定解问题的主要方法之一. 1928 年，Courant, Friedrichs与Lewy系统地论述了有限差分方法的理论. 随着电子计算机的进步，有限差分方法的理论与应用得到迅速发展，形成了一套完整的理论分析和数值计算格式.

本节研究线性偏微分方程定解问题的有限差分数值解. 我们讨论三种典型偏微分方程即抛物型、椭圆型与双曲型偏微分方程的有限差分格式，同时讨论有限差分方法的相容性、稳定性与收敛性条件以及相关的数值算例.

11.3.1 有限差分方法网格剖分

利用有限差分方法进行网格剖分时，主要采用结构网格进行区域剖分，也就是采用平行于 x 轴和平行于 y 轴的线将定解区域剖分成矩形网格单元，靠近边界的单元有可能是矩形单元，也有可能是不规则的单元. 平行于 x 轴和平行于 y 轴的线称为网格线，网格上的交点称为偏微分方程求解区域上的网格点.

考虑在以下矩形区域上进行网格剖分，设定常态问题的定解问题解函数为 $u(x,y)$，定解问题求解区域为 $D=\{(x,y)|a\leqslant x\leqslant b,c\leqslant y\leqslant d\}$，将一族平行于 x 轴和平行于 y 轴的网线分别把矩形区域等距剖分，如图11-1. 作 x 轴等距剖分，步长为 h，沿 x 轴的网格分布为 $x=j\Delta x=jh, j=0,1,2,\cdots,M$，沿 y 轴的网格分布为 $y=k\Delta y=k\tau, k=0,1,2,\cdots,N$，网格节点记为 (x_j,y_k). 若定解区域不是矩形或是不规则的形状，可以对边界节点进行插值等方法处理.

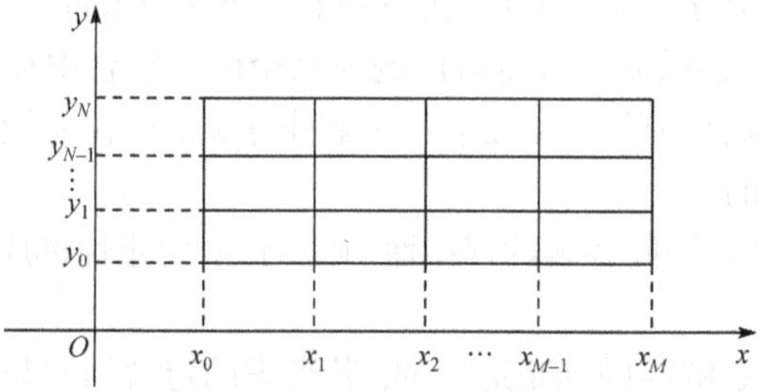

图 11-1

11.3.2 有限差分格式

下面在剖分好的矩形网格上建立差分格式，通常用泰勒级数展开方法建立偏导数的近似差分表达式，以对流方程的初值问题为例，

$$\begin{cases}\dfrac{\partial u}{\partial t}+a\dfrac{\partial u}{\partial x}=0, & x\in\mathbf{R}, \quad t>0,\\ u(x,0)=g(x), & x\in\mathbf{R},\end{cases} \tag{11.3}$$

其中 a 为常数.

设偏微分方程初值问题的解 $u(x,t)$ 是充分光滑的，具有任意阶的导数，取时间步长为 τ，空间步长为 h，根据泰勒公式在点 (x_j,t_k) 展开，有

空间一阶向前差分格式 $\dfrac{u(x_{j+1},t_k)-u(x_j,t_k)}{h}=\dfrac{\partial u(x_j,t_k)}{\partial x}+O(h)$，截断误差为 $O(h)$.

空间一阶向后差分格式 $\dfrac{u(x_j,t_k)-u(x_{j-1},t_k)}{h}=\dfrac{\partial u(x_j,t_k)}{\partial x}+O(h)$，截断误差为 $O(h)$.

空间两点二阶中心差分格式　$\dfrac{u(x_{j+1},t_k)-u(x_{j-1},t_k)}{2h}=\dfrac{\partial u(x_j,t_k)}{\partial x}+O(h^2)$，截断误差为$O(h^2)$.

空间三点二阶中心差分格式　$\dfrac{u(x_{j+1},t_k)-2u(x_j,t_k)+u(x_{j-1},t_k)}{h^2}=\dfrac{\partial^2 u(x_j,t_k)}{\partial x^2}+O(h^2)$，截断误差为$O(h^2)$.

时间一阶向前差分格式　$\dfrac{u(x_j,t_{k+1})-u(x_j,t_k)}{\tau}=\dfrac{\partial u(x_j,t_k)}{\partial t}+O(\tau)$，截断误差为$O(\tau)$.

时间一阶向后差分格式　$\dfrac{u(x_j,t_k)-u(x_j,t_{k-1})}{\tau}=\dfrac{\partial u(x_j,t_k)}{\partial t}+O(\tau)$，截断误差为$O(\tau)$.

时间二阶中心差分格式　$\dfrac{u(x_j,t_{k+1})-u(x_j,t_{k-1})}{2\tau}=\dfrac{\partial u(x_j,t_k)}{\partial t}+O(\tau^2)$，截断误差为$O(\tau^2)$.

时间二阶中心差分格式　$\dfrac{u(x_j,t_{k+1})-2u(x_j,t_k)+u(x_j,t_{k-1})}{\tau^2}=\dfrac{\partial^2 u(x_j,t_k)}{\partial t^2}+O(\tau^2)$，截断误差为$O(\tau^2)$.

将以上时间空间一阶向前差分代入对流方程, 得

$$\frac{u(x_j,t_{k+1})-u(x_j,t_k)}{\tau}+a\frac{u(x_j,t_k)-u(x_{j-1},t_k)}{h}=\frac{\partial u(x_j,t_k)}{\partial t}+a\frac{\partial u(x_j,t_k)}{\partial x}+O(\tau+h),$$

截断误差为$O(\tau+h)$，于是在(x_j,t_k)处，可以近似地用下面的方程来代替式(11.3):

$$\frac{u_{j,k+1}-u_{j,k}}{\tau}+a\frac{u_{j,k}-u_{j-1,k}}{h}=0,\quad j=0,1,2,3,\cdots,\quad k=0,1,2,3,\cdots, \tag{11.4}$$

其中$u(x_j,t_k)$的近似值为$u_{j,k}$，式(11.4) 称作微分方程(11.3)的有限差分方程或简称为差分方程. 差分方程(11.4)进一步改写为便于计算的格式:

$$u_{j,k+1}=u_{j,k}-a\lambda(u_{j,k}-u_{j-1,k}),\quad j=0,1,2,3,\cdots,\quad k=0,1,2,3,\cdots,$$

其中$\lambda=\dfrac{\tau}{h}$称为网格比. 对初始条件进行离散，得

$$u_{j,0}=g(x_j)=g_j,$$

于是构造了对流方程初值问题的差分方程

$$\begin{cases}u_{j,k+1}=u_{j,k}-a\lambda(u_{j+1,k}-u_{j,k}), & j=0,1,2,3,\cdots,\quad k=0,1,2,3,\cdots,\\ u_{j,0}=g_j, & j=0,1,2,3,\cdots.\end{cases} \tag{11.5}$$

计算$k+1$时间层网格上的$u_{j,k+1}$，只需用到前一时间层网格k上的值$u_{j,k}$, $u_{j+1,k}$, 称

式(11.5)为两层显格式.

11.3.3 隐式差分格式

考虑扩散方程初值问题

$$
\begin{cases}
\dfrac{\partial u}{\partial t}=a\dfrac{\partial^2 u}{\partial x^2}, & 0<x<l, \quad 0<t<T, \\
u(x,0)=g(x), & 0<x<l, \\
u(0,t)=u(l,t)=0, & t>0,
\end{cases}
\tag{11.6}
$$

其中 $a>0$.

将水平区间 $[0,l]$ 分成 J 等份, $x_j=jh, j=0,1,2,\cdots,J, h=\dfrac{l}{J}$, 时间层 $t_k=k\tau$, $k=0,1,2,\cdots,N$, 采用时间向后差分格式, 空间采用中心二阶差分格式, 得到

$$
\begin{cases}
\dfrac{u_{j,k}-u_{j,k-1}}{\tau}-a\dfrac{u_{j+1,k}-2u_{j,k}+u_{j-1,k}}{h^2}=0, \quad j=1,2,3,\cdots,J-1, \\
u_{j,0}=g(x_j), \quad u_{0,k}=0, \quad u_{J,k}=0.
\end{cases}
\tag{11.7}
$$

设 $k-1$ 时间层已经求出, 将 $k-1$ 时间层的数值代入上式求解下个 k 时间层, 由于 k 时间层有多个变量: $u_{j+1,k},u_{j,k},u_{j-1,k}$, 无法直接迭代求解, 所以称式(11.7)为**隐格式**. 隐格式只能构造线性方程组进行求解, 令

$$
\boldsymbol{U}^k=\begin{pmatrix} u_1^k \\ u_2^k \\ \vdots \\ u_{J-1}^k \end{pmatrix},
$$

式(11.7)可以表示成线性方程组

$$
\boldsymbol{A}\boldsymbol{U}^k=\boldsymbol{U}^{k-1},
\tag{11.8}
$$

其中

$$
\boldsymbol{A}=\begin{pmatrix}
1+2a\lambda & -a\lambda & & & \\
-a\lambda & 1+2a\lambda & -a\lambda & & \\
 & \ddots & \ddots & \ddots & \\
 & & -a\lambda & 1+2a\lambda & -a\lambda \\
 & & & -a\lambda & 1+2a\lambda
\end{pmatrix},
$$

矩阵 $\boldsymbol{A}$ 是严格对角占优矩阵, 因此线性方程组(11.8)有唯一解, 通常采用追赶法求解.

11.3.4 有限差分格式的相容性、收敛性和稳定性

考虑一般的初值问题

$$
\begin{cases}
Lu = 0, \quad (x, y) \in \Omega, \\
\left. \left(\dfrac{\partial u(x, y)}{\partial \boldsymbol{n}} + \alpha u \right) \right|_{(x,y)\in\Gamma} = \varphi(x, y).
\end{cases}
\tag{11.9}
$$

设 L 为微分算子, 例如 $L = \dfrac{\partial}{\partial t} - a\dfrac{\partial}{\partial x}$, 通过离散得到的差分方程统一表示成

$$u_{j,k+1} = L_h u_{j,k}. \tag{11.10}$$

定义10　设 $u(x,t)$ 是偏微分方程定解问题(11.9)的充分光滑解, $u_{j,k}$ 是该定解问题有限差分格式(11.10)的数值解, 当 $h,\tau \to 0$ 时, 有

$$T(x_j, t_k) = Lu - L_h u \to 0,$$

则称差分格式(11.10)与定解问题(11.9)是相容的.

定义11　设 $u(x,t)$ 是偏微分方程定解问题(11.9)的充分光滑解, $u_{j,k}$ 是该定解问题有限差分格式(11.10)的数值解, 当 $h,\tau \to 0$ 时, 有

$$e_{j,k} = u(x_j, t_n) - u_{j,k} \to 0,$$

则称差分格式(11.10)的数值解是收敛的.

定义12　设 $u(x,t)$ 是偏微分方程定解问题(11.9)的充分光滑解, $u_{j,k}$ 是该定解问题有限差分格式(11.10)的数值解, 引入下面误差

$$e_{j,k} = u(x_j, t_k) - u_{j,k}$$

的范数

$$\|\varepsilon^k\|_h = \left(\sum_{j=-\infty}^{+\infty} (e_{j,k})^2 h \right)^{\frac{1}{2}},$$

若存在一个常数 K, 使得当 $\tau \leqslant \tau_0, k\tau \leqslant T$ 时, 一致地有

$$\|\varepsilon^k\|_h \leqslant K \|\varepsilon^0\|_h,$$

则称差分格式(11.10)是**稳定**的.

定义13　设 $u_{j,k}$ 是定解问题(11.9)的解 $u(x_j, t_k)$ 的近似值, 对差分方程(11.10)作傅里叶变换后, 令 $u_{j,k} = v^k e^{i\sigma jh}$, 代入差分方程得到 $v^{k+1} = Gv^k$, G 为增长因子(或增长矩阵), 当且仅当增长因子 $|G| \leqslant 1$(或增长矩阵 $\|G\| \leqslant 1$)时, 差分方程(11.10)是稳定的.

例11.1　考虑对流方程(11.3)的差分格式

$$\frac{u_{j,k+1} - u_{j,k}}{\tau} + a\frac{u_{j,k} - u_{j-1,k}}{h} = 0, \quad j = 0,1,2,3,\cdots$$

的稳定性条件.

解　令 $u_{j,k}=v^k e^{i\sigma jh}$, 代入差分方程,

$$u_{j,k+1}=u_{j,k}-a\lambda(u_{j,k}-u_{j-1,k}),$$

得到

$$v^{k+1}e^{i\sigma jh}=v^k e^{i\sigma jh}-a\lambda v^k(1-e^{-i\sigma h})e^{i\sigma jh},$$

消去因子得

$$v^{k+1}=v^k-a\lambda v^k(1-e^{-i\sigma h}),$$

由此增长因子为

$$G(\tau,\sigma)=1-a\lambda(1-e^{-i\sigma h})=1-a\lambda(1-\cos(\sigma h))-a\lambda i\sin(\sigma h),$$

根据

$$|G|=|1-a\lambda(1-e^{-i\sigma h})|=|1-a\lambda(1-\cos(\sigma h))-a\lambda i\sin(\sigma h)|\leqslant 1,$$

得到

$$a\lambda\leqslant 1.$$

因此对流方程的差分格式稳定的条件为 $a\lambda\leqslant 1$.

定理1 (冯 · 诺依曼条件)　差分格式(11.10)稳定的必要条件是当 $\tau\leqslant\tau_0, k\tau\leqslant T$ 时, 对所有 $k\in\mathbf{R}$, 有

$$|\lambda_j(G(\tau,\sigma))|\leqslant 1+M\tau,\quad j=1,2,\cdots,p,$$

其中 $\lambda_j(G(\tau,\sigma))$ 表示 $G(\tau,\sigma)$ 的特征值, M 为常数.

11.4　抛物型偏微分方程有限差分方法

本节讨论常系数抛物型偏微分方程的有限差分格式, 主要有向前向后差分格式、加权隐格式、预估-校正有限差分格式. 主要考虑常系数一维热传导方程的初边值定解问题:

$$\begin{cases}\dfrac{\partial u}{\partial t}-a\dfrac{\partial^2 u}{\partial x^2}=f(x,t), & 0<t<T,\quad 0<x<l,\\ u(x,0)=\varphi(x), & 0<x<l,\\ u(0,t)=g_1(t),\quad u(l,t)=g_2(t), & 0\leqslant t\leqslant T,\end{cases}\tag{11.11}$$

其中 $a>0$.

11.4.1　向前差分格式、向后差分格式

将区域 $[0,l]\times[0,T]$ 剖分为 $M\times N$ 等份网格, 考虑在节点 (x_j,t_k) 处, 采用时间

向前一阶差分格式、空间中心二阶差分格式，得到

$$\frac{u_{j,k+1}-u_{j,n}}{\tau}-a\frac{u_{j+1,k}-2u_{j,k}+u_{j-1,k}}{h^2}=f_{j,k}. \tag{11.12}$$

该格式采用了时间一阶向前差分和空间二阶中心差分格式(**FTCS格式**)，得到截断误差 $O(\tau+h^2)$，公式(11.12)称为一维热传导方程(11.11)的**最简显格式**.

容易讨论出式(11.12)的稳定性条件，增长因子为

$$G(\tau,\sigma)=1-4a\lambda\sin^2\left(\frac{\sigma h}{2}\right),$$

进一步得到稳定性条件

$$a\lambda\leqslant\frac{1}{2},\quad \lambda=\frac{\tau}{h^2}.$$

式(11.12)化为下列求解差分格式

$$u_{j,k+1}=(1-2a\lambda)u_{j,k}+a\lambda(u_{j+1,k}+u_{j-1,k})+\tau f_{j,k}, \tag{11.13}$$

其中 $\lambda=\frac{\tau}{h^2}$, $j=0,1,2,\cdots,M-1,k=0,1,2,\cdots,N-1$.

若在节点 (x_j,t_k) 处，采用时间向后一阶差分格式、空间中心二阶差分格式，得到

$$\frac{u_{j,k}-u_{j,k-1}}{\tau}-a\frac{u_{j+1,k}-2u_{j,k}+u_{j-1,k}}{h^2}=f_{j,k}, \tag{11.14}$$

其局部截断误差为 $O(\tau+h^2)$. 该差分格式属于隐格式，增长因子为

$$G(\tau,\sigma)=\frac{1}{1+4a\lambda\sin^2\left(\frac{\sigma h}{2}\right)},$$

由冯 · 诺依曼稳定性条件知，该差分格式无条件稳定. 式(11.14)简化为三对角占优的线性方程组

$$-a\lambda u_{j+1,k}+(1+2a\lambda)u_{j,k}-a\lambda u_{j-1,k}=u_{j,k-1}+\tau f_{j,k}, \tag{11.15}$$

其中 $\lambda=\frac{\tau}{h^2}$, $j=0,1,2,\cdots,M-1,k=0,1,2,\cdots,N-1$，线性方程组(11.15)可用追赶法求解.

11.4.2　数值算例

例11.2　考虑抛物型偏微分方程初边值问题，如下热传导方程

$$\begin{cases}\dfrac{\partial T}{\partial t}-a\dfrac{\partial^2 T}{\partial x^2}=0, \quad 0<t<6, \quad 0<x<20,\\ T(x,0)=0, \quad 0<x<20,\\ T(0,t)=0, \quad T(20,t)=100, \quad 0\leqslant t\leqslant 6,\end{cases}$$

其中$a=0.835$, 开始细棒一端的温度为0℃, 另一端温度为100℃, 采用时间向前一阶差分格式、空间中心二阶差分格式计算6秒时细棒中的温度分布, 并绘出6秒内温度变化图形.

解 将区域$[0,20]\times[0,6]$剖分为$M\times N$等份网格, 在节点(x_j,t_k)处, 时间采用向前差分, 空间采用中心差分格式(FTCS)

$$\begin{cases}\dfrac{T_{j,k+1}-T_{j,k}}{\Delta t}-a\dfrac{T_{j+1,k}-2T_{j,k}+T_{j-1,k}}{\Delta x^2}=0, \quad j=1,2,3,\cdots,M-1,\\ T_{j,0}=0, \quad j=1,2,3,\cdots,M-1,\\ T_{0,k}=0, \quad k=0,1,2,3,\cdots,N,\\ T_{M,k}=100, \quad k=0,1,2,3,\cdots,N,\end{cases}$$

化为

$$\begin{cases}T_{j,n+1}=T_{j,n}+\lambda(T_{j+1,n}-2T_{j,n}+T_{j-1,n}), \quad j=1,2,3,\cdots,M-1,\\ T_{j,0}=0, \quad j=1,2,3,\cdots,M-1,\\ T_{0,k}=0, \quad k=0,1,2,3,\cdots,N,\\ T_{M,k}=100, \quad k=0,1,2,3,\cdots,N,\end{cases}$$

其中$\lambda=a\dfrac{\Delta t}{\Delta x^2}$, 收敛和稳定性条件为

$$\lambda\leqslant\frac{1}{2}.$$

取$\Delta x=0.5,\ \Delta t=0.1,\ a=0.835$.

计算结果:

(1) 时间6秒时细棒40个节点温度分布, 如表11-1所示.

表 11-1 (单位: ℃)

0	0.0000	0.0000	0.0000	0.0000	0.0000	0.0000
0.0000	0.0000	0.0001	0.0003	0.0006	0.0013	0.0027
0.0055	0.0111	0.0217	0.0411	0.0757	0.1356	0.2363
0.4010	0.6631	1.0686	1.6793	2.5746	3.8527	5.6296
8.0363	11.2113	15.2969	20.4172	26.6744	34.1197	42.7910
52.6037	63.4457	75.1194	87.4099	100.0000		

(2) 绘出6秒内细棒的温度(℃)变化图，如图11-2所示.

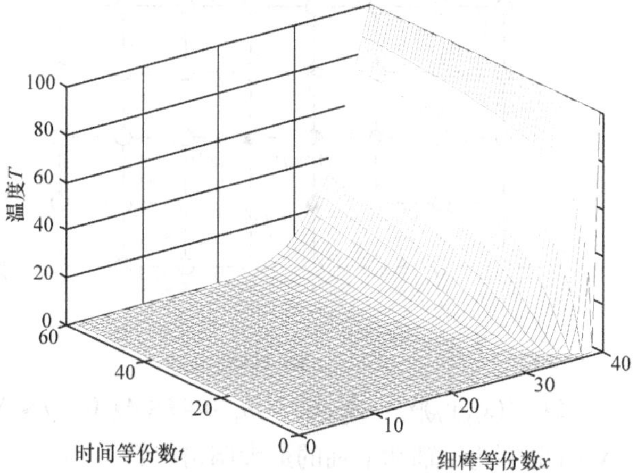

图 11-2　6 秒内温度扩散图

11.5　椭圆型偏微分方程有限差分方法

椭圆型偏微分方程主要以泊松方程为代表，本节讨论二维泊松方程，通过建立椭圆型偏微分方程定解问题的五点有限差分格式求解数值解.

11.5.1　泊松方程的五点差分格式

考虑以下二维泊松方程的定解问题

$$\begin{cases}\dfrac{\partial^2 u}{\partial x^2}+\dfrac{\partial^2 u}{\partial y^2}=f(x,y), \quad (x,y)\in\Omega,\\ \left.\left(\dfrac{\partial u(x,y)}{\partial \boldsymbol{n}}+\alpha u\right)\right|_{(x,y)\in\partial\Omega}=\varphi(x,y),\end{cases} \tag{11.16}$$

其中 $\boldsymbol{n}$ 为区域边界 Ω 的单位外法向量. 特别考虑第一类边值问题.

$$\begin{cases}\dfrac{\partial^2 u}{\partial x^2}+\dfrac{\partial^2 u}{\partial y^2}=f(x,y), \quad (x,y)\in\Omega,\\ u|_{(x,y)\in\partial\Omega}=\varphi(x,y).\end{cases} \tag{11.17}$$

考虑 Ω 的定解区域，如图11-3的矩形区域.

边界上的点由边界条件给出，沿 x 轴的网格分布为 $x=i\Delta x=ih_x, i=0,1,2,\cdots,M$，沿 y 轴的网格分布为 $y=j\Delta y=jh_y, j=0,1,2,\cdots,N$，网格节点记为

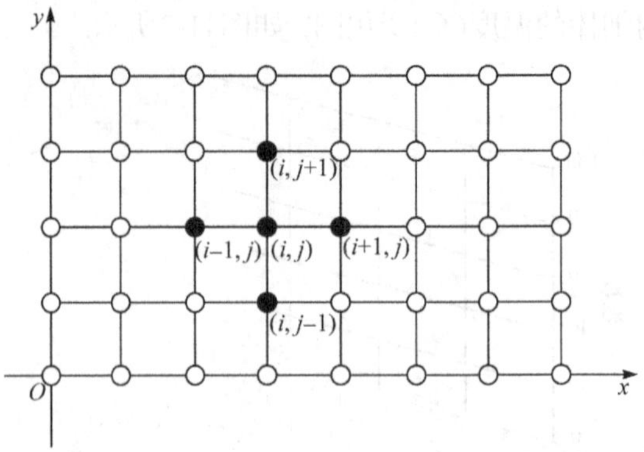

图 11-3

$$\Omega=\{(x_i,y_j)|x_i=ih_x,y_j=jh_y,0\leqslant i\leqslant M,0\leqslant j\leqslant N\},$$

其中$M+1$，$N+1$分别为x轴和y轴的最大网格点数.

在网格区域内部任取节点(x_i,y_j)，简记为(i,j)，由二元函数的泰勒公式, 得到

$$\begin{aligned}&\frac{1}{h_x^2}[u(x_i+h_x,y_j)-2u(x_i,y_j)+u(x_i-h_x,y_j)]\\&+\frac{1}{h_y^2}[u(x_i,y_j+h_y)-2u(x_i,y_j)+u(x_i,y_j-h_y)]\\&=\left(\frac{\partial^2u}{\partial x^2}\right)_{i,j}+\left(\frac{\partial^2u}{\partial y^2}\right)_{i,j}+O(h_x^2+h_y^2).\end{aligned}$$

将以上二阶偏导数代入式(11.17), 得到以节点(i,j)以及相邻四个节点的五点差分格式为

$$\frac{1}{h_x^2}(u_{i+1,j}-2u_{i,j}+u_{i-1,j})+\frac{1}{h_y^2}(u_{i,j+1}-2u_{i,j}+u_{i,j-1})=f(x_i,y_j),\tag{11.18}$$

其中$(x_i,y_j)\in\Omega_h$，Ω_h是所有节点的集合.

11.5.2　差分格式的性质

定理2　边值问题(11.17)的解存在且唯一.

定理3　若边值问题(11.17)的解在区域Ω上有四阶连续的偏导数, 则五点差分格式(11.18)的数值解和解析解有下列收敛估计

$$\max_{\Omega_h}|u_{i,j}-u(x_i,y_j)|\leqslant C(h_x^2+h_y^2),\tag{11.19}$$

其中C是大于零的常数.

11.5.3　数值算例

例11.3　采用五点差分格式, 求解下列椭圆型偏微分方程边值问题的数值解:

$$\begin{cases} -\left(\dfrac{\partial^2 u}{\partial x^2}+\dfrac{\partial^2 u}{\partial y^2}\right)=16, \\ u|_{x=1}=0, \\ \left.\dfrac{\partial u}{\partial x}\right|_{x=0}=0, \quad \left.\dfrac{\partial u}{\partial y}\right|_{y=0}=0, \\ \left.\dfrac{\partial u}{\partial y}\right|_{y=1}=-u. \end{cases}$$

要求: (1) 给出五点差分格式;

(2) 取收敛控制误差 $e_r=0.00001$;

(3) 计算出 4×4 网格的数值解, 绘出网格 10×10，20×20 等份下内部节点的数值解图.

解　如图11-4所示, 将区域沿 x 轴, y 轴分别分割成 M,N 等份.

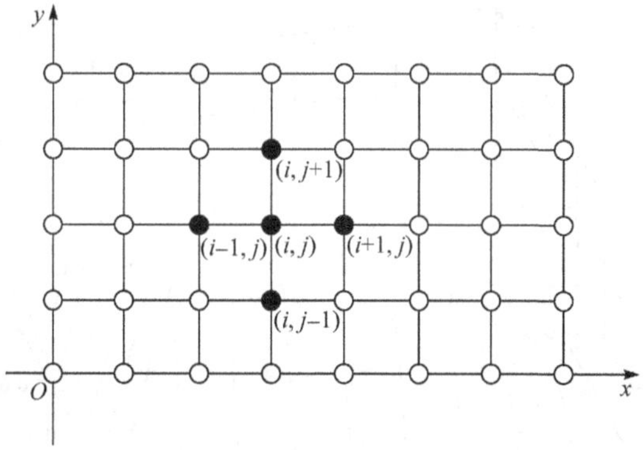

图 11-4

(1) 五点差分格式:

$$-\frac{u_{i+1,j}+u_{i-1,j}+u_{i,j+1}+u_{i,j-1}-4u_{i,j}}{h^2}=16.$$

(2) 边界条件离散:

左侧边界采用向前差分, 右侧边界采用向后差分: $u_{1,j}=u_{2,j}$，$u_{M+1,j}=0$.

上侧边界采用向后差分, 下侧边界采用向前差分: $u_{i,1}=u_{i,2}$，$\dfrac{u_{i,N+1}-u_{i,N}}{h}=-u_{i,N+1}$.

(3) 采用雅可比迭代法:

由于 $i=1,2,\cdots,M+1$，$j=1,2,\cdots,N+1$，去掉边界节点, 内部共 $(M-1)\times(N-1)$ 个节点, 每个节点可以作一次五点差分格式, 所以一共有 $(M-1)\times(N-1)$ 个方程.

$$-\frac{u_{i+1,j}+u_{i-1,j}+u_{i,j+1}+u_{i,j-1}}{h^2}+\frac{4u_{i,j}}{h^2}=16,\quad i=1,2,\cdots,M,\quad j=1,2,\cdots,N.$$

建立雅可比迭代格式

$$u_{i,j}^{k+1}=4h^2+\frac{u_{i+1,j}^{k}+u_{i-1,j}^{k}+u_{i,j+1}^{k}+u_{i,j-1}^{k}}{4},$$

其中 k 为迭代次数.

(4) 取 $M\times N=4\times4$，泊松方程内部9个点 $u(i,j)$ 的数值解如表11-2所示.

表 11-2

4.86618628879643	4.64407272287673	4.15930103957072
4.08839608594441	3.90682133155010	3.50646891795587
2.49225780894002	2.38842016780113	2.15464180311623

取 $M\times N=10\times10$，内部网格点的数值解如图11-5所示.

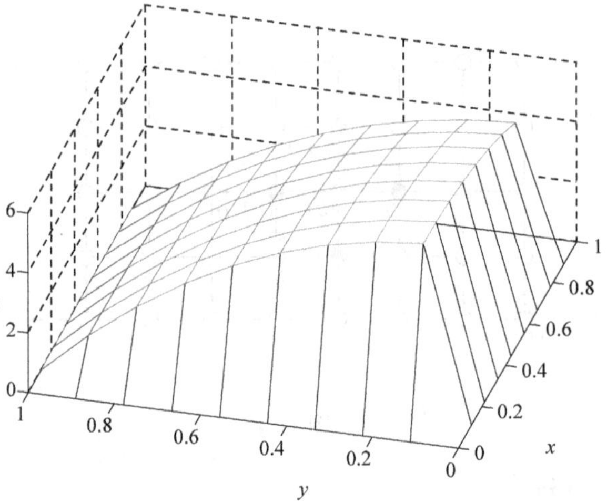

图 11-5

(5) 取 $M\times N=20\times20$，绘出内部网格点的数值解如图11-6所示.

例11.4　封闭矩形金属框内温度 u 满足拉普拉斯方程

$$\left\{\frac{\partial^2u}{\partial x^2}+\frac{\partial^2u}{\partial y^2}=0,\quad (x,y)\in[0,25]\times[0,25],\right.$$

并计算热流 (p_x,q_y)，其中 $p_x=-k\dfrac{\partial u}{\partial x},q_y=-k\dfrac{\partial u}{\partial y},k=0.49$. 已知铝框四周边界温度: 左侧边界温度为40℃, 右侧边界温度为60℃, 底部边界为0℃, 顶部边界为100℃, 取网格点 25×25，试计算温度分布.

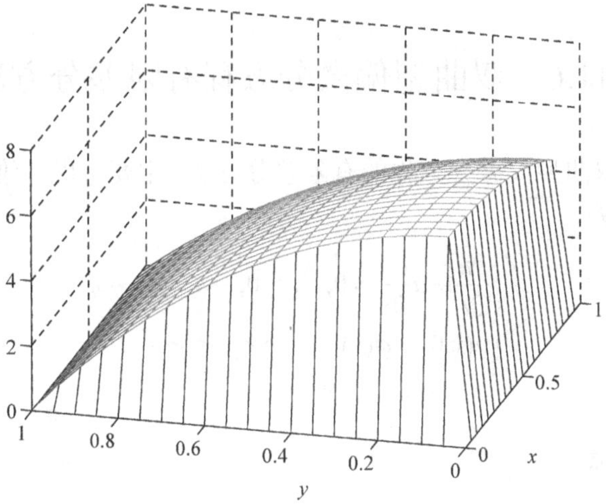

图 11-6

解　对拉普拉斯方程作五点差分格式展开

$$u_{i,j}=\frac{u_{i+1,j}+u_{i-1,j}+u_{i,j+1}+u_{i,j-1}}{4},$$

对热流作二阶中心差分格式

$$p_x=-k\frac{u_{i+1,j}+u_{i-1,j}}{2\Delta x},\quad q_y=-k\frac{u_{i,j+1}-u_{i,j-1}}{2\Delta y}.$$

计算图形如图11-7所示.

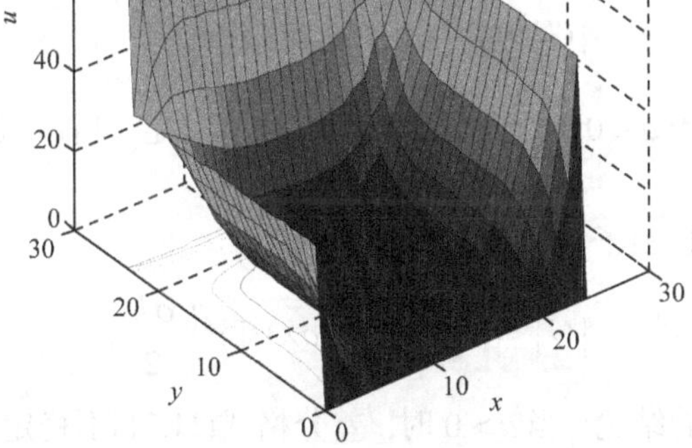

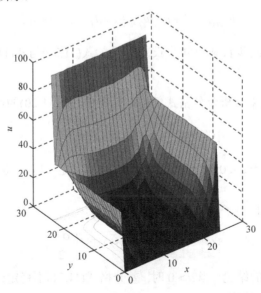

图 11-7　铝框内部温度分布

11.6 双曲型偏微分方程有限差分方法

本节讨论双曲型偏微分方程的有限差分方法，主要考虑一维线性双曲型对流方程初边值问题：

$$\begin{cases}\dfrac{\partial u}{\partial t}+a\dfrac{\partial u}{\partial x}=0, & t>0,-\infty<x<+\infty,\\ u(x,0)=\varphi(x), & -\infty<x<+\infty,\end{cases}$$

其中 a 为常数.

11.6.1 迎风格式

考虑在节点 (x_j,t_n) 处，时间作向前差分，空间作向后差分，得到

$$\frac{u_{j,n+1}-u_{j,n}}{\tau}+a\frac{u_{j,n}-u_{j-1,n}}{h}=0,\quad a>0,\tag{11.20}$$

同时，时间作向前差分，空间作向前差分，得到

$$\frac{u_{j,n+1}-u_{j,n}}{\tau}+a\frac{u_{j+1,n}-u_{j,n}}{h}=0,\quad a<0,\tag{11.21}$$

式(11.20)和(11.21)化简为

$$u_{j,n+1}=(1-a\lambda)u_{j,n}+a\lambda u_{j-1,n},\quad a>0,$$

$$u_{j,n+1}=(1+a\lambda)u_{j,n}+a\lambda u_{j+1,n},\quad a<0,$$

其中 τ,h 分别为时间步长和空间步长，$\lambda=\dfrac{\tau}{h}$，式(11.20)与式(11.21)的截断误差都为 $O(\tau+h)$.

用傅里叶变换来分析差分格式的稳定性条件，式(11.20)的增长因子为

$$|G|^2=1-4a\lambda(1-a\lambda)\sin^2\left(\frac{\sigma h}{2}\right),$$

显然有下面结论：当 $a<0$ 时，差分格式(11.20)不稳定；当 $a>0$ 且 $|a\lambda|\leqslant 1$ 时，差分格式(11.20)稳定.

式(11.21)的增长因子为

$$|G|^2=1+4a\lambda(1+a\lambda)\sin^2\left(\frac{\sigma h}{2}\right).$$

同样地，也有下面的结论：当 $a>0$ 时，差分格式(11.21)不稳定；当 $a<0$ 且 $|a\lambda|\leqslant 1$ 时，差分格式(11.21)稳定.

所谓的“迎风”格式就是差分方向总是迎着流动方向, 或者说, 站在 j 点, 对于 $a>0$, 波从 $j-1$ 点过来, $j-1$ 点状态已变化, $j+1$ 点状态还未变化. 在计算物理中, (11.20)与(11.21)称为迎风格式.

11.6.2　拉克斯-弗里德里希斯格式

1954年, 拉克斯(Lax)和弗里德里希斯(Friedrichs)提出了逼近

$$\begin{cases}\dfrac{\partial u}{\partial t}+a\dfrac{\partial u}{\partial x}=0, \quad t>0, \quad -\infty<x<+\infty,\\ u(x,0)=\varphi(x), \quad -\infty<x<+\infty\end{cases}$$

的一个差分格式

$$\frac{u_{j,n+1}-\frac{1}{2}(u_{j+1,n}+u_{j-1,n})}{\tau}+a\frac{u_{j+1,n}-u_{j-1,n}}{2h}=0, \tag{11.22}$$

一般称为拉克斯-弗里德里希斯(Lax-Friedrichs)格式.

现在考虑拉克斯-弗里德里希斯格式的稳定性, 差分格式(11.22)的增长因子为

$$|G(\tau,\mathrm{k})|^2=1-(1-a^2\lambda^2)\sin^2(\sigma h),$$

所以拉克斯-弗里德里希斯格式的稳定性条件为

$$|a\lambda|<1.$$

同时, 可以推导出拉克斯-弗里德里希斯格式的截断误差为

$$O(\tau+h^2)+O\left(\frac{h^2}{\tau}\right).$$

11.6.3　拉克斯-温德罗夫格式

1960年, 拉克斯和温德罗夫(Wendroff)很巧妙地构造了一阶对流方程二阶精度的差分格式

$$u_{j,n+1}=u_{j,n}-\frac{a\tau}{2h}(u_{j+1,n}-u_{j-1,n})+\frac{1}{2}\left(\frac{a\tau}{h}\right)^2(u_{j+1,n}-2u_{j,n}+u_{j-1,n}), \tag{11.23}$$

拉克斯-温德罗夫(Lax-Wendroff)格式的精度是

$$O(\tau^2+h^2), \tag{11.24}$$

拉克斯-温德罗夫格式的稳定性条件为

$$|a\lambda|\leqslant 1.$$

11.6.4　双曲型方程差分格式收敛的必要条件

定理4 (柯朗–弗里德里希斯–列维(Courant-Friedrichs-Lewy)条件)　差分格式

的依赖区域端点构成的区间必须包含相应的偏微分方程初值问题的依赖区域. 或者说, 差分格式的依赖区域包含偏微分方程初值问题的依赖区域.

11.6.5　数值算例

例11.5　已知一维对流方程

$$\begin{cases}\dfrac{\partial U}{\partial t}-\dfrac{\partial U}{\partial x}=0, & t>0, \quad -\infty<x<+\infty, \\ U(x,0)=\varphi_0(x), & -\infty<x<+\infty,\end{cases}$$

初始波为分段波

$$\varphi_0(x)=\begin{cases}1, & x\leqslant 15, \\ 0, & x>-15.\end{cases}$$

要求:

(1) 给出迎风格式、稳定性条件和截断误差精度.

(2) 取 x 轴为30等份, 求当 $t=10$ 秒时传播波的数值解.

解　(1) 对流方程的迎风格式为

$$\frac{U_{j,n+1}-U_{j,n}}{\tau}-\frac{U_{j+1,n}-U_{j,n}}{h}=0,$$

其稳定性条件为 $\dfrac{\tau}{h}\leqslant 1$, 数值精度为 $O(\tau+h)$.

(2) 将 x 轴区域分成30等份, $U(x,10)$ 的数值解从左到右依次如表11-3所示.

表 11-3

$U(-14,10)$	$U(-13,10)$	$U(-12,10)$	$U(-11,10)$	$U(-10,10)$	$U(-9,10)$
0.9556	0.9219	0.8701	0.7965	0.6998	0.5831
$U(-8,10)$	$U(-7,10)$	$U(-6,10)$	$U(-5,10)$	$U(-4,10)$	$U(-3,10)$
0.4547	0.3270	0.2133	0.1137	0.0623	0.0264
$U(-2,10)$	$U(-1,10)$	$U(0,10)$	$U(1,10)$	$U(2,10)$	$U(3,10)$
0.0090	0.0023	0	0	0	0
$U(4,10)$	$U(5,10)$	$U(6,10)$	$U(7,10)$	$U(8,10)$	$U(9,10)$
0	0	0	0	0	0
$U(10,10)$	$U(11,10)$	$U(12,10)$	$U(13,10)$	$U(14,10)$	
0	0	0	0	0	

习　题　11

1. 讨论对流方程 $\dfrac{\partial u}{\partial t}+a\dfrac{\partial u}{\partial x}=0, a>0$ 的差分格式

$$\frac{u_{j,n+1}-u_{j,n}}{\tau}+a\frac{u_{j,n+1}-u_{j-1,n+1}}{h}=0$$

的截断误差和稳定性.

2. 讨论对流方程 $\frac{\partial u}{\partial t}+\frac{\partial u}{\partial x}=0$ 的差分格式

$$\frac{u_{j,n+1}-u_{j,n}}{\tau}+\frac{u_{j+1,n+1}-u_{j+1,n}}{\tau}+\frac{u_{j+1,n+1}-u_{j-1,n+1}}{2h}+\frac{u_{j+1,n}-u_{j-1,n}}{2h}=0$$

的精度和稳定性.

3. 讨论对流扩散方程 $\frac{\partial u}{\partial t}=\frac{\partial^2 u}{\partial x^2}$ 的差分格式

$$\theta\frac{u_{j,n+1}-u_{j,n-1}}{\tau}+(1-\theta)\frac{u_{j,n}-u_{j,n-1}}{\tau}=\frac{u_{j+1,n}-2u_{j,n}+u_{j-1,n}}{h^2}$$

的截断误差, 当 θ 为何值时差分格式的截断误差为二阶精度.

4. 讨论扩散方程 $\frac{\partial u}{\partial t}=\frac{\partial^2 u}{\partial x^2}$ 的差分格式

$$\frac{u_{j,n}-\frac{1}{2}(u_{j+1,n}+u_{j-1,n})}{\tau}-a\frac{u_{j+1,n}-2u_{j,n}+u_{j-1,n}}{h^2}=0$$

的截断误差和稳定性.

5. 对于初边值问题

$$\begin{cases}\frac{\partial u}{\partial t}=\frac{\partial^2 u}{\partial x^2}, & 0<x<1, \quad t>0,\\ u(x,0)=\sin(\pi x), & 0<x<1,\\ u(0,t)=u(1,t)=0, & t>0,\end{cases}$$

用向前差分、向后差分和克兰克-尼克尔森(Crank-Nicolson)格式求解, 取 $h=0.1,\tau=0.01$ 进行计算. 并比较在 $t=0.1$ 时与准确解 $u(x,t)=\mathrm{e}^{-\pi^2 t}\sin(\pi x)$ 的误差.

6. 用五点差分格式求解泊松方程的边值问题

$$\begin{cases}\frac{\partial^2 u}{\partial x^2}+\frac{\partial^2 u}{\partial y^2}=16, & (x,y)\in D,\\ u=0, & (x,y)\in\partial D,\end{cases}$$

其中 $D=\{(x,y)\,|\,|x|<1,|y|<1\}$.

(1) 用正方形网格列出相应的差分方程; (2) 对 $h=0.1$ 进行求解.

7. 封闭矩形空心铝框内温度场满足拉普拉斯方程

$$\left\{\frac{\partial^2 T}{\partial x^2}+\frac{\partial^2 T}{\partial y^2}=0\right.,$$

并计算热流 (p_x,p_y), 其中

$$p_x=-k\frac{\partial T}{\partial x}, \quad p_y=-k\frac{\partial T}{\partial y},$$

初始边界温度为50℃, 试计算温度分布.

8. 考虑初值问题

$$\begin{cases}\dfrac{\partial u}{\partial t}+\dfrac{\partial u}{\partial x}=1, \\ u(x,0)=u_0,\end{cases} \quad 其中\ u_0=\begin{cases}1, & x\in[0.4,0.6], \\ 0, & x\notin[0.4,0.6],\end{cases}$$

试用迎风格式和拉克斯-温德罗夫格式计算上述初值问题，特别取 $h=0.1,\tau=0.05$，计算到 $t=0.5$.

9. 试求出解泊松方程：$-\left(\dfrac{\partial^2 u}{\partial x^2}+\dfrac{\partial^2 u}{\partial y^2}\right)=f(x,y)$ 的差分格式

$$-(u_{j+1,n}+u_{j-1,n}+u_{j,n+1}+u_{j,n-1})+4u_{j,n}=2h^2 f_{j,n}$$

的截断误差.

数值实验题

1. 封闭矩形空心铝框内温度场满足拉普拉斯方程

$$\left\{\frac{\partial^2 T}{\partial x^2}+\frac{\partial^2 T}{\partial y^2}=0\right.,$$

并计算热流 (q_x,q_y)，其中

$$q_x=-k\frac{\partial T}{\partial x},\quad q_y=-k\frac{\partial T}{\partial y},$$

铝框四周边界温度：左侧边界温度为50℃，右侧边界温度为80℃，底部边界为10℃，$k=0.49$，顶部边界为100℃，试计算温度分布和热流分布.

2. 对于初边值问题

$$\begin{cases}\dfrac{\partial u}{\partial t}=\dfrac{\partial^2 u}{\partial x^2}, & 0<x<1,\quad t>0, \\ u(x,0)=\sin(\pi x), & 0<x<1, \\ u(0,t)=u(1,t)=0, & t>0,\end{cases}$$

用向前差分、向后差分和克兰克-尼克尔森格式，取 $h=0.1,\tau=0.01$ 为0.1进行计算，计算在 $t=0.2$ 时的数值解.

参考文献

程正兴, 李水根. 2000. 数值逼近与常微分方程数值解. 西安: 西安交通大学出版社.

封建湖, 车刚明, 聂玉峰. 2001. 数值分析原理. 北京: 科学出版社.

何汉林, 李薇, 王炜. 2016. 数值计算方法. 北京: 科学出版社.

金一庆, 陈越, 王冬梅. 2015. 数值方法. 2版. 北京: 机械工业出版社.

李庆扬, 王能超, 易大义. 2008. 数值分析. 5版. 北京: 清华大学出版社.

林成森. 1998. 数值计算方法(上、下册). 北京: 科学出版社.

杨大地, 谈俊渝. 2000. 实用数值分析. 重庆: 重庆大学出版社.

杨华军. 2005. 数学物理方法与计算机仿真. 北京: 电子工业出版社.

Burden R L, Faires J D. 2001. Numerical Analysis. 7th ed. Boston: Brooks Cole.

Burden R L, Faires J D. 2001.数值分析. 7版(影印版). 北京: 高等教育出版社.

Gerald C F, Wheatley P O. 2003. Applied Numerical Analysis. 7th ed. Hong Kong: Pearson.

Gerald C F, Wheatley P O. 2006. 应用数值分析. 7版(影印版). 白峰杉, 改编. 北京: 高等教育出版社.

Gonzalez R C, Woods R E, Eddins S L. 2003. 数字图像处理. 2版. 阮秋琦, 等译. 北京: 电子工业出版社.

Muller D E. 1956. A Method for solving algebraic equations using an automatic computer. Mathematical Tables and Other Aids to Computation, 10: 208-215.

Sidi A. 2008. Generalization of the secant method for nonlinear equations. Applied Mathematics E-Notes, 8: 115-123.

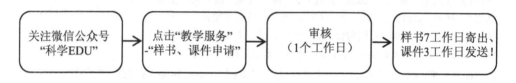